国家科学技术学术著作出版基金资助出版

鹰嘴豆种子贮藏蛋白、活性成分及优异基因的发掘

麻 浩 著

U0252349

科学出版社

北 京

内 容 简 介

　　本书是一部全面系统介绍鹰嘴豆种子贮藏蛋白、活性成分和品种耐旱性及优异基因发掘等方面研究工作的专著。全书除了绪论，共 8 章，第一章和第二章，主要介绍鹰嘴豆种子贮藏蛋白和活性成分的研究；第三章和第四章，主要介绍鹰嘴豆苗期耐旱性生理生化基础，响应干旱胁迫的 EST 序列分析，以及苗期干旱胁迫基因芯片的构建和基因表达谱分析；第五章和第六章，主要介绍鹰嘴豆耐逆转录因子和耐逆功能基因的克隆及功能分析；第七章，主要介绍鹰嘴豆种子贮藏蛋白类 α-淀粉酶抑制剂的研究；第八章，主要介绍鹰嘴豆叶片原生质体分离体系和快速繁殖体系的构建。

　　本书内容丰富、系统全面、新颖实用，对于鹰嘴豆种植、开发和发掘利用具有重要指导意义。本书可作为植物科学和食品科学等领域，特别是豆科植物科学领域的专家、技术人员和研究生的参考书。

图书在版编目 (CIP) 数据

鹰嘴豆种子贮藏蛋白、活性成分及优异基因的发掘/麻浩著. —北京：科学出版社，2023.3
　　ISBN 978-7-03-072477-9

Ⅰ. ①鹰⋯　Ⅱ. ①麻⋯　Ⅲ. ①鹰嘴豆–种子–研究　Ⅳ. ①S529

中国版本图书馆 CIP 数据核字（2022）第 099714 号

责任编辑：李秀伟　赵小林 / 责任校对：严　娜
责任印制：吴兆东 / 封面设计：无极书装

科学出版社 出版
北京东黄城根北街 16 号
邮政编码：100717
http://www.sciencep.com

北京中科印刷有限公司 印刷
科学出版社发行　各地新华书店经销
*
2023 年 3 月第 一 版　　开本：720×1000 1/16
2023 年 3 月第一次印刷　　印张：27 1/4
字数：546 000
定价：358.00 元
（如有印装质量问题，我社负责调换）

前　　言

鹰嘴豆（*Cicer arietinum* L.）属豆科（Leguminosae）鹰嘴豆族（Cicereae）鹰嘴豆属（*Cicer*），是最早被人类驯化利用的豆科植物之一。鹰嘴豆属内有染色体不同的（$2n$=14、16、24、32 等）43 个种，其中 9 个为一年生，33 个为多年生，还有 1 个尚未明确划分。目前只有鹰嘴豆（$2n$=16）成为重要的栽培作物。鹰嘴豆因其籽粒外形独特，酷似脱毛后的鹰头且在种脐附近有喙状突起而得名，又名桃豆、鸡豆、鸡头豆、鸡豌豆、羊头豆、脑豆子、诺胡提（维吾尔语）等。鹰嘴豆是优良的植物蛋白质资源，其籽粒营养成分齐全、含量丰富，其中蛋白质和碳水化合物约占籽粒干重的 80%。除此之外，鹰嘴豆籽粒还含有丰富的膳食纤维、微量元素和维生素等。鹰嘴豆具有广泛的生理活性，药食兼用，如防癌、降血脂、保护心血管等。

鹰嘴豆是世界上第三大豆科作物，80% 以上的种植面积分布在"一带一路"沿线国家，在我国的种植区域范围较窄，主要分布于新疆、甘肃、宁夏等省（自治区），其中新疆的种植面积和产量最大，是我国鹰嘴豆的主要产区。近年来，新疆食用豆种业发展定位于服务新疆食用豆产业，其中鹰嘴豆种业服务全国鹰嘴豆产业。新疆鹰嘴豆产业已经形成服务于全国的良好发展态势，"十四五"期间将继续保持。鹰嘴豆在我国新疆已有 2500 多年种植历史，每年种植面积约 80 万亩（1 亩≈666.7m²），占我国鹰嘴豆总种植面积的 90% 以上，是新疆重要的特色经济作物，是维吾尔族人民喜爱的副食品和医疗保健药材，在新疆农业生产、人民生活和生态环境保护中起着重要作用。鹰嘴豆自身拥有耐旱、耐冷等耐逆性，对于我国西北地区广大干旱、半干旱地区的农业开发有着重要的现实意义，对实行退耕还林还草、水土保持和生态环境治理也具有积极作用；同时对于走出国门，服务"一带一路"沿线国家也具有重要战略意义。但长期以来因种植面积小，研究单位和研究人员少，造成鹰嘴豆种质资源及其功能成分和优异性状的发掘利用缺乏科学系统的理论与技术指导，制约了其在医疗保健和遗传工程等方面的开发利用。

本书是南京农业大学麻浩教授从 2003 年起，十多年来，三次援疆，开展鹰嘴豆种质资源收集及其基础研究和应用基础研究等方面工作的总结，是第一部全面系统介绍鹰嘴豆种子贮藏蛋白、活性成分和品种耐旱性，以及优异基因发掘等方面研究工作的专著。本书内容丰富、系统全面、新颖实用，对于鹰嘴豆种植、开发和发掘利用具有重要指导意义，对该领域的专家、技术人员和研究生有重要实践指导意义和学术参考价值。

新疆农业大学张桦、张巨松和石书兵等教授，吴敏、李燕、高新和许磊等硕士研究生；南京农业大学曾晓雄教授，王显生博士后，高文瑞、郝小燕、彭辉、于兴旺、王占奎、刘燕敏等博士研究生，崔竹梅、王春涛、成慧颖、贾钰莹、顾汉燕、陈晨、黄丽燕、杨佳妮、张燕、贾彦凤和向小丽等硕士研究生，参加了本书的部分研究工作，在此一并致谢。

麻　浩

南京农业大学、新疆农业大学

2022 年 2 月

目　　录

绪　　论

　　鹰嘴豆（*Cicer arietinum* L.），属豆科（Leguminosae）鹰嘴豆族（Cicereae）鹰嘴豆属（*Cicer*），是最早被人类驯化利用的豆科植物之一（Zohary and Hopf，2000）。鹰嘴豆属内有染色体不同的（2*n*=14、16、24、32 等）43 个种，其中 9 个为一年生，33 个为多年生，还有 1 个尚未明确划分。目前只有鹰嘴豆（2*n*=16）成为重要的栽培作物（Singh，1997）。鹰嘴豆因其籽粒外形独特，酷似脱毛后的鹰头且在种脐附近有喙状突起而得名，又名桃豆、鸡豆、鸡头豆、鸡豌豆、羊头豆、脑豆子、诺胡提（维吾尔语）等。鹰嘴豆是世界上栽培面积较大的食用豆类作物之一，其产量在豆科作物中位居第三（傅樱花等，2021），主要在亚洲和非洲国家种植，其中印度和巴基斯坦两国的种植面积占全世界的 80%以上。鹰嘴豆在我国的种植区域范围较窄，主要分布于新疆、甘肃、宁夏等省（自治区），其中新疆的种植面积和产量最大，是国内鹰嘴豆的主要产区（聂石辉等，2015）。

　　关于鹰嘴豆的起源，在学术界一直以来存有争议。早期的植物学家曾提出几种假设，如 Candolle（1883）认为鹰嘴豆起源于高加索地区南部和古代波斯的北部。而根据 Vavilov（1926）对栽培植物世界起源中心的划分，鹰嘴豆有两个主起源中心，即亚洲西南部起源中心和地中海起源中心；一个次级起源中心，即埃塞俄比亚起源中心。中东地区也被认为是鹰嘴豆起源地之一（Ladizinsky and Adler，1976a，1976b），因为有三个鹰嘴豆野生种（*C. judaicum* Boiss.，*C. pinnatifidum* Jaub. et Spach 和 *C. bijugum* Rech. f.）皆发现于此。根据种子蛋白电泳（Maesen and Gerardus，1972）、种间杂交（Singh and Ocampo，1993）、染色体组型（Ocampo et al.，1992）和同工酶（Labdi et al.，1996）等方面的研究结果，鹰嘴豆最有可能起源于今天的土耳其东南部及其邻近的叙利亚地区。*C. reticulatum* Ladiz.被认为是鹰嘴豆栽培种 *C. arietinum* L.的野生祖先（Ladizinsky and Adler，1976a，1976b）。

　　鹰嘴豆种质资源具有丰富的生物多样性，在各种不同的气候环境下形成了形态、特性各不相同的种类、品种。由于地理上的长期隔离，鹰嘴豆栽培种（*C. arietinum* L.）种内已产生了许多形态变异。根据这些变异，种以下可分为 4 个亚种（也有人认为称为地理小种更为恰当），即地中海亚种（*C. arietinum* subsp. *mediterraneum*）、欧亚亚种（*C. arietinum* subsp. *eurasiaticum*）、东方亚种（*C. arietinum* subsp. *orientale*）和亚洲亚种（*C. arietinum* subsp. *asiatinum*）。前两个亚种的种子较大，通常称为喀布里（Kabuli）类型；后两个亚种的种子较小，通常称为迪西（Desi）类型。Desi

类型以种子小、粒尖和有色为特征，大部分在印度次大陆、埃塞俄比亚、伊朗和墨西哥栽培。Kabuli 类型的种子大、粒较圆且为米色，主要在阿富汗种植，经西亚传到北非、南欧和美洲。Desi 类型在亚热带作为秋播作物种植，而 Kabuli 类型更适于温带作为夏收作物种植（龙静宜等，1989）。

随着二代测序（next-generation sequencing，NGS）技术的发展，鹰嘴豆基因组信息的研究取得了巨大进展（Varshney et al.，2009；Azam et al.，2012；Gaur et al.，2012；Hiremath et al.，2012）。2007 年作者所在学术研究团队构建了鹰嘴豆干旱胁迫的 cDNA 文库，向 NCBI 提交了 7210 条表达序列标签（EST），占登录时总登录数的 78.3%（Gao et al.，2008）；Varshney 等（2009）报道了响应干旱和盐胁迫的 20 162 条 EST；Deokar 等（2011）通过比较两个抗旱性存在差异的鹰嘴豆品种，获得了 3062 个基因；Thudi 等（2011）完成了由 1291 个基因标记位点组成的转录图谱。2013 年，鹰嘴豆两个类型 Desi 和 Kabuli 的全基因组测序完成（Jain et al.，2013；Varshney et al.，2013）。这些研究为鹰嘴豆分子生物学研究的深入开展奠定了基础。随后，大量与鹰嘴豆耐逆性和品质相关的基因被克隆并进行了功能分析。

一、鹰嘴豆的生物学特性

鹰嘴豆为一年生或多年生草本植物。

鹰嘴豆的根是主根系，根系强壮，入土最深达 2m 左右，大部分根系集中在 60cm 以内的土层中。主根上着生根瘤，通常为几个顶端肥大分叉的变形虫状，有时也呈扇形。

鹰嘴豆子叶留土。主茎和分枝呈圆形，主茎长一般为 30～70cm，分直立、半直立、披散、半披散四种株型。大多数品种是半直立或半披散型的，一次分枝几乎从近地面的主茎节位开始往上生出，整株看上去像丛生状小灌木。

鹰嘴豆叶片由两片托叶和一片羽状复叶组成，复叶互生，长 5～10cm，由 11～18 片小叶组成。小叶对生，很少互生，奇数或偶数，卵形，前部边缘锯齿状，叶片上均被有茸毛和腺毛，分泌苦辣味的酸性液体，内含苹果酸和草酸，有防虫作用。

鹰嘴豆花是蝶形花，单花序，腋生。每个花序通常由 1 朵小花组成，有时也着生 2～3 朵花。每朵花由花柄、小苞叶、花萼、花冠和雌蕊、雄蕊组成，花柄长 6～13mm。花色有白、粉红、浅绿、蓝或紫等，以白色和紫色最常见。小花内的花柱上光滑无毛并向内弯曲。鹰嘴豆系自花授粉闭花受精植物，开花时间多在上午 9 时，每朵花开 1～2d，单株花期 15d 左右。

鹰嘴豆一般每株结 30～150 个荚。荚呈偏菱形至球形，长 14～35mm，宽 8～

20mm。每荚含 1～2 粒种子，最多 3 粒。其籽粒状如鹰头或鸡头，在脐的附近有喙状突起。粒色有黄白、浅褐、深褐、黄褐、红褐、绿和黑之分，种子长 4～12mm，宽 4～8mm，百粒重 10～75g。

鹰嘴豆的生育期有早、中、晚熟 3 种类型。鹰嘴豆生育期长短与该品种来源地的生态条件密切相关。例如，来源于印度的品种生育期为 70～75d，来源于叙利亚的品种生育期为 121～129d。鹰嘴豆生育期的长短主要与结荚至成熟期的天数有关，即这一时期天数少，全生育期就短，属早熟；反之，则属晚熟（阿米娜•阿布里米提和热依拉•木合甫力，1997）。

鹰嘴豆的产量与播期、播种密度、播种方法、灌溉、施肥量及施肥比例等栽培技术密切相关。植株每节荚数对产量有重要影响，双荚鹰嘴豆产量要比单荚对照增产 6%～11%。地膜覆盖种植能促进鹰嘴豆生育期提前，干物质积累增多，田间出苗率提高，最终提升收获指数和籽粒产量（阿米娜•阿布里米提和热依拉•木合甫力，1997）。

二、鹰嘴豆的营养价值

鹰嘴豆是一种优良的植物蛋白质资源，其籽粒营养成分齐全，含量丰富，其中蛋白质和碳水化合物约占籽粒干重的 80%（傅樱花等，2021）。除此之外，鹰嘴豆籽粒还含有丰富的食用纤维、微量元素和维生素等（曹娅等，2021）。

鹰嘴豆籽粒蛋白质含量为 11%～31%，含有 18 种氨基酸，其中蛋氨酸、亮氨酸、异亮氨酸、赖氨酸、缬氨酸、苯丙氨酸、色氨酸等人体必需氨基酸齐全，还有组氨酸、精氨酸两种条件必需氨基酸，属完全蛋白质，其含量均高于燕麦、甜荞、苦荞、小麦、大米和玉米等，但与其他豆科作物一样，含硫氨基酸（蛋氨酸和半胱氨酸）含量相对较低，是其最大限制性氨基酸，但赖氨酸含量相对较高。

鹰嘴豆籽粒含有 52.4%～70.9% 的碳水化合物，其中淀粉含量为 36.7%～60.0%。鹰嘴豆淀粉具有期望的质构、良好的口感及大家喜爱的板栗风味，再加上其淀粉含量比燕麦（64.3%）、苦荞（65.9%）、玉米（72.2%）、甜荞（73.11%）等低，因而可用作减肥食品。鹰嘴豆籽粒还含有可溶性糖（4.8%～9.0%），其中低聚糖占总糖的 25%～46%。鹰嘴豆中低聚糖有三聚甘露糖、水苏糖和棉籽糖等。Desi 类型粗纤维的含量为 7%～9%，Kabuli 类型为 3%～5%，两种类型间粗纤维含量差异较大，这与 Desi 类型种皮较厚、Kabuli 类型种皮较薄有关。与燕麦（1%）、苦荞（1.62%）和甜荞（1.01%）相比，鹰嘴豆的粗纤维含量相对较高，具有降低血糖、胆固醇等作用，对治疗便秘、预防直肠癌等有一定效果。

鹰嘴豆脂肪含量为 5.36%～7.61%，其脂肪酸多为对人体有利的不饱和脂肪酸。例如，Kabuli 类型种子脂肪中含油酸 50.30%、亚油酸 40.00%、肉豆蔻酸 2.28%、棕榈酸 5.74%、硬脂酸 1.61% 和花生酸 0.07%。Desi 类型种子脂肪中含油酸 50.10%、亚油酸 40.00%、肉豆蔻酸 2.74%、棕榈酸 5.11% 和硬脂酸 2.05%。此外，鹰嘴豆种子脂类中还含有胆碱磷脂（郑卓杰，1997）。

鹰嘴豆籽粒还富含各种维生素和矿物元素及微量元素。例如，含维生素 B_1 0.38～0.46mg/100g、维生素 B_2 0.12～0.33mg/100g、烟酸 1.30～2.90mg/100g、维生素 C 4.30～13.80mg/100g、维生素 E 20.66～27.05mg/100g。鹰嘴豆每 100g 干物质含钙 213～272mg、镁 165～195mg、铜 0.93～1.08mg、锌 3.86～4.42mg、磷 202～256mg、钾 1132～1264mg、铁 4.96～8.09mg。

三、鹰嘴豆的药用价值

鹰嘴豆具有广泛的生理活性，如防癌、降血脂、保护心血管等，这些功效均与其活性成分异黄酮和皂苷等有关。鹰嘴豆中异黄酮主要为鹰嘴豆黄素 A、芒柄花黄素（formoononetin）（何桂香和刘金宝，2005）。发芽的种子胚芽部分含鹰嘴豆芽素 A（biochanin A）、鹰嘴豆芽素 B（biochanin B）和鹰嘴豆芽素 C（biochanin C）等异黄酮类。鹰嘴豆植物幼苗中含有异甘草素及 4-葡萄糖苷、三羟基黄酮和鹰嘴豆芽素 7-葡萄糖苷等黄酮类（肖克来提·木尼拉，2003）。

鹰嘴豆具有食用和药用价值（郑卓杰，1997；曹娅等，2021）。据《阿维森纳医典》《维吾尔医遗产-药物宝库》《药物志》《维吾尔医常用药材》《本草拾遗》《中药大辞典》《维吾尔药志》等记载，鹰嘴豆具有润肺、消炎、养颜、健胃、强骨、解毒等功能，能补中益气、温肾壮阳、消渴、解百毒、止咳等，为维吾尔族习用药材，并在医药上常用作预防动脉硬化，降低血压、胆固醇的主要药物，辅助治疗糖尿病。维吾尔医药中用它治疗支气管炎、黏膜炎、霍乱、便秘、痢疾、消化不良、肠胃气胀、毒蛇咬伤、糖尿病、性欲降低、皮肤瘙痒、高脂血症、中暑等疾病。中医上，鹰嘴豆可以调节湿气，有止泻、解毒、壮身等作用。籽粒用水煮后服用，可以清除异常体液、开通体液闭阻、利尿等。醋中浸泡 1d 后，早晨空腹服用可以杀死肠道寄生虫。鹰嘴豆花可以治疗痢疾，泡水后服用可治疗中药中毒和白带增多等。籽粒可作利尿剂、催乳剂，可治疗失眠、预防皮肤病和胆病等。鹰嘴豆榨出的油适量内服可湿润皮肤和咽喉，外用可以治疗关节痛。同时，鹰嘴豆还是口感极佳的绿色食品，粗粮细做，吃法多样，被誉为"保健品中一枝花"。

国外对鹰嘴豆药用功能的研究成果也颇为丰富，早在 1956 年的临床经验就表明，使用鹰嘴豆能成功地治疗 70 多种严重的营养不良（肖克来提·木尼拉，2003）。

目前，鹰嘴豆中活性成分与功能之间的对应关系，以及在体内发挥作用的机制尚不十分明确，异黄酮、皂苷类与类胡萝卜素等活性物质的提取纯化也有待进一步研究，特别是其异黄酮中的特征性功能成分，需要深入开展其特有功能研究。目前异黄酮类的深入研究受限于该类组分高效制备方法的技术瓶颈，后期需继续优化分离纯化方法，大量制备活性成分后对鹰嘴豆中活性成分与功能之间的关系进行确认，为鹰嘴豆的食品、保健品及药品的开发提供技术参考和理论依据。

四、鹰嘴豆的加工利用

通过对鹰嘴豆粉的物理性质、功能性质及鹰嘴豆食品的流变学性质的研究，发现鹰嘴豆具有很大的潜在应用价值。例如，利用鹰嘴豆分离蛋白的乳化性、增强风味及质构的性质可对产品配方进行改良（Ma et al.，2016）；通过发酵的方式可提高鹰嘴豆焙烤制品的营养价值（Gobbetti et al.，2019）。鹰嘴豆籽粒可直接食用，也可炒或煮熟食用，可做成各种甜食、豆沙等，可加工成各种点心或者油炸食品，是多种休闲小食品及罐头食品的好原料，广泛用作穆斯林的斋月食品。鹰嘴豆籽粒经油炸和膨化后金黄酥脆、香甜可口，被称为黄金豆。鹰嘴豆籽粒可做成八宝粥、豆馅、豆粉，还可制成罐头食品等。鹰嘴豆籽粒中的淀粉具有独特的板栗风味，可同小麦一起磨成混合粉做主食用。鹰嘴豆还可作为营养强化剂与其他食品材料配合制备营养强化食品，是一种保健佳品。

鹰嘴豆粉加入油及各种调味品，可做成各种风味点心，也可做成独具特色的色拉酱。鹰嘴豆粉加上奶粉制成的豆乳粉，容易吸收和消化，是婴幼儿和老年人的食用佳品。而鹰嘴豆青豆可作蔬菜，可生食，嫩叶亦可用作蔬菜。

此外，鹰嘴豆可作为优良的蛋白质饲料，磨碎后的籽粒是饲喂骡马的精料；茎、叶是喂牛的优质饲草，茎秆、残茬也是很好的田间肥料。

五、鹰嘴豆的生态效应

与其他豆科作物一样，鹰嘴豆具有生物固氮、肥田养地、改良土壤等优点，可单种、套种或与其他作物轮作倒茬。例如，印度、巴基斯坦等国将鹰嘴豆与高粱、小麦、红花轮作，也可与小麦、亚麻、红花、荠菜等混作，还可在早熟作物收获之后复种收获茎叶作饲草，促成耕地资源的良性循环，不断恢复和提高地力，以最终解决用地与养地之间的矛盾，确保种植业的可持续发展。

位于叙利亚的国际干旱地区农业研究中心和位于印度的国际半干旱热带作物研究所以豆类作物为研究对象，通过近30年的研究证明，鹰嘴豆等食用豆类作物在解决土壤干旱、退化、沙化问题中具有不可替代的特殊作用。

参 考 文 献

阿米娜·阿布里米提, 热依拉·木合甫力. 1997. 鹰嘴豆引种初探[J]. 新疆农业科学, (4): 161-162.

曹娅, 于佳佳, 冯云龙. 2021. 鹰嘴豆的营养、活性成分与功效研究进展[J]. 食品研究与开发, 42(1): 204-209.

傅樱花, 李正磊, 刘莹洁. 2021. 鹰嘴豆资源及其异黄酮类物质研究进展[J]. 保鲜与加工, 21(3): 130-135.

何桂香, 刘金宝. 2005. 鹰嘴豆异黄酮提取物对高脂血症小鼠的降脂作用[J]. 中国临床康复, 9(7): 80-81.

龙静宜, 林黎奋, 侯修身, 段醒男, 段宏义. 1989. 食用豆类作物[M]. 北京: 科学出版社.

聂石辉, 彭琳, 王仙, 季良. 2015. 鹰嘴豆种质资源农艺性状遗传多样性分析[J]. 植物遗传资源学报, 16(1): 64-70.

肖克来提·木尼拉. 2003. 维药鹰嘴豆的国内外应用简介[J]. 中国民族医药杂志, 11(3): 20.

郑卓杰. 1997. 中国食用豆类学[M]. 北京: 中国农业出版社: 38.

Azam S, Thakur V, Ruperao P, Shah T, Balaji J, Amindala B, Farmer AD, Studholme DJ, May GD, Edwards D, Jones JDG, Varshney RK. 2012. Coverage-based consensus calling (CbCC) of short sequence reads and comparison of CbCC results to identify SNPs in chickpea (*Cicer arietinum*; Fabaceae), a crop species without a reference genome[J]. American Journal of Botany, 99(2): 186-192.

Candolle AD. 1883. Origine des Plantes Cultivees[M]. Paris: Bailliere.

Deokar AA, Kondawar V, Jain PK, Karuppayil SM, Raju NL, Vadez V, Varshney RK, Srinivasan R. 2011. Comparative analysis of expressed sequence tags (ESTs) between drought-tolerant and-susceptible genotypes of chickpea under terminal drought stress[J]. BMC Plant Biology, 11(1): 70.

Gao WR, Wang XS, Liu QY, Peng H, Chen C, Li JG, Zhang JS, Hu SN, Ma H. 2008. Comparative analysis of ESTs in response to drought stress in chickpea (*C. arietinum* L.)[J]. Biochemical and Biophysical Research Communications, 376: 578-583.

Gaur R, Azam S, Jeena G, Khan AW, Choudhary S, Jain M, Yadav G, Tyagi AK, Chattopadhyay D, Bhatia S. 2012. High-throughput SNP discovery and genotyping for constructing a saturated linkage map of chickpea (*Cicer arietinum* L.)[J]. DNA Research, 19(5): 357-373.

Gobbetti M, De Angelis M, Di Cagno R, Polo A, Rizzello CG. 2019. The sourdough fermentation is the powerful process to exploit the potential of legumes, pseudo-cereals and milling by-products in baking industry[J]. Critical Reviews in Food Science and Nutrition, 60(3): 1-16.

Hiremath PJ, Kumar A, Penmetsa RV, Farmer A, Schlueter JA, Chamarthi SK, Whaley AM, Carrasquilla-Garcia N, Gaur PM, Upadhyaya HD, Kishor PBK, Shah TM, Cook DR, Varshney RK. 2012. Large-scale development of cost-effective SNP marker assays for diversity assessment and genetic mapping in chickpea and comparative mapping in legumes[J]. Plant Biotechnology Journal, 10(6): 716-732.

Jain M, Misra G, Patel RK, Priya P, Jhanwar S, Khan AW, Shah N, Singh VK, Garg R, Jeena G, Yadav M, Kant C, Sharma P, Yadav G, Bhatia S, Tyagi AK, Chattopadhyay D. 2013. A draft genome sequence of the pulse crop chickpea (*Cicer arietinum* L.)[J]. Plant Journal, 74(5): 715-729.

Labdi M, Robertson LD, Singh KB, Charrier A. 1996. Genetic diversity and phylogenetic relationships among the annual *Cicer* species as revealed by isozyme polymorphism[J]. Euphytica, 88(3):

181-188.

Ladizinsky G, Adler A. 1976a. Genetic relationships among the annual species of *Cicer* L.[J]. Theoretical and Applied Genetics, 48(4): 197-203.

Ladizinsky G, Adler A. 1976b. The origin of chickpea *Cicer arietinum* L.[J]. Euphytica, 25(1): 211-217.

Ma Z, Boye JI, Simpson B. 2016. Preparation of salad dressing emulsions using lentil, chickpea and pea protein isolates: a response surface methodology study[J]. Journal of Food Quality, 39(4): 274-291.

Maesen VD, Gerardus LJ. 1972. *Cicer* L., a Monograph of the Genus with Special Reference to Chickpea (*Cicer arietinum* L.), Its Ecology and Cultivation[M]. Wageningen: Medelingen Landbouwhogeschool.

Ocampo B, Venora G, Errico A, Singh KB, Saccardo F. 1992. Karyotype analysis in genus *Cicer*[J]. Journal of Genetics and Breeding, 46: 229-240.

Singh KB. 1997. Chickpea (*Cicer arietinum* L.)[J]. Field Crops Research, 53(1-3): 161-170.

Singh KB, Ocampo B. 1993. Interspecific hybridization in annual *Cicer* species[J]. Journal of Genetics and Breeding, 47: 199-204.

Thudi M, Bohra A, Nayak SN, Varghese N, Shah TM, Penmetsa RV, Thirunavukkarasu N, Gudipati S, Gaur P, Kulwal PL, Upadhyaya HD, KaviKishor PB, Winter P, Kahl G, Town CD, Kilian A, Cook DR, Varshney RK. 2011. Novel SSR markers from BAC-end sequences, DArT arrays and a comprehensive genetic map with 1,291 marker loci for chickpea (*Cicer arietinum* L.)[J]. PLoS ONE, 6(11): e27275.

Varshney RK, Hiremath PJ, Lekha P, Kashiwagi J, Balaji J, Deokar AA, Vadez V, Xiao YL, Srinivasan R, Gaur PM, Siddique KHM, Town CD, Hoisington DA. 2009. A comprehensive resource of drought-and salinity-responsive ESTs for gene discovery and marker development in chickpea (*Cicer arietinum* L.)[J]. BMC Genomics, 10(1): 523.

Varshney RK, Song C, Saxena RK, Yu S, Sharpe AG, Cannon S, Baek J, Rosen BD, Tar'an B, Millan T, Zhang X, Ramsay LD, Iwata A, Wang Y, Nelson W, Farmer AD, Gaur PM, Soderlund C, Penmetsa RV, Xu C, Bharti AK, He W, Winter P, Zhao S, Hane JK, Carrasquilla-Garcia N, Condie JA, Upadhyaya HD, Luo MC, Thudi M, Gowda CL, Singh NP, Lichtenzveig J, Gali KK, Rubio J, Nadarajan N, Dolezel J, Bansal KC, Xu X, Edwards D, Zhang G, Kahl G, Gil J, Singh KB, Datta SK, Jackson SA, Wang J, Cook DR. 2013. Draft genome sequence of chickpea (*Cicer arietinum*) provides a resource for trait improvement[J]. Nature Biotechnology, 31(3): 240-246.

Vavilov NI. 1926. Studies on the Origin of Cultivated Plants[M]. Bulletin, 1. Leningrad, USSR: Bulletin of Applied Botany and Plant Breeding.

Zohary D, Hopf M. 2000. Domestication of Plants in the Old World[M]. 3rd ed. New York: Oxford University Press.

第一章 鹰嘴豆种子贮藏蛋白的研究

鹰嘴豆是经济价值极高的豆科作物，其种子营养成分齐全（Nickhil et al., 2021）。鹰嘴豆种子中蛋白质含量为 11%～31%，含有 18 种氨基酸，其中人体必需氨基酸齐全，还有组氨酸、精氨酸两种条件必需氨基酸，人体必需氨基酸含量达 7.91%，属完全蛋白质，是人类重要的植物膳食蛋白来源之一。鹰嘴豆种子蛋白可用来加工蛋白制品，以及热稳定的食品抗氧化剂。因此，开展鹰嘴豆种子蛋白组成特征的研究是进一步研发蛋白加工产品的前提和基础。

第一节 鹰嘴豆种子蛋白组分的等电点及亚基分子量

鹰嘴豆 Kabuli 类型和 Desi 类型种子清蛋白与球蛋白等电点分别是 5.4、4.0 和 5.2、4.0。Kabuli 类型种子球蛋白的亚基数目及其分子量与 Desi 类型的非常相似，但两种类型间种子清蛋白亚基数目及其分子量存在差异。

鹰嘴豆品种间蛋白质和脂肪的含量存在明显的差异，最终对其食品加工品质也会产生影响（Wood et al., 2014）。对引种、收集保存的 60 份鹰嘴豆种质，重点研究了其中的 35 份种子蛋白和脂肪含量（表 1-1）。研究发现，Kabuli 类型种子蛋白含量低于 Desi 类型，而脂肪含量却高于 Desi 类型（表 1-2）。这一结果与前人研究的报道（Alajaji and El-Adawy，2006）基本一致。

表 1-1　鹰嘴豆种质种子蛋白和脂肪含量

种质名称	蛋白含量 (%)	脂肪含量 (%)	种质名称	蛋白含量 (%)	脂肪含量 (%)	种质名称	蛋白含量 (%)	脂肪含量 (%)
21407	21.70	5.22	引 k118	21.50	5.23	174	23.32	5.05
21413	23.07	4.98	引 k158	19.99	5.12	223	22.22	5.63
21418	21.05	6.22	引 k160	19.81	6.38	164	20.67	4.78
21422	20.00	5.32	引 k127（小粒）	19.80	5.77	186	22.56	5.77
引 k147	23.09	6.25	引 k151	20.89	4.67	169	19.87	4.87
鹰嘴豆	25.01	5.21	A-1	22.03	5.21	185	23.98	5.55
叙利亚 11 号	21.50	4.93	216	19.90	5.89	170	20.78	6.36
乌什地方品种	24.88	5.01	225	21.33	6.99	218	22.33	5.67
木垒地方品种	25.33	6.03	159	22.45	6.01	176	20.91	5.25
88-1	22.75	5.45	196	23.72	5.46	175	20.45	5.76
美国 1 号	21.88	5.98	221	23.65	5.31	219	23.12	6.00
224	22.31	4.78	202	20.19	4.88			

表 1-2　鹰嘴豆种子的主要成分（平均值±标准差，*n*=3）

种类	蛋白质含量（%）	脂肪含量（%）
Kabuli 类型种子	19.31±0.45	6.56±0.08
Desi 类型种子	24.87±0.42	4.52±0.10

一、鹰嘴豆种子蛋白组分的等电点

鹰嘴豆种子蛋白根据溶解性可以分为球蛋白和清蛋白，即能溶于水、稀酸溶液的水溶性蛋白，称为清蛋白；不溶于水但能溶于稀盐酸溶液的蛋白，称为球蛋白。鹰嘴豆种子蛋白按沉降系数又可分为 2.2S、6.9S、10.3S 三种，即 2S、7S、10S，三种类型蛋白含量比约为 1：4：5。

1. 鹰嘴豆种子球蛋白和清蛋白的等电点

研究表明，提取获得的鹰嘴豆种子清蛋白和球蛋白的溶解性随 pH 变化的趋势明显不同。球蛋白的溶解性变化基本呈"V"形，而清蛋白的溶解性变化基本呈"√"形（图 1-1）。Kabuli 类型种子清蛋白的溶解性随 pH 的变化较为平缓（70.6%～90.0%），而 Desi 类型的变化则较大（39.0%～90.2%）。本研究测得的 Kabuli 类型种子球蛋白和清蛋白的等电点分别是 5.4 和 4.0，而 Desi 类型种子球蛋白和清蛋白的等电点分别是 5.2 和 4.0。两种鹰嘴豆类型之间种子球蛋白和清蛋白的等电点基本一致。

2. 鹰嘴豆种子 7S 和 10S 蛋白组分的等电点

以 Kumar 法（Kumar and Venkataraman，1980）制备的 10S 粗蛋白和盐析法（Suchkov et al.，1990）制备的 7S 粗蛋白为材料，分别测定其等电点，结果表明，10S 和 7S 蛋白组分的溶解性随 pH 变化的趋势明显不同；7S 蛋白组分的整体溶解性大于 10S 蛋白组分，前者的最低溶解度为 28.9%，而后者的最低溶解度只有 4.8%（图 1-2）。10S 蛋白组分在 pH 5.4 和 pH 6.0 时分别出现两个低点，可能是混有杂蛋白或是本身等电点不稳定造成的。7S 蛋白组分的溶解性变化大致呈"V"形，最低点在 pH 4.8 处，当 pH 小于 4.2 和 pH 大于 5.6 时，溶解度快速上升。

二、鹰嘴豆种子蛋白亚基的分子量

1. 鹰嘴豆种子总蛋白亚基的分子量

采用 ÄKTA prime plus 液相色谱系统分析，Kabuli 和 Desi 类型种子总蛋白凝胶过滤色谱图上都出现 8 个主要峰，且出峰位置基本一致（图 1-3）。利用蛋白标记

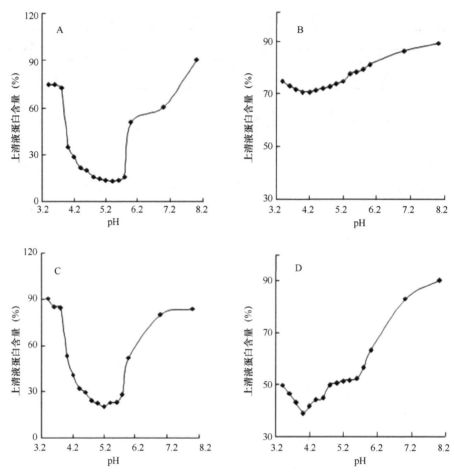

图 1-1 鹰嘴豆 Kabuli 和 Desi 类型种子球蛋白和清蛋白的等电点

A. Kabuli 类型种子球蛋白；B. Kabuli 类型种子清蛋白；C. Desi 类型种子球蛋白；D. Desi 类型种子清蛋白

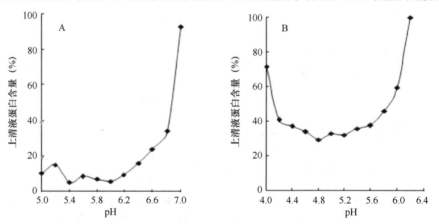

图 1-2 鹰嘴豆种子 10S 粗蛋白（A）和 7S 粗蛋白（B）的等电点

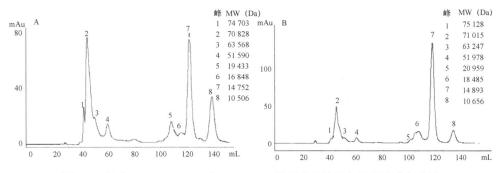

图1-3 鹰嘴豆Kabuli（A）和Desi（B）类型种子总蛋白凝胶过滤色谱图

标准曲线计算得到两种类型的总蛋白组分分子质量范围皆为 10～80kDa，两者间只有峰6对应的蛋白组分分子质量相差较大，其他对应组分分子质量近似。值得注意的是两种类型间各蛋白组分相对含量也有所不同，以峰2和峰7为例，在Kabuli类型中两组分含量接近1∶1（图1-3A）；而在Desi类型中却近似于1∶2.5（图1-3B）。此现象是类型差异，还是实验条件所致，还需进一步研究，而且各峰对应的具体蛋白成分和性质也须进一步研究。

　　SDS聚丙烯酰胺凝胶电泳（SDS-PAGE）图谱显示鹰嘴豆Kabuli和Desi类型种子总蛋白都分离出13个主要亚基带，且两种类型间无显著差异，比Ahmed等（1995）报道的19条带少（图1-4）。采用Quantity-One计算的Kabuli类型种子总蛋白主要亚基（1～13条带）分子质量（kDa）分别为86.22、78.25、71.01、56.87、53.72、50.75、38.78、36.26、34.18、26.67、24.65、20.84、17.67；Desi类型种子总蛋白主要亚基（1～13条带）分子质量（kDa）分别为82.41、74.85、69.46、56.00、53.19、48.61、38.29、36.02、33.84、30.90、26.56、21.37、17.20。Kabuli和Desi

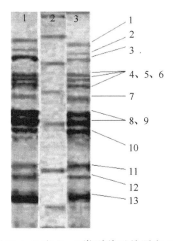

图1-4 鹰嘴豆Kabuli和Desi类型种子总蛋白SDS-PAGE图谱

泳道1～3. 分别是Kabuli、蛋白marker I和Desi

类型种子总蛋白的亚基分子质量范围为 17～87kDa，而 Ahmed 等（1995）报道的范围为 8～78kDa。

采用鹰嘴豆 Kabuli 类型与大豆品种'南郑早日黄'为材料，比较两者种子总蛋白亚基的电泳分布情况，发现大豆种子总蛋白亚基与鹰嘴豆种子总蛋白亚基分布明显不同，鹰嘴豆种子总蛋白亚基分布相对分散而均匀（图 1-5）。

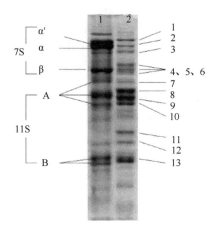

图 1-5 大豆与鹰嘴豆种子总蛋白 SDS-PAGE 图谱
泳道 1. 大豆；泳道 2. 鹰嘴豆

2. 鹰嘴豆种子清蛋白亚基的分子量

对制备得到的鹰嘴豆种子清蛋白进行 ÄKTA prime plus 液相色谱系统和 SDS-PAGE 分析。图 1-6A 是 Kabuli 类型种子清蛋白凝胶过滤色谱图，图 1-6B 是液相色谱收集的主要峰组分经透析脱盐、冻干所得蛋白的 SDS-PAGE 图谱。峰 1 成分比 Kabuli 类型种子清蛋白粗品亚基条带多，说明有杂质；峰 2 与清蛋白粗品差异较小；泳道 3 只得到一个清蛋白条带。用峰 2 作代表来分析 Kabuli 类型种子清蛋白的组成，采用 Quantity-One 计算得出其亚基分子质量为 19～63kDa，各主要亚基条带的分子质量（kDa）分别是 62.29、55.89、46.87、38.46、35.42、27.60、25.37、23.79、19.11。

与 Kabuli 类型种子清蛋白提取物相似，Desi 类型种子清蛋白峰 1 组分中也含有杂质；峰 2 和峰 3 是相对较纯的 Desi 类型种子清蛋白组分；峰 4 是单一组分，峰 5～8 蛋白含量太低，在电泳图谱上没有明显的蛋白条带（图 1-7）。采用 Quantity-One 综合分析泳道 2、3、4，得出 Desi 清蛋白亚基分子质量为 35～63kDa，各主要蛋白亚基条带的分子质量（kDa）是 62.21、52.96、49.03、44.68、36.67。

研究表明所得鹰嘴豆 Kabuli 和 Desi 类型种子清蛋白主要亚基的分子质量范围处于 Bhatty（1982）所报道的分子质量范围之内。

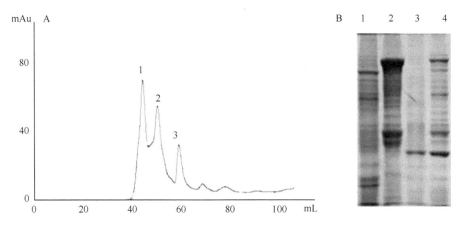

图 1-6 鹰嘴豆 Kabuli 类型种子清蛋白凝胶过滤色谱图（A）和主要峰收集物 SDS-PAGE 图谱（B）

泳道 1～3 分别对应其凝胶过滤色谱的峰 1、2、3；泳道 4 是 Kabuli 类型种子清蛋白粗品

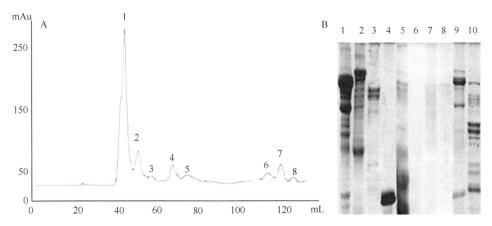

图 1-7 鹰嘴豆 Desi 类型种子清蛋白凝胶过滤色谱图（A）和主要峰收集物 SDS-PAGE 图谱（B）

泳道 1～8 分别对应其凝胶过滤色谱图中的峰 1～8；泳道 9 是 Desi 类型种子清蛋白粗品；

泳道 10 是 Desi 类型种子总蛋白

3. 鹰嘴豆种子球蛋白亚基的分子量

对制备得到的鹰嘴豆种子球蛋白进行 ÄKTA prime plus 液相色谱系统和 SDS-PAGE 分析。图 1-8 中峰 1 和峰 2 是 Kabuli 类型种子球蛋白的主要组分，杂质很少；峰 3 和峰 4 经透析只得到极微量的冻干物，再经电泳没有得到明显条带。这可能是在透析过程中降解或损失，具体原因还有待进一步研究。综合分析泳道 1、2，得出 Kabuli 类型种子球蛋白亚基的分子质量（kDa）为 46.24、39.53、38.31、36.69、27.33、24.93、23.31、19.28、17.75、15.35。

图 1-9 中 Desi 类型种子球蛋白峰 1 收集物与其球蛋白粗品的亚基条带分布基本一致，峰 2 只出现两条明显条带，峰 3 和峰 4 没有得到明显条带。综合分析得

出，Desi 类型种子球蛋白亚基的分子质量（kDa）为 47.60、40.10、38.32、37.08、27.66、25.00、23.73、19.68、17.99、15.51。

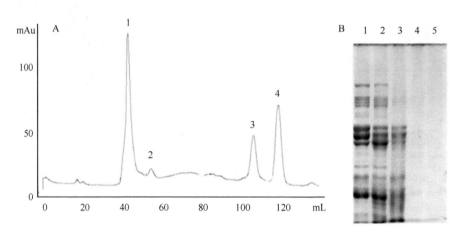

图 1-8 鹰嘴豆 Kabuli 类型种子球蛋白凝胶过滤色谱图（A）和主要峰收集物 SDS-PAGE 图谱（B）
泳道 1 为 Kabuli 类型种子球蛋白粗品；泳道 2～5 分别对应其凝胶过滤色谱中的峰 1～4 的组分

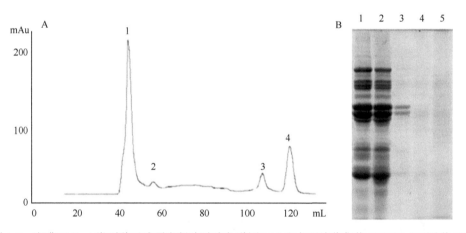

图 1-9 鹰嘴豆 Desi 类型种子球蛋白凝胶过滤色谱图（A）和主要峰收集物 SDS-PAGE 图谱（B）
泳道 1 为 Desi 类型种子球蛋白粗品；泳道 2～5 分别对应其凝胶过滤色谱中的峰 1～4 的组分

　　实验中显示，提取的球蛋白纯度较高，而清蛋白纯度相对较低。清蛋白是水溶性蛋白，球蛋白是盐溶性蛋白，提取过程中少量球蛋白会因为提取液中的盐分而一起提取出来，所以鹰嘴豆清蛋白的提取方法还需改进。根据溶解度不同对蛋白进行分类比较方便，但同一蛋白可能会溶于多个溶解系统，造成提取成分的不纯。一般认为，根据沉降系数对蛋白进行分类更合理，因此可利用超速离心技术进一步对鹰嘴豆种子贮藏蛋白进行研究。

4. 大豆与鹰嘴豆种子清蛋白和球蛋白亚基比较

采用 Bhatty（1982）和 Franco 等（1997）提出的方法分别制得大豆与鹰嘴豆种子清蛋白及球蛋白，再分别进行 SDS-PAGE 分析。从电泳图谱上可发现它们的亚基分布明显不同：鹰嘴豆 Kabuli 类型种子清蛋白和球蛋白的亚基条带明显多于大豆种子清蛋白和球蛋白的亚基条带，而 Desi 类型种子球蛋白的亚基条带明显多于大豆种子球蛋白的亚基条带（图 1-10）。鹰嘴豆 Kabuli 和 Desi 类型种子球蛋白电泳图谱非常相似，但清蛋白电泳图谱差异较大。

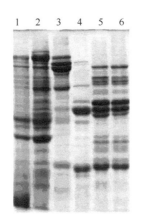

图 1-10　大豆与鹰嘴豆种子清蛋白和球蛋白 SDS-PAGE 图谱

泳道 1~3 分别是大豆、Kabuli 和 Desi 类型种子清蛋白；泳道 4~6 分别是大豆、Kabuli 和 Desi 类型种子球蛋白

第二节　鹰嘴豆种子 7S 和 10S 蛋白组分的分离提取

普通的等电点法无法很好地分离制备鹰嘴豆种子 10S 和 7S 蛋白组分，本研究通过优化提取环节和流程，建立了分离制备鹰嘴豆种子 7S 和 10S 蛋白组分的基本方法及其流程。

鹰嘴豆种子蛋白主要成分是贮藏蛋白组分 7S 和 10S。研究 7S 和 10S 蛋白组分提取工艺可为加工利用鹰嘴豆奠定基础。

一、采用已知方法分离鹰嘴豆种子 7S 和 10S 蛋白组分

为了分离提取鹰嘴豆种子 7S 和 10S 蛋白组分，分别采用 Kumar 法（Kumar and Venkataraman，1980）和大豆冷沉淀法制备 10S 蛋白，采用蚕豆盐析法（Suchkov et al.，1990）、Kumar 缓冲液蛋白提取系统——超速离心法（Kumar and Venkataraman，1978，1980）和 Wolf 缓冲液蛋白提取系统——超速离心法（Wolf and Briggs，1956）

制备 7S 与 10S 蛋白组分。制备后的蛋白，采用 SDS-PAGE 分析。研究发现，Kumar 法（泳道 5、6）、大豆冷沉淀法（泳道 7、8）和 2 种超速离心法（60 000r/min）（泳道 14、16）制备的 10S 蛋白组分电泳图谱与球蛋白电泳图谱（泳道 3、4）基本一致，说明这些方法分离制备 10S 蛋白组分的效果较差（图 1-11）。而采用蚕豆盐析法（泳道 11、12）和 2 种超速离心法（60 000r/min）（泳道 13、15）分离制备 7S 蛋白组分效果较好，但采用蚕豆盐析法提取 10S 蛋白组分则没有制备到蛋白（泳道 9、10）（图 1-11）。相对而言，采用 Kumar 法（泳道 5、6）和 Wolf 缓冲液蛋白提取系统——超速离心法（泳道 16）制备 10S 蛋白组分的得率相对较高。

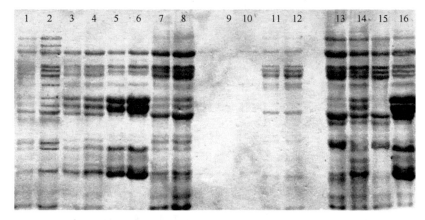

图 1-11　多种方法提取的鹰嘴豆种子 10S 和 7S 蛋白组分的 SDS-PAGE 图谱

泳道 1、2 是总蛋白，泳道 3、4 是球蛋白，泳道 5、6 是 Kumar 法提取的 10S 蛋白；泳道 7、8 是大豆冷沉淀法提取的 10S 蛋白；泳道 9、10 是蚕豆盐析法提取的 10S 蛋白；泳道 11、12 是蚕豆盐析法提取的 7S 蛋白；泳道 13、14 分别是采用 Kumar 缓冲液蛋白提取系统——超速离心法分别制备的 7S 和 10S 蛋白；泳道 15、16 分别是采用 Wolf 缓冲液蛋白提取系统——超速离心法分别制备的 7S 和 10S 蛋白。在泳道 1~12 两两重复样中，后者点样蛋白浓度是前者的 1.5 倍

超速离心法可以将蛋白按沉降系数分开，在实验中也不会混入过多的其他杂质，但比较费时，成本也较高，而普通差速离心不能完全分开沉降系数差别较小的几种蛋白。冷沉淀法提取大豆蛋白效果很好，但制备鹰嘴豆种子 10S 蛋白组分效果没有优越性（泳道 7、8）。蚕豆盐析法制备 7S 蛋白组分纯度较好，但得率低（泳道 11、12）。

根据图 1-11 的结果，分别选取泳道 2、4、5、15 的蛋白作代表，对鹰嘴豆种子 7S 和 10S 蛋白组分亚基条带做出初步划分，结果表明，与总蛋白（泳道 2）和球蛋白（泳道 4）对照相比，7S 蛋白组分主要包括 3、4、5、6、10 等 5 条亚基；10S 蛋白组分主要包括 8、9、12、13 等 4 条亚基（图 1-12）。通过 Quantity-One 计算得 7S 蛋白组分各主要亚基条带对应的分子质量（kDa）分别为 71.01、56.87、53.72、50.75、26.67；10S 蛋白组分各主要亚基条带对应的分子质量（kDa）分别为 36.26、34.18、20.84、17.67。

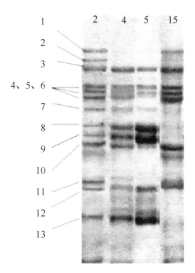

图 1-12 鹰嘴豆种子 10S 和 7S 粗蛋白 SDS-PAGE 图谱

泳道 2、4、5、15 对应于图 1-11 中的泳道 2（总蛋白）、4（球蛋白）、5（10S 组分）、15（7S 组分）

二、参照 Nagano 法制备鹰嘴豆种子 7S 和 10S 蛋白组分

为了系统地构建鹰嘴豆种子 7S 和 10S 蛋白组分分离制备方法，特参照制备大豆种子 7S 和 11S 蛋白组分的 Nagano（1992）法（略作修改），采用等电点法来实现（图 1-13）。

1. 粗调 pH 制备 10S 和 7S 蛋白组分

制备 10S 组分时，粗调 pH 范围采用 5.0～7.0（图 1-13，步骤①），而制备 7S 组分时，粗调 pH 范围采用 4.0～6.0（图 1-13，步骤③），每隔 0.2h 测一次，各取 11 个 pH 点。从图 1-14 中可看出：随着 pH 的升高，10S 蛋白组分的提取效率变得相对越来越低，而且泳道 1～11 中都混有较高浓度的 7S 蛋白，说明粗调 pH 未能获得良好的 10S 蛋白组分的分离效果。相对而言，pH 6.0 左右（泳道 6）时提取效果略好。考虑到低 pH 会造成更多 7S 蛋白的沉淀，影响到制备的 10S 蛋白组分的纯度，同时又需考虑到 pH≥6.2，会造成 10S 蛋白沉淀不完全，所以在下文研究中 10S 蛋白组分等电点暂定为 6.2。

7S 蛋白组分是采用提取过 10S 蛋白组分后的蛋白水溶液进行再提取获得的。从图 1-15 可看出，随着 pH 的升高，获得的蛋白浓度也越来越高，但 pH≥5.2（泳道 7）以后，7S 蛋白组分中又开始混杂有较多的 10S 蛋白，因此，制备 7S 蛋白组分的 pH 不应超过 5.2。

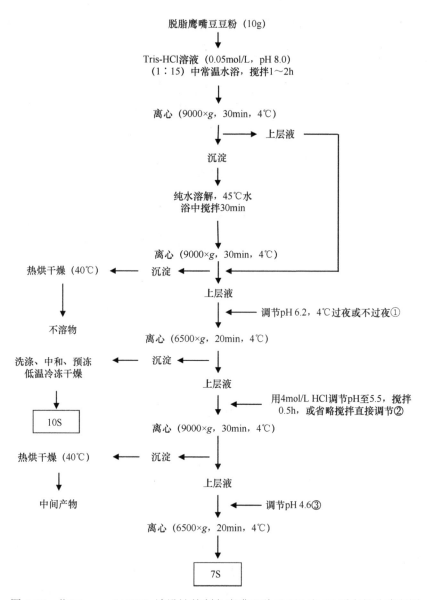

图 1-13　仿 Nagano（1992）法设计的制备鹰嘴豆种子 10S 和 7S 蛋白组分流程图

2. 微调 pH 制备 10S 和 7S 蛋白组分

根据粗调 pH 的研究结果，局部微调 pH 制备 10S 和 7S 蛋白组分，每隔 0.1h 测定一次。制备 10S 蛋白组分的 pH 取值范围为 5.8～6.5（图 1-13，步骤①），共计取点 8 个；制备 7S 蛋白组分的 pH 取值范围为 4.6～5.0（图 1-13，步骤③），共计取点 5 个。

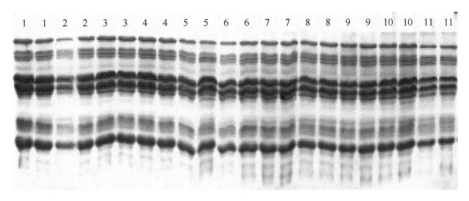

图 1-14 粗调 pH（5.0～7.0）制备的鹰嘴豆种子 10S 蛋白组分 SDS-PAGE 图谱

泳道 1～11 对应的 pH 分别是 5.0、5.2、5.4、5.6、5.8、6.0、6.2、6.4、6.6、6.8、7.0，每个点重复 2 次

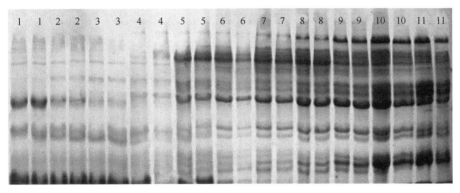

图 1-15 粗调 pH（4.0～6.0）制备的鹰嘴豆种子 7S 蛋白组分的 SDS-PAGE 图谱

泳道 1～11 对应的 pH 分别是 4.0、4.2、4.4、4.6、4.8、5.0、5.2、5.4、5.6、5.8、6.0，每个点重复 2 次

从微调 pH 制备 10S 蛋白组分的结果（表 1-3）来看，效果依然不佳。当 pH 低于 6.2 时，10S 蛋白得率超过 50%，这与 Kumar 和 Venkataraman（1978）获得的蛋白组分含量 2S∶7S∶10S≈1∶4∶5 的结果明显相悖，说明制备的 10S 蛋白组分中混有较多的杂蛋白。在 pH 大于 6.2 以后，虽然 10S 蛋白得率小于 50%，但从 SDS-PAGE 图谱（图 1-16）可以看出，杂蛋白含量依然很多，说明 pH 上调引起的是 10S 和 7S 蛋白组分沉淀率的下降。这表明 pH 在 5.8～6.5 时，任一 pH 下制备 10S 组分都有不少 7S 组分混入，说明单纯的等电点沉淀法无法很好地分离提取 7S 和 10S 蛋白组分，此点与大豆蛋白 11S 和 7S 蛋白组分提取分离的情况明显不同。

表 1-3 微调 pH 制备 10S 蛋白组分的得率（平均值±标准差，$n=2$）

pH	5.8	5.9	6.0	6.1	6.2	6.3	6.4	6.5
10S 蛋白得率（%）	62.0±0.12	60.5±0.28	60.3±0.13	56.1±0.22	50.0±0.31	48.7±0.35	47.6±0.17	45.1±0.26

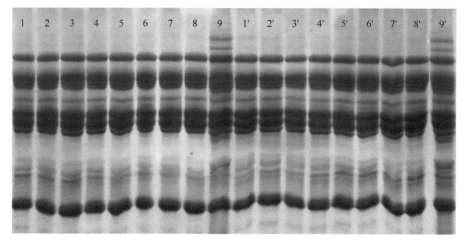

图 1-16　微调 pH（5.8～6.5）制备的鹰嘴豆种子 10S 蛋白组分的 SDS-PAGE 图谱

泳道 1～8 是制备的 10S 蛋白，对应的 pH 分别为 5.8、5.9、6.0、6.1、6.2、6.3、6.4、6.5；
泳道 9 是总蛋白；1'～9'是 1～9 的重复

在微调 pH 制备 7S 蛋白组分中，增加了调节 pH 去除中间产物的步骤（图 1-13，步骤②），本实验取值 5.5，以便远离 10S 蛋白组分的沉降点（pH 6.2），以及 7S 蛋白组分的沉降点（pH 4.8）。结果表明，在增加了调节 pH 去除中间产物步骤的条件下，pH 越低，越有利于 7S 蛋白的沉淀。当 pH 为 4.6 时（第 1 泳道），7S 蛋白得率达到 20%（表 1-4）。除 pH 5.0 外，其他 pH 条件下所得的 7S 蛋白组分的纯度都较高。取 pH 5.0 时，不仅蛋白得率下降，而且从 SDS-PAGE 图谱（图 1-17）

表 1-4　微调 pH 制备 7S 蛋白组分的得率（平均值±标准差，$n=2$）

pH	4.6	4.7	4.8	4.9	5.0
7S 蛋白得率（%）	20.0±0.29	16.1±0.25	12.8±0.37	10.5±0.11	8.66±0.18

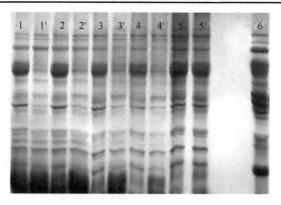

图 1-17　微调 pH（4.6～5.0）制备的鹰嘴豆种子 7S 蛋白组分的 SDS-PAGE 图谱

泳道 1～5 是制备的 7S 蛋白，对应的 pH 分别为 4.6、4.7、4.8、4.9、5.0；泳道 6 是总蛋白；
泳道 1～5 增加了调 pH 至 5.5 的中间步骤；泳道 1'～5'没有增加调 pH 至 5.5 的中间步骤

中可以看出还混有较多的 10S 蛋白。所以结合前面等电点曲线图的结果，取 pH 4.6 为 7S 蛋白组分的沉降点。

三、参照 Nagano（1992）法制备鹰嘴豆种子 7S 和 10S 蛋白组分方法的优化

由于参照 Nagano（1992）法不能很好地分离制备鹰嘴豆种子 10S 和 7S 蛋白组分，因此，进一步通过对该方法不同蛋白提取液、NaCl 提取液的稀释倍数、提取液与水稀释法相结合等条件进行优化，以期构建出效果较好的鹰嘴豆种子 7S 和 10S 蛋白组分分离提取方法。

1. 不同蛋白提取液对鹰嘴豆种子蛋白组分分离提取的影响

用 Tris-HCl（0.03mol/L，pH 8.5）、硼酸（0.01mol/L，pH 8.5～9.0）、磷酸缓冲液（32.5mmol/L K_2HPO_4，2.6mmol/L KH_2PO_4，pH 7.5）和水（pH 8.5～9.0）4 种提取液（2h，4℃）分别提取鹰嘴豆种子蛋白，并把提取步骤分成过夜和不过夜两种情况。结果表明，3 种提取溶液的蛋白总提取率都超过了 90%，其中以 Tris-HCl 最高，达 97.9%，而单一的水溶液提取率却只有 70.9%。在此基础上，在提取 10S 蛋白时，将 pH 调节到 6.2，溶液放置过夜后的 10S 和 7S 蛋白的得率普遍高于未放置过夜的得率，说明低温静置有助于蛋白的沉淀（表 1-5）。4 种蛋白提取液提取的 10S 蛋白中都混有部分 7S 蛋白，而提取的 7S 蛋白相对较纯，但得率较低（图 1-18）。

表 1-5　不同蛋白提取液的提取率及制备 10S 和 7S 蛋白组分的得率（平均值±标准差，$n=2$）

提取液种类	总蛋白提取率（%）	不过夜		过夜	
		10S 蛋白得率（%）	7S 蛋白得率（%）	10S 蛋白得率（%）	7S 蛋白得率（%）
Tris-HCl	97.9±0.24	50.5±0.11	8.91±0.19	53.4±0.28	11.9±0.37
水	70.9±0.39	11.8±0.07	7.71±0.22	11.8±0.31	11.8±0.18
硼酸	95.4±0.16	45.8±0.36	11.2±0.13	51.9±0.25	12.2±0.15
磷酸缓冲液	93.4±0.28	31.4±0.45	9.00±0.23	35.9±0.22	13.7±0.16

2. NaCl 提取液的稀释倍数对鹰嘴豆种子蛋白组分分离提取的影响

用 10% NaCl 溶液提取鹰嘴豆脱脂粉，溶液 pH 为 8.5～9.0，提取上清液分别加 6 倍、7 倍、8 倍、9 倍、10 倍体积的水稀释后过夜。利用 10% NaCl 提取鹰嘴豆种子蛋白的总提取率可达 90%。10S 蛋白组分得率在加 9 倍体积的水稀释 NaCl 提取液时得率较高，可达 50%，而 7S 蛋白组分得率也可达到 29.1%（表 1-6）。在 SDS-PAGE 图谱上（图 1-19）也可看出制备的 7S 蛋白组分纯度较高。而在加 6

倍、7 倍体积水稀释 NaCl 提取液时，10S 蛋白组分得率低，且 7S 蛋白组分中混有杂蛋白，说明之前步骤中没有完全沉淀的 10S 蛋白在提取 7S 蛋白时一起沉淀。在加 10 倍水稀释 NaCl 提取液时，10S 蛋白组分得率增加并不明显，且 7S 蛋白组分得率略有下降。Kumar 和 Venkataraman（1978）的研究认为鹰嘴豆种子中 2S、7S、10S 三者的蛋白含量比大约为 1：4：5，同时考虑应用时的成本，确定加入 9 倍体积水稀释 NaCl 提取液最为适宜。

在此实验中未设调节 pH 去除中间产物的步骤，后面的实验中可增设此步骤。

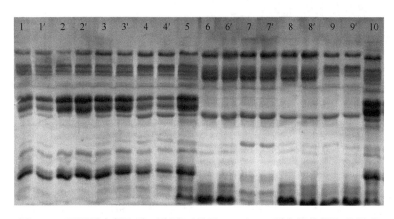

图 1-18　不同蛋白提取液对鹰嘴豆种子 10S 和 7S 蛋白组分提取的影响

泳道 1. Tris-HCl 提取液提取的 10S 蛋白（不过夜）；泳道 1′. Tris-HCl 提取液提取的 10S 蛋白（过夜）；泳道 2. 磷酸缓冲液提取的 10S 蛋白（不过夜）；泳道 2′. 磷酸缓冲液提取的 10S 蛋白（过夜）；泳道 3. 硼酸提取液提取的 10S 蛋白（不过夜）；泳道 3′. 硼酸提取液提取的 10S 蛋白（过夜）；泳道 4. 水溶液提取的 10S 蛋白（不过夜）；泳道 4′. 水溶液提取的 10S 蛋白（过夜）；泳道 5 和 10. 鹰嘴豆总蛋白；泳道 6. Tris-HCl 提取液提取的 7S 蛋白（不过夜）；泳道 6′. Tris-HCl 提取液提取的 7S 蛋白（过夜）；泳道 7. 磷酸缓冲液提取的 7S 蛋白（不过夜）；泳道 7′. 磷酸缓冲液提取的 7S 蛋白（过夜）；泳道 8. 硼酸提取液提取的 7S 蛋白（不过夜）；泳道 8′. 硼酸提取液提取的 7S 蛋白（过夜）；泳道 9. 水溶液提取的 7S 蛋白（不过夜）；泳道 9′. 水溶液提取的 7S 蛋白（过夜）

表 1-6　NaCl 提取液的稀释倍数及制备 10S 和 7S 蛋白组分的得率（平均值±标准差，$n=2$）

稀释倍数	10S 蛋白得率（%）	7S 蛋白得率（%）
加 6 倍水	45.2±0.25	36.4±0.39
加 7 倍水	45.2±0.32	39.6±0.11
加 8 倍水	47.6±0.36	29.1±0.20
加 9 倍水	50.0±0.21	29.1±0.27
加 10 倍水	50.4±0.41	27.5±0.33

3. 提取液与水稀释法相结合对鹰嘴豆种子蛋白组分分离提取的影响

在上述 Tris-HCl（0.03mol/L，pH 8.5）、硼酸（0.01mol/L，pH 8.5～9.0）、

磷酸缓冲液（32.5mmol/L K$_2$HPO$_4$，2.6mmol/L KH$_2$PO$_4$，pH 7.5）3 种提取液中分别加入 10%的 NaCl 溶液，形成 Tris-10% NaCl（Tris-NaCl）、硼酸-10% NaCl（B-NaCl）、磷酸-10% NaCl（P-NaCl）提取液用于鹰嘴豆种子蛋白的提取。同时实验过程中，在提取 10S 蛋白组分时又分成两种情况：一种是不调 pH，保持提取液的自然 pH；另一种是调节 pH 到 6.2。实验结果表明，3 种提取液的提取效果都不及加 9 倍水稀释 NaCl 提取液法，表现在 10S 蛋白组分和 7S 蛋白组分得率都较低（表 1-6，表 1-7），而且 10S 蛋白组分纯度不高（图 1-20）。保持提取液自然 pH 状况下，10S 蛋白组分的得率明显高于调 pH 至 6.2 时的得率（表 1-7），这是因为提取液在自然状况下，其 pH 都低于 6.2，提高了总蛋白的沉降率，导致其得率偏高。这也可从 SDS-PAGE 图谱中看出 10S 蛋白中混有不少杂蛋白（图 1-20）。调节 pH 至 6.2 除去 10S 蛋白后，再调节 pH 至 4.6，可提高 7S 蛋白组分的得率。

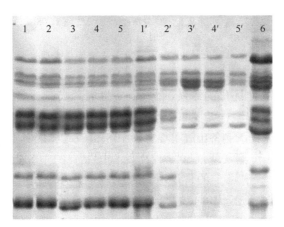

图 1-19　NaCl 提取液的稀释倍数对鹰嘴豆种子 10S 和 7S 蛋白组分提取的影响

泳道 1. NaCl 提取液加 6 倍水稀释所得 10S 蛋白；泳道 2. NaCl 提取液加 7 倍水稀释所得 10S 蛋白；泳道 3. NaCl 提取液加 8 倍水稀释所得 10S 蛋白；泳道 4. NaCl 提取液加 9 倍水稀释所得 10S 蛋白；泳道 5. NaCl 提取液加 10 倍水稀释所得 10S 蛋白。泳道 1′. 与泳道 1 对应的 7S 蛋白；泳道 2′. 与泳道 2 对应的 7S 蛋白；泳道 3′. 与泳道 3 对应的 7S 蛋白；泳道 4′. 与泳道 4 对应的 7S 蛋白；泳道 5′. 与泳道 5 对应的 7S 蛋白；泳道 6. 鹰嘴豆总蛋白

表 1-7　提取液与水稀释法相结合制备 10S 和 7S 蛋白组分的得率（%）

提取液种类	总蛋白提取率（%）	10S 蛋白得率（不调 pH）	7S 蛋白得率（pH 4.6）	10S 蛋白得率（pH 6.2）	7S 蛋白得率*（pH 4.6）
Tris-NaCl	93.2	48.2（pH 5.73）	18.2	21.9	22.7
P-NaCl	91.3	35.0（pH 5.96）	15.6	27.0	23.3
B-NaCl	95.6	30.6（pH 5.42）	20.1	29.4	21.3

*表示调节 pH 至 6.2 除去 10S 蛋白后，再调节 pH 至 4.6

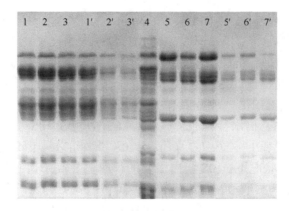

图 1-20　提取液与水稀释法相结合所提取鹰嘴豆种子 10S 和 7S 蛋白的 SDS-PAGE 图谱

泳道 1. Tris-HCl+10% NaCl 提取液制备的 10S 蛋白，不调 pH；泳道 2. 磷酸缓冲液+10% NaCl 提取液制备的 10S 蛋白，不调 pH；泳道 3. 硼酸+10% NaCl 提取液制备的 10S 蛋白，不调 pH。泳道 1′～3′. 提取液分别与泳道 1～3 的提取液相同，但都调 pH 至 6.2 制备的 10S 蛋白；泳道 4. 总蛋白；泳道 5～7. 分别是用泳道 1～3 提取 10S 蛋白后的上清液调 pH 至 4.6 所得的 7S 蛋白；泳道 5′～7′. 分别是泳道 1′～3′提取 10S 蛋白后的上清液调 pH 至 4.6 所得的 7S 蛋白

4. 提取流程的最终确定

根据上述几个条件优化的结果，最终确定提取分离制备鹰嘴豆种子 10S 和 7S 蛋白组分的基本条件和流程如图 1-21 所示。

根据此条件和流程，制备出鹰嘴豆种子 10S 和 7S 蛋白组分。采用 ÄKTA prime plus 液相色谱系统，检测发现依据图 1-21 流程图制备的 10S 蛋白组分出现两个主要峰（图 1-22A），其中峰 1 的含量达到 80% 以上。7S 蛋白组分色谱图仅出现一个主要峰（图 1-22B），且出峰位置与图 1-22A 中的峰 2 位置相同。结合图 1-23 的结果，说明制备的 10S 粗蛋白中混杂了部分 7S 蛋白，而制备的 7S 蛋白组分相对较纯。

以上研究结果表明本研究制定的提取路线和相应的条件基本可行，但仍存在 10S 蛋白组分纯度不高、7S 蛋白组分得率偏低的问题。

采用本研究确定的鹰嘴豆种子 10S 和 7S 蛋白组分提取分离的流程，在提取 10S 蛋白组分时，采用的水量较多（图 1-21），给实验带来了一定程度的不便，但此提取方法，蛋白提取率达到了可接受的程度，且提取过程中几乎无其他干扰和污染物掺入，这对于食品生产工艺很重要。同时在实验过程中所用来稀释蛋白提取液的水可以回收重复利用。

本研究中采用图 1-21 流程图制备的蛋白，先经凝胶过滤色谱纯化，所得 10S 和 7S 蛋白组分纯品，在中国科学院生物物理研究所分别进行沉降系数的测定，测定结果表明，采用图 1-21 流程图所制备的 10S 和 7S 蛋白组分与超速离心所得 10S 和 7S 蛋白组分有 90% 的同一性。

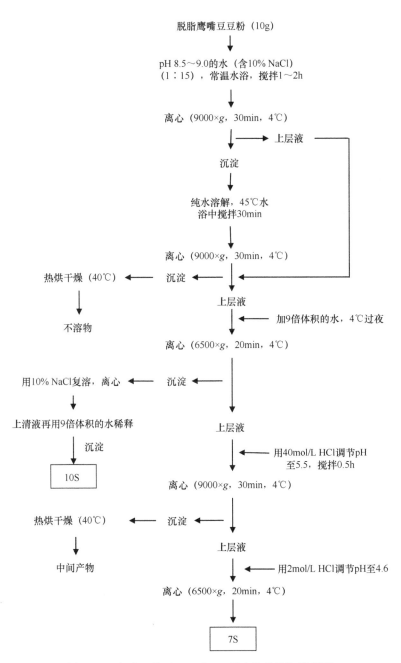

图 1-21　鹰嘴豆种子 10S 和 7S 蛋白组分提取流程图

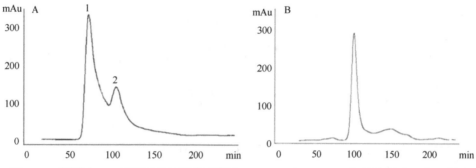

图 1-22　根据图 1-21 流程制备的鹰嘴豆种子 10S（A）和 7S（B）粗蛋白凝胶过滤色谱图

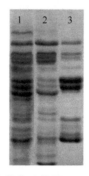

图 1-23　根据图 1-21 流程制备的鹰嘴豆种子 10S 和 7S 蛋白组分的 SDS-PAGE 图谱

泳道 1～3. 分别是鹰嘴豆总蛋白、7S 蛋白组分、10S 蛋白组分

第三节　酶解法制备鹰嘴豆蛋白肽

蜂蜜曲霉蛋白酶（proteinase from *Aspergillus melleus*，酶活力 3.7U/mg）水解反应条件为 pH 7、55℃、酶/底物浓度比（E/S）9%、5h 时，底物鹰嘴豆分离蛋白质水解度（degree of hydrolysis，DH）最高，达 19.5%；水解反应条件为 pH 8、55℃、E/S 3%、3h 时制备的鹰嘴豆蛋白肽抗氧化性最好，抗氧化系数（Pf）为 2.21。枯草杆菌蛋白酶（proteinase from *Bacillus* sp.，酶活力≥16U/g）水解反应条件为 pH 8、65℃、E/S 9%、5h 时，底物鹰嘴豆分离蛋白质水解度为 13.5%；水解反应条件为 pH 12、65℃、E/S 6%、1h 时制备的鹰嘴豆蛋白肽具有最好的抗氧化性，Pf 为 2.35。

鹰嘴豆蛋白含量丰富，氨基酸种类齐全，近年来鹰嘴豆蛋白的开发利用越来越被重视。例如，鹰嘴豆蛋白可作为天然乳化剂来稳定乳状体系（Moser et al.，2020；Glusac et al.，2020），还可添加到面包中作为蛋白强化剂（Xing et al.，2021）。蛋白肽因其易吸收、抗氧化性能好等优点，也是蛋白质开发利用的研究热点。本书采用蜂蜜曲霉蛋白酶（proteinase from *Aspergillus melleus*，酶活力 3.7U/mg）和枯草杆菌蛋白酶（proteinase from *Bacillus* sp.，酶活力≥16U/g）对鹰嘴豆分离蛋白进行酶解反应制备活性肽。由于同种蛋白酶对同种底物在不同条件下制备的肽产物存在差异，因此有必要对蜂蜜曲霉蛋白酶和枯草杆菌蛋白酶制备的活性肽最佳作用条件进行研究。

一、蜂蜜曲霉蛋白酶水解鹰嘴豆蛋白制备活性肽的最佳条件

根据蜂蜜曲霉蛋白酶自身最适反应条件（pH 8～10，40～50℃），采用正交实验，确定四因素三水平表 $L_9(3^4)$（表1-8）进行正交实验设计及实验。

表1-8 蜂蜜曲霉蛋白酶水解反应条件四因素三水平表 $L_9(3^4)$

水平	因素			
	pH	温度（℃）	酶/底物浓度值（%）	反应时间（h）
1	7	35	3	1
2	8	45	6	3
3	9	55	9	5

蜂蜜曲霉蛋白酶水解反应条件的正交实验表及实验结果列于表1-9。9次平行实验制备的蛋白肽平均水解度（DH）为15.2%，反应2、3、4、5、7的DH都超过了平均水解度。通过极差（R）分析发现酶/底物浓度值（E/S）是影响水解度最主要的因素，其次是水解反应时间（h），然后是反应温度，而pH对水解度的影响最小。从水解度（DH）角度来看，反应条件为 pH 7、55℃、E/S 9%、5h 时获得的 DH 最高，达 19.5%；反应条件为 pH 9、55℃、E/S 6%、1h 时获得的 DH 最低，为 8.9%。

表1-9 蜂蜜曲霉蛋白酶水解反应条件正交实验表

序号	pH	温度（℃）	酶/底物浓度比（%）	反应时间（h）	水解度（%）	抗氧化系数（Pf）
1	7	35	3	1	10.6f	1.71cd
2	7	45	6	3	17.9c	1.59e
3	7	55	9	5	19.5a	1.59e
4	8	35	6	5	18.6b	1.53e
5	8	45	9	1	17.4c	1.68cd
6	8	55	3	3	11.4e	2.21a
7	9	35	9	3	18.7b	1.76c
8	9	45	3	5	13.9d	2.06b
9	9	55	6	1	8.9g	2.00b
K_{D1}	48.0	47.9	35.9	36.9		
K_{D2}	47.4	49.2	45.4	48.0		

续表

序号	pH	温度（℃）	酶/底物浓度比（%）	反应时间（h）	水解度（%）	抗氧化系数（Pf）
K_{D3}	41.5	39.8	55.6	52.0	136.9 (T_D)	
$\bar{K}_{D1}$	16.0	16.0	12.0	12.3	15.2 ($\bar{X}_D$)	
$\bar{K}_{D2}$	15.8	16.4	15.1	16.0		
$\bar{K}_{D3}$	13.8	13.2	18.5	17.3		
R_D	2.2	3.2	6.5	5.0		
K_{P1}	4.89	5.00	5.98	5.39		
K_{P2}	5.42	5.33	5.12	5.56		16.13 (T_P)
K_{P3}	5.82	5.80	5.03	5.18		1.79 ($\bar{X}_P$)
$\bar{K}_{P1}$	1.63	1.67	1.99	1.80		
$\bar{K}_{P2}$	1.80	1.78	1.71	1.85		
$\bar{K}_{P3}$	1.94	1.93	1.68	1.73		
R_P	0.31	0.26	0.31	0.12		

注：水解度. 采用三硝基苯磺酸法（TNBS 法）测定（Adler-Nissen，1979）；抗氧化系数（Pf）. 采用硫氰酸铁法测定（Chen et al., 1995；翁新楚和吴侯，2000），Pf=IP$_{antiox}$（加入抗氧化剂后的亚油酸溶液的氧化诱导期）/IP$_{control}$（未加入抗氧化剂的亚油酸溶液的氧化诱导期）。K_D 为 DH 同一水平实验之和；K_P 为 Pf 同一水平实验之和；R 为极差。表中数值后面的不同字母代表差异显著性（$P<0.05$）；下同

　　油脂的自动氧化可大致分成 3 个阶段：诱导期、传播期、终止期。所有油脂都具有一定程度的自身抗氧化能力，初期时氧化速度很慢，当达到一定氧化程度后速度会大大增加，一般将油脂加速氧化前的这段时间称为油脂的氧化诱导期（张根旺，1999）。氧化诱导期愈长，说明抗氧化剂的抗氧化性愈强。抗氧化系数（Pf）是一个目前常用的衡量抗氧化剂抗氧化性强弱的指数。从图 1-24 可看出蜂蜜曲霉蛋白酶水解反应制备的 9 种肽的氧化诱导期都超过了空白亚油酸，平均 Pf 达到 1.79。当 OD$_{500nm}$ 值小于 0.3 时，氧化曲线变化缓慢；但从第 5 天以后，即 OD$_{500nm}$ 值超过 0.3 后，氧化曲线迅速抬升。极差分析得出，影响蜂蜜曲霉蛋白酶水解反应制备的蛋白肽的抗氧化性最主要因素是 pH 和 E/S，而反应时间影响最小，其中以 6 号反应（pH 8，55℃，E/S 3%，3h）获得的蛋白肽的 Pf 为最大，为 2.21（表 1-9）。

二、枯草杆菌蛋白酶水解鹰嘴豆蛋白制备活性肽的最佳条件

　　根据枯草杆菌蛋白酶自身最适反应条件（pH 8～12，40～70℃），采用正交实验，确定四因素三水平表 L$_9$(3^4)（表 1-10）进行正交实验设计及实验。

　　枯草杆菌蛋白酶水解反应条件的正交实验表及实验结果列于表 1-11。9 次平行实验制备的蛋白肽平均 DH 为 11.8%，比蜂蜜曲霉蛋白酶制备的蛋白肽平均 DH

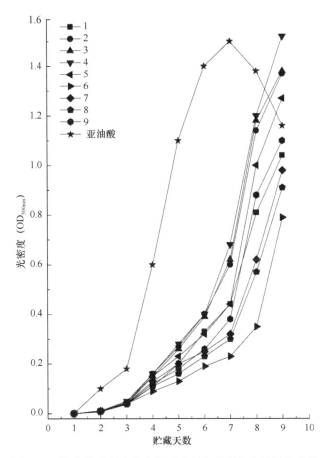

图 1-24 蜂蜜曲霉蛋白酶水解反应制备的蛋白肽的氧化曲线

表 1-10 枯草杆菌蛋白酶水解反应条件四因素三水平表 $L_9(3^4)$

水平	因素			
	pH	温度（℃）	酶/底物浓度比（%）	反应时间（h）
1	8	45	3	1
2	10	55	6	3
3	12	65	9	5

（15.2%）要低，只有反应 2、3、4 的 DH 超过了平均水解度。通过极差分析发现 pH 是影响水解度的最主要因素，其次是 E/S，而反应温度对水解度的影响最小。从水解度角度来看，2、3、4 号反应获得了最好的水解度，DH 达到了 13.5%。同样极差分析得出，影响枯草杆菌蛋白酶水解反应制备的蛋白肽抗氧化性最主要因素是 pH 和反应温度，而 E/S 影响最小。9 种蛋白肽的平均 Pf 达到 2.01（图 1-25），比蜂蜜曲霉蛋白酶水解反应所制备的 9 种蛋白肽的平均 Pf（1.79）要高（图 1-24），

说明枯草杆菌蛋白酶水解反应所制备的蛋白肽的抗氧化能力总体水平高于蜂蜜曲霉蛋白酶水解反应所制备的蛋白肽，其中以 9 号反应（pH 12，65℃，E/S 6%，1h）获得的蛋白肽的 Pf 最大，为 2.35。

表 1-11 枯草杆菌蛋白酶水解反应条件正交实验表

序号	pH	温度（℃）	酶/底物浓度比（%）	反应时间（h）	水解度（%）	抗氧化系数（Pf）
1	8	45	3	1	11.7c	1.91f
2	8	55	6	3	13.5b	1.82h
3	8	65	9	5	13.5a	1.88f
4	10	45	6	5	13.5b	1.76h
5	10	55	9	1	10.7e	1.97d
6	10	65	3	3	10.8de	2.00d
7	12	45	9	3	11.7cd	2.15c
8	12	55	3	5	9.9e	2.26b
9	12	65	6	1	10.7e	2.35a
K_{D1}	38.7	36.9	33.2	33.1		
K_{D2}	35.0	34.1	37.7	36.0		
K_{D3}	32.3	35.0	35.9	36.9		
$\bar{K}_{D1}$	12.9	12.3	11.1	11.0	106（T_D）	
$\bar{K}_{D2}$	11.7	11.4	12.6	12.0	11.8（$\bar{X}_D$）	
$\bar{K}_{D3}$	10.8	11.7	12.0	12.3		
R_D	2.1	0.9	1.5	1.3		
K_{P1}	5.61	5.82	6.17	6.23	18.1（T_P）	
K_{P2}	5.73	6.05	5.93	5.97	2.01（X_P）	
K_{P3}	6.76	6.23	6.00	5.90		
$\bar{K}_{P1}$	1.87	1.94	2.06	2.08		
$\bar{K}_{P2}$	1.91	2.02	1.98	1.99		
$\bar{K}_{P3}$	2.25	2.08	2.00	1.97		
R_P	0.38	0.14	0.08	0.11		

值得注意的是，从蜂蜜曲霉蛋白酶和枯草杆菌蛋白酶的实验结果皆可发现，水解度与抗氧化能力不成正比。两种酶所制备的蛋白肽都在 DH 约为 11%时具有最好的抗氧化性；水解度越大，抗氧化能力反而下降。可见蛋白肽的抗氧化能力与肽自身的长短和结构都有很大关系。同时，pH 为 12 时是个比较极端的环境，在枯草杆菌蛋白酶水解反应中，虽然在 pH 为 12 时所制备的蛋白肽具有很好的抗氧化性，但所得的蛋白肽自身也具有较强的碱性，其在亚油酸氧化体系中，有可能会影响实验结果。所以枯草杆菌蛋白酶水解反应中，6 号反应即反应条件为

pH 10、65℃、E/S 3%、3h 也是比较良好的反应体系，它所制备的蛋白肽 DH 为
10.8%，Pf 为 2.00。

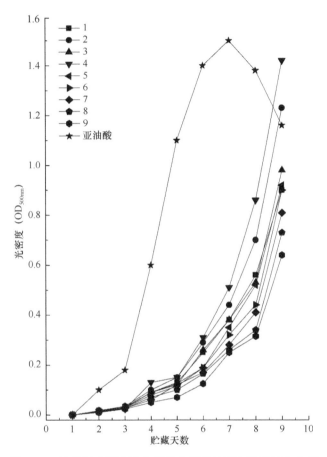

图 1-25 枯草杆菌蛋白酶水解反应制备的蛋白肽的氧化曲线

第四节 鹰嘴豆蛋白肽和大豆蛋白肽的功能性

木瓜蛋白酶制备的蛋白肽平均水解度最好，其中大豆肽水解度最佳，鹰嘴豆
Desi 肽次之。枯草杆菌蛋白酶制备的蛋白肽平均抗氧化性最强、平均吸油能力最
好，其中大豆肽抗氧化性和吸油能力最好，Desi 肽次之。在相对湿度（RH）为
81%时，木瓜蛋白酶制备的大豆肽和蜂蜜曲霉蛋白酶制备的 Desi 肽的吸湿性最好，
蜂蜜曲霉蛋白酶制备的 Kabuli 肽次之；在 RH 为 38%时，枯草杆菌蛋白酶制备的
大豆肽的吸湿性最好，蜂蜜曲霉蛋白酶制备的 Kabuli 肽次之。在 RH 为 38%时，
枯草杆菌蛋白酶制备的大豆肽保湿性最好，木瓜蛋白酶制备的 Kabuli 肽次之；在

RH 为 15%时，木瓜蛋白酶制备的 Desi 肽的保湿率最好，枯草杆菌蛋白酶制备的 Desi 肽次之。

一、大豆和鹰嘴豆种子及其制备的分离蛋白主要化学成分含量

供试材料化学成分的含量列于表 1-12。所用 Kabuli 类型种子蛋白含量低于 Desi 类型种子蛋白含量，而脂肪含量却高于 Desi 类型。大豆种子蛋白和脂肪含量明显高于鹰嘴豆种子蛋白和脂肪含量。大豆分离蛋白制备参照文献（王显生等，2006），碱溶 pH 8.5，酸沉 pH 4.5；鹰嘴豆分离蛋白制备参照 Sanchez-Vioque 等（1999）法，碱溶 pH 10，酸沉 pH 4.3。利用这些供试材料制得的分离蛋白的蛋白含量都超过 90%，可满足进一步研究所需。

表 1-12　供试材料及其制备的分离蛋白主要化学成分含量（平均值±标准差，$n=2$）

种类	蛋白质含量（%）	脂肪含量（%）
Kabuli 种子	19.31±0.45	6.56±0.08
Desi 种子	24.87±0.42	4.52±0.10
大豆种子	38.80±0.30	18.50±0.03
大豆分离蛋白	94.44±0.12	0.17±0.09
Kabuli 分离蛋白	91.05±0.06	0.69±0.12
Desi 分离蛋白	91.31±0.17	0.51±0.15

二、蛋白肽的水解度、抗氧化能力和吸油能力

3 种分离蛋白（大豆分离蛋白、Kabuli 分离蛋白和 Desi 分离蛋白）采用 3 种蛋白酶——蜂蜜曲霉蛋白酶（酶Ⅰ，proteinase from *Aspergillus melleus*）、枯草杆菌蛋白酶（酶Ⅱ，proteinase from *Bacillus* sp.）和木瓜蛋白酶（酶Ⅲ，papain）分别酶解得到 9 种蛋白肽，反应条件见表 1-13。为了与蛋白酶对应，这 9 种蛋白肽分别命名为大豆肽Ⅰ、大豆肽Ⅱ、大豆肽Ⅲ，Kabuli 肽Ⅰ、Kabuli 肽Ⅱ、Kabuli 肽Ⅲ和 Desi 肽Ⅰ、Desi 肽Ⅱ、Desi 肽Ⅲ。

表 1-13　蛋白酶及水解条件

蛋白酶名称	pH	温度（℃）	时间（h）
蜂蜜曲霉蛋白酶（酶Ⅰ）	8.0	45	2
枯草杆菌蛋白酶（酶Ⅱ）	8.0	70	2
木瓜蛋白酶（酶Ⅲ）	6.5	50	2

用鹰嘴豆分离蛋白和大豆分离蛋白制备的蛋白肽的水解度、抗氧化能力和吸油能力测定结果列于表 1-14（崔竹梅等，2007）。

表 1-14 蛋白肽的水解度、抗氧化能力和吸油能力（平均值±标准差，$n=2$）

样品	水解度（%）	抗氧化系数（Pf）	吸油能力（mL/g 肽粉）
大豆肽 I	8.94±0.12e	2.18±0.03de	0.70±0.04e
大豆肽 II	5.68±0.18f	2.44±0.07a	1.90±0.08a
大豆肽III	11.60±0.08a	2.15±0.03e	0.62±0.04e
Kabuli 肽 I	10.50±0.10c	2.21±0.03cd	0.81±0.01d
Kabuli 肽 II	4.93±0.18g	2.15±0.14e	1.26±0.09c
Kabuli 肽III	10.10±0.19d	2.15±0.16e	0.88±0.04d
Desi 肽 I	9.02±0.16e	2.24±0.06c	1.20±0.16c
Desi 肽 II	4.79±0.09h	2.38±0.05b	1.60±0.07b
Desi 肽III	11.30±0.12b	2.15±0.03e	0.83±0.05d

注：表中各数值后面的不同字母代表差异显著性（$P<0.05$）

1. 水解度

一般而言，蛋白质水解度会随水解时间的延长而提高，但蛋白质水解物的抗氧化能力却并不与水解度成正比，而在水解 1～2h 后达最高（Chen et al.，1995）。为了使制备的蛋白肽既具有良好的抗氧化能力，又具有良好的水解度，本研究采用 2h 作为水解时间。

方差分析表明不同蛋白酶制备的蛋白肽的水解度存在显著差异（$P<0.05$），而且底物和蛋白酶种类之间存在显著的互作效应（$P<0.05$）。木瓜蛋白酶（酶III）制备的蛋白肽的平均水解度最高，蜂蜜曲霉蛋白酶（酶 I）次之，枯草杆菌蛋白酶（酶 II）最低；大豆肽的平均水解度最高，Kabuli 肽次之，Desi 肽最低；对大豆和鹰嘴豆 Desi 类型来说用木瓜蛋白酶制备的肽水解度最好，而 Kabuli 用蜂蜜曲霉蛋白酶制备的肽水解度最好（表 1-14）。

2. 抗氧化性

油脂的氧化诱导期愈长，说明抗氧化剂的抗氧化性愈强。图 1-26 是添加了蛋白肽的亚油酸溶液和没有添加蛋白肽的空白亚油酸溶液的氧化过程图，而图 1-27 是图 1-26 中添加了蛋白肽的亚油酸溶液 OD_{500nm} 值达到 0.3 时所用天数的局部图。空白亚油酸的 OD_{500nm} 值曲线变化幅度很大，从第 4 天起 OD_{500nm} 值提升迅速，第 8 天达到最高点后开始有所下降。而所有添加了蛋白肽的亚油酸溶液的 OD_{500nm} 值初期变化平缓，在 OD_{500nm} 值达到 0.3 后升高幅度才明显加大。研究结果表明，所制备的蛋白肽均具有明显的抗氧化能力，可以使亚油酸的氧化诱导期平均延长 2.24 倍，其中大豆肽 II 和 Desi 肽 II 的氧化诱导期均超过 8d。而没有添加蛋白肽的空白亚油酸的氧化诱导期仅为 3.4d。

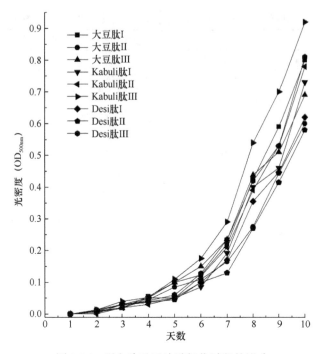

图 1-26　蛋白肽对亚油酸氧化过程的影响

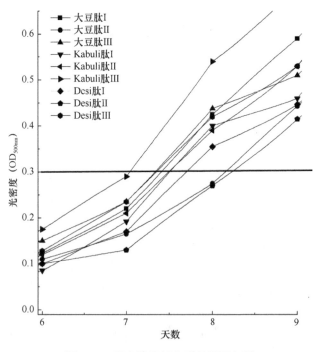

图 1-27　蛋白肽的氧化诱导期局部图

抗氧化系数（Pf）是另一个目前常用的衡量抗氧化剂抗氧化性强弱的指数。抗氧化剂的 Pf 值愈高，说明它的抗氧化活性愈强。在通常情况下，如 2>Pf>1，则表明该抗氧化剂有抗氧化活性；如 3>Pf>2，则表明该抗氧化剂有明显的抗氧化活性（翁新楚和吴侯，2000）。供试的 9 种蛋白肽的 Pf 值皆大于 2，说明皆具有明显的抗氧化活性。方差分析表明，不同蛋白酶制备的蛋白肽的抗氧化能力存在显著差异（$P<0.05$），底物和蛋白酶种类之间存在互作效应（$P<0.05$）。枯草杆菌蛋白酶制备的 3 种蛋白肽的平均 Pf 值是 2.32，而木瓜蛋白酶制备的 3 种蛋白肽的平均 Pf 值只有 2.15。大豆肽和 Desi 肽的平均抗氧化性基本一致，Kabuli 肽次之。对于大豆肽和 Desi 来说，枯草杆菌蛋白酶制备的肽的抗氧化性最好，而对于 Kabuli 来说，用蜂蜜曲霉蛋白酶制备的肽抗氧化性最好（表 1-14）。

3. 吸油性

对脂肪和脂肪酸的吸收能力也是蛋白肽的重要功能指标。9 种蛋白肽样品每克吸油能力变异范围为 0.62～1.90mL（表 1-14）。方差分析表明，不同蛋白酶制备的蛋白肽的吸油能力存在显著差异（$P<0.05$），而且底物与蛋白酶种类之间也存在显著的互作效应（$P<0.05$）。相对而言，枯草杆菌蛋白酶（酶Ⅱ）制得的蛋白肽的吸油能力最好，平均达到 1.59mL/g 肽粉，其中大豆肽Ⅱ的吸油能力最好，Desi 肽Ⅱ次之；木瓜蛋白酶（酶Ⅲ）制得的蛋白肽的吸油能力最差，平均为 0.78mL/g 肽粉。Desi 肽的平均吸油能力最好，为 1.21mL/g 肽粉，大豆肽和 Kabuli 肽的平均吸油能力分别是 1.07mL/g 肽粉和 0.98mL/g 肽粉。

三、蛋白肽的吸湿性和保湿性

1. 蛋白肽的吸湿能力

甘油是最常见的廉价的保湿剂，而聚乙烯吡咯烷酮（PVP）由于其优良的生物相容性和生物惰性，在化妆品中也经常用作保湿剂。本研究用它们作为考察蛋白肽吸湿保湿能力的对照，每隔 8h 测定一次含水量，表 1-15 分别列出了 24h、48h、64h 的测定结果（崔竹梅等，2007）。结果表明，蛋白肽在前 48h 呈持续吸湿状态，含水量不断升高；48h 后基本达到平衡甚至含水量有下降趋势。方差分析表明，不同蛋白酶制备的蛋白肽的吸湿性在不同湿度条件下均存在显著差异（$P<0.05$），而且不同蛋白原料制备的蛋白肽的吸湿率在低湿度环境下也表现出显著性差异，但在高湿度环境下差异不显著（$P>0.05$），同时底物与蛋白酶种类之间也存在显著的互作效应（$P<0.05$）。

在 RH 为 81%时，大部分蛋白肽的吸湿性都超过了甘油，蜂蜜曲霉蛋白酶（酶Ⅰ）制得的蛋白肽的吸湿性相对较好，吸湿速率也高于其他蛋白肽，48h 时

表 1-15　蛋白肽的吸湿率（%）（平均值±标准差，*n*=2）

样品	RH=81%			RH=38%		
	24h	48h	64h	24h	48h	64h
大豆肽 I	29.4±0.05c	33.7±0.13abc	30.7±0.12abc	4.86±0.06e	6.16±0.18e	6.02±0.11fg
大豆肽 II	19.6±0.17f	21.3±0.09f	21.3±0.08f	5.42±0.09de	9.70±0.14c	9.34±0.19c
大豆肽III	33.6±0.10a	37.3±0.02a	36.9±0.03a	4.06±0.11f	4.97±0.12g	5.03±0.03h
Kabuli 肽 I	29.5±0.03c	34.0±0.06bc	31.6±0.11bc	6.49±0.15c	7.80±0.08d	7.58±0.13d
Kabuli 肽 II	24.1±0.06e	26.5±0.12e	24.4±0.02e	5.26±0.07de	6.10±0.04ef	6.45±0.09ef
Kabuli 肽III	25.8±0.12d	30.4±0.07cd	29.2±0.14cd	4.96±0.12de	5.53±0.11fg	5.80±0.06g
Desi 肽 I	31.3±0.11b	35.1±0.07ab	35.4±0.17ab	5.33±0.15d	6.92±0.18d	6.74±0.11e
Desi 肽 II	26.0±0.13d	27.1±0.15e	25.6±0.16e	3.60±0.09fg	5.28±0.15fg	4.58±0.15h
Desi 肽III	25.3±0.15d	29.8±0.13d	29.6±0.08d	3.03±0.11g	4.13±0.07h	4.02±0.04i
聚乙烯吡咯烷酮（PVP）	30.9±0.09b	34.2±0.03bc	33.3±0.04bc	12.4±0.14a	14.5±0.02a	14.1±0.07a
甘油	10.3±0.13g	21.4±0.07f	27.7±0.16f	8.27±0.10b	11.3±0.05b	11.9±0.08b

注：聚乙烯吡咯烷酮（PVP）和甘油为对照。表中各数值后的不同字母代表差异显著性（*P*<0.05）

的吸湿率平均值达到 34.3%；而枯草杆菌蛋白酶（酶II）制备的蛋白肽吸湿性最差，48h 时的吸湿率平均值只有 25.0%。48h 时，大豆肽、Kabuli 肽、Desi 肽平均吸湿率依次为 30.8%、30.3%、30.7%，其中大豆肽III的吸湿率显著超过了聚乙烯吡咯烷酮（PVP）。对大豆来说，用木瓜蛋白酶（酶III）制备的蛋白肽的吸湿性最好，而 Desi 和 Kabuli 是用蜂蜜曲霉蛋白酶（酶 I）制备的蛋白肽吸湿性最好。

在 RH 为 38%时，蛋白肽的吸湿性都低于甘油和 PVP。48h 时，大豆肽的平均吸湿率最好，达到 6.94%，其中大豆肽 II 的吸湿率仅次于甘油，而 Desi 肽的平均吸湿率最差，只有 5.44%。对大豆来说，用枯草杆菌蛋白酶（酶II）制备的蛋白肽的吸湿性最好，而 Desi 和 Kabuli 是用蜂蜜曲霉蛋白酶（酶 I）制备的蛋白肽吸湿性最好。

2. 蛋白肽的保湿能力

两种湿度条件下，不同蛋白酶和不同蛋白原料制备的蛋白肽的保湿性都存在显著差异（*P*<0.05），而且底物和蛋白酶种类之间也存在显著的互作效应（*P*<0.05）（崔竹梅等，2007）。

在 RH 为 38%时，甘油表现出极强的保湿能力，除大豆肽 II 的保湿能力显著超过 PVP 外，其余蛋白肽的保湿能力都低于甘油和 PVP。枯草杆菌蛋白酶（酶II）制得的蛋白肽的保湿性较强，48h 时的平均保湿率为 28.7%，蜂蜜曲霉蛋白酶（酶

Ⅰ）制得的蛋白肽最弱，48h 时的平均保湿率为 15.7%。从原料上看，48h 时，大豆肽、Kabuli 肽、Desi 肽的平均保湿率依次是 25.3%、21.1%、19.4%。对大豆和 Desi 来说，用枯草杆菌蛋白酶（酶Ⅱ）制备的肽保湿性最好，而 Kabuli 用木瓜蛋白酶（酶Ⅲ）制备的肽的保湿性最好（表 1-16）。

表 1-16　蛋白肽的保湿率（%）（平均值±标准差，$n=2$）

样品	RH=38%			RH=15%		
	24h	48h	64h	24h	48h	64h
大豆肽Ⅰ	21.0±0.10j	14.3±0.07g	11.6±0.06h	53.2±0.12h	39.0±0.07e	37.9±0.03f
大豆肽Ⅱ	49.2±0.11b	41.7±0.01b	39.1±0.05b	68.0±0.07g	49.3±0.14d	44.9±0.15e
大豆肽Ⅲ	28.1±0.15g	20.0±0.10ef	20.3±0.13f	81.4±0.13b	70.8±0.15b	58.7±0.09c
Kabuli 肽Ⅰ	23.0±0.13i	13.8±0.03g	13.0±0.14gh	73.0±0.15de	60.6±0.02c	56.6±0.17c
Kabuli 肽Ⅱ	36.3±0.10e	21.0±0.16ef	20.0±0.18ef	68.0±0.14fg	55.0±0.15c	51.9±0.14d
Kabuli 肽Ⅲ	39.8±0.13d	28.5±0.17d	26.7±0.14d	73.0±0.08ef	59.7±0.18c	54.0±0.12cd
Desi 肽Ⅰ	29.5±0.07g	19.0±0.10f	16.5±0.05g	54.5±0.12h	40.1±0.06e	35.6±0.05f
Desi 肽Ⅱ	31.2±0.11f	23.5±0.08e	23.6±0.09e	78.0±0.16bc	69.2±0.19b	67.0±0.09ab
Desi 肽Ⅲ	25.5±0.12h	15.6±0.06g	15.5±0.17f	94.2±0.14a	85.4±0.12a	70.1±0.11a
聚乙烯吡咯烷酮（PVP）	47.6±0.08c	34.4±0.15c	32.2±0.13c	78.0±0.09cd	69.5±0.13b	67.1±0.07b
甘油	88.9±0.08a	62.9±0.13a	46.5±0.16a	41.6±0.15i	36.6±0.12e	35.7±0.06f

注：聚乙烯吡咯烷酮（PVP）和甘油为对照。表中各数值后面的不同字母代表差异显著性（$P<0.05$）

在 RH 为 15% 时，甘油的保湿能力相对最差；木瓜蛋白酶（酶Ⅲ）制备的蛋白肽具有良好的保湿能力，其中 Desi 肽Ⅲ的保湿性能甚至超过了 PVP。蜂蜜曲霉蛋白酶（酶Ⅰ）、枯草杆菌蛋白酶（酶Ⅱ）和木瓜蛋白酶（酶Ⅲ）制备的蛋白肽在 48h 时的保湿率分别是 46.6%、57.8%、72.0%。从原料上看，Desi 肽的保湿率最好，48h 时的平均保湿率是 64.9%，而大豆肽 48h 时的平均保湿率只有 53.0%。实验中发现木瓜蛋白酶（酶Ⅲ）制得的蛋白肽在吸湿后很快呈糊状，而后在干燥环境下又易凝结成硬块状，内部的水分难以挥发出来，这可能是导致其在低湿度环境下保湿率最好的原因之一。

保湿实验还发现，Desi 肽Ⅱ在高、低湿度环境下的保湿性能都很稳定，尤其在低湿度环境下，其保湿率与 PVP 接近。大豆肽Ⅱ在高湿度环境下保湿能力好，在低湿度环境下却较差，而大豆肽Ⅲ则相反。蛋白肽的吸湿保湿性能与分子中氢键的个数和强弱密切相关，因此，具较好性能特征的蛋白肽可以在其肽链结构和组成等方面做进一步研究。

参 考 文 献

崔竹梅, 王金梅, 郝小燕, 张巨松, 麻浩. 2007. 鹰嘴豆肽、大豆肽功能性质的研究[J]. 中国油脂, 32(9): 27-31.

王显生, 杨晓泉, 麻浩, 唐传核. 2006. 不同亚基变异类型的大豆分离蛋白凝胶质构特征的研究[J]. 中国粮油学报, 21(3): 116-121.

翁新楚, 吴侯. 2000. 抗氧化剂的抗氧化活性的测定方法及其评价[J]. 中国油脂, 25(6): 119-122.

张根旺. 1999. 油脂化学[M]. 北京: 中国财政经济出版社.

Adler-Nissen J. 1979. Determination of the degree of hydrolysis of food protein hydrolysates by trinitrobenzenesulfonic acid[J]. Journal of Agricultural and Food Chemistry, 27(6): 1256-1262.

Ahmed FAR, Abdel-Rahim EAM, Abdel-Fatah OM, Erdmann VA, Lippmann C. 1995. The changes of protein patterns during one week of germination of some legume seeds and roots[J]. Food Chemistry, 52: 433-437.

Alajaji SA, El-Adawy TA. 2006. Nutritional composition of chickpea (*Cicer arietinum* L.) as affected by microwave cooking and other traditional cooking methods[J]. Journal of Food Composition and Analysis, 19(8): 806-812.

Bhatty RS. 1982. Albumin proteins of eight edible grain legume species. Electrophoretic patterns and amino acid composition[J]. Journal of Agricultural and Food Chemistry, 30: 620-622.

Chen HM, Muramoto K, Yamauchi F. 1995. Structure analysis of antioxidative peptides from soybean β-conglycinin[J]. Journal of Agricultural and Food Chemistry, 43: 574-578.

Franco E, Ferreira RB, Teixeira AR. 1997. Utilization of an improved methodology to isolate *Lupinus albus* conglutins in the study of their sedimentation coefficients[J]. Journal of Agricultural and Food Chemistry, 45(10): 3908-3913.

Glusac J, Isaschar-Ovdat S, Fishman A. 2020. Transglutaminase modifies the physical stability and digestibility of chickpea protein-stabilized oil-in-water emulsions[J]. Food Chemistry, 315: 1-9.

Kumar KG, Venkataraman LV. 1978. Chickpea seed proteins: modification during germination[J]. Phytochemistry, 17: 605-609.

Kumar KG, Venkataraman LV. 1980. Chickpea seed proteins: isolation and characterization of 10.3S protein[J]. Journal of Agricultural and Food Chemistry, 28: 524-529.

Moser P, Nicoletti VR, Drusch S, Brückner-Gühmann M. 2020. Functional properties of chickpea protein-pectin interfacial complex in buriti oil emulsions and spray dried microcapsules[J]. Food Hydrocolloids, 107: 1-9.

Nagano T, Hirotsuka M, Mori H. 1992. Dynamic viscoelastic study on the gelation of 7S globulin from soybeans[J]. Journal of Agricultural and Food Chemistry, 40: 941-944.

Nickhil C, Mohapatra D, Kar A, Giri SK, Tripathi MK, Sharma Y. 2021. Gaseous ozone treatment of chickpea grains, part I: Effect on protein, amino acid, fatty acid, mineral content, and microstructure[J]. Food Chemistry, 35: 1-9.

Sanchez-Vioque R, Clemente A, Vioque J, Bautista J, Millán F. 1999. Protein isolates from chickpea (*Cicer arietinum* L.): chemical composition, functional properties and protein characterization[J]. Food Chemistry, 64: 237-243.

Suchkov VV, Popello IA, Grinberg VY, Tolstoguzov VB. 1990. Isolation and purification of 7S and 11S globulins from broad beans and peas[J]. Journal of Agricultural and Food Chemistry, 38(1): 92-95.

Wolf WJ, Briggs DR. 1956. Ultracentrifugal investigation of the effect of neutral salts on the extraction of soybean proteins[J]. Archives of Biochemistry and Biophysics, 63(1): 40-49.

Wood JA, Knights EJ, Campbell GM, Choct M. 2014. Differences between easy- and difficult-to-mill chickpea (*Cicer arietinum* L.) genotypes. Part II: Protein, lipid and mineral composition[J]. Journal of Agricultural and Food Chemistry, 94(7): 1446-1453.

Xing QH, Kyriakopoulou K, Zhang L, Boom RM, Schutyser MAI. 2021. Protein fortification of wheat bread using dry fractionated chickpea protein-enriched fraction or its sourdough[J]. LWT-Food Science and Technology, 142: 1-9.

第二章　鹰嘴豆种子活性成分的研究

鹰嘴豆因极高的药用价值、食疗保健价值，故具有巨大的市场开发潜力，但目前鹰嘴豆产品的开发依然处于初加工阶段且具有地域性（曹娅等，2021）。鹰嘴豆种子富含蛋白质、脂肪、淀粉、矿物质和粗纤维。此外，尚含异黄酮、低聚糖、皂苷、胆碱、肌醇和维生素等活性成分。异黄酮类成分是鹰嘴豆中主要活性物质之一（赵堂彦等，2014），主要包括芒柄花苷、鹰嘴豆芽素 A 和染料木素等；皂苷作为一类在植物中广泛分布的苷类物质，在鹰嘴豆中的种类也较为丰富。由于皂苷具有较多有益的生理活性功能，如抗氧化、降血脂、调节体内免疫及防癌抗癌等（Singh et al.，2017），近年来对鹰嘴豆中皂苷物质的分离纯化成为研究热点。

第一节　鹰嘴豆种子总异黄酮和总皂苷

建立了鹰嘴豆种子总异黄酮含量和总皂苷含量三波长紫外分光光度测定法；鹰嘴豆种子总异黄酮最佳提取条件为料液比 1 :（80～90）(m/V）、70%乙醇提取液、60℃提取温度、提取时间 3h、提取 2 次。鹰嘴豆种子总皂苷最佳提取条件为取鹰嘴豆脱脂豆粕加入 70%乙醇中，70℃水浴提取 3h，一次提取效率为 95.09%，两次合并提取效率为 98.51%。采用 15 : 5（V/V）正丁醇-水相体系从制备的皂苷乙醇提取液中萃取皂苷效果最好。

33 份不同年份鹰嘴豆种质脱脂豆粕中总异黄酮含量变异范围为 380.525～688.021μg/g，平均值为 517.211μg/g；总皂苷含量变异范围为 1.179～16.695mg/g，平均值为 8.121mg/g。种质间、年份间脱脂豆粕总异黄酮和总皂苷含量存在极显著差异，种质与年份间存在显著互作。11 份鹰嘴豆种质制成豆腐后总异黄酮含量变异范围为 0.717～20.391μg/g，平均含量为 8.915μg/g，总异黄酮保留率变异范围为 0.321%～11.404%，平均保留率为 4.804%。鹰嘴豆种质制成豆腐后总皂苷含量变异范围为 0.131～2.861mg/g，平均含量为 0.686mg/g，总皂苷保留率变异范围为 2.462%～29.432%，平均保留率为 9.239%。

一、鹰嘴豆种子总异黄酮含量的测定和提取方法

1. 总异黄酮含量三波长紫外分光光度测定法的建立

首先，确定鹰嘴豆种子总异黄酮的最大吸收波长及分析波长。取鹰嘴豆芽素 A（biochanin A）标样配制成 7 个浓度（2.0μg/mL、4.0μg/mL、6.0μg/mL、8.0μg/mL、10.0μg/mL、12.0μg/mL 和 14.0μg/mL）的标准溶液进行紫外光扫描，扫描的紫外光区域为 200～350nm，以确定鹰嘴豆总异黄酮最大吸收波长及分析波长。研究表明，7 个不同浓度的鹰嘴豆芽素 A 标样均在 263nm 处有最大吸收峰值（图 2-1A，图中仅示 12.0μg/mL 这一浓度的吸收光谱图），而鹰嘴豆种子总异黄酮在 263nm 处也有个吸收峰值（图 2-1B）。这一结果与大豆种子总异黄酮最大吸收峰值一致，但豆油、色素等在 250～315nm 有较弱的紫外光谱，会影响总异黄酮含量的测定。因此，测定总异黄酮含量时将采用三波长（243nm、263nm 和 283nm）法来消除它们的干扰。

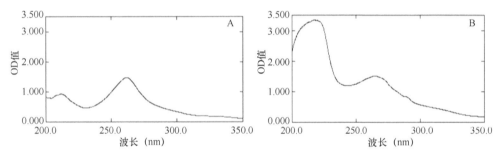

图 2-1　鹰嘴豆芽素 A 溶液（12μg/mL）（A）和鹰嘴豆种子总异黄酮（B）紫外光吸收光谱图

其次，绘制标准曲线。分别测定 7 个浓度的鹰嘴豆芽素 A 标准溶液在 243nm、263nm 和 283nm 三个波长处的吸光值，进而计算校正吸光值 A，$A=A_{263}-(A_{243}+A_{283})/2$。以校正吸光值 A 为纵坐标，各标准液浓度为横坐标，绘制标准曲线（图 2-2）。

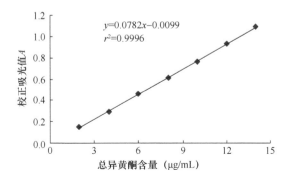

$y=0.0782x-0.0099$
$r^2=0.9996$

图 2-2　采用鹰嘴豆芽素 A 标准溶液所做的标准曲线图

标准曲线回归方程为

$$y=0.0782x-0.0099+\varepsilon \quad \varepsilon \sim N(0, \sigma^2)$$

式中，ε 是回归方程的误差项，ε 值符合正态分布，σ 是回归方程的估计标准误。测定水平 $n=7$，重复测定次数 $n=3$。

对绘制的标准曲线进行统计学上的检验：

$$F=\frac{(SP)^2/SS_x}{Q/(n-2)}=2124.82>F_{0.01}(1, 5)=16.26$$

式中，SP 为乘积和，SS_x 为 x 的离均差平方和。

相关系数 $r=0.9997$，决定系数 $r^2=0.9996$

估计标准误为：$\sigma=0.001\,527$

F 检验表明，直线回归关系极显著，说明总异黄酮浓度与吸光值之间存在极显著的线性关系，回归精度良好。

2. 总异黄酮提取条件的优化

（1）脱脂对鹰嘴豆种子总异黄酮含量测定的影响

分别对鹰嘴豆豆粉和鹰嘴豆脱脂豆粉测得的总异黄酮含量进行 t 检验，t 值未达到 0.05 显著水平。这说明脱脂对于采用三波长紫外分光光度法测定鹰嘴豆种子中总异黄酮的含量没有影响。

（2）最佳提取料液比的确定

称取 0.20g、0.30g、0.40g 和 0.50g 鹰嘴豆豆粉，分别溶于 25mL 乙醇中。研究发现，当 0.30g 豆粉溶于 25mL 乙醇中时，总异黄酮提取率最高，而其他料液比，总异黄酮的提取率皆较低（图2-3）。因此确定鹰嘴豆种子总异黄酮提取最佳料液比为 0.30：25（m/V），即料液比为 1：（80～90）（m/V）。

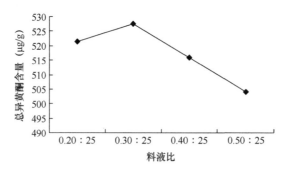

图 2-3 料液比对鹰嘴豆种子总异黄酮提取效果的影响

（3）最佳提取液浓度的确定

分别采用浓度为 50%、60%、70%、80% 和 90% 的乙醇在 60℃水浴中提取 3h。

结果表明，乙醇提取液浓度在 50%～60%时，总异黄酮提取效果基本一致；乙醇提取液浓度为 70%时，总异黄酮提取含量最高；而乙醇提取液浓度为 80%～90%时，提取不完全（图 2-4）。因此，确定乙醇提取液最佳浓度为 70%。

（4）最佳提取温度的确定

分别在 40℃、50℃、60℃、70℃和 80℃水浴中提取 3h。结果表明，改变水浴温度对总异黄酮提取效果有明显影响。当提取温度低于 60℃时，随温度增加提取效果逐渐增加，在 60℃时提取效果达到一个高峰值；水浴温度 70℃时，提取效果有所下降；提取温度为 80℃时，提取效果又有所提升，但试管中的溶液易沸腾溢出，较难控制。所以，确定 60℃左右的水浴温度为最佳提取温度（图 2-5）。这一提取温度与鞠兴荣等（2001）提取大豆异黄酮时的温度基本一致。

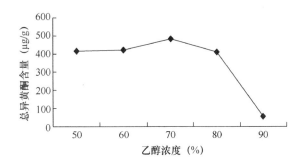

图 2-4　乙醇提取液浓度对鹰嘴豆种子总异黄酮提取效果的影响

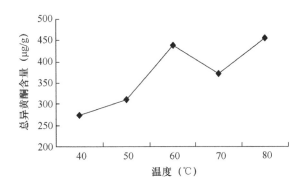

图 2-5　不同水浴温度对鹰嘴豆种子总异黄酮提取效果的影响

（5）最佳提取时间的确定

在 60℃水中分别水浴 0.5h、1.0h、2.0h、3.0h、4.0h，结果表明，水浴时间小于 2.0h 时，总异黄酮提取效果随时间的增加而增加，在 2.0～3.0h 时提取效果较稳定；超过 3.0h 后，提取效果反而下降（图 2-6）。所以提取时间以 2.0～3.0h 为宜。

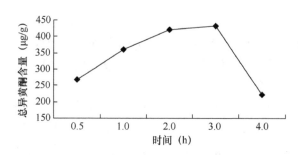

图 2-6 不同提取时间对鹰嘴豆种子总异黄酮含量的影响

（6）最佳提取效率的确定

称取 3 份鹰嘴豆豆粉，每份 0.30g，分别移入带塞试管中，加入 70%的乙醇提取液，60℃水浴 3h，水浴后滤纸过滤，测定吸光值，并计算总异黄酮含量。以 3 份样品总异黄酮含量的平均值作为第一次提取的总异黄酮实测量；滤渣仔细回收，按上述方法再提取 2 次，并分别计算第二次和第三次提取的总异黄酮平均实测量；将 3 次提取的总异黄酮实测量相加，计算第一次提取、第二次提取和第三次提取的效率。研究表明，鹰嘴豆豆粉样品经过第一次提取测得的鹰嘴豆总异黄酮实测量占全部三次提取量的 86.5%，第二次提取量占全部三次提取量的 10.4%，两次合并提取效率为 96.9%，第三次提取量仅占全部三次提取量的 3.1%。说明鹰嘴豆豆粉样品经过 2 次提取就能达到较好的提取效果。

（7）精密度实验

根据以上优化的结果，采用 1∶（80～90）的料液比、70%的乙醇提取液、60℃的提取温度、3h 的提取时间，8 次重复测定（表 2-1），计算出供试鹰嘴豆样品中总异黄酮平均含量为（0.529±0.004 16）mg/g，变异系数 CV 为 1.14%，95%的置信区间为 0.525～0.533mg/g，说明优化出的提取方法的精密度较高。

表 2-1 精密度分析

平均校正吸光值 A	0.350	0.352	0.351	0.357	0.358	0.360	0.359	0.359
样品总异黄酮含量（mg/g）	0.521	0.523	0.522	0.530	0.533	0.535	0.534	0.534

（8）加标样回收率的研究

加标样回收率数据见表 2-2。结果表明，平均加标样回收率为 99.0%，变异系数 CV 为 3.2%，表明优化出的提取方法可靠性较高。

通过本研究确定的鹰嘴豆种子总异黄酮的最佳提取工艺参数为：料液比为 1∶（80～90）（m/V）、乙醇提取液浓度为 70%、提取温度为 60℃、提取时间为 3h、提取 2 次（吴敏等，2007），总异黄酮的 2 次提取回收率可达 97%，精密度实验的变异系数 CV 为 1.14%，平均加标样回收率为 99.0%，变异系数 CV 为 3.2%。

表 2-2 加标样回收率实验数据

样品编号	平均校正吸光值 A	加标样质量（mg）	实测总异黄酮质量（mg）	加标样回收率（%）	平均加标样回收率（%）	CV（%）
1	0.358	0.000	6.397			
2	0.354	0.000	6.318			
3	0.354	0.000	6.321			
4	0.342	0.000	6.107			
5	0.406	1.000	7.245	95.9		
6	0.408	1.000	7.278	99.2	99.0	3.2
7	0.476	2.000	8.493	104.8		
8	0.469	2.000	8.369	98.6		
9	0.524	3.000	9.348	98.4		
10	0.516	3.000	9.205	97.3		

二、鹰嘴豆种子总皂苷含量的测定和提取方法

（一）总皂苷含量三波长紫外分光光度测定法的建立

1. 总皂苷显色反应及最大吸收波长的确定

皂苷显色反应采用香草醛-高氯酸-冰醋酸法（张亚，2005）。大豆种子皂苷标准溶液与香草醛-冰醋酸、高氯酸反应后颜色呈紫红色，用冰醋酸稀释后，显色液的酶标仪扫描光谱图表明大豆皂苷显色后最大吸收峰为555nm（图2-7）。

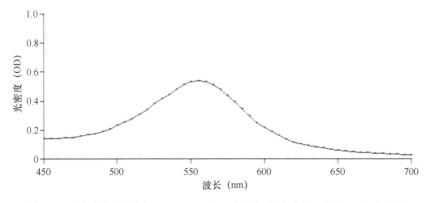

图 2-7 酶标仪扫描测定 400μg/mL 大豆皂苷标准溶液的可见光吸收光谱图

鹰嘴豆种子总皂苷与香草醛-冰醋酸、高氯酸反应后颜色呈紫红色，用冰醋酸稀释后，显色液的酶标仪扫描光谱如图 2-8 所示，结果表明，鹰嘴豆种子总皂苷溶液吸光值的波形不对称，且在 550～600nm 有干扰峰的存在，最大吸收峰出现在 500～550nm。

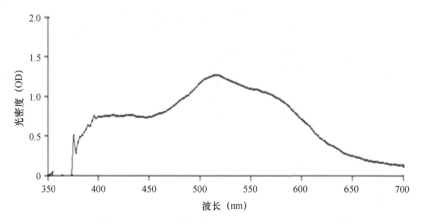

图 2-8 酶标仪扫描鹰嘴豆种子总皂苷溶液可见光吸收光谱图

因此在测定鹰嘴豆种子总皂苷含量前必须先对样品进行纯化。首先使用 HCl 对蛋白质进行等电点的沉淀。由于提取液的 pH 在 6.63 左右，因此采用 0.1mol HCl 调节 pH，溶液 pH 分别调节为 6.0、5.0、4.0、3.0、2.5 和 2.0 后，在 4℃条件下，12 000r/min 离心 10min，取上清液 10mL 移入带塞烧瓶中，蒸干乙醇，加 5mL 纯水，再加水饱和正丁醇，摇床振荡 20min，静置 2h；取 40μL 的正丁醇上清液移入酶标板微孔中按前述方法显色，在酶标仪上扫描测定 400~700nm 波长范围内的吸光值，观察采用不同 pH 去杂后获得的总皂苷最大吸收波长的图形变化，并记录出现峰值时的 pH。结果表明，当 pH 调至 2.0 时，吸收光谱图形在 555nm 处出现峰值且波形两侧对称（图 2-9）。

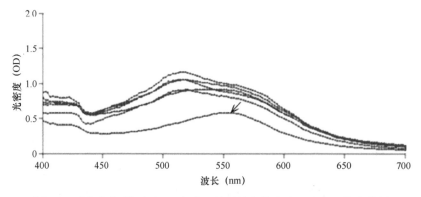

图 2-9 酶标仪扫描不同 pH 鹰嘴豆种子总皂苷溶液可见光吸收光谱图
图中箭头所指曲线为 pH 调至 2.0 时的吸收光谱图，其余为从下到上的曲线分别为 pH 调至 6.0、5.0、4.0、3.0 和 2.5 时的吸收光谱图

其次，为了弄清楚调 pH 后沉淀的性质，对沉淀进行显色反应。将沉淀加入碘溶液后未出现显色反应，故排除沉淀为淀粉的假设。然后对沉淀进行 SDS-PAGE，

依据电泳图结果，可以初步判定沉淀杂质为蛋白质（图 2-10）。

图 2-10 鹰嘴豆种子全蛋白与调 pH 后沉淀的电泳条带

泳道 1. 鹰嘴豆全蛋白的电泳条带；泳道 2. 调 pH 后沉淀的电泳条带

经过调 pH 去杂处理及香草醛-高氯酸-冰醋酸法显色反应后，测定发现鹰嘴豆种子总皂苷在 555nm 处有最大吸收峰，其光谱图两侧基本对称（图 2-11），且与大豆标样可见光吸收光谱图形大致相同（图 2-7）。为了进一步消除杂质的影响，测定总皂苷含量时将采用三波长（525nm、555nm 和 585nm）法来提高测定的准确度。

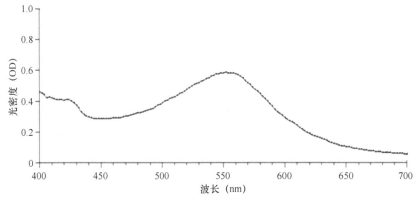

图 2-11 酶标仪扫描鹰嘴豆种子总皂苷溶液去杂后可见光吸收光谱图

2. 显色稳定性研究

鹰嘴豆总皂苷经显色反应处理后，其吸光值随时间延长而下降，每 5min 约下降 0.0098（图 2-12），因此要求鹰嘴豆总皂苷显色后立即测定，否则在样品数较多时，后续测定的样品结果偏差较大。采用酶标仪法测定总皂苷时，在酶标板上一次可对 96 个样品进行显色处理，并在 20s 内完成 96 个样品的吸光值测定，这样可有效克服总皂苷显色反应不稳定、吸光值会随测定时间延长而下降的问题。

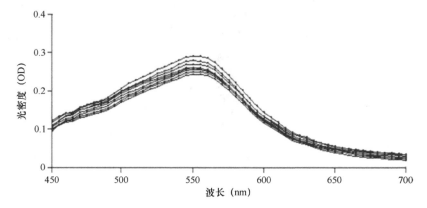

图 2-12　鹰嘴豆种子总皂苷显色后随时间延长吸光值下降的图示

扫描测定 450～700nm 波长范围内的吸光值，每隔 5min 扫描一次（图中线条按时间从上到下），扫描 7 次

3. 标准曲线与统计检验

　　准确称取大豆总皂苷标准品 40.0mg，用 70% 的乙醇稀释，并定容至 100mL，作为标准储备液，其浓度为 400μg/mL。取标准储备液 1mL、2mL、3mL、4mL、5mL、6mL、7mL，分别移入 1～7 号带塞试管中，蒸干乙醇，加入 5mL 水饱和正丁醇，即得标准系列溶液。分别取 7 个浓度的标准系列溶液进行显色处理，然后在酶标仪上测定 525nm、555nm 和 585nm 处的吸光值，每一浓度的吸光值为 3 次重复的平均值，计算平均校正吸光值 A，$A=A_{555}-(A_{525}+A_{585})/2$。以平均校正吸光值 A 为纵坐标，浓度为横坐标，绘制标准曲线图（图 2-13）。

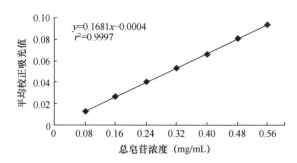

$y=0.1681x-0.0004$
$r^2=0.9997$

图 2-13　大豆总皂苷的标准曲线图

　　所得标准曲线回归方程为

$$y=0.1681x-0.0004+\varepsilon \quad \varepsilon \sim N(0, \sigma^2)$$

式中，ε 是回归方程的误差项，ε 值符合正态分布，σ 是回归方程的估计标准误。

测定水平 $n=7$，重复测定次数 $n=3$。

对绘制的标准曲线进行统计学上的检验：

$$F=\frac{(SP)^2/SS_x}{Q/(n-2)}=19\ 825.489\ 5>F_{0.01}(1,5)=16.26$$

式中，SP 为乘积和，SS_x 为 x 的离均差平方和。

相关系数 $r=0.9997$，决定系数 $r^2=0.9997$

估计标准误为：$\sigma=0.006\ 99$

F 检验表明，直线回归关系极显著，说明总皂苷浓度与吸光值之间存在极显著的线性关系，回归精度良好。

4. 检出限浓度的确定

检出限测算方法采用国际纯粹与应用化学联合会（IUPAC）1975 年通过的关于检出限的规定。计算多份空白样品吸光值的平均值和标准偏差，以平均值与 3 倍标准偏差的和作为检出限吸光值，代入标准曲线方程即可计算出检出限浓度。本研究采用 22 份空白样品，计算吸光值的平均值为 0.000 02，标准偏差 $S=0.000\ 794$，检出限吸光值为 0.0024，代入标准曲线得总皂苷最低检出限浓度为 16.657μg/mL。

（二）总皂苷提取与萃取纯化条件的优化

1. 总皂苷提取条件的优化

（1）最佳提取液浓度的确定

分别采用 40%、50%、60%、70%、80%、90% 及无水乙醇在 70℃水浴 4h 提取鹰嘴豆种子中的总皂苷，提取液经调 pH 纯化后显色，测定吸光值，以确定最适乙醇提取液浓度。结果表明，乙醇提取液浓度在 40%时较差；在 50%～70%时，提取效果基本稳定且较好；在 80%～100%时反而提取不完全（图 2-14）。但在提取过程中发现，用 60%以下乙醇浓度提取时，提取液中的蛋白质很难过滤除去，会导致测定值偏高；而浓度大于 80%时，总皂苷在乙醇溶液中的溶解度又会降低，导致测定值偏低。因而确定乙醇提取液最适浓度约为 70%。

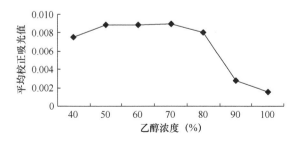

图 2-14 提取液浓度对鹰嘴豆种子总皂苷提取效果的影响

（2）最佳提取温度的确定

不同水浴温度（40℃、50℃、60℃、70℃、80℃和90℃）对鹰嘴豆种子总皂苷提取效果的影响研究表明，提取温度低于60℃时提取效果较差且不稳定；提取温度为70℃时，提取效果最佳；提取温度在80℃以上时，提取效果下降且试管中的溶液易沸腾溢出，较难控制。所以在70℃左右的水浴温度条件下提取较为适宜（图2-15）。

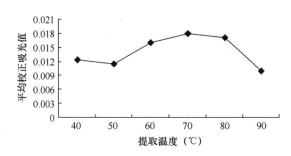

图2-15　不同水浴温度对鹰嘴豆种子总皂苷提取效果的影响

（3）最佳提取时间的确定

提取时间（1h、2h、3h、4h、5h和6h）考察发现，水浴时间小于3h时，总皂苷提取效果随时间的延长而增加；水浴3～4h时提取效果佳且稳定；超过4h后，提取效果反而下降且不稳定。所以提取时间以3～4h为宜（图2-16）。

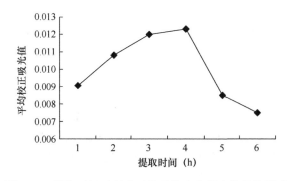

图2-16　提取时间对鹰嘴豆种子总皂苷提取效果的影响

（4）最佳提取效率的确定

脱脂豆粕样品经过第一次提取，测得总皂苷实测量占全部三次提取量的95.09%，第二次提取占3.42%，第三次提取占1.49%。说明脱脂豆粕样品经过1次或2次提取就能达到较好的提取效果。

（5）精密度实验

采用上述方法对供试鹰嘴豆种子总皂苷含量进行8次重复测定，计算出供试鹰嘴豆豆粕中总皂苷平均含量为（10.293±0.1225）mg/g，变异系数 CV 为 3.37%（表 2-3）。

表 2-3 精密度分析结果

平均校正吸光值	0.036	0.045	0.033	0.037	0.035	0.035	0.036	0.036
样品总皂苷含量（mg/g）	10.556	10.194	9.541	10.701	10.266	10.266	10.411	10.411

（6）加标样回收率研究

计算的平均加标样回收率为 95.57%，变异系数 CV 为 3.221%，表明本研究建立的提取方法可靠性较高（表 2-4）。

表 2-4 加标样回收率实验数据

样品编号	平均校正吸光值	实测总皂苷质量（mg）	加标样质量（mg）	加标样回收率（%）	平均加标样回收率（%）	CV（%）
1	0.036	10.556	0	0		
2	0.037	10.846	0	0		
3	0.037	10.846	0	0		
4	0.037	10.701	0	0		
5	0.044	12.731	2	99.701	95.57	3.221
6	0.044	12.586	2	92.450		
7	0.049	14.399	4	91.544		
8	0.048	14.544	4	95.164		
9	0.057	16.501	6	96.063		
10	0.057	16.646	6	98.479		

将鹰嘴豆脱脂豆粕样品根据上述提取条件进行提取、纯化和显色，在酶标仪扫描测定 400～700nm 波长范围内的吸光值，得鹰嘴豆总皂苷的可见光吸收光谱图（图 2-17），与大豆皂苷标样的可见光吸收光谱图（图 2-7）相比较，具有很高

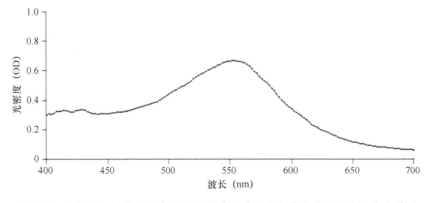

图 2-17　经提取、纯化和显色处理后鹰嘴豆种子总皂苷溶液可见光吸收光谱图

的相似性，没有其他杂质的显著干扰。说明鹰嘴豆脱脂豆粕样品经过本方法处理后，使总皂苷得到了有效的提取和纯化，达到了定量测定的要求。

2. 总皂苷萃取纯化条件的优化

（1）最佳萃取体积比的确定

利用皂苷易溶于正丁醇，而其他杂质如低聚糖、蛋白质等不易溶于正丁醇这一特性，从制备的皂苷乙醇提取液中分离纯化皂苷。在正丁醇相和水相同时存在时，皂苷有固定的分配系数，其大部分溶于正丁醇相，少许溶于水相，分配比随两相的体积比变化而变化。因此，采用不同正丁醇相和水相配比率（V/V）的萃取实验表明，当正丁醇相和水相体积比在（14：5）～（18：5）（V/V）时，正丁醇相的总皂苷含量达到最大且变化不大。考虑到用整倍数体积比便于计算，因而以正丁醇相和水相的体积比约为 15：5（V/V）来萃取总皂苷，以达到纯化目的（图 2-18）。

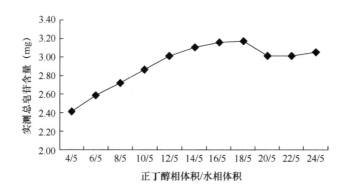

图 2-18　不同水饱和正丁醇相与水相体积比对鹰嘴豆种子总皂苷萃取效果的影响

（2）最佳萃取效率的研究

分别取不同浓度的标准储备液，按上述方法进行提取、纯化和显色处理，计算萃取效率。多次萃取实验结果表明，从不同浓度的标准储备液中，测定的皂苷萃取效率值始终在 90%左右，说明正丁醇-水两相体系对皂苷的萃取纯化效果较好，皂苷大部分进入正丁醇相，符合微量测定的要求（表 2-5）。

表 2-5　不同皂苷浓度的萃取效率结果

项目	皂苷浓度（μg/mL）			平均萃取效率（%）	变异系数 CV（%）
	80	160	240		
萃取效率（%）	87.00	95.09	97.32	93.14	5.29

综合以上结果，鹰嘴豆种子总皂苷最佳提取条件可归纳为：脱脂后取鹰嘴

豆豆粕加入 70% 的乙醇中，在 70℃ 水浴温度下提取 3h；总皂苷一次提取效率为
95.09%，两次合并提取效率为 98.51%；精密度实验的变异系数 CV 为 3.37%，
平均加标样回收率为 95.57%，变异系数 CV 为 3.221%。鹰嘴豆种子总皂苷显色
后的最大吸收峰会受到蛋白杂质的干扰，因此，需采用 HCl 调节 pH 到 2.0 来沉
淀干扰蛋白。

采用 15∶5（V/V）正丁醇-水相体系从制备的总皂苷乙醇提取液中萃取总皂苷
效果最好（吴敏等，2009）。

三、鹰嘴豆种子总异黄酮和总皂苷含量分析

采用建立的总异黄酮含量和总皂苷含量三波长分光光度法，分别测定在新
疆农业大学试验农场种植收获的不同年份、不同种质脱脂豆粕总异黄酮和总皂
苷含量。研究发现，33 份鹰嘴豆种质脱脂豆粕总异黄酮含量变异范围为
380.525～688.021μg/g，平均值为 517.211μg/g；总皂苷含量变异范围为 1.179～
16.695mg/g，平均值为 8.121mg/g。鹰嘴豆种质 175 脱脂豆粕的总异黄酮含量最
高，为 688.021μg/g，而鹰嘴豆种质 166 脱脂豆粕总皂苷含量最高，达到 16.695mg/g
（表 2-6）。

表 2-6　2004 年、2005 年 33 份鹰嘴豆种质脱脂豆粕总异黄酮和总皂苷含量

种质名称	总异黄酮含量（μg/g）	总皂苷含量（mg/g）	种质名称	总异黄酮含量（μg/g）	总皂苷含量（mg/g）	种质名称	总异黄酮含量（μg/g）	总皂苷含量（mg/g）
美国 1 号	389.156	10.532	165	503.534	9.445	196	608.780	10.798
木垒地方品种	666.220	8.091	166	650.000	16.695	200	458.296	5.384
乌什地方品种	610.603	14.616	169	596.559	12.731	202	532.459	2.654
叙利亚 11 号	495.536	7.680	170	519.792	7.100	209	384.022	1.498
A-1	546.112	7.028	171	555.618	6.955	210	380.525	10.411
88-1	625.800	10.121	174	570.331	4.123	215	553.665	10.725
159	471.522	15.969	175	688.021	1.179	216	453.590	8.248
161	505.506	6.496	176	546.354	4.490	218	397.880	6.593
164	419.773	4.079	177	482.924	5.505	219	463.225	8.478
223	515.737	7.970	178	506.380	4.514	221	475.949	6.786
224	621.949	14.181	193	431.008	7.124	225	441.127	9.783

方差分析结果表明，种质间、年份间脱脂豆粕总异黄酮含量存在极显著差异，
种质与年份间存在显著互作（表 2-7）。种质间、年份间脱脂豆粕总皂苷含量存在
极显著差异，种质与年份间存在显著互作（表 2-8）。

表 2-7　2004 年、2005 年鹰嘴豆脱脂豆粕总异黄酮含量方差分析

变异来源	df	SS	MS	F	$F_{0.05}$	$F_{0.01}$
种质	32	860 060.50	26 876.89	50.802[**]	1.63	2.00
年份	1	75 339.28	75 339.28	142.404[**]	3.99	7.04
区组	2	2 136.27	1 068.14	2.019	3.14	4.95
种质×年份	32	298 615.60	38 562.98	72.891[**]	1.63	2.00
合并误差	64	74 542.31	529.05			
总变异	131	1 310 694.00				

注：表中**表示达到极显著差异（$P<0.01$）

表 2-8　2004 年、2005 年鹰嘴豆脱脂豆粕总皂苷含量方差分析

变异来源	df	SS	MS	F	$F_{0.05}$	$F_{0.01}$
种质	32	1816.97	56.78	35.414[**]	1.630	2.00
年份	1	488.65	488.65	304.766[**]	3.990	7.04
区组	2	0.42	0.21	0.132	3.140	4.95
种质×年份	32	308.26	9.63	6.008[**]	1.630	2.00
合并误差	64	102.61	1.60			
总变异	131	2716.92				

注：表中**表示达到极显著差异（$P<0.01$）

四、鹰嘴豆豆腐的制备及其总异黄酮和总皂苷含量分析

鹰嘴豆豆腐的制备按照 Sun 和 Breene（2006）的方法并加以改进。称取籽粒大小均匀整齐的鹰嘴豆籽粒，放入容器中，加入水浸泡 12h。将浸泡过的鹰嘴豆置于高速搅拌机内，按照 1：8 的比例加入水后高速搅拌 2min，然后用四层脱脂纱布过滤。滤液加热煮沸 1min 后，置于 85℃恒温水浴中保温 1h，然后加入浓度为 0.02mol/L 的凝固剂 $CaSO_4$，边加边搅动，静置 5min 后倒入离心管中，在 3000r/min 下离心 10min 后测定湿豆腐重（图 2-19）。

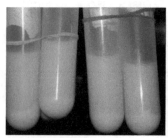
鹰嘴豆豆浆

鹰嘴豆豆浆(未倒黄浆水)

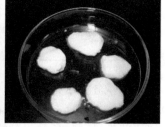
鹰嘴豆豆腐

图 2-19　鹰嘴豆豆腐的制备

测定了 12 份鹰嘴豆种质豆腐产量，列于表 2-9。湿豆腐产量最高的是鹰嘴豆种质 218；干豆腐产量最高的是鹰嘴豆种质 219。

表 2-9 鹰嘴豆豆腐产量表

品种	鹰嘴豆重 （g）	湿豆腐重 （g）	湿豆腐产量 （g/100g）	干豆腐重 （g）	干豆腐产量 （g/100g）	水分含量 （%）
193	10	15.79	157.9	3.345	33.45	78.82
224	10	13.71	137.1	3.245	32.45	76.33
A-1	10	17.45	174.5	3.515	35.15	79.86
166	10	13.08	130.8	2.805	28.05	78.56
221	10	17.09	170.9	3.995	39.95	76.62
美国 1 号	10	17.77	177.7	4.025	40.25	77.35
169	10	15.65	156.5	3.585	35.85	77.09
176	10	16.22	162.2	3.425	34.25	78.88
200	10	15.75	157.5	3.355	33.55	78.70
219	10	17.15	171.5	4.135	41.35	75.89
218	10	18.73	187.3	4.035	40.35	78.46
224	10	15.92	159.2	3.295	32.95	79.30

注：湿豆腐产量=（该样品制成豆腐的湿重/鹰嘴豆种子样品风干重）×100（g/100g）
干豆腐产量=（该样品制成豆腐的烘干重/鹰嘴豆种子样品风干重）×100（g/100g）
湿豆腐含水量=［（湿豆腐重–干豆腐重）/湿豆腐重］×100%（章晓波和盖钧镒，1994）
湿豆腐含水量的测定按照 Puppo 和 Añón（1998）的方法稍加修改进行

采用总异黄酮含量和总皂苷含量三波长分光光度法，测定了不同鹰嘴豆种质制备的豆腐的总异黄酮和总皂苷含量。从表 2-10 中可以看出，制豆腐后总皂苷和总异黄酮保留率最高的是鹰嘴豆种质 193，分别为 29.432%和 11.404%。而在 11 份鹰嘴豆种质籽粒中总皂苷和总异黄酮含量最高的是种质 166（16.683mg/g、223.954μg/g），在制成豆腐后其总皂苷和总异黄酮保留率分别为 17.152%和 7.678%。

表 2-10 制豆腐前后鹰嘴豆中总皂苷和总异黄酮含量变化

种质	籽粒		干豆腐		总皂苷保留率 （%）	总异黄酮保留率 （%）
	总皂苷含量 （mg/g）	总异黄酮含量 （μg/g）	总皂苷含量 （mg/g）	总异黄酮含量 （μg/g）		
193	3.605	178.805	1.061	20.391	29.432	11.404
224	11.535	223.568	1.098	13.531	9.512	6.052
A-1	5.299	201.242	0.131	10.734	2.462	5.334
166	16.683	223.954	2.861	17.194	17.152	7.678
221	5.239	167.192	0.614	8.109	11.716	4.850
美国 1 号	8.865	159.439	0.239	4.806	2.699	3.014

续表

种质	籽粒		干豆腐		总皂苷保留率	总异黄酮保留率
	总皂苷含量（mg/g）	总异黄酮含量（μg/g）	总皂苷含量（mg/g）	总异黄酮含量（μg/g）	(%)	(%)
176	2.289	181.171	0.239	7.883	10.448	4.351
200	2.746	157.639	0.179	2.342	6.512	1.486
219	7.572	179.922	0.299	4.979	3.958	2.767
218	5.892	132.123	0.191	7.377	3.240	5.583
225	14.181	223.568	0.638	0.717	4.499	0.321
平均	7.628	184.420	0.686	8.915	9.239	4.804

11 份鹰嘴豆种质籽粒中总皂苷含量变异范围为 2.289～16.683mg/g，平均含量为 7.628mg/g。制成豆腐后总皂苷含量变异范围为 0.131～2.861mg/g，平均含量为 0.686mg/g；保留率变异范围为 2.462%～29.432%，平均保留率为9.239%。11 份鹰嘴豆种质籽粒中总异黄酮变异范围为 132.123～223.954μg/g，平均含量为 184.420μg/g。制成豆腐后总异黄酮含量变异范围为 0.717～20.391μg/g，平均含量为 8.915μg/g；保留率变异范围为 0.321%～11.404%，平均保留率为4.804%。

第二节　鹰嘴豆种子总异黄酮和总皂苷的同步提取与分离纯化

采用回流提取方式对鹰嘴豆种子总异黄酮和总皂苷进行同步提取，最佳提取条件为：70%乙醇提取液、料液比 1：10、提取温度 70℃、提取时间 3h，提取 2 次，并采用 HCl 调粗提液 pH 至 4.9～5.1 后，4℃冷藏静置 72h，蛋白去除率大于 80%，而总异黄酮和总皂苷的损失率较低。

经同步提取、初步除杂后的鹰嘴豆种子总异黄酮和总皂苷粗提液分别经过H103 和 HPD-600 树脂柱后能够进一步除去糖、盐、色素等水溶性杂质，同时富集了总异黄酮和总皂苷；富集液再经过聚酰胺柱层析的分离纯化后，能够制备得到纯度较高的总异黄酮（86.3%）和总皂苷（89.5%）产品。

一、鹰嘴豆种子总异黄酮和总皂苷的同步提取

虽然目前异黄酮和皂苷的提取方法很多，但多数都是对异黄酮或皂苷的单独

提取，缺乏一种同时提取异黄酮和皂苷的快速、有效的方法，而且针对鹰嘴豆种子异黄酮和皂苷同步提取的研究更为少见。为了构建鹰嘴豆种子总异黄酮和总皂苷的同步提取，本研究首先采用单因素实验和正交实验对提取溶剂种类和浓度、提取方式、温度、料液比、提取时间和提取次数等进行研究。

1. 溶剂和提取方式的选择

在选定的条件下，以不同浓度的甲醇、乙醇作为提取溶剂，以不同的方法提取，鹰嘴豆种子总异黄酮和总皂苷的得率如表 2-11 所示。从表中可看出，以甲醇为提取溶剂时，其提取得率比以乙醇为提取溶剂的得率低；其次，搅拌回流提取方式的效果优于室温冷浸方式。故选择以乙醇为溶剂、搅拌回流提取的方式研究同步提取鹰嘴豆种子总异黄酮和总皂苷的工艺条件。

表 2-11　不同提取溶剂和提取方法的效果对比

提取溶剂和方法	总异黄酮得率（%）	总皂苷得率（%）
甲醇室温冷浸	0.039	0.868
甲醇搅拌回流	0.050	0.916
70%乙醇室温冷浸	0.041	0.896
70%乙醇搅拌回流	0.052	1.029

2. 乙醇浓度对提取效率的影响

在 50%～70%时，随着提取液乙醇浓度的升高，鹰嘴豆种子总异黄酮和总皂苷的提取效率呈上升趋势，在 70%～80%时提取量最大，随后又逐渐下降（图 2-20）。

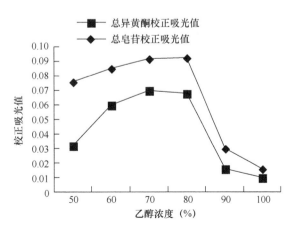

图 2-20　乙醇浓度对提取效率的影响

3. 温度对提取效率的影响

在40~70℃时，随着提取温度的升高，鹰嘴豆种子总异黄酮和总皂苷的提取效率也升高，但当温度升高到70℃以上时，提取效率反而降低（图2-21）。

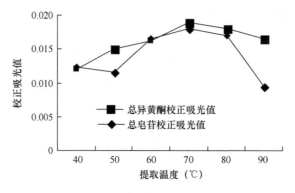

图 2-21　温度对提取效率的影响

4. 料液比对提取效率的影响

提取效率随料液比（m/V）的增大而增加，当溶剂的体积在10倍以上后，鹰嘴豆种子总异黄酮和总皂苷的提取效率基本稳定（图2-22）。

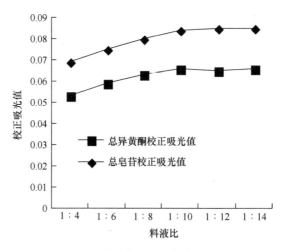

图 2-22　料液比对提取效率的影响

5. 提取时间对提取效率的影响

鹰嘴豆种子总异黄酮和总皂苷提取效率随提取时间的延长而增加，在 3~4h 时提取效率最佳；超过 4h 后，提取效率反而下降（图2-23）。

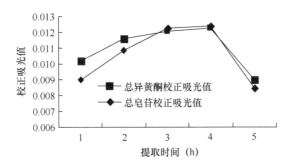

图 2-23　提取时间对提取效率的影响

6. 提取次数对提取效率的影响

经过 2 次提取，溶液中总异黄酮和总皂苷基本达到饱和，故选择 2 次提取（图 2-24）。

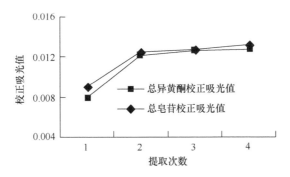

图 2-24　提取次数对提取效率的影响

7. 乙醇浓度、提取温度和料液比正交实验的优化

根据以上单因素实验研究结果，以总异黄酮和总皂苷的得率为考察指标，采用 $L_9(3^4)$ 正交表，对乙醇浓度、提取温度和料液比进一步实验优化（表 2-12）。由 R 值可知，同时提取总异黄酮和总皂苷时，影响总异黄酮得率的重要性程度是提取温度>料液比>乙醇浓度；影响总皂苷得率的重要性程度是乙醇浓度>提取温度>料液比。从得率来看，反应 4（$A_2B_1C_2$），即提取温度 70℃、料液比 1∶10、60% 的乙醇溶液的反应组合，总异黄酮得率（0.056%）和总皂苷得率（1.029%）最高。

根据单因素实验结果，对最佳反应组合 $A_2B_1C_3$（即提取温度 70℃、料液比 1∶10、70% 的乙醇溶液）进行了实验验证，结果该组合的总异黄酮得率为 0.060%，总皂苷得率为 1.032%，优于正交表中最佳反应 4（$A_2B_1C_2$）。

8. 同步提取过程中除杂

由于从鹰嘴豆脱脂豆粉中以有机溶剂萃取得到的异黄酮和皂苷粗提液中含有蛋白等杂质，会影响异黄酮和皂苷的进一步精制。因此在精制之前，必须先除去蛋白等杂质。

表 2-12　鹰嘴豆总异黄酮和总皂苷提取条件正交实验表

序号	提取温度（A, ℃）	料液比（B, m/V）	乙醇浓度（C, %）	总异黄酮得率（%）	总皂苷得率（%）
1	60	1∶10	50	0.052	1.010
2	60	1∶12	60	0.042	1.019
3	60	1∶14	70	0.050	1.023
4	70	1∶10	60	0.056	1.029
5	70	1∶12	70	0.054	1.026
6	70	1∶14	50	0.039	1.012
7	80	1∶10	70	0.042	1.016
8	80	1∶12	50	0.031	1.002
9	80	1∶14	60	0.035	1.008
K_{Y1}	0.144	0.150	0.122		
K_{Y2}	0.149	0.127	0.133	0.401（T_Y）	
K_{Y3}	0.108	0.124	0.146	0.045（$\bar{X}_Y$）	
$\bar{K}_{Y1}$	0.048	0.030	0.041		
$\bar{K}_{Y2}$	0.050	0.042	0.044		
$\bar{K}_{Y3}$	0.036	0.041	0.049		
R_Y	0.014	0.012	0.008		
K_{Z1}	3.052	3.055	3.024		
K_{Z2}	3.067	3.047	3.056	9.145（T_Z）	
K_{Z3}	3.026	3.043	3.065	1.016（$\bar{X}_Z$）	
$\bar{K}_{Z1}$	1.017	1.018	1.008		
$\bar{K}_{Z2}$	1.022	1.016	1.019		
$\bar{K}_{Z3}$	1.009	1.014	1.022		
R_Z	0.013	0.004	0.014		

注：K_Y 为总异黄酮得率同一水平实验之和；K_Z 为总皂苷得率同一水平实验之和；R 为极差

根据第一章的研究结果，鹰嘴豆种子清蛋白和球蛋白等电点分别是 5.0 和 4.0。故本实验研究在用 0.5mol/L HCl 调总异黄酮和总皂苷粗提液 pH 至 4.9～5.1 后，最佳冷藏（4℃）静置时间的除杂效果结果列于表 2-13。研究表明，冷藏时间为 72h 时，蛋白质的去除率大于 80%，同时总异黄酮和总皂苷的损失率较低。

表 2-13　调 pH 结合冷冻静置处理后粗提液中总异黄酮、总皂苷和蛋白质的含量

类别	粗提液	调 pH 后			
		冷藏 24h	冷藏 48h	冷藏 72h	冷藏 96h
总异黄酮浓度（mg/10mL）	0.052	0.048	0.047	0.045	0.039
总皂苷浓度（mg/10mL）	1.029	0.933	0.925	0.881	0.765
蛋白质含量（mg/10mL）	86.80	65.8	49.6	11.6	2.11

故鹰嘴豆种子总异黄酮和总皂苷采用回流提取法同步提取的最佳条件是：70%的乙醇提取液、提取温度 70℃、料液比 1：10、提取时间 3h，提取 2 次，获得的粗提液再采用 HCl 调 pH 至 4.9～5.1 后，4℃冷藏静置 72h。

二、鹰嘴豆种子总异黄酮和总皂苷的分离纯化

脱脂鹰嘴豆豆粉经同步提取、初步除杂后，得到的是鹰嘴豆种子总异黄酮和总皂苷较高纯度的混合物。为了分离获得更高纯度的鹰嘴豆种子总异黄酮和总皂苷产品，需对粗提混合物进一步分离纯化。分别采用溶剂沉淀法和柱层析法分离纯化鹰嘴豆种子总异黄酮和总皂苷，并对这两种方法加以比较分析，以期能找到一个经济有效的分离纯化手段。

1. 采用大孔树脂对鹰嘴豆种子总异黄酮和总皂苷初步分离纯化

采用对鹰嘴豆种子异黄酮具有选择性吸附的吸附剂 H103 树脂。树脂装柱前先在树脂内加入少许乙醇，再将树脂灌装入树脂柱，并在柱内加入高于树脂层 10cm 的乙醇浸泡 4h，放出浸液，水洗至洗涤液在试管中加水稀释不浑浊为止。将已处理好的吸附剂 H103 装入玻璃柱（20mm×400mm，填装高度为 28cm，床体积为 84mL）中，再将上述经同步提取、初步除杂后的鹰嘴豆种子总异黄酮和总皂苷粗提液 10mL，用去离子水稀释至 10 倍，以 0.7mL/min 注入已填装好的玻璃柱中进行吸附，静置 7h，以 400mL 水洗柱，后以 75%的乙醇水溶液洗脱，收集洗脱液并减压回收乙醇，测定浓缩物中总异黄酮和总皂苷的含量并计算回收率。结果表明，此方法可有效地将总异黄酮分离出来，使鹰嘴豆总异黄酮的回收率达到 96.3%，且总异黄酮和总皂苷的含量（纯度）（分别为 30.1%和 40.6%）也得到了提高。但同时也发现，H103 树脂对鹰嘴豆总皂苷的回收率只有 30%左右，约有 70%的总皂苷从 H103 树脂柱流失。为了解决这一问题，在 H103 吸附柱后串联了对总皂苷有良好吸附性的 HPD-600 吸附柱（装柱方法同 H103 树脂柱）对总皂苷进行富集，以 75%的乙醇洗脱，收集洗脱液、浓缩，得到总皂苷粗提物。结果显示，HPD-600 树脂对总皂苷的回收率为 36.5%，得到的产品中总皂苷的含量（纯度）为 36.9%，总异黄酮的含量（纯度）为 5.6%。

由上述结果可发现,经除杂后的鹰嘴豆种子总异黄酮和总皂苷粗提液经 H103 树脂柱和 HPD-600 树脂柱后,能除去许多水溶性杂质,其纯度得到了提高,但仍不能将总异黄酮和总皂苷完全分离,且纯度仍不理想。

2. 有机溶剂沉淀法和聚酰胺柱层析法精制鹰嘴豆种子总异黄酮和总皂苷

为了得到纯度更高的鹰嘴豆总异黄酮和总皂苷,本实验进一步利用溶剂沉淀法和柱层析法对富集后的提取液进一步分离纯化。由于鹰嘴豆异黄酮能够溶解在甲醇-乙醚、丙酮、乙酸乙酯等溶剂体系中,而鹰嘴豆皂苷却不能,因此,采用有机溶剂沉淀法从经过树脂柱、浓缩后的富集液中分离这两种成分是非常简便可行而又实用的方法。取上述过柱、浓缩后的粗提液(浓度为 50mg/mL),加入 6 倍量的丙酮,振摇 30min,3500r/min 离心后,取上清液真空浓缩、干燥,得纯化后总异黄酮产品,沉淀部分真空干燥后得总皂苷产品。但在实验中发现,该方法得到的异黄酮产品中总异黄酮的含量为 60.1%,而皂苷产品中总皂苷的含量为 71.3%,存在着皂苷沉淀不完全,从而导致总异黄酮分离效果不好,产品纯度较低的缺点,成为该法的局限性之一。

聚酰胺对分离极性物质具有较好的效果,异黄酮能与聚酰胺形成氢键,产生选择性可逆吸附,对性质极近似的同类化合物有很好的分离效果。因此,选用聚酰胺柱层析法对总异黄酮和总皂苷富集液进一步分离纯化可能会有良好的效果。称取层析用的聚酰胺 10g 置于 500mL 烧杯中,加 5%的 NaOH 溶液 400mL 轻轻摇匀,浸泡 2h 后湿法装层析柱(规格为 16mm×400mm)。用水将柱洗至中性后,用 5%的 HCl 洗脱并浸泡 2h,再用水洗至中性。待液面降至吸附剂顶部 1cm 处时,关闭下口,量取流出体积,求出柱内保留体积,并以此确定开始收集洗脱液的时间。取粗提液 2mL 稀释后小心加入柱的上端,上样前须用乙酸乙酯洗脱除去柱中的水分。综合考虑样品组分的溶解度、吸附剂的性质、溶剂极性等,实验选用极性由大到小的梯度洗脱溶液(乙酸乙酯、10%的乙醇-乙酸乙酯、20%的乙醇-乙酸乙酯、30%的乙醇-乙酸乙酯、40%的乙醇-乙酸乙酯、50%的乙醇-乙酸乙酯溶液),以 1mL/min 的流速进行洗脱,并分别对总异黄酮和总皂苷类物质的馏分进行选择性收集、合并、浓缩,制备得到纯度为 86.3%的总异黄酮产品和纯度为 89.5%的总皂苷产品。说明采用聚酰胺柱层析法能较好地分离鹰嘴豆总异黄酮和总皂苷,且显著地提高了二者的纯度。

所制备的鹰嘴豆总异黄酮呈浅黄色粉末(含无色结晶性固体),微溶于水,易溶于甲醇、乙醇、氯仿、乙醚等有机溶剂及稀碱液中。所制备的鹰嘴豆总皂苷呈淡黄色粉末,易溶于水、含水稀醇、热甲醇和热乙醇,难溶于冷乙醇、丙酮、乙醚等有机溶剂,不溶于苯、氯仿和无水乙醇。其在含水丁醇和戊醇中溶解性也较好。

综上可知，经同步提取、初步除杂后的鹰嘴豆种子总异黄酮和总皂苷粗提液分别经过两种对其有选择性吸附的树脂柱（H103 树脂柱和 HPD-600 树脂柱）后能够除去糖、盐、色素等水溶性杂质，同时富集了总异黄酮和总皂苷；富集液再经过聚酰胺柱层析的分离纯化后，能够分别制备得到纯度较高的总异黄酮和总皂苷产品。

第三节　鹰嘴豆种子总异黄酮和总皂苷对糖尿病小鼠的作用

鹰嘴豆种子总异黄酮提取物有显著降低糖尿病小鼠血糖的作用，其作用的机制可能与其增强抗过氧化酶类（超氧化物歧化酶、过氧化氢酶、谷胱甘肽过氧化物酶）活性，保护机体组织免遭过氧化损伤有关。鹰嘴豆种子总异黄酮提取物在降低糖尿病小鼠丙二醛含量、增强机体抗过氧化能力方面整体优于治疗糖尿病的常用药物二甲双胍。

鹰嘴豆种子总皂苷具有显著降低糖尿病小鼠空腹血糖，调节脂质代谢的功能。其作用的机制可能是促进糖尿病小鼠抗过氧化能力的提高和机体清除自由基能力的增强，减轻或避免氧自由基及过氧化产物对细胞的氧化损伤。鹰嘴豆种子总皂苷提取物在调节糖尿病小鼠血脂代谢和增强机体抗过氧化能力方面整体优于二甲双胍。

糖尿病是一种因胰岛素分泌作用缺陷引起的临床综合征，特点是慢性高血糖和代谢紊乱。鹰嘴豆是维吾尔医学中常用的一种药食兼用的植物。有研究报道，鹰嘴豆防治糖尿病、高脂血症的作用可能与其活性成分异黄酮和皂苷有关（Siddiqui and Siddiqi，1976；Zulet and Martinez，1995）。但关于鹰嘴豆种子异黄酮、皂苷对血糖、血脂的调节作用的基础实验研究却鲜有报道。本研究旨在探讨鹰嘴豆种子总异黄酮、总皂苷提取物对糖尿病小鼠的降血糖、调血脂的作用和机制，为筛选、鉴定鹰嘴豆有效成分，以及进一步研发药食两用的鹰嘴豆产品提供科学依据。

一、鹰嘴豆种子总异黄酮提取物对糖尿病小鼠血糖含量和抗过氧化能力的影响

1. 实验动物数量和鹰嘴豆种子总异黄酮提取物中异黄酮含量

纳入小鼠 50 只，均进入结果分析，无脱失。

供试鹰嘴豆种子总异黄酮提取物经测定，其异黄酮含量为 39%。

50 只小鼠随机分为 5 组：高血糖模型对照组，二甲双胍治疗组和鹰嘴豆总异

黄酮提取物低、中、高剂量组，每组 10 只。在给予高糖高脂饲料的基础上，3 个剂量组在每日下午 3:00 分别灌服 25mg/kg、50mg/kg 和 100mg/kg 的鹰嘴豆总异黄酮提取物，同时高血糖模型对照组和二甲双胍治疗组分别灌服蒸馏水和二甲双胍 150mg/kg；1 次/d，实验周期为 4 周。实验于 2 周末和 4 周末经眼眶静脉取血测血糖，4 周末断头取血和肝脏组织，分离血清，制备肝组织匀浆：取肝脏（0.5±0.1）g，在冰生理盐水中漂洗，除去血液，滤纸拭干，称重，剪碎，放入匀浆瓶中，按 1:9（m/V）加入冰生理盐水，在电动玻璃匀浆机上制备。检测血清和肝组织匀浆中的超氧化物歧化酶、过氧化氢酶、谷胱甘肽过氧化物酶活力及丙二醛含量（李燕等，2007）。

2. 对糖尿病小鼠空腹血糖的影响

实验前，各组糖尿病小鼠空腹血糖值无明显差异（表 2-14）。饲喂鹰嘴豆种子总异黄酮提取物 2 周后，各剂量组和二甲双胍治疗组糖尿病小鼠的空腹血糖值均有不同程度的降低，其中高剂量组与二甲双胍治疗组糖尿病小鼠血糖值显著（$P<0.05$）低于高血糖模型对照组，但两者间无显著差异（$P>0.05$）。4 周后，高、中剂量组糖尿病小鼠空腹血糖值均显著（$P<0.05$）低于高血糖模型对照组，而二甲双胍治疗组极显著（$P<0.01$）低于高血糖模型对照组，中、高剂量组与二甲双胍治疗组间无显著性差异（$P>0.05$）。研究表明，饲喂鹰嘴豆种子总异黄酮提取物具有良好的降低糖尿病小鼠空腹血糖的作用，且与剂量有关。

表 2-14　各处理组糖尿病小鼠空腹血糖的变化（平均值±标准差，$n=10$）

组别	剂量（mg/kg）	实验前（mmol/L）	第 2 周（mmol/L）	第 4 周（mmol/L）
高血糖模型对照组	蒸馏水	20.95±7.57	19.88±6.38	19.47±6.17
二甲双胍治疗组	150	19.86±7.07	13.59±5.39a	10.55±7.36A
鹰嘴豆总异黄酮提取物低剂量组	25	20.27±7.28	19.69±5.86*	18.90±6.79**
鹰嘴豆总异黄酮提取物中剂量组	50	19.63±6.56	18.72±6.56*	14.28±5.96a
鹰嘴豆总异黄酮提取物高剂量组	100	19.61±8.27	13.41±6.29a	13.96±6.63a

注：与高血糖模型对照组比较，a 表示 $P<0.05$，A 表示 $P<0.01$；与二甲双胍治疗组比较，*表示 $P<0.05$，**表示 $P<0.01$

3. 对糖尿病小鼠血清和肝脏中丙二醛含量的影响

与高血糖模型对照组相比，鹰嘴豆种子总异黄酮提取物各剂量组和二甲双胍治疗组糖尿病小鼠的血清和肝脏中丙二醛含量均有不同程度的降低（表 2-15）。与高血糖模型对照组相比：低剂量组降低程度未达显著水平（$P>0.05$），而中剂量组与二甲双胍治疗组呈显著性降低（$P<0.05$），高剂量组呈极显著降低（$P<0.01$）。可见饲喂鹰嘴豆种子总异黄酮提取物能够有效降低糖尿病小鼠血清和肝脏组织中

丙二醛含量，在 $25 \sim 100 \text{mg/kg}$ 剂量范围内具有明显的剂量效应关系。有趣的是，与二甲双胍治疗组相比，高剂量组降低糖尿病小鼠血清和肝脏中丙二醛含量的效果更优。

表 2-15　各处理组糖尿病小鼠血清和肝脏中丙二醛含量的变化（平均值±标准差，$n=10$）

组别	剂量（mg/kg）	血清中（nmol/mL）	肝脏中（nmol/mg）
高血糖模型对照组	蒸馏水	7.71±0.83	9.58±1.86
二甲双胍治疗组	150	6.25±1.39a	7.98±1.39a
鹰嘴豆总异黄酮提取物低剂量组	25	6.90±0.65	8.63±0.65
鹰嘴豆总异黄酮提取物中剂量组	50	6.47±1.04a	8.10±1.04a
鹰嘴豆总异黄酮提取物高剂量组	100	4.84±0.69A*	6.96±0.69A

注：与高血糖模型对照组比较，a 表示 $P<0.05$，A 表示 $P<0.01$；与二甲双胍治疗组比较，*表示 $P<0.05$

4. 对糖尿病小鼠血清和肝脏中超氧化物歧化酶活性的影响

与高血糖模型对照组相比，鹰嘴豆种子总异黄酮提取物各剂量组和二甲双胍治疗组糖尿病小鼠血清和肝脏中超氧化物歧化酶活性均有不同程度的增强（表 2-16）。与高血糖模型对照组相比，低剂量组增强程度未达显著水平（$P>0.05$），而中、高剂量组和二甲双胍治疗组增强程度达到显著水平（$P<0.05$）。高剂量组中超氧化物歧化酶活性高于二甲双胍治疗组，但差异未达显著水平（$P>0.05$）。研究表明，饲喂鹰嘴豆种子总异黄酮提取物能增强糖尿病小鼠血清和肝脏组织中超氧化物歧化酶活性，在 $25 \sim 100 \text{mg/kg}$ 剂量范围内呈现一定的剂量效应关系。

表 2-16　各处理组糖尿病小鼠血清和肝脏中超氧化物歧化酶活性的变化（平均值±标准差，$n=10$）

组别	剂量（mg/kg）	血清中（nKat/mL）	肝脏中（nKat/mg）
高血糖模型对照组	蒸馏水	4366.707±850.170	2167.767±452.924
二甲双胍治疗组	150	5322.398±814.163a	2706.208±502.934a
鹰嘴豆总异黄酮提取物低剂量组	25	4906.314±720.477	2517.003±493.432
鹰嘴豆总异黄酮提取物中剂量组	50	4989.498±920.351a	2651.364±586.117a
鹰嘴豆总异黄酮提取物高剂量组	100	5571.78±1094.219a	2815.063±409.415a

注：与高血糖模型对照组比较，a 表示 $P<0.05$

5. 对糖尿病小鼠血清和肝脏中过氧化氢酶活性的影响

鹰嘴豆种子总异黄酮提取物各剂量组糖尿病小鼠血清中过氧化氢酶活性基本上均高于高血糖模型对照组（表 2-17），且中剂量组呈显著性增高（$P<0.05$），高剂量组呈极显著（$P<0.01$）增高。在肝脏中，高剂量组与高血糖模型对照组相比，过氧化氢酶活性显著（$P<0.05$）增高。有趣的是，高剂量组无论糖尿病小鼠血清

还是肝脏中过氧化氢酶活性均显著（$P<0.05$）高于二甲双胍治疗组，而二甲双胍治疗组无论糖尿病小鼠血清还是肝脏中过氧化氢酶活性与高血糖模型对照组相比均无统计学意义上的差异（$P>0.05$）。研究表明，饲喂鹰嘴豆种子总异黄酮提取物能增强糖尿病小鼠血清和肝组织中过氧化氢酶活性，且在 25～100mg/kg 剂量范围内呈现一定的剂量效应关系，而二甲双胍对糖尿病小鼠血清和肝组织中过氧化氢酶活性无明显影响。

表 2-17　各处理组糖尿病小鼠血清和肝脏中过氧化氢酶活性的变化（平均值±标准差，$n=10$）

组别	剂量（mg/kg）	血清中（nKat/mL）	肝脏中（nKat/mg）
高血糖模型对照组	蒸馏水	15.670±4.334	36.007±27.339
二甲双胍治疗组	150	18.837±2.834	35.507±2.834
鹰嘴豆总异黄酮提取物低剂量组	25	18.504±4.168	35.007±26.005
鹰嘴豆总异黄酮提取物中剂量组	50	20.171±3.167a	38.341±23.838
鹰嘴豆总异黄酮提取物高剂量组	100	24.672±3.501A[*]	44.676±14.503a[*]

注：与高血糖模型对照组比较，a 表示 $P<0.05$，A 表示 $P<0.01$；与二甲双胍治疗组比较，*表示 $P<0.05$

6. 对糖尿病小鼠血清和肝脏中谷胱甘肽过氧化物酶活性的影响

与高血糖模型对照组相比，鹰嘴豆种子总异黄酮提取物各剂量组和二甲双胍治疗组糖尿病小鼠谷胱甘肽过氧化物酶活性均有不同程度的增强（表 2-18）。在血清中，与高血糖模型对照组相比，二甲双胍治疗组糖尿病小鼠谷胱甘肽过氧化物酶活性呈显著性（$P<0.05$）增强，低剂量组增强程度不显著（$P>0.05$），中、高剂量组均呈极显著增强（$P<0.01$），且中、高剂量组高于二甲双胍治疗组，但未达显著水平（$P>0.05$）；在肝脏中，与高血糖模型对照组相比，低、中、高剂量组谷胱甘肽过氧化物酶活性均呈极显著（$P<0.01$）增强，而二甲双胍治疗组也显著（$P<0.05$）高于高血糖模型对照组，但仍极显著（$P<0.01$）低于各剂量组。研究表明，饲喂鹰嘴豆种子总异黄酮提取物能够增强糖尿病小鼠血清和肝脏中谷胱甘肽过氧化物酶活性，在 25～100mg/kg 剂量范围内呈现一定的剂量效应关系，且效果优于二甲双胍。

表 2-18　各处理组糖尿病小鼠血清和肝脏中谷胱甘肽过氧化物酶活性的变化
（平均值±标准差，$n=10$）

组别	剂量（mg/kg）	血清中（nKat/mL）	肝脏中（nKat/mg）
高血糖模型对照组	蒸馏水	2325.965±399.247	1111.389±140.695
二甲双胍治疗组	150	2815.230±294.226a	1213.909±294.226a
鹰嘴豆总异黄酮提取物低剂量组	25	2578.016±454.091	1569.481±435.587A[**]
鹰嘴豆总异黄酮提取物中剂量组	50	3023.771±346.736A	1717.343±159.865A[**]
鹰嘴豆总异黄酮提取物高剂量组	100	3209.809±480.596A	2153.931±202.541A[**]

注：与高血糖模型对照组比较，a 表示 $P<0.05$，A 表示 $P<0.01$；与二甲双胍治疗组比较，**表示 $P<0.01$

处理前，模型鼠的血糖与血清超氧化物歧化酶、过氧化氢酶、谷胱甘肽过氧化物酶活性的相关性分别为–0.9398、–0.9452和–0.9484；与肝脏超氧化物歧化酶、过氧化氢酶、谷胱甘肽过氧化物酶活性的相关性分别为–0.9424、–0.9308和–0.9541。处理后，模型鼠的血糖与血清超氧化物歧化酶、过氧化氢酶、谷胱甘肽过氧化物酶活性的相关性分别为–0.9403、–0.9466和–0.9503；与肝脏超氧化物歧化酶、过氧化氢酶、谷胱甘肽过氧化物酶活性的相关性分别为–0.9436、–0.9356和–0.9631。

从数据统计结论可看出，在处理前后，模型鼠的血糖与血清、肝脏的超氧化物歧化酶、过氧化氢酶和谷胱甘肽过氧化物酶之间均呈显著（$P<0.05$）负相关，处理降低模型血糖的同时增强了抗过氧化物酶活性，由此可推论出鹰嘴豆种子总异黄酮提取物降低模型血糖的作用可能与增强机体的抗过氧化功能有关，且鹰嘴豆种子总异黄酮提取物在降低糖尿病小鼠丙二醛含量、增强机体抗过氧化能力方面整体优于治疗糖尿病的常用药物二甲双胍。

二、鹰嘴豆种子总皂苷提取物对糖尿病小鼠降糖调脂的作用

1. 实验动物数量和鹰嘴豆种子总皂苷提取物中皂苷含量

纳入小鼠50只，均进入结果分析，无脱失。

供试鹰嘴豆种子总皂苷提取物经测定，皂苷含量为89.5%。

小鼠处理方式参照上述总异黄酮饲喂方式。

2. 对糖尿病小鼠体重的影响

鹰嘴豆种子总皂苷提取物各剂量组糖尿病小鼠实验结束时体重有所增加，但与高血糖模型对照组和二甲双胍治疗组相比，差异皆未达到显著水平（$P>0.05$），而且糖尿病小鼠体重随鹰嘴豆种子总皂苷剂量的增加有增加趋势，但也未达显著水平（表2-19）。

表2-19　各处理组糖尿病小鼠体重的变化（平均值±标准差，$n=10$）　　（单位：g）

组别	第0周	第1周	第2周	第3周	第4周
高血糖模型对照组	20.31±2.44	20.15±2.46	20.23±3.08	20.86±4.05	21.07±3.68
二甲双胍治疗组	20.52±2.42	22.03±1.52	22.52±1.39	23.02±3.02	24.77±4.00
鹰嘴豆总皂苷提取物低剂量组	20.83±1.46	20.37±1.49	21.00±3.28	21.83±4.45	22.36±2.39
鹰嘴豆总皂苷提取物中剂量组	21.03±1.73	21.24±3.58	21.83±5.03	22.36±3.89	23.58±1.96
鹰嘴豆总皂苷提取物高剂量组	20.86±4.05	21.97±3.16	22.43±4.10	22.96±3.35	24.88±2.83

3. 对糖尿病小鼠空腹血糖的影响

实验前，各组糖尿病小鼠空腹血糖无明显差异。饲喂鹰嘴豆种子总皂苷提取

物后，各剂量组和二甲双胍治疗组小鼠的空腹血糖均有不同程度的降低，其中高剂量组小鼠空腹血糖在第 2 周、第 4 周后均显著（$P<0.05$）低于高血糖模型对照组；二甲双胍治疗组小鼠空腹血糖在第 2 周末比高血糖模型对照组的显著（$P<0.05$）降低，在第 4 周末比高血糖模型对照组的极显著（$P<0.01$）降低。而且鹰嘴豆种子总皂苷各剂量组小鼠第 2 周、第 4 周空腹血糖皆比二甲双胍治疗组的高，但皆未达到显著水平（$P>0.05$）（表 2-20）。研究表明，鹰嘴豆种子总皂苷具有显著降低糖尿病小鼠空腹血糖的作用，且有剂量效应，但效果不如二甲双胍。

表 2-20 各处理组糖尿病小鼠空腹血糖的变化（平均值±标准差，$n=10$）（单位：mmol/L）

组别	第 0 周	第 2 周	第 4 周
高血糖模型对照组	23.95±7.57	19.88±6.38	18.47±6.17
二甲双胍治疗组	24.86±7.07	13.59±5.39a	9.55±7.36A
鹰嘴豆总皂苷提取物低剂量组	23.27±7.28	18.89±5.86	17.90±6.79
鹰嘴豆总皂苷提取物中剂量组	24.63±6.56	16.98±6.56	16.62±5.96
鹰嘴豆总皂苷提取物高剂量组	23.61±8.27	13.75±6.29a	11.32±6.63a

注：与高血糖模型对照组比较，a 表示 $P<0.05$，A 表示 $P<0.01$

4. 对糖尿病小鼠血脂的影响

饲喂糖尿病小鼠鹰嘴豆种子总皂苷提取物 4 周后，各剂量组糖尿病小鼠血清中甘油三酯、总胆固醇含量随剂量增加反而降低，而高密度脂蛋白胆固醇含量随剂量增加而升高。与高血糖模型对照组相比，鹰嘴豆种子总皂苷提取物高、中剂量组小鼠血清中甘油三酯、总胆固醇含量皆显著（$P<0.05$）降低，而高剂量组糖尿病小鼠血清中高密度脂蛋白胆固醇含量显著升高（$P<0.05$）。与高血糖模型对照组相比，二甲双胍治疗组糖尿病小鼠血清中甘油三酯含量显著降低（$P<0.05$）、高密度脂蛋白胆固醇含量显著升高（$P<0.05$），但总胆固醇含量无显著差异。高剂量组糖尿病小鼠血清中甘油三酯含量和各剂量组糖尿病小鼠血清中总胆固醇含量均低于二甲双胍治疗组，但差异皆不显著（$P>0.05$）；高剂量组糖尿病小鼠血清中高密度脂蛋白胆固醇含量高于二甲双胍治疗组，但也未达显著性（$P>0.05$）差异（表 2-21）。研究表明，鹰嘴豆种子总皂苷提取物具有降低糖尿病小鼠血脂中甘油三酯和总胆固醇含量、增加高密度脂蛋白胆固醇含量的作用，且有剂量效应，而且效果优于二甲双胍。

5. 对糖尿病小鼠血清中丙二醛（MDA）含量及抗过氧化酶类活性的影响

饲喂鹰嘴豆种子总皂苷提取物 4 周后，各剂量组糖尿病小鼠血清中丙二醛含量随剂量增加反而降低，而血清中抗过氧化酶活性随剂量增加而升高。与高血糖模型对照组相比，鹰嘴豆种子总皂苷提取物高、中剂量组糖尿病小鼠血清中丙

表2-21　各处理组糖尿病小鼠血脂的变化（平均值±标准差，*n*=10）　（单位：mmol/L）

组别	甘油三酯	总胆固醇	高密度脂蛋白胆固醇
高血糖模型对照组	2.50±0.32	5.55±0.80	2.05±0.18
二甲双胍治疗组	2.03±0.36a	5.14±0.75	2.33±0.18a
鹰嘴豆总皂苷提取物低剂量组	2.20±0.38	4.95±0.94	2.08±0.16
鹰嘴豆总皂苷提取物中剂量组	2.06±0.47a	4.87±0.71a	2.15±0.26
鹰嘴豆总皂苷提取物高剂量组	1.99±0.33a	4.61±0.98a	2.41±0.23a

注：与高血糖模型对照组比较，a表示 *P*<0.05

二醛含量均极显著（*P*<0.01）降低；中剂量组糖尿病小鼠血清中过氧化物歧化酶活性显著升高（*P*<0.05），而高剂量组的极显著（*P*<0.01）升高；高剂量组糖尿病小鼠血清中谷胱甘肽过氧化物酶和过氧化氢酶活性均显著（*P*<0.05）升高。与二甲双胍治疗组相比，鹰嘴豆种子总皂苷各剂量组小鼠血清中丙二醛含量、过氧化物歧化酶活性、谷胱甘肽过氧化物酶活性和过氧化氢酶活性变化皆未达显著水平（*P*>0.05）。与高血糖模型对照组相比，二甲双胍治疗组糖尿病小鼠血清中丙二醛含量显著（*P*<0.05）降低，但仍略高于中、高剂量组；谷胱甘肽过氧化物酶活性显著（*P*<0.05）升高，但仍低于高剂量组；而二甲双胍对糖尿病小鼠血清中过氧化物歧化酶和过氧化氢酶活性无显著影响（表2-22）。研究表明鹰嘴豆种子总皂苷提取物可显著提高糖尿病小鼠血清中的抗过氧化酶活性，且有剂量效应，而且效果优于二甲双胍。

表2-22　各处理组糖尿病小鼠血清中丙二醛含量及抗过氧化酶类活性的变化
（平均值±标准差，*n*=10）

组别	丙二醛（nmol/mL）	过氧化物歧化酶（nKat/mL）	谷胱甘肽过氧化物酶（nKat/mL）	过氧化氢酶（nKat/mL）
高血糖模型对照组	8.32±0.72	4127.303±744.008	2087.406±333.078	17.337±2.167
二甲双胍治疗组	7.40±0.68a	4695.247±587.805	2609.175±351.582a	18.837±2.667
鹰嘴豆总皂苷提取物低剂量组	7.64±1.24	4581.725±999.402	2218.265±296.069	18.170±2.667
鹰嘴豆总皂苷提取物中剂量组	7.04±0.56A	4771.095±661.322a	2391.799±499.617	19.170±2.334
鹰嘴豆总皂苷提取物高剂量组	6.92±0.92A	5073.988±596.974A	2826.383±407.095a	21.838±3.001a

注：与高血糖模型对照组比较，a表示 *P*<0.05，A表示 *P*<0.01

综合前人研究与本研究结果可以推论，鹰嘴豆种子总皂苷提取物有利于糖尿病小鼠抗过氧化能力的提高和机体清除自由基能力的增强，减轻或避免了氧自由基及过氧化产物对细胞的氧化损伤，有利于细胞的修复和再生，这可能是其降血糖调血脂作用的机制之一。鹰嘴豆种子总皂苷提取物在调节糖尿病小鼠血脂代谢和增强机体抗过氧化能力方面整体优于二甲双胍。

第四节 鹰嘴豆种子可溶性低聚糖

鹰嘴豆种子中可溶性低聚糖主要有蔗糖、麦芽糖、棉籽糖、鹰嘴豆糖醇、水苏糖、毛蕊花糖和一种未知二糖，其中鹰嘴豆糖醇是鹰嘴豆所特有的一种特征性的三糖。在所研究的 19 份鹰嘴豆种质中，鹰嘴豆糖醇占总的 α-低聚半乳糖的比例均是最高的，约占 50%；其次是水苏糖，约占 35%。在 19 份鹰嘴豆种质种子中，种质 171 含有最高含量的 α-低聚半乳糖和较低含量的蔗糖，种质 171 可作为生产 α-低聚半乳糖的理想原料。

一、鹰嘴豆种子可溶性低聚糖组成分析

采用 Sugar-D 色谱柱和示差检测器进行高效液相色谱法（HPLC）分析（向小丽等，2008），结果表明鹰嘴豆种子提取液中主要低聚糖成分得到了有效分离（图 2-25），且峰形对称，没有拖尾现象。通过与糖标准样保留时间的比较，鹰嘴豆种子提取液中可溶性低聚糖组分主要有蔗糖、麦芽糖、棉籽糖、水苏糖和 3 种未知的糖（U1、U2、U3），分析结果与文献报道一致（Sanchez-Mata et al.，1998）。根据出峰位置及与文献比较，推测 U1 可能是一种二糖，U2 可能是一种三糖（可能为鹰嘴豆糖醇）（Sanchez-Mata et al.，1998），U3 可能是一种五糖（可能为毛蕊花糖）（Rupérez，1998）。

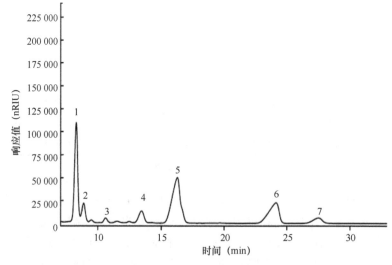

图 2-25　鹰嘴豆种子低聚糖提取液的 HPLC 图谱

1. 蔗糖；2. 未知糖 U1；3. 麦芽糖；4. 棉籽糖；5. 未知糖 U2；6. 水苏糖；7. 未知糖 U3

二、未知三糖的纯化与结构鉴定

从图 2-25 可看出，鹰嘴豆种子提取液中未知糖 U2 的含量较高。但由于没有市售鹰嘴豆糖醇的标准品，无法准确对其定性定量。因此需对其进一步分离、纯化和结构分析。

首先对鹰嘴豆种子提取物采用活性炭-硅藻土（1∶1，w/w）中压层析柱进行分离，使用 5% 的乙醇作为洗脱剂，可将其中的单糖洗脱出来。当增加乙醇的浓度至 15% 时，蔗糖伴随着未知糖 U2 一起被洗脱出来。得到的蔗糖和未知糖 U2 溶液通过 Bio-Gel P2 层析柱进一步分离，因未知糖 U2 分子量较大，首先被洗脱出来，经 HPLC 将只含有未知糖 U2 的洗脱液收集、合并与浓缩，冷冻干燥得未知糖 U2 纯品。

纯化后的未知糖 U2 经电喷雾飞行时间质谱仪（ESI-TOF-MS）分析，其在 m/z 541 处有明显的伪分子离子峰[M+Na]$^+$，同时在 m/z 1059 处有二聚体分子离子峰[2M+Na]$^+$，表明其分子量为 518，与文献报道的鹰嘴豆糖醇的分子式 $C_{19}H_{36}O_{16}$ 相符（Quemener and Brillouet，1983）。根据未知糖 U2 的 ^{1}H-NMR 图谱（图 2-26A），其含有甲基的特征化学位移信号（$\delta=3.65\times10^{-6}$），而且在 $\delta=4.88\times10^{-6}$（H-1″）和 5.08×10^{-6}（H-1′）有明显的端基质子的特征化学位移信号，这些与文献报道的鹰嘴豆糖醇的 ^{1}H-NMR 数据一致（Bernabé et al.，1993）。因此根据 ^{1}H-NMR、HPLC 和 ESI-TOF-MS 的分析结果，可以确定未知糖 U2 为鹰嘴豆糖醇，其结构如图 2-26B 所示（向小丽等，2008）。

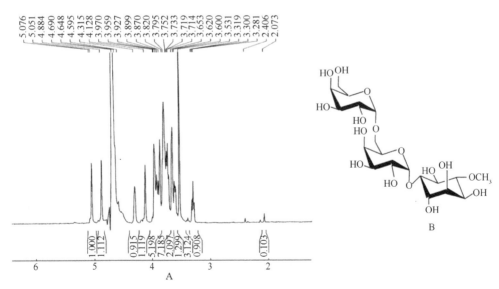

图 2-26 鹰嘴豆种子糖醇的 ^{1}H-NMR 图谱和分子结构式

A. 未知糖 U2 的 ^{1}H-NMR 图谱；B. 未知糖 U2 的分子结构

三、不同品种鹰嘴豆中可溶性低聚糖的含量

分别称取蔗糖、棉籽糖、水苏糖标准品及鹰嘴豆糖醇的纯品，配制成系列糖标准溶液，以同样的色谱条件直接进样分析，求得回归方程及检测限（信噪比 $S/N>3$），结果见表 2-23。各种糖的峰面积与其相应浓度呈现良好的线性关系，相关系数均大于 0.99。根据糖标样的标准曲线，计算鹰嘴豆种子提取液中各种低聚糖的含量，其中毛蕊花糖的含量根据水苏糖的标准曲线来计算。

表 2-23 糖的标准曲线回归方程、相关系数及其检测限

组分	回归方程	相关系数	检测限
蔗糖	$y=146\,035x-76\,387$	0.997 4	0.25
棉籽糖	$y=169\,030x-1\,628$	0.999 3	0.02
鹰嘴豆糖醇	$y=125\,847x-8\,025.8$	0.999 2	0.32
水苏糖	$y=138\,206x+1\,472.8$	0.995 3	0.03

注：y. 峰面积；x. 浓度（mg/mL）

19 份鹰嘴豆种质种子中可溶性低聚糖的含量如表 2-24 所示。从表中可看出，不同鹰嘴豆种质之间蔗糖含量差别较大，含量范围为 1.80%～5.22%。不同种质之间 α-低聚半乳糖的含量也有差异，总 α-低聚半乳糖的含量为 6.35%～8.68%，其中棉籽糖含量为 0.46%～0.92%，鹰嘴豆糖醇含量为 3.04%～5.06%，水苏糖含量为 1.64%～3.09%，毛蕊花糖含量为 0.27%～0.70%。毛蕊花糖只在种质 176、224、乌什地方品种、193、196、209 和 178 中检测到，其余 12 份鹰嘴豆种质中都未检测到毛蕊花糖。在所有供试鹰嘴豆种质种子中，鹰嘴豆糖醇在总的 α-低聚半乳糖中的含量均是最高的，约占 50%，其次是水苏糖，占 26%～44%。

表 2-24 不同品种鹰嘴豆中 α-低聚半乳糖与蔗糖的含量（平均值±标准差，$n=3$）

品种	蔗糖（%）	棉籽糖（%）	鹰嘴豆糖醇（%）	水苏糖（%）	毛蕊花糖（%）	总 α-低聚半乳糖（%）
176	1.80±0.04k	0.57±0.07f	4.38±0.06cde	2.19±0.10ghi	0.70±0.03a	7.83±0.04c
224	4.97±0.16b	0.69±0.05cd	3.08±0.13k	2.54±0.12bc	0.35±0.02d	6.66±0.19fg
185	2.61±0.08gh	0.91±0.09a	4.26±0.11def	2.26±0.06efgh	—	7.43±0.12de
221	5.22±0.14a	0.92±0.03a	3.39±0.13j	2.21±0.14fgh	—	6.52±0.14gh
乌什地方品种	2.56±0.03gh	0.89±0.02a	4.24±0.08def	2.38±0.02cdef	0.42±0.03c	7.92±0.10c
193	3.94±0.11de	0.74±0.04bc	3.43±0.09j	2.46±0.09bcd	0.61±0.03b	7.26±0.24e
196	2.09±0.10j	0.46±0.04g	4.00±0.14fgh	1.96±0.11j	0.27±0.02e	6.68±0.13fg
2	2.15±0.03j	0.62±0.02def	4.10±0.18fg	1.64±0.10k	—	6.35±0.11h
218	2.83±0.12f	0.61±0.03ef	4.20±0.19ef	2.57±0.09b	—	7.39±0.24de

续表

品种	蔗糖 （%）	棉籽糖 （%）	鹰嘴豆糖醇 （%）	水苏糖 （%）	毛蕊花糖 （%）	总 α-低聚 半乳糖（%）
177-2	2.65±0.10fg	0.62±0.02def	4.61±0.19bc	2.16±0.06ghi	—	7.40±0.24de
169	3.81±0.15e	0.81±0.05b	3.04±0.10k	3.06±0.12a	—	6.91±0.14f
166	4.09±0.16cd	0.56±0.02f	3.90±0.17ghi	2.03±0.05ij	—	6.49±0.16gh
叙利亚 11 号	4.13±0.12c	0.62±0.02def	3.80±0.16hi	2.42±0.10bcde	—	6.84±0.24f
216	2.69±0.08fg	0.65±0.05de	4.37±0.25cde	2.21±0.12fgh	—	7.24±0.18e
171	2.36±0.05i	0.78±0.03b	4.81±0.16b	3.09±0.11a	—	8.68±0.16a
209	4.07±0.17cd	0.65±0.02de	3.85±0.11ghi	2.33±0.09defg	0.68±0.03a	7.51±0.22de
178	2.45±0.07hi	0.68±0.04cde	4.50±0.10cd	2.11±0.06hij	0.36±0.02d	7.65±0.09cd
174	2.71±0.11fg	0.79±0.04b	5.06±0.22a	2.44±0.10bcd	—	8.30±0.10b
美国 1 号	3.95±0.03cde	0.58±0.02f	3.71±0.11i	2.56±0.05b	—	6.85±0.06f

注：同一列中不同字母表示差异达显著性水平（$P<0.05$）

　　图 2-27 比较了 19 份鹰嘴豆种质种子中 α-低聚半乳糖与蔗糖的含量，可以看出 α-低聚半乳糖含量较高的种质有 171、174、176 和乌什地方品种，其中种质 171 的含量最高。蔗糖含量较低的种质有 176、171、196 和 2，其中种质 176 的含量最低。

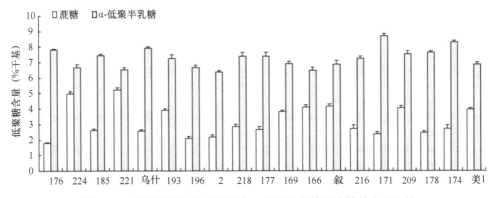

图 2-27 不同鹰嘴豆种质种子中 α-低聚半乳糖和蔗糖的含量比较
乌什. 乌什地方品种；177. 177-2；叙. 叙利亚 11 号；美 1. 美国 1 号

　　综上结果，鹰嘴豆种子中可溶性低聚糖主要有蔗糖、麦芽糖、棉籽糖、鹰嘴豆糖醇、水苏糖、毛蕊花糖和一种未知二糖，其中鹰嘴豆糖醇是鹰嘴豆所特有的一种特征性的三糖。在所研究的 19 份鹰嘴豆种质中，鹰嘴豆糖醇在总的 α-低聚半乳糖中的含量均是最高的。在 19 份鹰嘴豆种质中，种质 171 中的 α-低聚半乳糖含量最高（8.68%），而蔗糖的含量较低（2.36%）。因此种质 171 是开发 α-低聚半乳糖的理想原料。

参 考 文 献

曹娅, 于佳佳, 冯云龙. 2021. 鹰嘴豆的营养、活性成分与功效研究进展[J]. 食品研究与开发, 42(1): 204-209.

鞠兴荣, 袁健, 汪海峰. 2001. 三波长紫外分光光度法测定大豆异黄酮含量的研究[J]. 食品科学, 22(5): 46-48.

李燕, 巫冠中, 张巨松, 麻浩. 2007. 鹰嘴豆异黄酮提取物对糖尿病小鼠血糖和氧化-抗氧化态的效应[J]. 中国组织工程研究与临床康复, 11(38): 7625-7629.

吴敏, 俞阗, 袁建, 张巨松, 麻浩. 2009. 酶标仪分光光度法定量测定鹰嘴豆总皂苷[J]. 中国粮油学报, 24(5): 143-149.

吴敏, 袁建, 俞阗, 李燕, 王红玲, 张巨松, 麻浩. 2007. 三波长紫外分光光度法测定鹰嘴豆籽粒总异黄酮含量的研究[J]. 干旱地区农业研究, 25(6): 96-101.

向小丽, 杨立怡, 华双, 李伟, 孙怡, 麻浩, 张巨松, 曾晓雄. 2008. 不同品种鹰嘴豆中 α-低聚半乳糖与蔗糖的含量分析[J]. 中国农业科学, 41(9): 2762-2768.

张亚. 2005. 皂苷类成分的生物样品测定方法 5 年来研究近况[J]. 医学信息, 18(6): 677-679.

章晓波, 盖钧镒. 1994. 大豆地方品种豆腐产量与有关加工性状遗传的初步研究[J]. 大豆科学, 13(3): 207-215.

赵堂彦, 孟茜, 瞿恒贤, 江洪海, 王琴, 顾瑞霞. 2014. 鹰嘴豆营养功能特性及其应用[J]. 粮油食品科技, 22(4): 38-41.

Bernabé M, Fenwick R, Frias J, Jiménez-Barbero J, Price K, Valverde S, Vidal-Valverde C. 1993. Determination by NMR spectroscopy of the structure of ciceritol, a pseudotrisaccharide isolated from lentils[J]. Journal of Agricultural and Food Chemistry, 41: 870-872.

Puppo MC, Añón MC. 1998. Structural properties of heated-induced soy protein gels as affected by ionic strength and pH[J]. Journal of Agricultural and Food Chemistry, 46(9): 3583-3589.

Quemener B, Brillouet JM. 1983. Ciceritol, a pinitoldigalactoside from seeds of chickpea, lentil and white lupin[J]. Phytochemistry, 22(8): 1745-1751.

Rupérez P. 1998. Oligosaccharides in raw and processed legumes[J]. Z Lebensm Unters Forsch A, 206: 130-133.

Sanchez-Mata MC, Peñuela-Teruel MJ, Cámara-Hurtado M, Díez-Marques C, Torija-Isasa ME. 1998. Determination of mono-, di-, and oligosaccharides in legumes by high-performance liquid chromatography using an amino-bonded silica column[J]. Journal of Agricultural and Food Chemistry, 46: 3648-3652.

Siddiqui MT, Siddiqi M. 1976. Hypolipidemic principles of *Cicer arietinum*: biochanin-A and formononetin[J]. Lipids, 11(3): 243-246.

Singh B, Singh JP, Singh N, Kaur A. 2017. Saponins in pulses and their health promoting activities: a review[J]. Food Chemistry, 233: 540-549.

Sun N, Breene WM. 2006. Calcium sulfate concentration influence on yield and quality of tofu from five soybean varieties[J]. Journal of Food Science, 56(6): 1604-1607.

Zulet MA, Martinez JA. 1995. Corrective role of chickpea intake on a dietary-induced model of hypercholesterolemia[J]. Plant Foods for Human Nutrition, 48(3): 269-277.

第三章　鹰嘴豆苗期耐旱性生理生化基础和响应干旱胁迫的 EST 序列分析

鹰嘴豆主要在西亚、南亚、北非、美洲和澳大利亚等干旱、半干旱地区种植，在我国主要在新疆种植。因为鹰嘴豆极耐旱，所以开展鹰嘴豆耐旱研究对于我国广大干旱、半干旱地区的开发有着重要的现实意义，对实行退耕还林还草，保持水土和生态环境平衡也具有积极作用。

第一节　鹰嘴豆苗期耐旱性的生理生化基础和耐旱性鉴定

耐旱性较强的鹰嘴豆种质叶片保水能力强，水分饱和亏缺小，脯氨酸增加倍数大，能保持较高的细胞膜相对完整性，细胞膜脂过氧化较小，净光合速率下降幅度较小，蒸腾速率和气孔导度下降幅度较大，水分利用效率较高。因此，评价鹰嘴豆种质的耐旱能力应采用多个指标综合判断更为可靠。12 份鹰嘴豆种质可划分为高耐旱性、中耐旱性和低耐旱性 3 个类群。与对照（0h）相比，PEG 胁迫 24h 后两个种质的脱落酸（ABA）和内源植物生长素（IAA）含量呈增加趋势，而赤霉素（GA）和玉米素核苷（ZR）含量呈下降趋势。

一、鹰嘴豆耐旱性相关生理生化指标分析

1. 水分胁迫对鹰嘴豆种质叶片相对含水量和水分饱和亏缺的影响

叶片相对含水量（RWC）和水分饱和亏缺（WSD）是公认的一对能较好地反映植物水分状况的生理指标。它们反映了水分不足条件下植物组织在蒸腾时耗水补充过程和恢复能力的差异。叶片相对含水量是指示叶片保水力的一个常用指标，水分饱和亏缺是衡量叶片水分状况的一个重要指标，当植物体内水分供应不足，水分代谢受到抑制时，水分饱和亏缺可反映出植物的需水状况，水分饱和亏缺愈大说明水分亏缺愈严重。

未受水分胁迫时，12 份鹰嘴豆种质叶片的相对含水量为 78.81%～81.39%（图 3-1）。经 60mmol/L PEG4000 胁迫处理后，12 份鹰嘴豆种质叶片相对含水量随胁迫时间的延长皆呈下降趋势。在 PEG 胁迫开始后至 24h 之间是鹰嘴豆叶片对

水分胁迫的敏感期，与对照相比，在这一时期 12 份种质叶片的相对含水量下降幅度为 31.24%～44.34%，平均下降幅度达到了 37.70%；12 份种质中 209 和 196 的下降幅度较小，分别为 31.24%和 31.60%，而 88-1 和 170 的下降幅度较大，分别达到了 43.45%和 44.34%。在 PEG 胁迫至 24～48h 时，12 份鹰嘴豆种质叶片相对含水量的变化不大，降低幅度为 1.43%～8.03%，平均降幅为 4.76%。

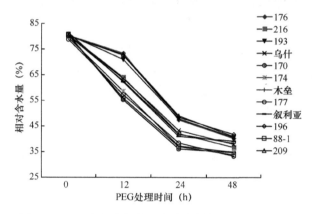

图 3-1 PEG 胁迫对鹰嘴豆种质叶片相对含水量的影响

乌什. 乌什地方品种；木垒. 木垒地方品种；叙利亚. 叙利亚 11 号

叶片持水率反映植物在干旱胁迫下的保水能力。12 份鹰嘴豆种质的叶片相对持水率为 42.15%～52.23%，其中 196、209、193 和 176 这 4 份种质叶片的相对持水率极显著地（$P<0.01$）高于种质 170、174、88-1 和 177 叶片的相对持水率，表现出较好的保水能力（图 3-2）。

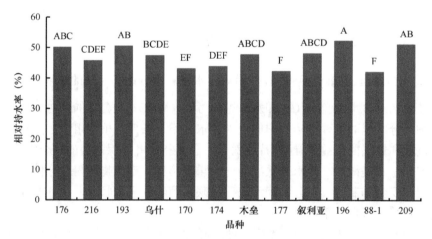

图 3-2 PEG 胁迫对鹰嘴豆种质叶片相对持水率的影响

乌什. 乌什地方品种；木垒. 木垒地方品种；叙利亚. 叙利亚 11 号。
柱形上方标有不同大写字母者表示差异达 1%极显著水平

与相对含水量的变化趋势相反，经 PEG 处理后，12 份鹰嘴豆种质的水分饱和亏缺随着胁迫时间的延长都呈上升趋势。PEG 胁迫开始后至 24h 期间，12 份鹰嘴豆种质的水分饱和亏缺的上升幅度较大（图 3-3），胁迫 24h 后，水分饱和亏缺是 0h 的 2.59～3.28 倍。而在 24～48h 胁迫期间，12 份鹰嘴豆种质的水分饱和亏缺趋于稳定，48h 胁迫点与 24h 胁迫点相比，仅仅增加了 0.02～0.15 倍。

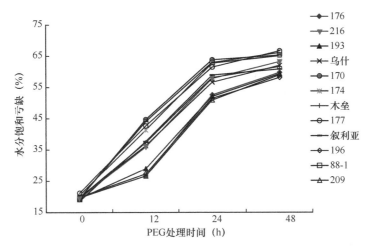

图 3-3 PEG 胁迫对鹰嘴豆种质叶片水分饱和亏缺的影响
乌什. 乌什地方品种；木垒. 木垒地方品种；叙利亚. 叙利亚 11 号

12 份鹰嘴豆种质叶片的水分饱和亏缺增加倍数在 2.92～3.39，其中种质 88-1、叙利亚 11 号、170 和 216 叶片的水分饱和亏缺增加倍数极显著地（$P<0.01$）高于种质 196、209 和 176 叶片的水分饱和亏缺增加倍数（图 3-4）。

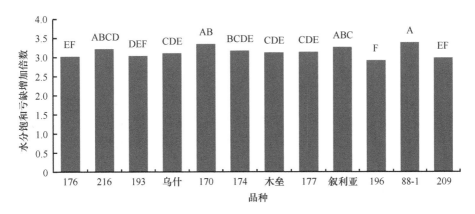

图 3-4 PEG 胁迫下鹰嘴豆种质叶片水分饱和亏缺增加倍数
乌什. 乌什地方品种；木垒. 木垒地方品种；叙利亚. 叙利亚 11 号。
柱形上方标有不同大写字母者表示差异达 1%极显著水平

2. 水分胁迫对鹰嘴豆种质叶片脯氨酸含量的影响

脯氨酸是具有多功能防御机制的一种物质，在生物体内是一种有效的亲和性渗透调节物质，能保持原生质与环境的渗透平衡，防止失水；能稳定亚细胞的结构；能捕获自由基；是能直接利用的无毒形式的氮源，作为能源和呼吸的底物，参与叶绿素的合成等。从脯氨酸在逆境条件下积累的途径来看，它既可能有适应的意义，又可能是细胞内结构和功能受损伤的表现，是一种伤害反应（王艳青等，2001；Dingkuhn et al.，1991；Seki et al.，2007）。

鹰嘴豆叶片未受到 PEG 胁迫时，12 份种质叶片的脯氨酸含量为 0.020～0.034mg/g FW；在 PEG 胁迫后，除了种质 177 在胁迫 60h 后叶片脯氨酸含量低于胁迫 48h 的，其余 11 份种质的叶片脯氨酸含量，随胁迫时间的延长而持续上升。而且不同种质间上升的幅度存在差异：胁迫 60h 后，种质 209 和 196 的叶片脯氨酸含量分别达到了 0h 对照的 569.76 倍和 668.96 倍，而 170 和 88-1 的叶片脯氨酸含量仅为 0h 对照的 183.49 倍和 171.68 倍（图 3-5）。

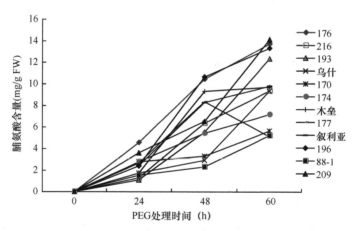

图 3-5 PEG 胁迫对鹰嘴豆叶片脯氨酸含量的影响
乌什. 乌什地方品种；木垒. 木垒地方品种；叙利亚. 叙利亚 11 号

胁迫 60h 后，12 份鹰嘴豆种质的脯氨酸含量增加倍数为 171.68～668.96，其中种质 196 叶片脯氨酸含量增加倍数极显著地（$P<0.01$）高于其他 11 份鹰嘴豆种质叶片脯氨酸含量增加倍数（图 3-6）。

3. PEG 胁迫对鹰嘴豆叶片丙二醛含量和细胞膜透性的影响

细胞膜是磷脂和蛋白质的混合体，不饱和脂肪酸含量较高，加之在膜的结构中非极性区氧的溶解度较大，因而膜中局部氧浓度较高，超氧自由基较易产生。当活性氧产生过多或抗氧化防御系统作用减弱时，体内活性氧大量积累，最终引发

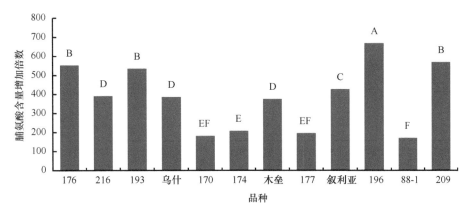

图 3-6　PEG 胁迫下鹰嘴豆种质叶片脯氨酸含量增加倍数

乌什. 乌什地方品种；木垒. 木垒地方品种；叙利亚. 叙利亚 11 号。

柱形上方标有不同大写字母者表示差异达 1%极显著水平

膜脂过氧化。因此，水分胁迫下膜的伤害与膜脂过氧化增强有关。丙二醛是膜脂过氧化的主要产物之一，其含量高低可表示膜脂过氧化的程度，是反映细胞膜脂过氧化强弱和细胞膜破坏程度的重要指标之一，因此许多研究者都把丙二醛含量作为判断细胞受逆境伤害的重要指标，而且丙二醛本身的积累也会对机体细胞产生毒害作用，使膜结构和功能受到破坏。

　　未受胁迫时，12 份鹰嘴豆供试种质叶片丙二醛含量为 2.20～2.81μmol/g FW。胁迫开始后，所有供试种质的丙二醛含量随着胁迫时间的延长而持续增加，但不同种质增幅不同，其中 88-1 和 174 在胁迫 60h 后与对照（0h）相比增幅分别达到了8.96 倍和 8.47 倍，而种质 193、176 和 209 的增幅较小，仅分别为对照的 4.58 倍、4.69 倍和 4.29 倍（图 3-7）。

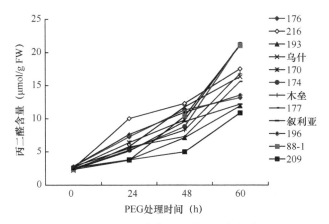

图 3-7　PEG 胁迫对鹰嘴豆叶片丙二醛含量的影响

乌什. 乌什地方品种；木垒. 木垒地方品种；叙利亚. 叙利亚 11 号

胁迫 60h 后，12 份鹰嘴豆种质的丙二醛含量增加倍数为 4.29～8.96，其中种质 88-1、174 和 170 叶片丙二醛含量增加倍数极显著地（$P<0.01$）高于其他 9 份鹰嘴豆种质叶片丙二醛含量增加倍数（图 3-8）。

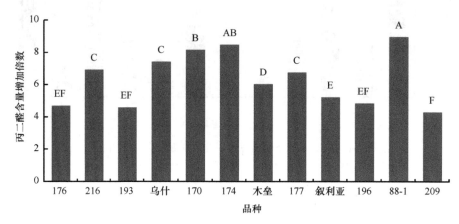

图 3-8　PEG 胁迫下鹰嘴豆种质叶片丙二醛含量增加倍数
乌什. 乌什地方品种；木垒. 木垒地方品种；叙利亚. 叙利亚 11 号。
柱形上方标有不同大写字母者表示差异达 1%极显著水平

细胞膜是细胞与环境间的界面，各种逆境对细胞的影响首先作用于细胞膜，细胞膜系统是水分胁迫伤害的最初和关键部位。逆境胁迫对细胞膜结构和功能的影响通常表现为选择透性的丧失，电解质与某些小分子有机物质大量外渗，叶片细胞膜透性随水分的加剧而不断增大。细胞膜透性是植物膜系统稳定与否的重要指标，而膜系统的稳定性与植物耐旱能力密切相关（Clarke and Carbon，1976；Zhao et al.，2005）。

未受胁迫时，12 份鹰嘴豆种质叶片细胞膜透性为 22.28%～24.27%。胁迫开始后，所有供试种质叶片细胞膜透性随胁迫时间的延长而持续增加。最终种质 176、209 和 193 叶片细胞膜透性较低，而种质 88-1 和 177 叶片细胞膜透性较高（图 3-9）。

胁迫 60h 后，12 份鹰嘴豆种质叶片细胞膜相对完整性为 7.99%～25.65%，其中种质 209、176、193 和 196 叶片细胞膜相对完整性极显著地（$P<0.01$）高于其他 8 份鹰嘴豆种质的细胞膜相对完整性（图 3-10）。

4. PEG 胁迫对鹰嘴豆种质叶片光合作用的影响

高光合速率是作物高产的基础，干旱导致减产的重要原因就是降低了作物的光合作用，使净光合速率和气孔导度下降。一般来说，在水分胁迫条件下能够维持较高的生长速度和光合速率的作物与品种，应当具有耐旱和高产的特性。

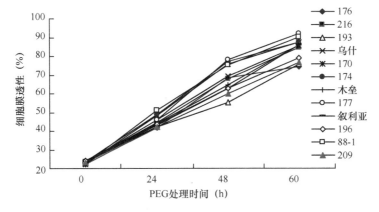

图 3-9　PEG 胁迫对鹰嘴豆种质叶片细胞膜透性的影响

乌什. 乌什地方品种；木垒. 木垒地方品种；叙利亚. 叙利亚 11 号

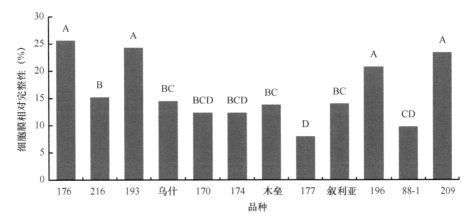

图 3-10　PEG 胁迫下鹰嘴豆种质叶片细胞膜相对完整性

乌什. 乌什地方品种；木垒. 木垒地方品种；叙利亚. 叙利亚 11 号。

柱形上方标有不同大写字母者表示差异达 1%极显著水平

　　本研究中，12 份鹰嘴豆种质在未受到 PEG 胁迫时叶片净光合速率［μmol/(m²·s)］为 27.41～32.28；胁迫 60h 后叶片净光合速率都显著降低（图 3-11），其中种质 177、170、174 和 88-1 在胁迫 60h 后叶片净光合速率均未达到对照（0h）的 14%，而种质 196、209、176 和 193 在胁迫 60h 后叶片净光合速率仍保持在对照（0h）的 30%以上。

　　净光合速率比值（PEG 处理 60h 后叶片净光合速率/0h 对照的叶片净光合速率）越大，表明在经过 PEG 胁迫处理后叶片净光合速率降低的程度越低。胁迫处理 60h 后，12 份鹰嘴豆种质的叶片净光合速率比值为 0.12～0.33，其中种质 209、176 和 193 叶片净光合速率比值极显著地（P<0.01）高于其他 9 份鹰嘴豆种质叶片净光合速率比值（图 3-12）。

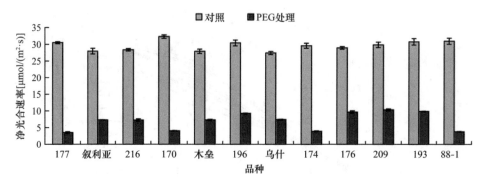

图 3-11　PEG 胁迫对鹰嘴豆种质叶片净光合速率的影响

乌什. 乌什地方品种；木垒. 木垒地方品种；叙利亚. 叙利亚 11 号

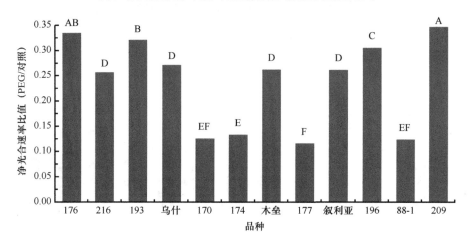

图 3-12　PEG 胁迫下鹰嘴豆种质叶片净光合速率比值的比较

乌什. 乌什地方品种；木垒. 木垒地方品种；叙利亚. 叙利亚 11 号。
柱形上方标有不同大写字母者表示差异达 1%极显著水平

在干旱胁迫下，叶片蒸腾速率的大小反映了不同种质控制失水和维持体内水分平衡的能力。蒸腾速率下降越快，说明植株维持体内水分平衡的能力越强，对干旱的适应性越强。

本研究中，12 份鹰嘴豆种质在未受到 PEG 胁迫时叶片蒸腾速率为 6.56～7.87μmol/(m²·s)；胁迫 60h 后，叶片蒸腾速率都大幅度降低（图 3-13）。其中，种质 196 的叶片蒸腾速率最低，仅为 2.08μmol/(m²·s)，而种质 177 的叶片蒸腾速率最高，达 3.73μmol/(m²·s)。

叶片蒸腾速率比值（PEG 处理 60h 后叶片蒸腾速率/0h 对照的叶片蒸腾速率）越高说明最终叶片蒸腾速率降低越小，则耐旱性较弱，反之耐旱性越强。12 份鹰嘴豆种质叶片蒸腾速率比值为 0.31～0.49，而种质 176、193、196 和 209 叶片的蒸腾速率比值极显著地（$P<0.01$）低于其他 8 份种质的叶片蒸腾速率比值（图 3-14）。

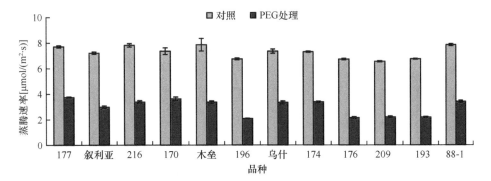

图 3-13　PEG 胁迫对鹰嘴豆种质叶片蒸腾速率的影响

乌什. 乌什地方品种；木垒. 木垒地方品种；叙利亚. 叙利亚 11 号

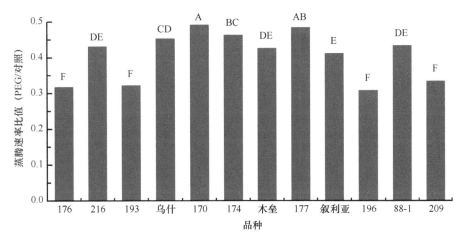

图 3-14　PEG 胁迫下鹰嘴豆种质叶片蒸腾速率比值的比较

乌什. 乌什地方品种；木垒. 木垒地方品种；叙利亚. 叙利亚 11 号。

柱形上方标有不同大写字母者表示差异达 1%极显著水平

　　土壤干旱对植物光合、蒸腾速率的影响是由气孔的开放程度来控制的，气孔导度是衡量气孔开放程度的一个重要指标。本研究中，12 份鹰嘴豆种质在未受 PEG 胁迫时，其叶片气孔导度为 0.27～0.36mmol/(m²·s)。在 PEG 胁迫 60h 后，12 份鹰嘴豆种质叶片气孔导度都有较大幅度的下降，其中种质 176 叶片气孔导度最低，仅为 0.03mmol/(m²·s)，而种质 88-1 叶片气孔导度最高，达 0.07mmol/(m²·s)（图 3-15）。

　　叶片气孔导度比值（PEG 处理 60h 后气孔导度/0h 对照的气孔导度）越高表明经过 PEG 胁迫处理后气孔导度降低幅度越小，其耐旱性较差，反之则耐旱性越强。12 份鹰嘴豆种质叶片气孔导度比值为 0.11～0.20，其中种质 88-1、177、170 和 174 叶片气孔导度比值极显著地（$P<0.01$）高于叙利亚 11 号、216、176、193、

196 和 209 叶片气孔导度比值（图 3-16）。

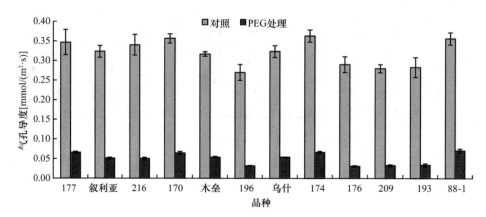

图 3-15　PEG 胁迫对鹰嘴豆种质叶片气孔导度的影响
乌什. 乌什地方品种；木垒. 木垒地方品种；叙利亚. 叙利亚 11 号

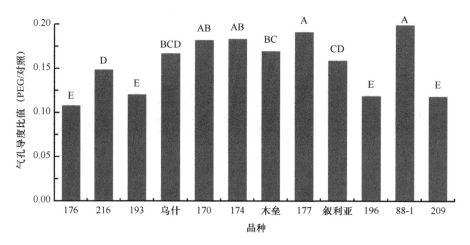

图 3-16　PEG 胁迫下鹰嘴豆种质叶片气孔导度比值的比较
乌什. 乌什地方品种；木垒. 木垒地方品种；叙利亚. 叙利亚 11 号。
柱形上方标有不同大写字母者表示差异达 1% 极显著水平

叶片水分利用效率（WUE=净光合速率/蒸腾速率）可以反映叶片光合作用与蒸腾作用之间的关系。本研究中，12 份鹰嘴豆种质在未受 PEG 胁迫时，其叶片水分利用效率为 3.55～4.56；胁迫 60h 后，不同种质该值变化存在差异，其中种质 196、176、209 和 193 在胁迫后叶片水分利用率基本上与对照持平或略有升高，而其他 8 份种质叶片的水分利用效率则显著降低（图 3-17）。

12 份鹰嘴豆种质叶片水分利用效率比值（PEG 处理 60h 后水分利用效率/0h 对照水分利用效率）为 0.24～1.05，其中种质 176、209、193 和 196 叶片水分利用效率比值极显著地（$P<0.01$）高于其他 8 份鹰嘴豆种质叶片的水分利用效率比值（图 3-18）。

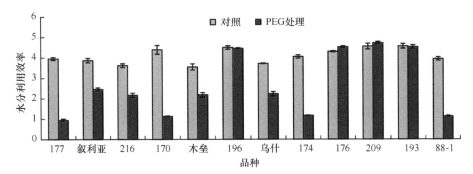

图 3-17 PEG 胁迫对鹰嘴豆种质叶片水分利用效率的影响

乌什. 乌什地方品种；木垒. 木垒地方品种；叙利亚. 叙利亚 11 号

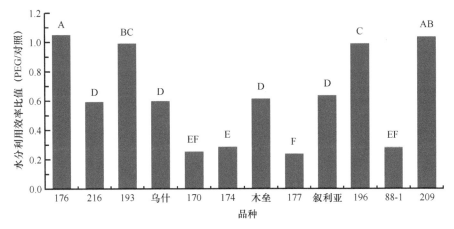

图 3-18 PEG 胁迫下鹰嘴豆种质叶片水分利用效率比值的比较

乌什. 乌什地方品种；木垒. 木垒地方品种；叙利亚. 叙利亚 11 号。

柱形上方标有不同大写字母者表示差异达 1%极显著水平

综上结果，依据耐旱性相关指标，对 12 份鹰嘴豆种质进行耐旱性评判时，采用不同的评价指标，其判定结果不完全一致，这应与这些评价指标所表征的是不同的生理生化反应有关，也从侧面反映了鹰嘴豆种质间耐旱性的生理生化基础的多样性。例如，细胞膜透性主要反映缺水时鹰嘴豆细胞膜保护与修复能力；气孔导度及蒸腾速率表明植物通过调节气孔蒸腾控制过量失水的能力；叶片持水力在一定程度上与植物体的渗透调节能力有关。因此要判断鹰嘴豆种质的耐旱能力应采用多个指标综合评价才更为科学和可靠。

对上述 12 份鹰嘴豆种质耐旱性评价指标进行相关性分析，列于表 3-1。结果表明，鹰嘴豆叶片脯氨酸含量增加倍数、丙二醛含量增加倍数、细胞膜相对完整性、水分饱和亏缺增加倍数、叶片相对持水率、净光合速率比值、蒸腾速率比值、气孔导度比值和水分利用效率比值这 9 个指标之间皆存在极显著的（$P<0.01$）相关性。

表 3-1　12 份鹰嘴豆种质耐旱性指标的相关性分析

项目	X1	X2	X3	X4	X5	X6	X7	X8	X9
X1	1.000								
X2	−0.8933**	1.0000							
X3	0.8828**	−0.8058**	1.0000						
X4	−0.8229**	0.7644**	−0.7346**	1.0000					
X5	0.9816**	−0.8908**	0.8848**	−0.8192**	1.0000				
X6	0.9445**	−0.8642**	0.8815**	−0.7380**	0.9515**	1.0000			
X7	−0.9159**	0.8321**	−0.9170**	0.7396**	−0.8935**	−0.8398**	1.0000		
X8	−0.9473**	0.8747**	−0.9688**	0.7826**	−0.9203**	−0.9141**	0.9213**	1.0000	
X9	0.9718**	−0.8977**	0.9525**	−0.7962**	0.9658**	0.9633**	−0.9468**	−0.9714**	1.0000

注：*$P<0.05$；**$P<0.01$。X1～X9 分别代表脯氨酸含量增加倍数、丙二醛含量增加倍数、细胞膜相对完整性、水分饱和亏缺增加倍数、叶片相对持水率、净光合速率比值、蒸腾速率比值、气孔导度比值和水分利用效率比值

二、鹰嘴豆种质耐旱性的聚类分析

聚类分析得出，当欧式距离为 99.24～109.91 时，12 份鹰嘴豆种质可被划分为 3 个类群（图 3-19）。

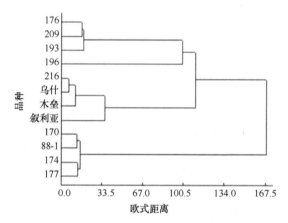

图 3-19　12 份鹰嘴豆种质耐旱性的聚类分析

乌什. 乌什地方品种；木垒. 木垒地方品种；叙利亚. 叙利亚 11 号

对不同类群中的数据进行分析（表 3-2），结果表明，脯氨酸含量增加倍数、细胞膜相对完整性、叶片相对持水率、净光合速率比值和水分利用效率比值等指

标值在第 1 类群中最高，其次是第 2 类群，最后是第 3 类群。而丙二醛含量增加倍数、水分饱和亏缺增加倍数、蒸腾速率比值和气孔导度比值等指标值在第 3 类群中最高，其次是第 2 类群，最后是第 1 类群。因此，第 1 类群为高耐旱鹰嘴豆种质（包含 176、209、193、196），第 2 类群为中耐旱鹰嘴豆种质（包含 216、乌什地方品种、木垒地方品种、叙利亚 11 号），第 3 类群为低耐旱鹰嘴豆种质（包含 170、88-1、174、177）。

表 3-2　12 份鹰嘴豆种质耐旱性的聚类群

项目	第 1 类群（高耐旱性）	第 2 类群（中耐旱性）	第 3 类群（低耐旱性）
脯氨酸含量增加倍数	536.47～668.96	376.44～427.07	171.68～208.99
丙二醛含量增加倍数	4.29～4.83	5.21～7.42	6.76～8.96
细胞膜相对完整性	20.82～25.66	13.80～15.25	7.99～12.37
水分饱和亏缺增加倍数	2.92～3.05	3.11～3.27	3.14～3.39
叶片相对持水率	50.55～52.23	45.78～48.16	42.15～43.94
净光合速率比值	0.31～0.35	0.26～0.27	0.12～0.13
蒸腾速率比值	0.31～0.33	0.41～0.45	0.43～0.49
气孔导度比值	0.11～0.12	0.15～0.17	0.18～0.20
水分利用效率比值	0.99～1.05	0.59～0.63	0.24～0.29

三、PEG 胁迫下鹰嘴豆种质内源激素含量变化

根据上述 12 份鹰嘴豆种质耐旱性鉴定结果，选取耐旱性较强的种质 209 和耐旱性较差的 88-1 进行 PEG 胁迫下内源激素含量变化的研究。

赤霉素（gibberellin，GA）是与成花和节间伸长有关的生长素类物质，能促进植物生长和开花。研究表明，在所测时间范围内，209 和 88-1 两个鹰嘴豆种质根中 GA 含量都要高于叶中的。种质 209 叶中 GA 含量基本上一直高于种质 88-1 叶中 GA 含量，但在根中，胁迫处理 4～8h，种质 209 根中的 GA 含量低于种质 88-1 根中含量，其余时间段，种质 209 根中的 GA 含量要高于种质 88-1 根中的 GA 含量。胁迫处理 24h 后，种质 209 叶和根中 GA 含量分别为对照（0h）的 0.59 倍和 0.81 倍，种质 88-1 叶和根中 GA 含量分别为对照（0h）的 0.68 倍和 0.86 倍，此时 GA 含量的高低顺序为 209 根>88-1 根>209 叶>88-1 叶（图 3-20）。

总之，两个供试鹰嘴豆种质的根和叶中 GA 含量，随胁迫时间延长而呈下降趋势。

内源植物生长素吲哚乙酸（indoleacetic acid，IAA）作为促进植物生长的激素，是由植物顶端组织和生长的叶片合成的。所以植物在遭遇干旱时，生长受到抑制，由此引起合成 IAA 部位的减少，IAA 与生长组织之间存在着一个互动的平衡反馈

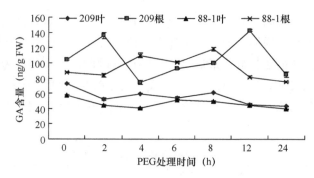

图 3-20　PEG 胁迫对鹰嘴豆根和叶中 GA 含量的影响

关系。按照这种观点，随着干旱程度的加重，内源 IAA 应下降，但实际上干旱胁迫下 IAA 含量的变化比较复杂，在不同植物中反应也不尽相同，在一些植物上是增加的（Chan and Heenan，1996；Pustovoitova et al.，2004），而在另外一些植物上则是降低的（赵文魁等，2007；Katsvairo et al.，2002）。

在未胁迫时（0h），种质 209 和 88-1 叶中 IAA 含量都高于相应根中的 IAA 含量。PEG 处理后，IAA 含量发生了变化。就叶片而言，种质 209 在胁迫处理 4h 时 IAA 含量出现高峰，接着下降，在 6～12h 趋于平稳，在 12～24h 又急剧上升，最终在胁迫 24h 时为对照（0h）的 2.19 倍；而种质 88-1 在胁迫处理 4h 时 IAA 含量出现最低值，而后上升，在胁迫 6h 时出现一个高峰，随后又下降，在 12～24h 又呈现上升趋势，最终在胁迫 24h 时为对照（0h）的 2.05 倍。就根而言，种质 209 在胁迫处理 2h 时 IAA 含量出现高峰，接着下降，在 4～12h 趋于平稳，在 12～24h 又呈现上升趋势，最终在胁迫 24h 时为对照（0h）的 2.64 倍；而种质 88-1 在胁迫处理后 IAA 含量基本呈上升趋势，在 8h 时才出现一个高峰，然后急剧下降，在 12～24h 又呈上升趋势，最终在胁迫 24h 时为对照（0h）的 2.59 倍。胁迫结束时（24h）IAA 含量顺序为 209 叶>209 根>88-1 叶>88-1 根（图 3-21）。总之，两个供试鹰嘴豆种质的根和叶中 IAA 含量，随胁迫时间延长而呈上升趋势。

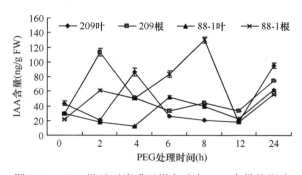

图 3-21　PEG 胁迫对鹰嘴豆根和叶中 IAA 含量的影响

玉米素核苷（zeatin riboside，ZR）是植物中最常见的细胞分裂素，它主要促进细胞的分裂和扩大，还促进侧芽发育，延缓衰老及营养物质的移动。张明生等（2002）研究表明，水分胁迫下甘薯叶片 ZR 含量的增减与品种的耐旱性有关，耐旱性愈强，ZR 下降幅度愈大。

本研究中，就叶片而言，种质 209 在 PEG 处理 2h 时 ZR 含量达到高峰，随后急剧下降，在胁迫处理 6h 时到达最低点，之后又呈上升趋势，在 8h 时又达到一个小高峰，随后又呈下降趋势，至胁迫处理 12h 后变化趋于平稳，最终在胁迫 24h 时为对照（0h）的 0.54 倍；而种质 88-1 在 PEG 处理后 ZR 含量先降后升，至 6h 达到高峰，随后急剧下降至最低含量（8h），然后缓慢上升，最终在胁迫处理 24h 时为对照（0h）的 0.73 倍。就根而言，种质 209 在 PEG 处理 2h 时 ZR 含量出现高峰，接着急剧下降，在胁迫处理 4h 时到达最低点，随后缓慢上升，在 12h 后又呈下降趋势，最终在胁迫处理 24h 时为对照（0h）的 0.41 倍；而种质 88-1 根中 ZR 含量的变化趋势与其叶中 ZR 变化趋势基本一致，最终在胁迫处理 24h 时为对照（0h）的 0.83 倍。胁迫处理结束时 ZR 含量顺序为 88-1 根>88-1 叶>209 叶>209 根（图 3-22）。

总的来看，两个供试鹰嘴豆种质的根和叶中 ZA 含量，随胁迫时间延长而呈下降趋势。

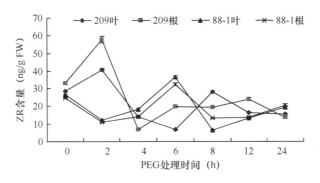

图 3-22　PEG 胁迫对鹰嘴豆根和叶中 ZR 含量的影响

脱落酸（abscisic acid，ABA）是一种对植物生长、发育、抗逆性、气孔运动和基因表达都有重要调节功能的植物激素（Krochko et al.，1998）。众多的研究表明 ABA 在植物适应干旱的过程中发挥了关键作用（Landi et al.，2005）。当水分亏缺时，ABA 一个重要的生理功能就是促进离子流出保卫细胞从而降低保卫细胞膨压，诱导气孔关闭，降低水分消耗，增加植物在干旱条件下的保水能力。水分胁迫下植物体内 ABA 大量积累已经成为公认的事实（Bandurska and Stroiński，2003；Li et al.，2003；Pustovoitova et al.，2004）。

本研究中，ABA 含量的变化趋势在两个鹰嘴豆种质的叶和根中都非常相似。在 PEG 胁迫处理开始后至 12h 时，ABA 含量基本平稳或略有增加，在胁迫处理

12～24h 时，ABA 含量呈急剧上升趋势，最终在胁迫处理 24h 时，种质 209 叶和根中 ABA 含量分别为对照的 5.62 倍和 9.71 倍，而种质 88-1 叶和根中 ABA 含量分别为对照（0h）的 4.36 倍和 7.96 倍。PEG 处理结束时（24h），ABA 含量顺序为 209 根>88-1 根>209 叶>88-1 叶（图 3-23）。总的来看，两个供试鹰嘴豆种质根和叶中 ABA 含量，随胁迫时间延长而呈上升趋势。

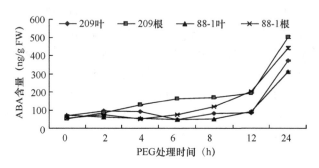

图 3-23   PEG 胁迫对鹰嘴豆根和叶中 ABA 含量的影响

第二节   鹰嘴豆苗期干旱胁迫 cDNA 文库的构建

选取耐旱性较好的品种 209 用于构建 PEG 模拟干旱胁迫（MH1）和正常生长（MH2）的两个平行的 cDNA 文库。通过梯度稀释与细菌平板计数法计算出 MH1 库容量为 4.9×10^5，重组率为 92%；MH2 库容量为 7.5×10^5，重组率为 90%。经菌落 PCR 鉴定，两个文库中外源基因的插入片段基本上都达到了 1kb 以上，达到了标准 cDNA 文库的要求。

cDNA 文库是指某生物某发育时期所转录的全部 mRNA 经逆转录形成的 cDNA 片段与某种载体连接而形成的克隆的集合。cDNA 没有内含子，便于克隆和大量表达，因此可从 cDNA 文库中筛选到所需的目的基因，并直接用于该目的基因的表达。由于植物对环境条件的适应性，随着外界条件的变化，植物体内基因的表达情况在不断发生着各种变化，通过建立植物不同生长时期的 cDNA 文库，可及时了解基因的时空表达动态，发现并克隆与植物生长或耐性相关的重要基因（胡松年，2005）。

本研究以耐旱性良好的鹰嘴豆种质 209 生长至 5～7 片叶时的真叶为材料，构建 60mmol/L PEG4000 胁迫处理和未处理对照两个平行的 cDNA 文库，为研究鹰嘴豆干旱胁迫条件下基因的差异表达，揭示鹰嘴豆耐旱的机制，以及基因克隆、基因芯片分析和基因功能分析等奠定基础。

1. RNA 的含量及纯度

分别取鹰嘴豆种质 209 对照和 PEG 胁迫 12h、24h、36h、48h 后幼苗叶片等量混合后提取 RNA，所提取 RNA 采用微量核酸蛋白检测仪测定其 OD_{260}/OD_{280} 值及含量（表 3-3）。

表 3-3　鹰嘴豆 PEG 胁迫处理（MH1）和正常生长（MH2）叶片总 RNA 含量及纯度检测

RNA	OD_{260}	OD_{260}/OD_{280}	浓度（μg/mL）	稀释倍数	总 RNA 含量（μg）
MH1（PEG 处理）	1.19	1.81	47.89	100	645
MH2（对照）	1.39	1.87	55.91	100	753

当 OD_{260}/OD_{280} 值为 1.8～2.0 时，表示其总 RNA 的纯度较高。本研究中所提取的两组 RNA 的 OD_{260}/OD_{280} 值均大于 1.8，说明所提取的总 RNA 受多糖、蛋白质和 DNA 等的污染较少，纯度较高。

通过 1%琼脂糖凝胶电泳表明，虽然 5S rRNA 条带模糊，但 28S rRNA、18S rRNA 两条条带都非常清晰，且 28S rRNA：18S rRNA 的亮度的比值在 2：1 左右，说明所提取的 RNA 完整性较好，没有降解（图 3-24）。

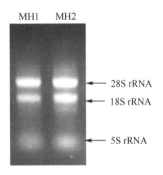

图 3-24　鹰嘴豆 PEG 胁迫处理（MH1）和正常生长（MH2）叶片总 RNA 电泳图谱

2. mRNA 的含量及纯度

采用 QIANGEN 公司的 Oligotex mRNA Kits 对 mRNA 进行分离纯化。采用微量核酸蛋白检测仪测定分离纯化的 mRNA，其 OD_{260}/OD_{280} 值及含量见表 3-4。

表 3-4　鹰嘴豆 PEG 胁迫处理（MH1）和正常生长（MH2）叶片 mRNA 含量及纯度检测

mRNA	OD_{260}	OD_{260}/OD_{280}	浓度（μg/mL）	mRNA 含量（μg）	纯化效率（%）
MH1（PEG 处理）	2.61	1.89	104.5	4.18	0.65
MH2（对照）	2.85	1.92	114.0	4.56	0.61

由表 3-4 可知，MH1 与 MH2 分离纯化的 mRNA 的 OD_{260}/OD_{280} 均在 1.9 左右，且 mRNA 的纯化效率均大于 0.6%，说明所制备的 mRNA 纯度较好。经 1%琼脂糖凝胶电泳（图 3-25），可以看出 mRNA 呈弥散状态，且主要集中在 1～2kb。

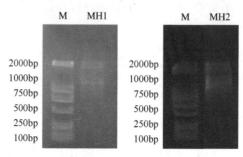

图 3-25　鹰嘴豆 PEG 胁迫处理（MH1）和正常生长（MH2）叶片 mRNA 电泳图谱
M. DNA 分子量标记 DL2000

3. cDNA 一链与二链合成

从图 3-26 可以看出 MH1 与 MH2 的 cDNA 一链及二链的电泳图谱都呈现比较连续的弥散状，二链比一链稍大些。cDNA 一链和二链的主要分布范围都大于 500bp，最大的片段甚至超过了 2kb，最小的基本上在 100bp 左右。通常情况下，植物 mRNA 的大小主要集中在 0.5～3kb，因此合成的 cDNA 比较完整，符合建库的要求。

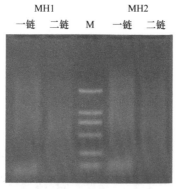

图 3-26　鹰嘴豆 PEG 胁迫处理（MH1）和正常生长（MH2）叶片 cDNA 电泳图谱
M. DNA 分子量标记 DL2000

4. 双链 cDNA 胶回收

对分子大小范围为 750bp～2kb 及>2kb 的 cDNA 片段分别进行切胶及胶回收纯化，从胶回收前后的 cDNA 电泳图谱（图 3-27）可看出，基本上达到了实验的要求，回收片段准确。

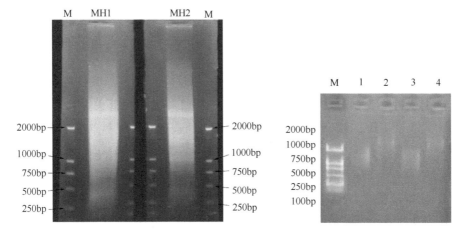

图 3-27 凝胶回收前（左）和回收后（右）的 cDNA 电泳图谱

M. DNA 分子量标记 DL2000；右图中泳道 1，3. 750bp～2kb 回收带；泳道 2，4. >2kb 回收带

5. cDNA 文库质量鉴定

本研究中，正常生长的鹰嘴豆幼苗叶片 cDNA 文库（MH2）和 PEG 胁迫处理的 cDNA 文库（MH1）构建好之后，通过梯度稀释与细菌平板计数法计算出 MH1 库容量为 $4.9×10^5$，重组率为 92%；MH2 库容量为 $7.5×10^5$，重组率为 90%。为了研究两个 cDNA 文库基因表达水平，两个 cDNA 文库都没有经过标准化处理。同时为了减少文库的冗余度，获得更多的鹰嘴豆 unigene（单一基因），用原始的 cDNA 文库进行表达序列标签（EST）研究时未进行文库扩增。

对两个文库都随机挑选 100 个克隆进行 PCR 扩增，电泳分析表明，随机插入的外源基因片段长度基本都大于 1kb（图 3-28），能够满足从绝大多数低丰度 mRNA 中克隆 cDNA，cDNA 文库的质量较高，达到了标准 cDNA 文库的要求，可进行下一步大规模的 EST 测序。

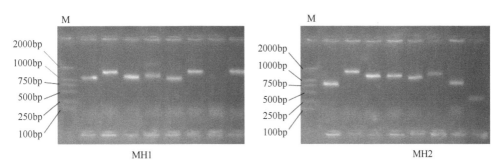

图 3-28 部分 cDNA 文库插入片段大小检测电泳图

M. DNA 分子量标记 DL2000

第三节 鹰嘴豆苗期响应干旱胁迫的 EST 序列分析

每个文库随机挑选 2500 个左右克隆进行测序，并对测序结果进行生物信息学分析。IDEG6 在线生物软件分析结果表明，有 92 个基因显著差异表达，其中 36 个为上调表达基因，56 个为下调表达基因。上调表达基因大都与耐旱性相关，而下调表达基因大多涉及光合作用。

1. 大规模质粒 DNA 的提取

从两个 cDNA 文库随机挑取 5000 多个克隆，利用碱性裂解法（Ehrt and Schnappinger，2003）进行大规模质粒 DNA 提取，提取的部分质粒 DNA 经电泳分析表明质量较高，可用于下一步 EST 序列测定（图 3-29）。

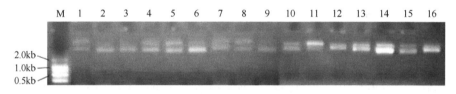

图 3-29 质粒 DNA 电泳图谱

2. EST 序列 5′端单向测序及序列拼接

经过 5′端单向测序，MH1 得到 2772 条可读序列。去除载体序列、大肠杆菌 DNA 污染序列及低质量的序列（<100bp）之后，得到 2530 条高质量的 EST 序列，其平均长度为 491.59bp。同时经 5′端单向测序，MH2 得到 2689 条可读序列。去除载体序列、大肠杆菌 DNA 污染序列及低质量的序列（<100bp）之后，得到 2567 条高质量的 EST 序列，其平均长度为 503.08bp。

两个文库中高质量的 EST 序列，目前已经在 GenBank 数据库登录，登录号为 FE668437～FE673533。MH1 和 MH2 文库中高质量的 EST 序列的长度分布（图 3-30）相似，在 500～650bp 的 EST 数目都最高。

将两个文库中的高质量的 EST 序列分别进行拼接。最终 MH1 得到 1750 条簇（cluster），其中包含 305 条重叠群（contig）和 1445 条单一基因序列。MH2 得到 1362 条簇，其中包含 328 条重叠群和 1034 条单一基因序列。

3. 基因注释

根据与公共数据库中序列的相似性比较结果对基因进行注释。对拼接后产生的 cluster 序列在非冗余核酸（nt）数据库或者非冗余蛋白（nr）数据库中进行 BlastN

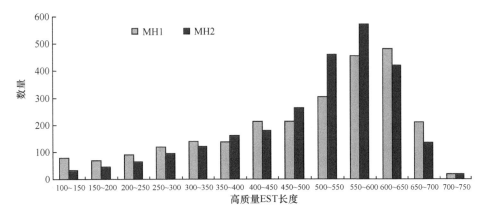

图 3-30　MH1 和 MH2 文库中高质量 EST 序列的长度分布

（E 值$\leqslant 1\times10^{-10}$）和 BlastX（$E$ 值$\leqslant 1\times10^{-5}$）搜索（Altschul et al.，1997）。基因注释最终结果的选择是根据 E 值最小的序列信息结果和匹配序列的综合详细信息共同决定的。最后将相同注释的 clusters 聚到同一个基因聚类中，每一个基因聚类代表了一个单一基因。

　　注释结果表明，MH1 文库中有 67.4%和 77.8%的 clusters 分别与 nt 和 nr 数据库中的序列具有显著相似性。MH2 文库中有 69.5%和 80.9%的 clusters 分别与 nt 和 nr 数据库中的序列具有显著相似性。将具有相同注释的 clusters 合并为一个单一基因（表 3-5）后，最终 MH1 文库中共有 1663 个单一基因，其中 82.32%与 nr 和 nt 数据库中序列有相似性，即得到了注释，其余 17.68%的单一基因（294 个单一基因）没有找到同源序列，可能是新的基因。MH2 文库得到 1292 个单一基因，其中 84.98%得到了注释，其余 15.02%的单一基因（共 194 个单一基因）也可能为新发现的基因。MH1 文库和 MH2 文库表达的相同基因有 259 个，且 MH1 文库比 MH2 文库基因的个数多 371 个（图 3-31）。

表 3-5　MH1 和 MH2 文库中基因注释

文库	项目	单一基因数目	克隆数目	冗余度（克隆数/单一基因数）
MH1	与 nr 和 nt 数据库比对的总数目	1663	2530	1.52
	匹配上的序列数目	1369	2226	1.63
MH2	与 nr 和 nt 数据库比对的总数目	1292	2567	1.99
	匹配上的序列数目	1098	2355	2.14

　　表 3-6 和表 3-7 分别为 MH1 和 MH2 两个文库中高表达的单一基因（$\geqslant$7 ESTs）。MH1 文库中包含 28 个高表达的单一基因，其中许多都与耐旱性相关。例如，胚胎发生晚期丰富蛋白（late embryogenesis abundant protein，LEA protein）、脂质转运蛋白（lipid transfer protein，LTP）、细胞色素 P450 单加氧酶（cytochrome P450 monooxygenase）等基因。MH1 文库高表达基因中同时也含有一些维持正常代谢功能的基因，如编码叶绿体光系统Ⅱ促氧增强子蛋白1（oxygen-evolving enhancer protein 1）基因、光系统Ⅰ蛋白PsaD（photosystem I protein PsaD）基因及核酮糖1,5-二磷酸羧化酶小亚基（ribulose 1,5-bisphosphate carboxylase small subunit）基因等。在 MH1 文库中表达量最高的为编码脱水蛋白1（dehydrin 1）的基因，包含了 82 个克隆（表 3-6）。脱水蛋白是植物对干旱胁迫响应常见的一种产物（Bhattarai and Fettig，2005）。

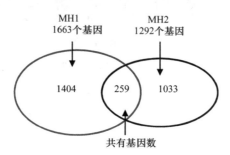

图 3-31　MH1 和 MH2 文库中基因表达数目维恩图

表 3-6　**MH1 文库中高表达的单一基因（≥7 ESTs）及其注释**

单一基因	注释	EST（≥7 ESTs）数目
chickpea.0106	Dehydrin 1	82
chickpea.0131	Nonspecific lipid-transfer protein precursor	48
chickpea.0097	Late embryogenesis abundant protein 1	30
chickpea.0007	Hypothetical protein	27
chickpea.0132	Chlorophyll a/b binding protein	22
chickpea.0029	Putative senescence-associated protein	21
chickpea.0186	Putative mitochondrial dicarboxylate carrier protein	20
chickpea.1214	Late embryogenesis abundant protein 2	20
chickpea.1273	Soybean seed maturation polypeptides	20
chickpea.0222	ABA/WDS induced protein	18
chickpea.0133	Ribulose 1,5-bisphosphate carboxylase small subunit	17
chickpea.0151	Unknow protein	12
chickpea.0164	Cold acclimation responsive protein BudCAR4	12
chickpea.0129	*Cicer arietinum* mRNA for glycine-rich protein 2, partial	10
chickpea.0827	Unnamed protein product	10
chickpea.0137	Probable aquaporin PIP-type 7a	9
chickpea.0143	Hypothetical protein	8
chickpea.0244	Photosystem I protein PsaD	8

续表

单一基因	注释	EST（≥7 ESTs）数目
chickpea.0620	*Medicago truncatula* chromosome 5 clone mth4-42d11	8
chickpea.0943	Probable cytochrome P450 monooxygenase-maize (fragment)	8
chickpea.0011	Phloem specific protein	7
chickpea.0025	Oxygen-evolving enhancer protein 1	7
chickpea.0122	Cysteine proteinase	7
chickpea.0167	Putative TFIIIA (or kruppel)-like zinc finger protein	7
chickpea.0627	*Medicago truncatula* clone mth2-41c1, complete sequence	7
chickpea.0877	Ubiquitin	7
chickpea.1024	Acidic endochitinase precursor	7
chickpea.1230	Unknown protein	7

MH2 文库中许多高表达的基因都涉及光合作用和相关的代谢。例如，编码核酮糖 1,5-二磷酸羧化酶小亚基（ribulose 1,5-bisphosphate carboxylase small subunit）、叶绿素 a/b 结合蛋白（chlorophyll a/b binding protein）、线粒体二羧酸载体蛋白（mitochondrial dicarboxylate carrier protein）、叶绿体核酮糖 1,5-二磷酸羧化酶/加氧酶活化酶大亚基（chloroplast ribulose-1,5-bisphosphate carboxylase/oxygenase activase large subunit isoform）、叶绿体光系统 II 促氧增强子蛋白 1（oxygen-evolving enhancer protein 1）、类囊体膜磷蛋白（thylakoid membrane phosphoprotein）等基因。在 MH2 文库中表达量最高的为衰老相关蛋白（putative senescence-associated protein）基因，包含了 133 个克隆（表 3-7）。

表 3-7 MH2 文库中高表达的单一基因（≥7 ESTs）及其注释

单一基因	注释	EST（≥7 ESTs）数目
chickpea.0029	Putative senescence-associated protein	133
chickpea.0133	Ribulose 1,5-bisphosphate carboxylase small subunit	104
chickpea.0132	Chlorophyll a/b binding protein	81
chickpea.0186	Putative mitochondrial dicarboxylate carrier protein	65
chickpea.0152	Light-harvesting chlorophyll a/b binding protein Lhcb2	40
chickpea.0151	Unknow protein	30
chickpea.1734	Chlorophyll a/b binding protein of LHCII type I	25
chickpea.2340	Chloroplast ribulose-1,5-bisphosphate carboxylase/oxygenase activase large subunit isoform	23
chickpea.0189	Photosystem I reaction centre, subunit XI PsaL	22
chickpea.0048	GAE1 (UDP-D-glucuronate 4-epimerase1)	18
chickpea.0059	Unknown protein	17
chickpea.0236	Hypothetical protein MtrDRAFT_AC151668g27v1	17

续表

单一基因	注释	EST（≥7 ESTs）数目
chickpea.0244	Photosystem I protein PsaD	16
chickpea.0877	Ubiquitin	15
chickpea.2062	Ferredoxin I	15
chickpea.2309	Chlorophyll a/b binding protein	14
chickpea.2173	Type II chlorophyll a/b binding protein from photosystem I	13
chickpea.0103	Metallothionein-like protein 1	12
chickpea.2236	LHCA3*1	12
chickpea.2344	Photosystem I reaction centre subunit N	12
chickpea.0036	Calcium binding protein	11
chickpea.0131	Nonspecific lipid-transfer protein precursor	11
chickpea.1772	Cytochrome b6-f complex iron-sulfur subunit	11
chickpea.0021	Glyceraldehyde-3-phosphate dehydrogenase A	10
chickpea.0025	Oxygen-evolving enhancer protein 1	10
chickpea.0192	Thylakoid membrane phosphoprotein 14kDa	10
chickpea.0198	Chlorophyll a/b-binding protein CP24 precursor	10
chickpea.0235	Chloroplast hypothetical protein	10
chickpea.1762	Germin-like protein	9
chickpea.2190	PSI light-harvesting antenna chlorophyll a/b-binding protein	9
chickpea.0006	Chloroplast pigment-binding protein CP26	8
chickpea.0016	Os12g0525300	8
chickpea.0026	Oxygen-evolving enhancer protein 2	8
chickpea.0042	MAPKKK14	8
chickpea.0123	Putative ethylene response factor ERF3b	8
chickpea.1751	Glycine cleavage system H protein, mitochondrial precursor	8
chickpea.2286	Unnamed protein product	8
chickpea.0095	Glycolate oxidase	7
chickpea.0134	Fructose-bisphosphate aldolase 1	7
chickpea.0147	Photosystem I light-harvesting chlorophyll a/b-binding protein	7
chickpea.0228	Photosystem II core complex proteins	7
chickpea.1867	Granule-bound starch synthase	7
chickpea.2023	Putative photosystem I subunit III precursor	7

4. 基因功能分类、相关代谢途径分析

将两个文库中所有的 clusters 分别进行标准基因词汇体系（GO）分类注释（Harris et al.，2004），最终 MH1 文库中有 496 个 clusters 得到了 1351 个 GO 号注释，MH2 文库中有 464 个 clusters 得到了 1298 个 GO 号注释。将两个文库中的

clusters 按照 GO 的注释分为分子功能（molecular function）、生物学过程（biological process）和细胞组分（cellular component）三个大类（图 3-32）。

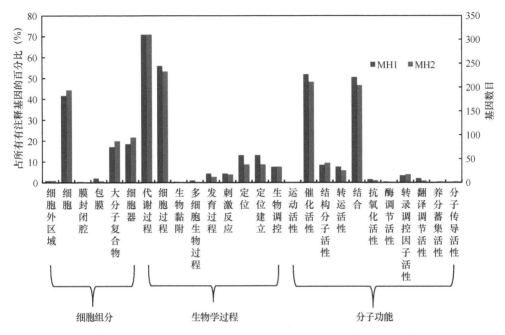

图 3-32　MH1 文库（PEG 胁迫）和 MH2 文库（对照）GO 分类

在生物学过程分类中，49.4%（MH1）/50.2%（MH2）clusters 的功能属于细胞学过程，62.5%（MH1）/66.8%（MH2）clusters 的功能属于代谢过程。在分子功能的分类中，45.8%（MH1）/45.5%（MH2）clusters 功能属于催化功能。这些结果表明构建 cDNA 文库的鹰嘴豆材料生长快速、代谢活跃。GO 分类详情见表 3-8。

表 3-8　MH1 文库（PEG 胁迫）和 MH2 文库（对照）中基因 GO 详细分类

GO 一级分类	GO 二级分类	标准基因词汇体系（GO）	MH1 和 MH2 中基因数目	占 MH1[a] 和 MH2[b] 基因数目的百分率（%）	Pearson 分布卡平方检验 P 值
细胞组分	细胞外区域	GO：0005576	4：4	（0.8：0.9）	[MI][c]
	细胞	GO：0005623	182：194	（36.7：41.8）	[0.105]
	膜封闭腔	GO：0031974	2：1	（0.4：0.2）	[MI]
	包膜	GO：0031975	9：3	（1.8：0.6）	[0.104]
	大分子复合物	GO：0032991	75：87	（15.1：18.8）	[0.134]
	细胞器	GO：0043226	81：95	（16.3：20.5）	[0.097]
生物学过程	代谢过程	GO：0008152	310：310	（62.5：66.8）	[0.163]
	细胞过程	GO：0009987	245：233	（49.4：50.2）	[0.799]

续表

GO 一级分类	GO 二级分类	标准基因词汇体系（GO）	MH1 和 MH2 中基因数目	占 MH1[a] 和 MH2[b] 基因数目的百分率（%）	Pearson 分布卡平方检验 P 值
生物学过程	生物黏附	GO：0022610	2：1	（0.4：0.2）	[MI]
	多细胞生物过程	GO：0032501	5：0	（1.0：0.0）	[MI]
	发育过程	GO：0032502	19：12	（3.8：2.6）	[0.276]
	刺激反应	GO：0050896	19：17	（3.8：3.7）	[0.892]
	定位	GO：0051179	58：38	（11.7：8.2）	[0.071]
	定位建立	GO：0051234	58：38	（11.7：8.2）	[0.071]
	生物调控	GO：0065007	33：33	（6.7：7.1）	[0.779]
分子功能	运动活性	GO：0003774	1：1	（0.2：0.2）	[MI]
	催化活性	GO：0003824	227：211	（45.8：45.5）	[0.928]
	结构分子活性	GO：0005198	37：41	（7.5：8.8）	[0.435]
	转运活性	GO：0005215	33：25	（6.7：5.4）	[0.411]
	结合	GO：0005488	221：204	（44.6：44.0）	[0.854]
	抗氧化活性	GO：0016209	7：5	（1.4：1.1）	[0.642]
	酶调节活性	GO：0030234	2：0	（0.4：0.0）	[MI]
	转录调控因子活性	GO：0030528	15：17	（3.0：3.7）	[0.581]
	翻译调节活性	GO：0045182	9：4	（1.8：0.9）	[0.202]
	养分蓄积活性	GO：0045735	0：2	（0.0：0.4）	[MI]
	分子传导活性	GO：0060089	1：2	（0.2：0.4）	[MI]

a. MH1 文库（PEG 胁迫）中获得 1351 个 GO 分类注释的 496 个基因；b. MH2 文库（对照）中获得 1298 个 GO 分类注释的 464 个基因；c. MI 代表当两个文库中相同 GO 分类的基因数目都小于或等于 5 时统计分析无意义

为了深入了解这些基因转录产物在生理生化过程中发挥的作用，利用 KEGG 数据库（Kanehisa et al.，2004）对两个文库中所有的 clusters 分别进行了 KEGG 分类注释，最终 MH1 文库中有 596 个 clusters 得到了 KEGG 注释，MH2 文库中有 523 个 clusters 得到了 KEGG 注释。

5. 基因差异表达分析

通过 IDEG6 软件（Romualdi et al.，2003）在线分析基因差异表达，结果表明，在胁迫条件下，有 36 个基因显著上调表达，56 个基因显著下调表达，并根据 GO 注释和 KEGG 注释结果，对这些基因进行了分类（表 3-9）。

（1）上调表达基因

根据 GO 和 KEGG 分析结果，36 个上调表达的基因可以分成"代谢过程""遗传信息处理""细胞过程""胁迫相关基因" 4 个不同的大类，其中最大的一类是"胁迫相关基因"（表 3-9）。

表 3-9　利用 IDEG6 在线软件分析 MH1 和 MH2 文库的差异表达基因

分类	基因编号	Gi 编号	基因注释	所列基因 EST 在 MH1 中丰度	所列基因 EST 在 MH2 中丰度	卡平方 检验
下调表达基因						
代谢过程						
			碳水化合物代谢			
	chickpea.0048	gi|15234745	UDP-D-glucuronate 4-epimerase 1 (GAE1)	15.8	70.1	0
	chickpea.1867	gi|15626365	Granule-bound starch synthase	0	27.3	0.01
	chickpea.0095	gi|228403	Glycolate oxidase	3.1	27.3	0.04
	chickpea.2313	gi|92872325	Phosphoglycerate kinase	0	19.5	0.03
			能量代谢			
	chickpea.0133	gi|3928152	Ribulose 1,5- bisphosphate carboxylase small subunit	67.2	405.1	0
	chickpea.0132	gi|3928140	Chlorophyll a/b binding protein	86.1	315.5	0
	chickpea.0152	gi|56809381	Light-harvesting chlorophyll a/b binding protein Lhcb2	3.1	155.8	0
	chickpea.1734	gi|115768	Chlorophyll a/b binding protein of LHCII type I, chloroplast precursor (CAB) (LHCP)	0	97.4	0
	chickpea.2340	gi|115334977	Chloroplast ribulose-1,5- bisphosphate carboxylase/ oxygenase activase large subunit isoform	0	89.6	0
	chickpea.0189	gi|87162581	Photosystem I reaction centre，subunit XI PsaL	11.9	85.7	0
	chickpea.2062	gi|33520415	Ferredoxin I	0	58.4	0
	chickpea.2309	gi|92871882	Chlorophyll a/b binding protein	0	54.5	0
	chickpea.2173	gi|602359	Type II chlorophyll a/b binding protein from photosystem I	0	50.6	0
	chickpea.2344	gi|92876000	Photosystem I reaction centre subunit N	0	46.7	0
	chickpea.2236	gi|79320443	LHCA3*1	0	46.7	0
	chickpea.1772	gi|136707	Cytochrome b6-f complex iron-sulfur subunit，chloroplast precursor (Rieske iron-sulfur protein)	0	42.9	0
	chickpea.0192	gi|87240857	Thylakoid membrane phosphoprotein 14kDa, chloroplast precursor	3.1	38.1	0.01
	chickpea.0198	gi|8954298	Chlorophyll a/b-binding protein CP24 precursor	3.1	38.1	0.01
	chickpea.0021	gi|120658	Glyceraldehyde-3-phosphate dehydro-genase A, chloroplast precursor	3.1	38.1	0.01
	chickpea.2190	gi|6470348	PSI light-harvesting antenna chlorophyll a/b-binding protein	0	35.1	0

续表

分类	基因编号	Gi 编号	基因注释	所列基因 EST 在 MH1 中丰度	所列基因 EST 在 MH2 中丰度	卡平方检验
			能量代谢			
	chickpea.0006	gi|110377793	Chloroplast pigment-binding protein CP26	3.1	31.2	0.02
	chickpea.2355	gi|92877898	Carbonic anhydrase, prokaryotic and plant	0	19.5	0.03
	chickpea.2023	gi|30013659	Putative photosystem I subunit III precursor	0	27.3	0.01
	chickpea.0147	gi|493723	Photosystem I light-harvesting chlorophyll a/b-binding protein	3.1	27.3	0.04
	chickpea.0134	gi|399024	Fructose-bisphosphate aldolase 1, chloroplast precursor	3.1	27.3	0.04
	chickpea.0228	gi|92877555	Photosystem II core complex proteins, chloroplast precursor	3.1	27.3	0.04
	chickpea.1999	gi|2493694	Photosystem II reaction center W protein, chloroplast precursor (PSII 6.1kDa protein)	0	23.4	0.01
	chickpea.2404	gi|92890755	Chlorophyll a/b binding protein	0	19.5	0.03
	chickpea.2397	gi|92889079	Ferredoxin [2Fe-2S], plant	0	15.6	0.05
	chickpea.2398	gi|92889608	Photosystem I reaction centre subunit IV/PsaE	0	15.6	0.05
			硫代谢			
	chickpea.1952	gi|21314227	Type IIB calcium ATPase MCA5	0	15.6	0.05
			氨基酸代谢			
	chickpea.2178	gi|62003087	4-hydroxyphenyl pyruvate dioxygenase	0	15.6	0.05
			辅助因子和维生素代谢			
	chickpea.1671	gi|109450812	Putative desaturase-like protein	0	19.5	0.03
遗传信息处理						
			翻译			
	chickpea.2206	gi|71256	Ribosomal protein L9 precursor, chloroplast-garden pea	0	15.6	0.05
	chickpea.2002	gi|2506277	RuBisco large subunit-binding protein subunit β, chloroplast precursor (60kDa chaperonin subunit beta) (CPN-60 beta)	0	15.6	0.05
胁迫相关基因						
	chickpea.1751	gi|121080	Glycine cleavage system H protein, mitochondrial precursor	0	31.2	0

续表

分类	基因编号	Gi 编号	基因注释	所列基因 EST 在 MH1 中丰度	所列基因 EST 在 MH2 中丰度	卡平方检验
			胁迫相关基因			
	chickpea.2069	gi|3759184	phi-1	0	19.5	0.03
	chickpea.0029	gi|13359451	Putative senescence-associated protein	83	518.1	0
	chickpea.0186	gi|84468422	Putative mitochondrial dicarboxylate carrier protein	79.1	253.2	0
	chickpea.0151	gi|55168340	Unknow protein	47.4	116.9	0.01
	chickpea.0236	gi:157347623	Unnamed protein product	7.9	66.2	0
	chickpea.0059	gi|15239835	Unknown protein	23.7	66.2	0.02
	chickpea.1762	gi|13277342	Germin-like protein	0	35.1	0
	chickpea.2286	gi|157336950	Unnamed protein product (NPH3 family. Phototropism of *Arabidopsis thaliana* seedlings in response to a blue light source is initiated by nonphototropic hypocotyl 1 (NPH1), a light-activated serine-threonine protein kinase; pfam03000)	0	31.2	0
	chickpea.0016	gi|115488834	Os12g0525300 (Conserved hypothetical protein ab initio prediction with EST support)	3.1	31.2	0.02
	chickpea.0042	gi|15227689	MAPKKK14; ATP binding/kinase/ protein kinase/protein serine/threonine kinase/protein-tyrosine kinase	3.1	31.2	0.02
	chickpea.2451	gi|109240563	*Medicago truncatula* clone mth2-41c1, complete sequence	0	23.4	0.01
	chickpea.2512		No hit found	0	19.5	0.03
	chickpea.1761	gi|13171103	rRNA intron-encoded homing endonuclease	0	19.5	0.03
	chickpea.1665	gi|10176862	Unnamed protein product	0	19.5	0.03
	chickpea.2510		No hit found	0	15.6	0.05
	chickpea.2511		No hit found	0	15.6	0.05
	chickpea.2232	gi|78103322	Hypothetical protein PhapfoPp090	0	15.6	0.05
	chickpea.2188	gi|6457927	Hypothetical protein DR_0254	0	15.6	0.05
	chickpea.2137	gi|50405040	Hypothetical protein PTMB.204c	0	15.6	0.05
	chickpea.1888	gi|17863981	Unknown	0	15.6	0.05
上调表达基因						
代谢过程						
			碳水化合物代谢			
	chickpea.1024	gi|544006	Acidic endochitinase precursor	27.7	0	0.01

续表

分类	基因编号	Gi 编号	基因注释	所列基因EST在MH1中丰度	所列基因EST在MH2中丰度	卡平方检验
碳水化合物代谢						
	chickpea.1629	gi|113361	Alcohol dehydrogenase 1	19.8	0	0.02
能量代谢						
	chickpea.0131	gi|3914136	Nonspecific lipid-transfer protein precursor (LTP)	189.7	42.9	0
	chickpea.1659	gi|10241560	Cationic peroxidase	15.8	0	0.04
氨基酸代谢						
	chickpea.0726	gi| 92881108	Amino acid/polyamine transporter II	15.8	0	0.04
	chickpea.1354	gi|18157331	S-adenosylmethionine synthetase	23.7	0	0.01
脂质代谢						
	chickpea.0943	gi|7489812	Probable cytochrome P450 monooxygenase (maize) (fragment)	31.6	0	0
遗传信息处理						
翻译						
	chickpea.0743	gi|92877819	Mss4-like protein	19.8	0	0.02
细胞过程						
免疫系统						
	chickpea.0750	gi|92877003	Concanavalin A-like lectin/glucanase	15.8	0	0.04
胁迫相关基因						
	chickpea.0122	gi|3377952	Cysteine proteinase	27.7	3.9	0.03
	chickpea.1389	gi|15240946	Phosphatidylethanolamine binding	19.8	0	0.02
	chickpea.0106	gi|26245734	Dehydrin 1	324.1	11.7	0
	chickpea.0097	gi|24418488	Late embryogenesis abundant protein 1 (CapLEA-1)	118.6	3.9	0
	chickpea.0007	gi|110740129	Hypothetical protein	106.7	7.8	0
	chickpea.1214	gi|24418489	Late embryogenesis abundant protein 2 (CapLEA-2)	79.1	0	0
	chickpea.1273	gi|18750	Soybean seed maturation polypeptides	79.1	0	0
	chickpea.0222	gi|92874981	ABA/WDS induced protein	71.1	7.8	0
	chickpea.0164	gi|6969494	Cold acclimation responsive protein BudCAR4	47.4	11.7	0.02
	chickpea.0827	gi|157348561	Unnamed protein product (F-box domain) (Kelch motif)	39.5	0	0
	chickpea.0137	gi|401189	Probable aquaporin PIP-type 7a	35.6	7.8	0.03
	chickpea.0143	gi|46426330	Hypothetical protein	31.6	3.9	0.02

续表

分类	基因编号	Gi 编号	基因注释	所列基因 EST 在 MH1 中丰度	所列基因 EST 在 MH2 中丰度	卡平方检验
胁迫相关基因						
	chickpea.0620	gi|116312077	*Medicago truncatula* chromosome 5 clone mth4-42d11, complete sequence	31.6	0	0
	chickpea.1230	gi|22329538	Unknown protein	27.7	0	0.01
	chickpea.0627	gi|109240563	*Medicago truncatula* clone mth2-41c1, complete sequence	27.7	0	0.01
	chickpea.1114	gi|3549693	Thaumatin-like protein PR-5a	23.7	0	0.01
	chickpea.1122	gi|34541994	Al-induced protein	23.7	0	0.01
	chickpea.0922	gi|79305850	Serine/threonine protein phosphatase type 2C (PP2C)	23.7	0	0.01
	chickpea.1473	gi|15222342	Hydrolase, acting on ester bonds	19.8	0	0.02
	chickpea.0925	gi|78033430	Conserved hypothetical protein	19.8	0	0.02
	chickpea.1201	gi|2605887	Dormancy-associated protein	19.8	0	0.02
	chickpea.1356	gi|1813329	High mobility group 1 (HMG-1)	19.8	0	0.02
	chickpea.0854	gi|75755995	TO71-3	19.8	0	0.02
	chickpea.0871	gi|87240834	2OG-Fe (II) oxygenase	19.8	0	0.02
	chickpea.1074	gi|4678279	Carboxyl terminal protease-like protein	15.8	0	0.04
	chickpea.1508	gi|13443598	Glycine-rich protein 1	15.8	0	0.04
	chickpea.1600	gi|115445337	Os02g0252100 protein	15.8	0	0.04

"代谢过程"分类中共包含了 7 个基因。其中 4 个基因极显著（$P \leqslant 0.01$）上调表达。chickpea.1024 为编码酸性内切几丁质酶前体（acidic endochitinase precursor）基因。酸性内切几丁质酶在植物发育和水分胁迫条件下抵御病原入侵中发挥特殊的作用（Chen et al.，1994）。chickpea.0131 为编码非特异性脂质转移蛋白前体（nonspecific lipid-transfer protein precursor，LTP）基因。脂质转移蛋白可能在植物受到胁迫时发生膜损伤修复、改变膜中脂质组成及膜的流动性，或者调节有毒离子渗透性等方面发挥重要作用（Wang et al.，2007a）。chickpea.1354 为编码 S-腺苷甲硫氨酸合成酶（S-adenosylmethionine synthetase）基因。S-腺苷甲硫氨酸合成酶催化 S-腺苷甲硫氨酸（SAM）的合成。S-腺苷甲硫氨酸是生物体内多种代谢的中间产物及激素、蛋白、核酸、磷脂等物质的甲基供体（Chiang et al.，1996；Malakar et al.，2006），也是谷胱甘肽（GSH）的前体（汤亚杰等，2007）。S-腺苷甲硫氨酸还是生物体内乙烯和多胺合成的前体物质（Hamilton et al.，1991；Bleecker and Kende，2000；Thu-Hang et al.，2002；Hao et al.，2005），当用作酶底物时，其作用仅次于ATP（Fontecave et al.，2004）。S-腺苷甲硫氨酸几乎在所有细胞代谢中都发挥核心的

作用，并且主要作为转甲基作用、转硫基作用和转氨丙基作用三种代谢途径的前体（汤亚杰等，2007）。chickpea.0943 为编码细胞色素 P450 单加氧酶（cytochrome P450 monooxygenase）基因。细胞色素 P450 单加氧酶催化 ABA 氧化降解的第一步反应，因此被认为是决定植物激素降解的关键酶（Krochko et al.，1998）。

有 27 个基因被归在了"胁迫相关基因"类别中。其中 4 个基因编码不同组（group）的胚胎发生晚期丰富蛋白。chickpea.1273 为编码大豆种子成熟多肽（soybean seed maturation polypeptides）基因，属于 LEA 蛋白 1 组；chickpea.0106 为编码脱水蛋白 1 基因，属于 LEA 蛋白 2 组；chickpea.0097 和 chickpea.1214 分别为编码 CapLEA-1 和 CapLEA-2 基因，属于 LEA 蛋白 3 组（Romo et al.，2001；Wang et al.，2007b）。LEA 蛋白在种子脱水和贮藏及植物整株耐干旱、盐害和冷害中发挥着重要的作用（Shao et al.，2005）。chickpea.1600 为编码 Os02g0252100 protein 基因，该基因含有 RNA 结合区域（RNA-binding region）和 RNA 识别结构域-1（RNA recognition motif）。RNA 结合蛋白与转录因子有着相似的分子结构。许多研究表明，RNA 结合蛋白参与了低温胁迫下或者其他胁迫条件的分子响应（Albà and Pagès，1998）。chickpea.1356 为编码高迁移率蛋白 1（high mobility group 1，HMG-1）基因，HMG-1 是在高等真核细胞核内一类小的且相对丰富的染色质相关蛋白。HMG 蛋白的表达受不同非生物逆境（如冷害、干旱和高盐害）的调控（Jang et al.，2007）。chickpea.0922 为编码丝氨酸/苏氨酸蛋白磷酸酶 2C 型（serine/threonine protein phosphatase type 2C，PP2C）基因。有研究表明，PP2C 是信号转导途径中的调节物质（Schweighofer et al.，2004）。chickpea.0122 为编码半胱氨酸蛋白酶（cysteine proteinase）基因。半胱氨酸蛋白酶在细胞中定位于叶绿体和液泡中，在降解衰老叶片中核酮糖 1,5-二磷酸羧化酶大亚基中发挥重要的作用。许多受干旱胁迫诱导的半胱氨酸蛋白酶类型在自然衰老中都未发现（Khanna-Chopra et al.，1999）。此外，还有 chickpea.0164 [编码冷胁迫响应蛋白 BudCAR4（cold acclimation responsive protein BudCAR4）]、chickpea.1122 [编码铝诱导表达蛋白（Al-induced protein）]、chickpea.1114 [编码类甜蛋白 PR-5a（thaumatin-like protein PR-5a）] 等 3 个基因，在受到干旱胁迫处理后上调表达。在其他研究中也发现这些基因在植株受到其他类型的非生物胁迫或生物胁迫时上调表达，表明这些基因在植物遭受非生物胁迫和生物胁迫过程中有着交互作用（Wang et al.，2007a）。

"遗传信息处理"类别中只有 1 个基因，为编码 Mss4 类蛋白（Mss4-like protein）基因（chickpea.0743）。

"细胞过程"类别中也只有 1 个基因，为编码伴刀豆球蛋白 A 类似外源凝集素/葡聚糖酶（concanavalin A-like lectin/glucanase）基因（chickpea.0750）。

（2）下调表达基因

许多研究学者都致力于阐明在植物遭受干旱胁迫时上调表达的基因是如何发

挥作用的，然而，植物对于干旱的响应还包括下调表达的基因（Zhang et al., 2007）。本研究中发现 56 个下调表达的基因，这些基因可分成"代谢过程""遗传信息处理"和"胁迫相关基因" 3 个不同的大类（表 3-9）。

"代谢过程"又分成"碳水化合物代谢""能量代谢""硫代谢""氨基酸代谢"及"辅助因子和维生素代谢" 5 个亚类。

在"碳水化合物代谢"亚类中包含 chickpea.0048、chickpea.1867、chickpea.0095 和 chickpea.2313 等 4 个基因，分别编码尿苷二磷酸-D-葡萄糖醛酸 4-表异构酶 1（UDP-D-glucuronate 4-epimerase 1，GAE1）、颗粒型淀粉合成酶（granule-bound starch synthase）、乙醇酸氧化酶（glycolate oxidase）和磷酸甘油酸激酶（phosphoglycerate kinase）。

在"能量代谢"亚类中包含了 26 个与光合作用相关的基因。其中 11 个基因（chickpea.0132、chickpea.0152、chickpea.1734、chickpea.2309、chickpea.2173、chickpea.2236、chickpea.0198、chickpea.2190、chickpea.0006、chickpea.0147 和 chickpea.2404）编码叶绿素 a/b 结合蛋白（chlorophyll a/b binding protein）。叶绿素 a/b 结合蛋白定位于叶绿体类囊体膜上，其基因表达受光和发育的调节（Chang and Walling，1991）。核酮糖 1,5-二磷酸羧化酶（ribulose 1,5-bisphosphate carboxylase，RuBisco）是叶绿体内最丰富的蛋白，催化卡尔文循环的第一步反应。本研究中，chickpea.0133（编码核酮糖 1,5-二磷酸羧化酶小亚基基因）在干旱胁迫后被抑制表达。许多相似的研究都表明植物在遭受干旱、冷害、高盐和 ABA 胁迫时，光合作用都会被抑制（Sreenivasulu et al.，2007）。

"硫代谢""氨基酸代谢"和"辅助因子和维生素代谢" 3 个亚类都只包含 1 个基因，分别为 chickpea.1952［编码 IIB 类型的钙 ATP 酶 MCA5（type IIB calcium ATPase MCA5）］、chickpea.2178［编码 4-羟苯基丙酮酸双加氧酶（4-hydroxyphenyl pyruvate dioxygenase）］和 chickpea.1671［编码去饱和酶类似蛋白（putative desaturase-like protein）］。

"遗传信息处理"类别中包含 chickpea.2206［编码核糖体蛋白 L9 前体（ribosomal protein L9 precursor），chloroplast-garden pea］和 chickpea.2002［编码核酮糖 1,5-二磷酸羧化酶大亚基结合蛋白 β 亚基（RuBisco large subunit-binding protein subunit β），chloroplast precursor］2 个基因。

此外还有 21 个基因属于"胁迫相关基因"类别中。

在本研究中，值得注意的是一些上调表达的基因在其他的物种中未见报道。例如，chickpea.0620 和 chickpea.0627 都仅有 BlastN 注释，它们在 PEG 胁迫中都上调表达。另外一些上调表达的基因，如 chickpea.0007、chickpea.0143、chickpea.1230 和 chickpea.0925 编码的都是未知蛋白。这些蛋白可能在鹰嘴豆耐旱中发挥着特殊的功能。

6. 实时荧光定量 PCR

为验证 EST 分析的可靠性，本研究进一步选取了 5 个在干旱胁迫条件下表达模式不同的基因用于实时荧光定量 PCR 分析。其中，chickpea.0097（编码 CapLEA-1 蛋白）、chickpea.0106（编码脱水蛋白 1，dehydrin 1）和 chickpea.0131（编码非特异性脂质转移蛋白前体，LTP）3 个基因在鹰嘴豆受到干旱胁迫后显著上调表达；而 chickpea.0132（编码叶绿素 a/b 结合蛋白）和 chickpea.0133（编码核酮糖 1,5-二磷酸羧化酶小亚基，RuBisco 小亚基）2 个基因显著下调表达。

由图 3-33 可以看出，编码 CapLEA-1 和 LTP 的基因在 PEG 胁迫后表达量逐渐上升，在胁迫 48h 后表达量达到顶点（图 3-33A、C）；编码脱水蛋白 1 的基因在 PEG 处理 12h 后表达量达到顶点，然后稍有下降（图 3-33B）。编码核酮糖 1,5-二磷酸羧化酶小亚基的基因在 PEG 胁迫后表达量呈现下降趋势（图 3-33D）；编码叶绿素 a/b 结合蛋白的基因在 PEG 胁迫 0～24h 缓慢下降，但在 36h 后表达量大量增加，接着快速下降（图 3-33E）。

实时荧光定量 PCR 的结果与 EST 分析的结果基本上一致，说明此前构建的 2 个 cDNA 文库可以用来筛选鹰嘴豆干旱胁迫下的差异表达基因。

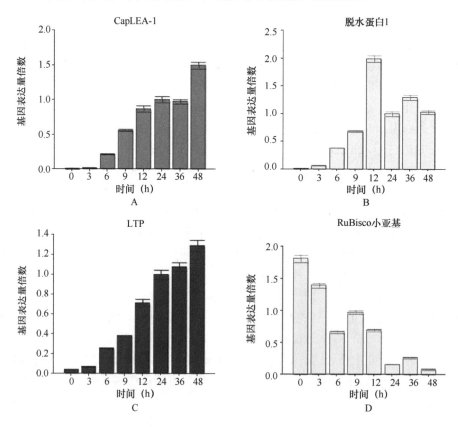

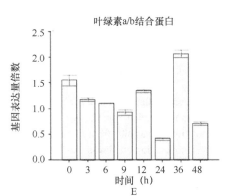

图 3-33　PEG 胁迫后 5 个差异表达基因 qPCR 分析（*n*=3）

参 考 文 献

胡松年. 2005. 基因表达序列标签(EST)数据分析手册[M]. 杭州: 浙江大学出版社.

汤亚杰, 李艳, 李冬生, 李红梅. 2007. *S*-腺苷甲硫氨酸的研究进展[J]. 生物技术通报, (2): 76-81.

王艳青, 陈雪梅, 李悦, 蒋湘宁, 刘群录, 李素艳. 2001. 植物抗逆中的渗透调节物质及其转基因
工程进展[J]. 北京林业大学学报, 23(4): 66-67, 60.

张明生, 谢波, 谈锋. 2002. 水分胁迫下甘薯内源激素的变化与品种抗旱性的关系[J]. 中国农业
科学, 35(5): 498-501.

赵文魁, 童建华, 张雪芹, 田梅. 2007. 干旱胁迫下几种柑桔植物内源激素含量的变化规律[J].
农业与技术, 27(4): 55-58.

Albà MM, Pagès M. 1998. Plant proteins containing the RNA-recognition motif[J]. Trends in Plant
Science, 3(1): 15-21.

Altschul SF, Madden TL, Schäffer AA, Zhang J, Zhang Z, Miller W, Lipman DJ. 1997. Gapped BLAST
and PSI-BLAST: a new generation of protein database search programs[J]. Nucleic Acids Research,
25(17): 3389-3402.

Bandurska H, Stroiński A. 2003. ABA and proline accumulation in leaves and roots of wild (*Hordeum
spontaneum*) and cultivated (*Hordeum vulgare* 'Maresi') barley genotypes under water deficit
conditions[J]. Acta Physiologiae Plantarum, 25(1): 55-61.

Bhattarai T, Fettig S. 2005. Isolation and characterization of a dehydrin gene from *Cicer pinnatifidum*,
a drought-resistant wild relative of chickpea[J]. Physiologia Plantarum, 123(4): 452-458.

Bleecker AB, Kende H. 2000. ETHYLENE: A gaseous signal molecule in plants[J]. Annual Review
of Cell & Developmental Biology, 16(1): 1-18.

Chan KY, Heenan DP. 1996. Effect of tillage and stubble management on soil water storage, crop
growth and yield in a wheat-lupin rotation in southern NSW[J]. Australian Journal of Agricultural
Research, 47(3): 479-488.

Chang YC, Walling LL. 1991. Abscisic acid negatively regulates expression of chlorophyll a/b binding
protein genes during soybean embryogeny[J]. Plant Physiology, 97(3): 1260-1264.

Chen RD, Yu LX, Greer AF, Cheriti H, Tabaeizadeh Z. 1994. Isolation of an osmotic stress- and abscisic
acid-induced gene encoding an acidic endochitinase from *Lycopersicon chilense*[J]. Molecular
and General Genetics, 245(2): 195-202.

Chiang PK, Gordon RK, Tal J, Zeng GC, Doctor BP, Pardhasaradhi K, McCann PP. 1996. *S*-adenosyl-methionine and methylation[J]. The FASEB Journal, 10(4): 471-480.

Clarke L, Carbon J. 1976. A colony bank containing synthetic CoI EI hybrid plasmids representative of the entire *E. coli* genome[J]. Cell, 9(1): 91-99.

Dingkuhn M, Cruz RT, O'Toole JC, Turner NC, Doerffling K. 1991. Responses of seven diverse rice cultivars to water deficits. III. Accumulation of abscisic acid and proline in relation to leaf water-potential and osmotic adjustment[J]. Field Crops Research, 27(1-2): 103-117.

Ehrt S, Schnappinger D. 2003. Isolation of plasmids from *E. coli* by alkaline lysis[M]//Casali N, Preston A. *E. coli* Plasmids Vectors. Totowa: Humana Press: 75-78.

Fontecave M, Atta M, Mulliez E. 2004. *S*-adenosylmethionine: nothing goes to waste[J]. Trends in Biochemical Sciences, 29(5): 243-249.

Hamilton AJ, Bouzayen M, Grierson D. 1991. Identification of a tomato gene for the ethylene-forming enzyme by expression in yeast[J]. Proceedings of the National Academy of Sciences USA, 88(16): 7434-7437.

Hao YJ, Zhang Z, Kitashiba H, Honda C, Ubi B, Kita M, Moriguchi T. 2005. Molecular cloning and functional characterization of two apple *S*-adenosylmethionine decarboxylase genes and their different expression in fruit development, cell growth and stress responses[J]. Gene, 350(1): 41-50.

Harris MA, Clark J, Ireland A, Lomax J, Ashburner M, Foulger R, Eilbeck K, Lewis S, Marshall B, Mungall C, Richter J, Rubin GM, Blake JA, Bult C, Dolan M, Drabkin H, Eppig JT, Hill DP, Ni L, Ringwald M, Balakrishnan R, Cherry JM, Christie KR, Costanzo MC, Dwight SS, Engel S, Fisk DG, Hirschman JE, Hong EL, Nash RS, Sethuraman A, Theesfeld CL, Botstein D, Dolinski K, Feierbach B, Berardini T, Mundodi S, Rhee SY, Apweiler R, Barrell D, Camon E, Dimmer E, Lee V, Chisholm R, Gaudet P, Kibbe W, Kishore R, Schwarz EM, Sternberg P, Gwinn M, Hannick L, Wortman J, Berriman M, Wood V, de la Cruz N, Tonellato P, Jaiswal P, Seigfried T, White R. 2004. The Gene Ontology(GO) database and informatics resource[J]. Nucleic Acids Research, 32(1): D258-261.

Jang JY, Kwak KJ, Kang H. 2007. Molecular cloning of a cDNA encoding a high mobility group protein in *Cucumis sativus* and its expression by abiotic stress treatments[J]. Journal of Plant Physiology, 164(2): 205-208.

Kanehisa M, Goto S, Kawashima S, Okuno Y, Hattori M. 2004. The KEGG resource for deciphering the genome[J]. Nucleic Acids Research, 32(1): D277-280.

Katsvairo T, Cox WJ, van Es H. 2002. Tillage and rotation effects on soil physical characteristics[J]. Agronomy Journal, 94(2): 299-304.

Khanna-Chopra R, Srivalli B, Ahlawat YS. 1999. Drought induces many forms of cysteine proteases not observed during natural senescence[J]. Biochemical and Biophysical Research Communications, 255(2): 324-327.

Krochko JE, Abrams GD, Loewen MK, Abrams SR, Cutler AJ. 1998. (+)-Abscisic acid 8'-hydroxylase is a cytochrome P450 monooxygenase[J]. Plant Physiology, 118(3): 849-860.

Landi P, Sanguineti MC, Salvi S, Giuliani S, Bellotti M, Maccaferri M, Conti S, Tuberosa R. 2005. Validation and characterization of a major QTL affecting leaf ABA concentration in maize[J]. Molecular Breeding, 15(3): 291-303.

Li Y, Pan HC, Li DQ. 2003. Responses of ABA and CTK to soil drought in leafless and leafy apple tree[J]. Journal of Zhejiang University Science, 4(1): 101-108.

Malakar D, Dey A, Ghosh AK. 2006. Protective role of *S*-adenosyl-L-methionine against hydrochloric acid stress in *Saccharomyces cerevisiae*[J]. Biochimica et Biophysica Acta (BBA)-General Subjects,

1760(9): 1298-1303.

Pustovoitova TN, Zhdanova NE, Zholkevich VN. 2004. Changes in the levels of IAA and ABA in cucumber leaves under progressive soil drought[J]. Journal of Plant Physiology, 51(4): 569-574.

Romo S, Labrador E, Dopico B. 2001. Water stress-regulated gene expression in *Cicer arietinum* seedlings and plants[J]. Plant Physiology and Biochemistry, 39(11): 1017-1026.

Romualdi C, Bortoluzzi S, D'Alessi F, Danieli GA. 2003. IDEG6: a web tool for detection of differentially expressed genes in multiple tag sampling experiments[J]. Physiological Genomics, 12: 159-162.

Schweighofer A, Hirt H, Meskiene I. 2004. Plant PP2C phosphatases: emerging functions in stress signaling[J]. Trends in Plant Science, 9(5): 236-243.

Seki M, Umezawa T, Urano K, Shinozaki K. 2007. Regulatory metabolic networks in drought stress responses[J]. Current Opinion in Plant Biology, 10(3): 296-302.

Shao HB, Liang ZS, Shao MA. 2005. LEA proteins in higher plants: structure, function, gene expression and regulation[J]. Colloids and Surfaces B: Biointerfaces, 45(3-4): 131-135.

Sreenivasulu N, Sopory SK, Kavi Kishor PB. 2007. Deciphering the regulatory mechanisms of abiotic stress tolerance in plants by genomic approaches[J]. Gene, 388(1-2): 1-13.

Thu-Hang P, Bassie L, Safwat G, Trung-Nghia P, Christou P, Capell T. 2002. Expression of a heterologous *S*-adenosylmethionine decarboxylase cDNA in plants demonstrates that changes in *S*-adenosyl-L-methionine decarboxylase activity determine levels of the higher polyamines spermidine and spermine[J]. Plant Physiology, 129(4): 1744-1754.

Wang HG, Zhang HL, Li ZC. 2007a. Analysis of gene expression profile induced by water stress in upland rice (*Oryza sativa* L. var. IRAT109) seedlings using subtractive expressed sequence tags library[J]. Journal of Integrative Plant Biology, 49(10): 1455-1463.

Wang XS, Zhu HB, Jin GL, Liu HL, Wu WR, Zhu J. 2007b. Genome-scale identification and analysis of *LEA* genes in rice (*Oryza sativa* L.)[J]. Plant Science, 172(2): 414-420.

Zhang JP, Liu TS, Fu JJ, Zhu Y, Jia JP, Zheng J, Zhao YH, Zhang Y, Wang GY. 2007. Construction and application of EST library from *Setariai talica* in response to dehydration stress[J]. Genomics, 90(1): 121-131.

Zhao LP, Gao QK, Chen L. 2005. Sequencing of cDNA clones and analysis of the expressed sequence tags (ESTs) of tea plant [*Camellia sinensis* (L.) O. Kuntze] young shoots[J]. Chinese Journal of Agricultural Biotechnology, 2(2): 137-141.

第四章　鹰嘴豆苗期干旱胁迫基因芯片的构建和基因表达谱分析

基因芯片具备高通量、微型化和自动化的特点，可以在同一时间内平行分析大量的基因，进行大信息量的筛选与检测分析（Woo et al.，2004）。

为了更好地利用鹰嘴豆所蕴藏的耐旱基因资源，深入了解其耐旱的分子机制，以新疆鹰嘴豆耐旱品种为材料，在本实验室前期构建两个苗期干旱胁迫叶片 cDNA 文库时所获得的 EST 基础上，同时搜集 NCBI 中的鹰嘴豆相关 EST 序列，然后设计探针制备基因芯片，开展鹰嘴豆干旱胁迫下根和叶的基因表达谱及基因差异表达研究，探究基因表达的时序性，揭示鹰嘴豆中参与耐旱的关键基因及重要代谢途径。

第一节　EST 序列拼接和基因功能注释

针对 36 301 条 EST 序列，首先通过 NCBI 的 VecScreen 功能去除载体序列，然后利用 Phrap 软件对高质量的 EST 序列进行序列拼接，再利用 Consed 软件对 Phrap 软件的拼接结果进行检查，最终获得 11 042 个 cluster，其中包含 3372 条 contigs 和 7670 条 singletons 序列。对拼接后产生的 cluster 序列在非冗余核酸（nt）数据库或者非冗余蛋白（nr）数据库中进行 BlastN（E 值 $\leqslant 1 \times 10^{-10}$）和 BlastX（$E$ 值 $\leqslant 1 \times 10^{-5}$）搜索，最终获得 6164 个单一基因（unigene），其中 96.0% 与 nt 和 nr 数据库中的序列有相似性，即得到了注释，其余 4.0% 的单一基因（244 个单一基因）未找到同源序列，可能是新的基因。根据标准基因词汇体系（GO），最终在具有同源性匹配序列（被注释）的 4674 个单一基因中，被赋予功能的基因数累计达到了 15 396 个（包括一因多效），其中归入细胞组分的基因最多，达 2729 个。

为了最大限度地获得鹰嘴豆基因信息，除了利用本实验室前期构建的两个鹰嘴豆苗期叶片 cDNA 文库（PEG 胁迫处理和对照文库）中的 7221 条 EST（GenBank accession no. FE668437～FE673533，HS107522～HS109645），又下载了 NCBI GenBank 中的 29 080 条鹰嘴豆 EST 序列（截至 2009 年 10 月 10 日）和 283 条鹰嘴豆基因的 mRNA 序列，总共获得 36 584 条序列（除了 HS107522～HS109645 序列，其余的序列请访问 https://link.springer.com/article/10.1007/s11033-012-1662-4。其中，从 NCBI GenBank 中下载的鹰嘴豆 EST 序列，涉及了鹰嘴豆对多种生物胁迫和非生物胁迫的适应性及耐逆性。例如，其中的 592 条 EST 序列来自鹰嘴豆受

Ascochyta rabiei 侵染的 cDNA 文库（Coram and Pang，2005a，2005b）；6273 条 EST 序列来自鹰嘴豆对 *Fusarium oxysporum* 免疫响应的 cDNA 文库（Ashraf et al.，2009）；24 419 条 EST 序列来自鹰嘴豆受盐害及干旱胁迫的 cDNA 文库（Varshney et al.，2009）。

对所获得的各种 EST 序列，首先通过 NCBI 的 VecScreen（网址为 http://www.ncbi.nlm.nih.gov/VecScreen/VecScreen.html）功能去除载体序列；再利用 Phrap 软件（http://www.phrap.org/）对剩余的高质量 EST 序列进行序列拼接（参数设置为 minmatch：40，minscore：60，其余参数设置为默认值）（Ewing et al.，1998；Ewing and Green，1998）；最后利用 Consed 软件对 Phrap 软件的拼接结果进行检查（Gordon et al.，1998）。序列经拼接后生成 contig 和 singleton。contig 是将所有具有同一性或具重叠部分的 EST 拼接在一起形成的新序列，组成 contig 的 EST 数目≥2；singleton 为 EST 相互之间无任何同一性的序列。contig 和 singleton 都称为 cluster。本研究最终获得 11 042 个 cluster，其中包含 3372 条 contigs 和 7670 条 singletons 序列。

对拼接后产生的 11 042 个 cluster 序列在非冗余核酸（nt）数据库或者非冗余蛋白（nr）数据库中进行 BlastN（E 值≤1×10^{-10}）和 BlastX（E 值≤1×10^{-5}）搜索（Altschul et al.，1997）。根据与公共数据库中序列的相似性比对结果，对基因进行注释。基因注释最终结果的选择是根据 E 值最小的序列信息结果和匹配序列的综合详细信息共同决定。最后将相同注释的 cluster 聚到同一个基因聚类中，每一个基因聚类代表了一个单一基因（unigene），最终获得 6164 个单一基因，其中 96.0% 与 nt 和 nr 数据库中序列有相似性，即得到了注释，其余 4.0%的单一基因（244 个单一基因）未找到同源序列，可能是新的基因（请访问 https://link.springer.com/article/10.1007/s11033-012-1662-4）。

根据标准基因词汇体系（GO）（Harris et al.，2004），将具有注释信息的基因进行了分类，最终在具有同源性匹配序列（被注释）的 4674 个单一基因中，按照 GO 的分子功能（molecular function）、生物学过程（biological process）和细胞组分（cellular component）三个不同分类角度分类，被赋予功能的基因数累计达到了 15 396 个（包括一因多效），其中归入细胞组分的基因最多，达 2729 个（图 4-1）。

GO 分类详情见表 4-1。

表 4-1　鹰嘴豆 4674 个单一基因的 GO 详细分类

GO 一级分类	GO 二级分类	标准基因词汇体系（GO）	基因数目	占所有单一基因的百分率（%）
细胞组分	细胞外区域	GO:0005576	127	2.7
	细胞	GO:0005623	2729	58.4
	膜封闭腔	GO:0031974	146	3.1
	包膜	GO:0031975	201	4.3

续表

GO 一级分类	GO 二级分类	标准基因词汇体系（GO）	基因数目	占所有单一基因的百分率（%）
细胞组分	大分子复合物	GO:0032991	340	7.3
	细胞器	GO:0043226	1652	35.3
	细胞外区域部分	GO:0044421	5	0.1
	细胞器部分	GO:0044422	610	13.1
	共质体	GO:0055044	2	0.0
生物学过程	繁殖	GO:0000003	99	2.1
	免疫系统过程	GO:0002376	44	0.9
	代谢过程	GO:0008152	1400	30.0
	细胞过程	GO:0009987	1469	31.4
	解剖结构形成	GO:0010926	69	1.5
	病毒繁殖	GO:0016032	1	0.0
	细胞成分组织	GO:0016043	146	3.1
	死亡	GO:0016265	29	0.6
	生殖过程	GO:0022414	96	2.1
	生物黏附	GO:0022610	2	0.0
	多细胞生物过程	GO:0032501	209	4.5
	发育过程	GO:0032502	217	4.6
	生长	GO:0040007	40	0.9
	运动	GO:0040011	1	0.0
	色素沉着	GO:0043473	354	7.6
	细胞成分生物合成	GO:0044085	81	1.7
	节律过程	GO:0048511	7	0.1
	刺激反应	GO:0050896	663	14.2
	定位	GO:0051179	330	7.1
	定位建立	GO:0051234	323	6.9
	多组织过程	GO:0051704	135	2.9
	生物调控	GO:0065007	413	8.8
分子功能	催化活性	GO:0003824	1256	26.9
	结构分子活性	GO:0005198	212	4.5
	转运活性	GO:0005215	140	3.0
	结合	GO:0005488	1466	31.4
	电子载体活动	GO:0009055	76	1.6
	抗氧化活性	GO:0016209	18	0.4

续表

GO 一级分类	GO 二级分类	标准基因词汇体系（GO）	基因数目	占所有单一基因的百分率（%）
	金属伴侣蛋白活性	GO:0016530	1	0
	酶调节活性	GO:0030234	53	1.1
	转录调控因子活性	GO:0030528	153	3.3
分子功能	蛋白标签	GO:0031386	9	0.2
	翻译调节活性	GO:0045182	29	0.6
	养分蓄积活性	GO:0045735	10	0.2
	分子传导活性	GO:0060089	33	0.7

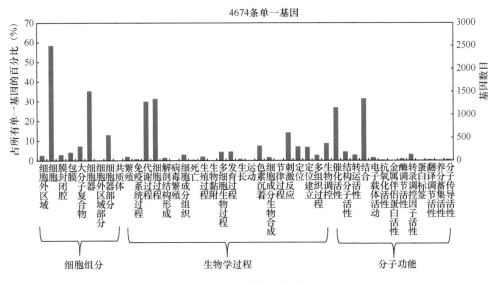

图 4-1　鹰嘴豆 4674 个单一基因的 GO 分类

第二节　探针设计、芯片制备和表达基因的筛选

　　以 6164 个单一基因为模板，利用 eArray 软件设计 60-mer 的寡核苷酸探针，制备三张 8×15k 芯片。杂交后采用 LuxScan 10KA 双通道激光扫描仪进行扫描，获得芯片灰度扫描图，采用 LuxScan 3.0 图像分析软件对芯片灰度扫描图进行分析，获得芯片上每个基因点的前景信号值和背景信号值；再对初步的数据进行过滤和筛选。经筛选发现，在鹰嘴豆幼苗根和叶中，6164 个寡核苷酸探针在 6 个时间点（0h、0.5h、1.5h、6h、12h 和 24h）中至少有 1 个时间点检测到有效信号值（即有表达）的分别为 5917 个（基因）和 5844 个（基因）。在所有 6 个时间点均未表达的基因中，根中有 247 个，叶中有 320 个，根和叶中均未表达的共有 9 个。

一、鹰嘴豆幼苗根和叶样品总 RNA 的提取

选取鹰嘴豆种质 209 分别受 60mmol/L PEG4000 胁迫 0h、0.5h、1.5h、6h、12h 和 24h 时的幼苗根与叶提取总 RNA。所提取的总 RNA 经微量核酸蛋白检测仪测定,其 OD_{260}/OD_{280} 值($A_{260/280}$)及含量列于表 4-2。

当 $A_{260/280}$ 的值为 1.8～2.0 时,表示提取的总 RNA 纯度较高。本研究中所提取的 RNA 的 $A_{260/280}$ 值均大于 1.8,表明所提取的总 RNA 受多糖、蛋白质及 DNA 等的污染较少。通过 1%琼脂糖凝胶电泳,由图 4-2 可以看出,虽然 5S rRNA 条带模糊,但 28S rRNA 和 18S rRNA 两条带都非常清晰,且 28S rRNA:18S rRNA 的亮度比值在 1:1 左右。表明所提取的 RNA 完整性较好,没有降解,可以用于芯片杂交实验。

表 4-2　PEG 胁迫各时间点从鹰嘴豆幼苗根和叶提取的总 RNA 含量及纯度

编号	RNA 样品名称	$A_{260/280}$	浓度（μg/μL）	总 RNA 含量（μg）
1	叶 0h 重复 1	1.99	0.7948	47.69
2	叶 0.5h 重复 1	2.04	1.7579	105.48
3	叶 1.5h 重复 1	2.05	1.4602	87.61
4	叶 6h 重复 1	2.01	1.4384	86.30
5	叶 12h 重复 1	2.02	2.0948	125.69
6	叶 24h 重复 1	2.02	2.2660	135.96
7	根 0h 重复 1	1.88	0.6601	59.60
8	根 0.5h 重复 1	2.01	0.6473	38.84
9	根 1.5h 重复 1	1.90	0.5732	22.39
10	根 6h 重复 1	1.96	0.6160	56.96
11	根 12h 重复 1	1.92	0.5585	45.51
12	根 24h 重复 1	1.98	0.6216	37.30
13	叶 0h 重复 2	2.04	2.3154	138.93
14	叶 0.5h 重复 2	2.01	1.5401	92.41
15	叶 1.5h 重复 2	2.02	1.3956	83.73
16	叶 6h 重复 2	2.00	1.4509	87.06
17	叶 12h 重复 2	2.02	1.2684	76.10
18	叶 24h 重复 2	2.01	1.2432	74.59
19	根 0h 重复 2	2.00	0.8001	48.01
20	根 0.5h 重复 2	1.92	0.5471	20.82
21	根 1.5h 重复 2	2.01	0.6289	37.73
22	根 6h 重复 2	1.99	0.9947	59.68
23	根 12h 重复 2	2.04	0.8126	48.76
24	根 24h 重复 2	2.01	0.9944	59.66

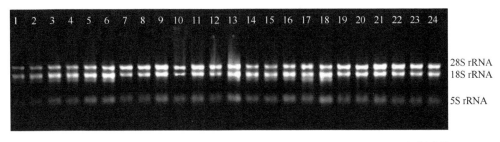

图 4-2 在 PEG 胁迫各时间点从鹰嘴豆幼苗根和叶片提取的总 RNA 电泳图谱
图中泳道的编号与表 4-2 中的 RNA 样品编号对应

二、探针设计、芯片制备和表达基因的筛选

1. 探针设计

以 6164 个单一基因为模板,利用 eArray 软件(agilent technologies)设计 60-mer 的寡核苷酸探针(请访问 https://link.springer.com/article/10.1007/s11033-012-1662-4)。

2. 芯片的制备

由 Agilent 公司完成,共三张 8×15k 芯片。每张芯片含 8 个分区(block),2×4 分布,每个 block 中固定有 164 行 96 列寡核苷酸探针。每张芯片上均含正负对照。

3. 芯片杂交实验

芯片杂交实验在博奥生物集团有限公司暨生物芯片北京国家工程研究中心完成。采用晶芯®cRNA 扩增标记试剂盒对样品 RNA 进行荧光标记。标记的 DNA 溶于 80μL 杂交液中(3×SSC,0.2% SDS,5×Denhart's,25%甲酰胺),于 42℃杂交过夜。杂交结束后,先在 42℃左右含 0.2% SDS、2×SSC 的液体中洗 5min,而后在含 0.2×SSC 的液体中室温洗 5min。玻片甩干后即可用于扫描。杂交方式为各时间点的样品(带 Cy5 标记)×对照样品(带 Cy3 标记)。

4. 芯片扫描与图像数据采集

采用 LuxScan 10KA 双通道激光扫描仪(CapitalBio 公司)进行扫描,获得芯片灰度扫描图。采用 LuxScan 3.0 图像分析软件(CapitalBio 公司)对芯片灰度扫描图进行分析,将图像信号转化为数字信号,获得芯片上每个基因点的原始信号值,包括前景信号值和背景信号值。用基因点 Cy5 信号的前景信号值减去它的背景信号值,得到该基因点的 Cy5 信号的实际强度值(以下简称为信号值);同时,为了避免弱信号对实验结果的干扰,将所有小于 200 的 Cy5 信号值用 200 替代。

用基因点 Cy3 信号的前景信号值减去它的背景信号值，得到该基因点的 Cy3 信号值。根据这些信号值进行后续的数值分析。

为校正 Cy5 和 Cy3 标记体系间的系统误差，实验数据要进行均一化处理。片间校正：根据 Cy5 和 Cy3 总体信号的总体均值（global mean）对各芯片进行片间线性校正，使得各张芯片的总体均值相同。片内归一化：采用局部加权回归（Lowess）法（Yang et al.，2002）进行片内归一化。

5. 数据过滤和表达基因的筛选

（1）首先删除芯片上阴性和阳性对照的数据

为了增强数据的可靠性，需对初步的数据进行过滤和筛选。筛选原则如下：①如果一个基因点 Cy5、Cy3 的信号值同时小于 800，则该基因点被认为数据缺失（data missing）；②计算每个基因点在本次实验中的表达差异值 Ratio（Ratio=Cy5信号值/Cy3 信号值）；③如果一个基因点 Cy5、Cy3 的信号值同时大于 800，则当 Ratio 值≥2 或≤0.5 就被认为是一个候选差异表达基因点；④如果一个基因点Cy5、Cy3 的信号值只有一个大于 800，则 Ratio 值≥2.5 或≤0.4 才被认为是候选差异表达基因点。

（2）表达基因的筛选

经筛选发现，在鹰嘴豆幼苗根和叶中，6164 个寡核苷酸探针在 6 个时间点（0h、0.5h、1.5h、6h、12h 和 24h）中至少有 1 个时间点能检测到有效信号值（即有表达）的分别为 5917 个（基因）和 5844 个（基因）。在所有 6 个时间点均未表达的基因中，根中有 247 个，叶中有 320 个，根和叶中均未表达的共有 9 个（图 4-3；请访问 https://link.springer.com/article/10.1007/s11033-012-1662-4）。

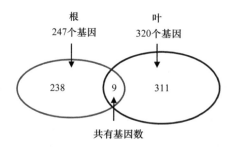

图 4-3　鹰嘴豆幼苗根和叶中未表达的基因数目维恩图

本研究中，部分源自其他研究者 EST 序列的基因的上、下调表达情况仍与该研究者的相关报道相符。例如，在本研究中，叶片中编码核糖体蛋白 S2 和果糖-1,6-二磷酸酶的基因（本研究编号分别为 Contig_2767 和 Contig_9775，原作者编号分别为 DY475051 和 DY475548）就表现出与原作者实验结果（Mantri et al.，

2007）一样的下调表达。在上调表达的基因中，有与原作者研究结果相符的情况，如 2 个编码 LEA 蛋白的基因（本研究编号分别为 Contig_3383 和 Contig_1170，原作者研究编号分别为 CapLEA-1 和 CapLEA-2）（Romo et al.，2001），1 个编码钙调神经磷酸酶 B 样蛋白相互作用蛋白激酶的基因（本研究编号为 Contig_1755，而原作者研究编号为 EU492906）（Tripathi et al.，2009）。

第三节　干旱胁迫下鹰嘴豆幼苗根和叶中差异表达基因及其代谢途径

采用基于 EST 序列的寡核苷酸芯片，对 PEG 胁迫下鹰嘴豆苗期根和叶中的不同时间点基因表达谱进行分析。在胁迫期间（0.5～24h），鹰嘴豆幼苗根和叶中 5 个时间点累计检测到 4815 个差异表达基因（上调表达倍数≥2 或下调表达倍数≤0.5），其中在幼苗根和叶中分别检测到 3315 个和 4059 个差异表达基因，其中只在叶片中差异表达的基因有 1500 个。经 SOM 分析发现，在根和叶中分别有 2623 个和 3969 个时间依赖性差异表达基因。根中有诱导表达基因 88 个，叶中有诱导表达基因 52 个，其中有 9 个为根和叶共有的诱导表达基因。根和叶中差异表达基因共涉及 113 个代谢途径，归属于 KEGG 一级分类中的"细胞过程""遗传信息处理""环境信息处理""代谢途径"和"生物系统"。这些代谢途径依据其涉及的差异表达基因在根和叶中的表达特征，可以划分为 5 个类群：第一类群包含 89 个代谢途径，所涉及的差异表达基因在幼苗根和叶中既有上调表达也有下调表达的；第二类群包含 11 个代谢途径，所涉及的差异表达基因在幼苗根和叶中全部上调表达；第三类群中的 6 个代谢途径，其所涉及的差异表达基因在幼苗根和叶中全部下调表达；第四、第五类群分别包含 3 个和 1 个代谢途径，前者所涉及的差异表达基因在幼苗叶中下调表达，而后者所涉及的差异表达基因在幼苗叶中上调表达。

一、基因芯片数据的聚类分析

采用 Cluster3.0 软件（hierarchical，average linkage 算法）分别对鹰嘴豆干旱胁迫幼苗根和叶片的基因数据进行聚类分析（所有 6 个时间点均无表达的基因未参与聚类）。如图 4-4 和图 4-5 所示，通过聚类发现根和叶的重复样品间重复性较好，但也有部分基因表达量差异较大，可能是由部分基因同源性较高造成的实验误差所致。

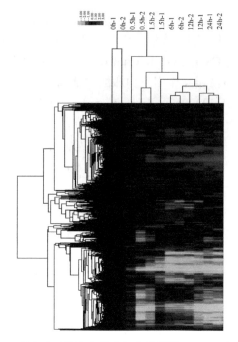

图 4-4　鹰嘴豆干旱胁迫幼苗根中基因的 Cluster 聚类分析

绿色代表基因下调表达，红色代表基因上调表达；0h-1 表示幼苗根重复 1，0h-2 表示幼苗根重复 2，余类推

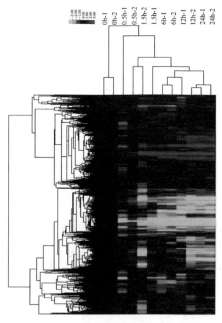

图 4-5　鹰嘴豆干旱胁迫幼苗叶中基因的 Cluster 聚类分析

绿色代表基因下调表达，红色代表基因上调表达；0h-1 表示幼苗叶重复 1，0h-2 表示幼苗叶重复 2，余类推

二、PEG 胁迫下鹰嘴豆幼苗根和叶中差异表达基因及其相关代谢途径

1. 上调表达基因和下调表达基因

依据在 5 个 PEG 胁迫时间点（0.5h、1.5h、6h、12h 和 24h）中只要有一个时间点的 Ratio 值（Cy5 信号值/Cy3 信号值）≥2.0 或≤0.5，即判定该基因为上调或下调差异表达基因的标准进行筛选，结果发现差异表达基因共计 4815 个，在鹰嘴豆幼苗根和叶中分别有 3315 个和 4059 个差异表达基因，其中只在叶片中差异表达的基因有 1500 个，几乎是只在根中差异表达的基因数目的 2 倍（图 4-6A；请访问 https://link.springer.com/article/10.1007/s11033-012-1662-4）。若将上、下调差异基因的标准提高为 Ratio 值≥5.0 为上调或≤0.2 为下调，则差异基因数目明显减少：根和叶中分别只有 1003 个和 1480 个，它们共有的也只有 526 个，但只在叶片中差异表达的基因数几乎仍是只在根中差异表达的基因数目的 2 倍（图 4-6B；请访问 https://link.springer.com/article/10.1007/s11033-012-1662-4）。

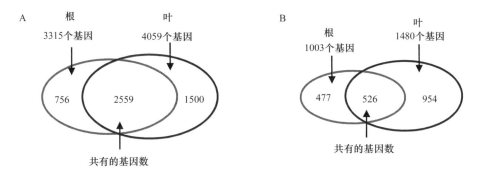

图 4-6　PEG 胁迫下鹰嘴豆幼苗根和叶中差异表达基因数目维恩图

A. 以 Ratio 值≥2.0 为上调或≤0.5 为下调作为标准；B. 以 Ratio 值≥5.0 为上调或≤0.2 为下调作为标准

为了明确受 PEG 胁迫时鹰嘴豆幼苗根和叶中上、下调差异表达基因的分布情况，将各观察时间点的上、下调差异表达基因数进行了统计分析，结果见图 4-7。按 Ratio 值≥2.0 为上调、≤0.5 为下调差异表达基因的划分标准进行统计（图 4-7A；请访问 https://link.springer.com/article/10.1007/s11033-012-1662-4），鹰嘴豆幼苗在遭受胁迫时，其根和叶中上、下调差异表达基因总数目的变化趋势在胁迫前期（≤6h）基本相同，都是在迅速增加，但在胁迫中后期时出现了差异：12h 时，根中的差异表达基因数与 6h 时的基本持平，而叶中的上、下调差异基因数目均增加到最大值；24h 时，根中的差异表达基因数才增加到最大值（上、下调差异表达基因数均有约 8%的增幅），而叶中则恰恰相反，上、下调差异表达基因数分别减少了 10%和 17%。各个时间点根和叶上、下调差异表达基因数间相比较，除 24h 时间

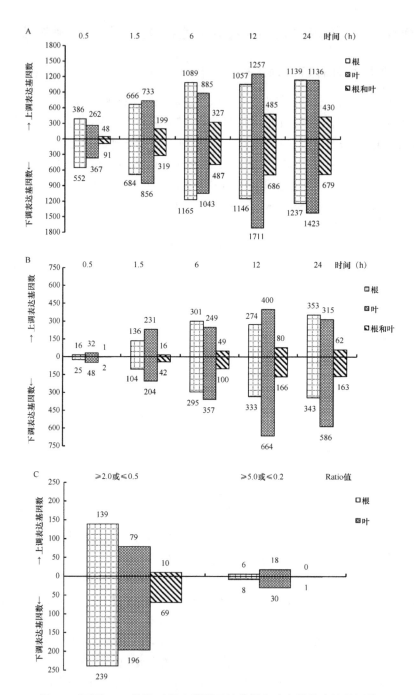

图 4-7 不同 PEG 胁迫时间点鹰嘴豆幼苗根和叶中差异表达基因数

A. 以表达值 Ratio≥2.0 为上调或≤0.5 为下调表达基因划分标准；B. 以表达值 Ratio≥5.0 为上调或≤0.2 为下调划分标准；C. 在胁迫后 5 个时间点均为差异表达的基因

点，其余 4 个时间点出现了一种有趣的交替"胜出"的局面：在 1.5h 和 12h 时，叶中的上、下调差异表达基因数均高于根中的，而在 0.5h 和 6h 时，根中的上、下调差异表达基因数均高于叶中的。就根和叶中共同差异表达的基因来看，上、下调差异表达基因数表现出相同的变化趋势，即持续增加至最大值（12h 时）后稍有回落。还有一个值得注意的有趣现象是：在任何一个胁迫时间点，根和叶中（包括它们共有的）都是下调差异表达基因数高于上调差异表达基因数。

若将差异表达基因的划分标准提高，即按 Ratio 值≥5.0 为上调、≤0.2 为下调差异表达基因的划分标准进行统计时（图 4-7B；请访问 https://link.springer.com/article/10.1007/s11033-012-1662-4），各胁迫时间点幼苗根和叶中上、下调差异表达基因数目相对急剧减少，但这似乎并不影响它们的变化趋势，这与上一差异表达基因的划分标准统计时的变化趋势类似。

在考察各胁迫时间点上、下调差异表达基因时，还有一个值得注意的情况就是：有一部分基因在 5 个胁迫时间点均表现出差异表达，对此，按两种筛选标准进行了统计分析（图 4-7C，请访问 https://link.springer.com/article/10.1007/s11033-012-1662-4）。如图 4-7C 所示，按 Ratio 值≥2.0 为上调、≤0.5 为下调标准划分差异表达基因时，在幼苗根中 5 个时间点均表现为上调和下调差异表达基因数分别为 139 个和 239 个，明显多于叶中的 79 个和 196 个。在幼苗根和叶共同差异表达的基因中，上调的仅有 10 个，它们分别是：1 个钙调神经磷酸酶 B 样蛋白相互作用蛋白激酶（CIPK）基因（Contig_2886）、1 个早期光诱导蛋白（early light inducible protein，ELIP）基因（Contig_7860）、4 个未知功能或假设蛋白基因（Contig_751、Contig_794、Contig_5842 和 Contig_9023），以及 4 个无 BlastX 注释结果的基因（Contig_1075、Contig_6679、Contig_7723 和 Contig_8054）；而下调的有 69 个基因，其中 29 个为未知功能的蛋白基因。若提高差异表达基因划分标准，按 Ratio 值≥5.0 为上调、≤0.2 为下调表达基因进行统计，则幼苗根和叶中差异表达基因情况与前面恰恰相反：在幼苗根中 5 个时间点均表现为上调和下调的差异基因数分别为 6 个和 8 个，而叶中在 5 个时间点均表现为上调和下调的差异基因数分别为 18 个和 30 个，分别为前者的 3 倍和近 4 倍；而在根和叶中皆差异表达的只有 1 个下调表达基因（Contig_8054：无 BlastX 注释结果的基因）。

2. 时间依赖性差异表达基因

为了考察干旱胁迫下鹰嘴豆幼苗根和叶中时间依赖性差异表达基因，先将每个基因的表达差异值 Ratio 转换为 log2 值，再采用 SAM 软件中 multiclass 方法对样品间进行差异表达基因的筛选，筛选标准为 q 值（%）<5%。结果发现，在鹰嘴豆幼苗根和叶中分别获得 2623 个和 3969 个时间依赖性差异表达基因（请访问 https://link.springer.com/article/10.1007/s11033-012-1662-4）。然后用 Multiexperiment

Viewer ver.4.2 软件（MeV，http://www.tm4.org）的 SOM（self organizing map）模块聚类作图（图 4-8，图 4-9）。

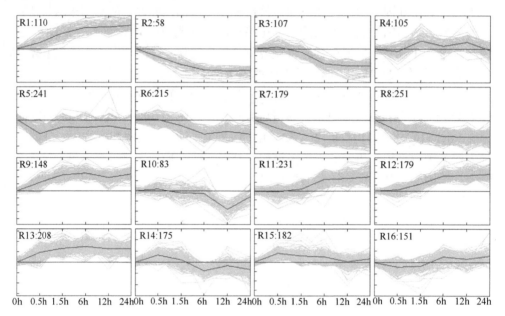

图 4-8　不同 PEG 胁迫时间点鹰嘴豆幼苗根中 2623 个差异表达基因的 SOM 聚类分析

共分为 R1~R16 等 16 个组，分组编号后的数字表示该组基因数目；

纵坐标为转换成 log2 值的表达差异值 Ratio

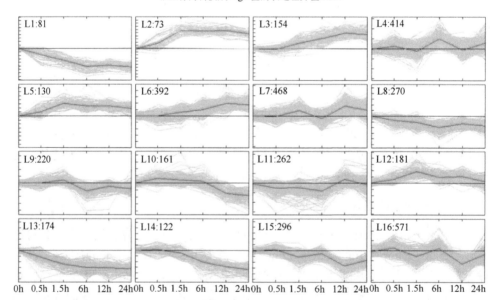

图 4-9　不同 PEG 胁迫时间点鹰嘴豆幼苗叶中 3969 个差异表达基因的 SOM 聚类分析

共分为 L1~L16 等 16 个组，分组编号后的数字表示该组基因数目；纵坐标为转换成 log2 值的表达差异值 Ratio

如图 4-8 所示，2623 个鹰嘴豆幼苗根中时间依赖性差异表达基因经 SOM 聚类分析可分为 16 个组（R1～R16）。根据基因表达量的上、下调趋势可将这 16 组分为 3 类，即上调趋势类型（R1、R9、R11、R12 和 R13）、下调趋势类型（R2、R3、R5、R6、R7、R8 和 R10）和上下调波动趋势类型（R4、R14、R15 和 R16）。在第一类上调趋势类型中，R1 组中基因的表达量呈现出随胁迫时间延长而持续增加的变化趋势；R9 组和 R13 组中基因的表达量在胁迫 0～6h 间快速增加，之后则稍有降低；R11 组和 R12 组中基因的表达量在胁迫前期基本保持不变，之后（分别从胁迫 1.5h 和 0.5h）则持续增加。在第二类下调趋势类型中，R2 组、R7 组和 R8 组中基因的表达量呈现出随胁迫时间延长而持续降低的变化趋势；R3 组和 R6 组中基因的表达量从胁迫 0.5h 后开始降低，胁迫 6h 后基本保持不变；R5 组和 R10 组中基因的表达量在胁迫后总体是降低的，但都有一个小幅回升的过程：R5 组基因的表达量是在胁迫 0.5h 时降至最低值后有所回升，胁迫 1.5h 后基因表达量基本保持不变；而 R10 组基因的表达量则是在 12h 降至最低值后才有所回升。在第三类上下调波动趋势类型中，R4 组基因的表达量呈现出先下调后上调，恢复至接近对照水平，然后继续上调，之后再降低至对照水平的复杂变化趋势；R15 组基因的表达量波动趋势则较为简单，即胁迫前期（0.5h）先迅速上调，然后缓慢回落至对照水平（12h），之后又稍有增加；值得注意的是 R14 组和 R16 组基因的表达量波动趋势：前者是在胁迫前期（0～1.5h）上调表达，胁迫中后期（1.5～24h）下调表达；后者则恰恰相反，胁迫前期下调表达，胁迫中后期则上调表达。

如图 4-9 所示，3969 个鹰嘴豆幼苗叶中时间依赖性差异表达基因经 SOM 聚类分析也可分为 16 组（L1～L16）。根据基因表达量的上、下调趋势可将这 16 组分为 3 类，即上调趋势类型（L2、L3、L5、L6 和 L12）、下调趋势类型（L1、L8、L13、L14 和 L15）和上下调波动趋势类型（L4、L7、L9、L10、L11 和 L16）。在第一类上调趋势类型中，L3 组和 L6 组中基因的表达量呈现出相似的上调变化趋势，都是从胁迫 0.5h 后持续增加，至胁迫 12h 时达到最大值后稍有回落；L2 组和 L5 组中基因的表达量也呈现出相似的上调变化趋势，都是从胁迫 0.5h 时上调，至胁迫 1.5h 时达到最大值后基本保持不变或稍有回落；L12 组基因的表达量在胁迫 1.5h 时达到最大值后逐步回落，至胁迫 24h 时恢复至对照水平。在第二类下调趋势类型中，L1 组、L8 组和 L13 组中基因的表达量表现为相似的变化趋势，都是在胁迫后就持续降低，至胁迫 6h 时达到或接近最低值，之后略有增加或基本保持不变；L14 组中基因的表达量在胁迫 0.5h 时还是保持在对照水平，之后才开始降低，一直持续到胁迫 24h；L15 组中基因的表达量也是从胁迫 0.5h 后才开始降低，但却是呈类似阶梯状降低。在第三类上下调波动趋势类型中，L4 组基因的表达量呈现出"上调—下调—上调—下调—上调"复杂的变化规律；与 L4 组类似，L16 组基因的表达量呈现出"上调—下调—上调—下调—下调"复杂的变化规律，只是在最后胁迫 24h 时虽有恢复，但仍是下调表达；L7 组基因的表达量的变化也比较复杂，胁迫前期先保持不变（0～0.5h），后上调（0.5～1.5h），接着下调（1.5～6h），最后上调（12～24h）；L11 组基因的表达量先是下调表达，至胁迫 12h 后转为上调，最后至胁迫 24h 时又稍微下调；L9 组基因的表达量在胁迫 0～0.5h 时未发生显著变化，之后至胁迫 1.5h 时表现为上调表达，之后转为下调表达；而 L10 组基因的表达量在 0～6h 为上调表达，之后则持续下调表达。

3. 诱导型差异表达基因

植物幼苗受水分胁迫后会诱导表达许多基因，而且植株不同部位诱导表达的基因也存在着差异。

与对照相比，在鹰嘴豆幼苗根中受 PEG 胁迫诱导表达了 88 个基因（表 4-3），其中只有 18 个是根中特异性表达的，它们分别是编码 Probable glutathione S-transferase（Contig_107）、Polygalacturonase precursor, putative（Contig_1670）、Dehydration-responsive element binding protein3（Contig_189）、S-adenosyl-L-methionine: daidzein 7-O-methyltransferase（Contig_2350）、Lipid transfer protein precursor（Contig_3147）、Glutamate-gated kainate-type ion channel receptor subunit GluR5（Contig_3359）、Terpene synthase（Contig_4707）、bZIP transcription factor bZIP35（Contig_6423）、Methionine sulfoxide reductase（Contig_9753）的基因，以及 4 个编码未知或假设蛋白的基因（Contig_1060、Contig_1355、Contig_564 和 Contig_657）和 5 个没有 BlastX 注释的基因（Contig_10029、Contig_10133、Contig_3697、Contig_5450 和 Contig_9785）。其余的 70 个基因在叶中也有表达。

表 4-3   在鹰嘴豆幼苗根中受 PEG 胁迫诱导表达的 88 个基因表达差异值 Ratio

单一基因编号	编码的产物	胁迫时间（h）					
		0	0.5	1.5	6	12	24
Contig_10029	—				0.50	0.28	0.35
Contig_10071	ATP binding protein, putative			4.35	7.27	5.69	9.40
Contig_10133	—						13.95
Contig_10179	Beta-glucosidase, putative			2.98	6.01	34.55	23.48
Contig_10357	Unknown				9.24	8.78	13.91
Contig_10515	4-nitrophenylphosphatase, putative					9.20	7.50
Contig_1056	CDSP32 protein					10.76	30.45
Contig_1060	Hypothetical protein MtrDRAFT_AC148340g20v2			1.71	3.97	4.62	8.22
Contig_1065	Increased size exclusion limit 2			1.26	5.20	3.31	3.36
Contig_10669	Aberrant large forked product, putative				2.76	2.47	2.55
Contig_107	Probable glutathione S-transferase			2.09	5.70	4.22	8.39
Contig_1070	Thaumatin-like protein PR-5a			4.40	23.26	55.57	38.84
Contig_10898	Unknown			4.72	7.07	6.49	20.67

续表

单一基因编号	编码的产物	胁迫时间（h）					
		0	0.5	1.5	6	12	24
Contig_1164	Unknown			2.38	18.18	9.72	13.98
Contig_1206	PSI reaction center subunit III				10.49	6.95	27.25
Contig_1355	Predicted protein			5.74	15.43	15.90	27.83
Contig_145	Photosystem II reaction center W protein, chloroplastic			1.83	6.14	4.62	12.86
Contig_1529	Cellulose synthase			9.01	9.54	17.83	25.10
Contig_1624	Unknown					10.22	15.39
Contig_1670	Polygalacturonase precursor, putative		3.41	15.96	12.74	31.25	10.12
Contig_1799	Photosystem II 11kDa protein precursor, putative			4.27	22.38	11.39	32.86
Contig_1826	Predicted protein			3.41	7.00	5.98	7.83
Contig_189	Dehydration-responsive element binding protein 3						2.43
Contig_1911	—						6.26
Contig_2043	Lactoylglutathione lyase family protein					10.56	17.02
Contig_2065	F-box-containing protein 1			3.40	8.07	5.43	11.67
Contig_2132	Magnesium-protoporphyrin O-methyltransferase, putative			2.07	3.61	2.77	2.46
Contig_2141	Hypothetical protein MtrDRAFT_AC155880g29v2					2.51	2.53
Contig_2319	Chloroplast photosystem II subunit X				2.54	4.22	11.59
Contig_2350	S-adenosyl-L-methionine: daidzein 7-O-methyltransferase			6.45	11.74	9.54	33.02
Contig_237	Phosphoribulokinase				6.03	8.79	17.22
Contig_2627	1-aminocyclopropane-1-carboxylate oxidase，putative			1.82	6.08	27.07	13.70
Contig_2661	Unknown			3.35	23.87	10.67	36.87
Contig_2707	Nodule-enhanced protein phosphatase type 2C					11.05	0.46
Contig_2710	Major pollen allergen Ory s 1 precursor, putative			5.19	7.68	11.71	15.12
Contig_2715	Unknown			1.90	12.91	13.16	8.86
Contig_2732	Photosystem I reaction center, subunit XI PsaL				8.31	9.16	11.39
Contig_2737	RNA- or ssDNA-binding protein			3.27	10.54	6.32	13.86
Contig_2873	Homeobox protein, putative					15.42	
Contig_3120	Unknown				2.36	6.16	2.90
Contig_3147	Lipid transfer protein precursor					23.14	
Contig_3175	L-myo-inositol-1-phosphate synthase 2					17.41	
Contig_3217	Unknown					12.93	22.56
Contig_3221	Membrane protein, putative			16.15	12.22	11.99	15.68
Contig_3307	Conserved hypothetical protein					13.05	
Contig_3359	Glutamate-gated kainate-type ion channel receptor subunit GluR5					12.60	22.22
Contig_3549	—				4.97	14.96	11.86
Contig_3631	Predicted protein				2.96	3.57	
Contig_3697	—				15.33	22.98	17.17
Contig_3773	—		3.49	6.48	15.14	17.87	32.08
Contig_3978	Unknown						1.34
Contig_4049	ATP synthase (gamma subunit)				8.91	3.62	5.72

续表

单一基因编号	编码的产物	胁迫时间（h）					
		0	0.5	1.5	6	12	24
Contig_4133	Electron transporter, putative			10.37	47.34	27.21	56.93
Contig_4154	Unknown			15.04	32.23	19.99	17.14
Contig_4210	Unknown			16.54	12.35	16.84	17.74
Contig_4228	Kunitz trypsin protease inhibitor			3.14	5.29	14.52	5.68
Contig_4324	Unknown			11.75	21.24	17.10	15.79
Contig_4707	Terpene synthase					12.64	
Contig_4726	Unknown				15.07	10.67	16.44
Contig_4895	Photosystem II stability/assembly factor HCF136, chloroplast precursor, putative			8.74	11.96	7.19	8.87
Contig_5450	—			1.70	1.71	4.16	3.29
Contig_564	Unknown					4.05	
Contig_5643	—			2.17	2.61	5.03	
Contig_5868	Gag-protease polyprotein-like protein			1.43	2.22	2.65	3.61
Contig_6076	—			8.40	17.46	8.92	12.26
Contig_6144	Mitochondrial translational initiation factor, putative			6.28	7.61	4.83	6.72
Contig_6423	bZIP transcription factor bZIP35			6.23	8.86	16.86	9.51
Contig_657	Unknown			4.00	10.01	42.25	28.85
Contig_6638	2-deoxyglucose-6-phosphate phosphatase, putative				1.60	2.86	1.79
Contig_6731	—		6.20	8.10	6.41	13.71	
Contig_69	Al-induced protein						18.04
Contig_6946	22.0kDa class IV heat shock protein				10.71	3.37	3.29
Contig_7105	Tyrosinase				3.71	3.25	4.86
Contig_7158	—					17.34	
Contig_7251	Unknown				45.69	58.27	37.20
Contig_734	Photosystem II reaction center W protein, chloroplastic			1.94	7.17	4.86	20.84
Contig_8215	DNAJ heat shock N-terminal domain-containing protein						10.11
Contig_8390	Glyceraldehyde-3-phosphate dehydrogenase B subunit				1.77	1.94	1.83
Contig_8546	Unnamed protein product		1.35	1.36	1.47	2.19	3.22
Contig_8694	—			9.73	12.08	5.38	7.17
Contig_8842	Unknown			2.67	2.92	5.19	2.77
Contig_9205	Small GTP-binding protein ROP1				2.02	3.34	0.75
Contig_9220	Rhodanese-like				3.60	3.48	7.08
Contig_9466	Chloroplast sedoheptulose-1, 7-bisphosphatase					4.35	13.38
Contig_9753	Methionine sulfoxide reductase			2.63	12.26	5.79	13.04
Contig_9776	Copper transporter			8.54	11.73	13.47	19.76
Contig_9785	—			1.37	2.46	2.39	2.23
Contig_9825	—					2.32	4.86

注："—"表示未获得注释

与对照相比，在鹰嘴豆幼苗叶中受干旱胁迫诱导表达了 52 个基因（表 4-4），

其中只有 13 个是叶中特异性表达的，它们分别是编码 Thaumatin-like protein
（Contig_1247）、Desiccation-related protein PCC13-62 precursor, putative（Contig_1798）、
Peripheral-type benzodiazepine receptor, putative（Contig_456）、Galactinol synthase
（Contig_7133）、Small heat shock protein, chloroplastic；Flags: precursor（Contig_757）、
Heat shock protein 70kDa, putative（Contig_8820）的基因，以及 5 个编码未知或假
设蛋白的基因（Contig_1682、Contig_2880、Contig_4050、Contig_5407 和 Contig_8）
和 2 个没有 BlastX 注释的基因（Contig_4298 和 Contig_8196）。其余的 39 个基
因在根中也有表达。

表 4-4　在鹰嘴豆幼苗叶中受 PEG 胁迫诱导表达的 52 个基因表达差异值 Ratio

单一基因编号	编码的产物	胁迫时间（h）					
		0	0.5	1.5	6	12	24
Contig_10162	—					4.65	17.19
Contig_10436	—					9.83	
Contig_10787	—					2.45	2.09
Contig_10896	Putative ABA-responsive protein				4.79	11.67	19.93
Contig_1133	Hypothetical protein SORBIDRAFT_05g016450					3.43	1.07
Contig_1247	Thaumatin-like protein						11.24
Contig_1328	Heat shock protein, putative						25.09
Contig_1682	Unknown				4.57	36.83	3.00
Contig_1798	Desiccation-related protein PCC13-62 precursor, putative			12.79	95.28	29.65	35.16
Contig_2141	Hypothetical protein MtrDRAFT_AC155880g29v2			50.80	10.39	25.71	11.14
Contig_217	—		4.31		3.58	0.12	0.04
Contig_2492	Hypothetical protein SORBIDRAFT_1180s002020					3.87	1.16
Contig_2880	Conserved hypothetical protein				22.35		
Contig_290	Glutathione S-transferase GST 24				8.50	35.86	101.28
Contig_3120	Unknown		2.35	32.37	46.08	19.43	12.15
Contig_3360	Predicted protein					72.60	
Contig_3418	Small heat-shock protein						62.06
Contig_3549	—				10.25	25.19	62.22
Contig_3685	—					0.49	0.56
Contig_3726	—			4.26	6.95	14.15	40.83
Contig_3916	Unknown					18.86	12.62
Contig_4050	Hypothetical protein					15.30	26.71
Contig_4210	Unknown				18.41		
Contig_4228	Kunitz trypsin protease inhibitor					0.66	5.04
Contig_4298	—			22.76	23.11	19.57	
Contig_436	Cytochrome P450 monooxygenase CYP83G2			10.51	26.72	53.05	49.49

续表

单一基因编号	编码的产物	胁迫时间（h）					
		0	0.5	1.5	6	12	24
Contig_442	17.9kDa heat shock protein (hsp17.9)					1.49	240.30
Contig_456	Peripheral-type benzodiazepine receptor, putative	12.57	71.83	157.05	99.32	44.26	
Contig_4993	—					1.46	1.33
Contig_5046	—					0.64	0.88
Contig_5104	GTP-binding protein					0.97	1.26
Contig_5407	Unknown				3.50	31.79	23.38
Contig_5411	Unknown					2.31	0.77
Contig_5573	Unknown					16.03	3.85
Contig_5711	UDP-galactose-4-epimerase				7.09		
Contig_574	Unknown			17.17	13.89	41.80	12.78
Contig_6432	—						27.12
Contig_6445	Histone h2a，putative						0.80
Contig_645	Unknown				3.16	7.67	32.24
Contig_6636	Heat shock protein HSP82					4.16	11.82
Contig_69	Al-induced protein						16.22
Contig_6946	22.0kDa class IV heat shock protein						131.23
Contig_7133	Galactinol synthase			18.39	44.67	78.92	9.45
Contig_757	Small heat shock protein, chloroplastic; Flags: Precursor						132.63
Contig_797	Heat shock protein 22kDa						66.72
Contig_8	Unknown			10.21			
Contig_8196	—			62.11	10.39	40.59	21.18
Contig_8546	Unnamed protein product					11.75	23.25
Contig_8820	Heat shock protein 70kDa, putative						22.15
Contig_928	Heavy-metal-associated domain-containing protein			390.92	96.17	71.95	43.32
Contig_9657	Albumin-2					1.82	2.24
Contig_9825	—				5.78	21.14	31.29

注："—"表示未获得注释

受胁迫的鹰嘴豆幼苗根和叶中共有的诱导表达基因有 9 个，它们分别是编码 Kunitz trypsin protease inhibitor（Contig_4228）、22.0kDa class IV heat shock protein（Contig_6946）、Al-induced protein（Contig_69）的基因，以及 4 个编码未知或假设蛋白的基因（Contig_4210、Contig_3120、Contig_2141、Contig_8546）和 2 个没有 BlastX 注释的基因（Contig_9825、Contig_3549）（表 4-5）。

表 4-5　PEG 胁迫下鹰嘴豆幼苗根和叶中共有的 9 个诱导表达基因表达差异值 Ratio

单一基因编号	编码的产物	根，胁迫时间（h）						叶，胁迫时间（h）					
		0	0.5	1.5	6	12	24	0	0.5	1.5	6	12	24
Contig_2141	Hypothetical protein MtrDRAFT_AC155880g29v2					2.51	2.53		50.80	10.39	25.71	11.14	
Contig_3120	Unknown			2.36	6.16	2.90		2.35	32.37	46.08	19.43	12.15	
Contig_3549	—				4.97	14.96	11.86			10.25	25.19	62.22	
Contig_4210	Unknown			16.54	12.35	16.84	17.74			18.41			
Contig_4228	Kunitz trypsin protease inhibitor			3.14	5.29	14.52	5.68					0.66	5.04
Contig_69	Al-induced protein						18.04						16.22
Contig_6946	22.0kDa class IV heat shock protein				10.71	3.37	3.29						131.23
Contig_8546	Unnamed protein product	1.35	1.36	1.47	2.19	3.22						11.75	23.25
Contig_9825	—					2.32	4.86				5.78	21.14	31.29

注："—"表示未获得注释

4. 相关代谢途径分析

利用 KEGG 数据库（Kyoto Encyclopedia of Genes and Genomes，http://www.genome.jp/kegg.html）中 KAAS（KEGG Automatic Annotation Server）的 SBH 法（single directional best hit），对鹰嘴豆幼苗根和叶中响应干旱胁迫的 6164 个差异表达基因的功能及其所涉及的代谢途径进行了注释（Kanehisa et al.，2004；Moriya et al.，2007），结果表明，鹰嘴豆幼苗根和叶中的差异表达基因涉及 113 个代谢途径（表 4-6），归属于 KEGG 一级分类中的"细胞过程（cellular processes）""遗传信息处理（genetic information processing）""环境信息处理（environmental information processing）""代谢途径（metabolism）"和"生物系统（biological system）"。这些代谢途径依据其涉及的差异表达基因在根和叶中的表达特征，可以划分为 5 个类群。

表 4-6　鹰嘴豆幼苗根和叶中响应干旱胁迫的 6164 个差异表达基因所涉及的 113 个代谢途径

类群	KEGG 一级分类	KEGG 二级分类	KEGG 三级分类
I	细胞过程	Cell communication	Gap junction
		Cell growth and death	Cell cycle
		Cell motility	Regulation of actin cytoskeleton
		Transport and catabolism	Lysosome
			Endocytosis
			Peroxisome

续表

类群	KEGG 一级分类	KEGG 二级分类	KEGG 三级分类
	环境信息处理	Membrane transport	Protein export
		Signal transduction	MAPK signaling pathway
			Calcium signaling pathway
			Phosphatidylinositol signaling system
	遗传信息处理	Folding, sorting and degradation	RNA degradation
			Proteasome
			Ubiquitin mediated proteolysis
			SNARE interactions in vesicular transport
		Replication and repair	Base excision repair
		Transcription	Basal transcription factors
			Spliceosome
		Translation	Aminoacyl-tRNA biosynthesis
			Ribosome
I	代谢途径	Amino acid metabolism	Alanine, aspartate and glutamate metabolism
			Glycine, serine and threonine metabolism
			Cysteine and methionine metabolism
			Valine, leucine and isoleucine degradation
			Valine, leucine and isoleucine biosynthesis
			Lysine biosynthesis
			Lysine degradation
			Arginine and proline metabolism
			Tyrosine metabolism
			Phenylalanine metabolism
			Tryptophan metabolism
			Phenylalanine, tyrosine and tryptophan biosynthesis
		Biosynthesis of other secondary metabolites	Phenylpropanoid biosynthesis
			Flavonoid biosynthesis
			Flavone and flavonol biosynthesis
			Stilbenoid, diarylheptanoid and gingerol biosynthesis
		Biosynthesis of polyketides and terpenoids	Terpenoid backbone biosynthesis
			Limonene and pinene degradation
			Carotenoid biosynthesis
		Carbohydrate metabolism	Glycolysis/Gluconeogenesis
			Citrate cycle (TCA cycle)
			Pentose phosphate pathway
			Pentose and glucuronate interconversions

续表

类群	KEGG 一级分类	KEGG 二级分类	KEGG 三级分类
		Carbohydrate metabolism	Fructose and mannose metabolism
			Galactose metabolism
			Ascorbate and aldarate metabolism
			Starch and sucrose metabolism
			Amino sugar and nucleotide sugar metabolism
			Inositol phosphate metabolism
			Pyruvate metabolism
			Glyoxylate and dicarboxylate metabolism
			Propanoate metabolism
			Butanoate metabolism
			C5-Branched dibasic acid metabolism
		Energy metabolism	Oxidative phosphorylation
			Photosynthesis
			Photosynthesis-antenna proteins
			Methane metabolism
			Carbon fixation in photosynthetic organisms
			Reductive carboxylate cycle (CO_2 fixation)
I	代谢途径		Nitrogen metabolism
			Sulfur metabolism
		Glycan biosynthesis and metabolism	N-glycan biosynthesis
		Lipid metabolism	Fatty acid biosynthesis
			Fatty acid metabolism
			Steroid biosynthesis
			Glycerolipid metabolism
			Glycerophospholipid metabolism
			Ether lipid metabolism
			Linoleic acid metabolism
			Alpha-linolenic acid metabolism
			Biosynthesis of unsaturated fatty acids
		Metabolism of cofactors and vitamins	Ubiquinone and other terpenoid-quinone biosynthesis
			One carbon pool by folate
			Thiamine metabolism
			Riboflavin metabolism
			Vitamin B6 metabolism
			Pantothenate and CoA biosynthesis
			Folate biosynthesis

类群	KEGG 一级分类	KEGG 二级分类	KEGG 三级分类
I	代谢途径	Metabolism of cofactors and vitamins	Retinol metabolism
			Porphyrin and chlorophyll metabolism
		Metabolism of other amino acids	Beta-alanine metabolism
			Selenoamino acid metabolism
			Cyanoamino acid metabolism
			Glutathione metabolism
		Nucleotide metabolism	Purine metabolism
		Nucleotide metabolism	Pyrimidine metabolism
	生物系统	Environmental adaptation	Plant-pathogen interaction
			Circadian rhythm-plant
		Immune system	Antigen processing and presentation
II	细胞过程	Transport and catabolism	Regulation of autophagy
	遗传信息处理	Replication and repair	Nucleotide excision repair
		Transcription	RNA polymerase
	代谢途径	Amino acid metabolism	Histidine metabolism
		Biosynthesis of other secondary metabolites	Caffeine metabolism
			Isoquinoline alkaloid biosynthesis
			Tropane, piperidine and pyridine alkaloid biosynthesis
			Glucosinolate biosynthesis
		Glycan biosynthesis and metabolism	Other glycan degradation
		Lipid metabolism	Arachidonic acid metabolism
		Xenobiotics biodegradation and metabolism	Geraniol degradation
III	细胞过程	Cell communication	Focal adhesion
			Adherens junction
			Tight junction
	遗传信息处理	Replication and repair	Homologous recombination
	代谢途径	Biosynthesis of polyketides and terpenoids	Polyketide sugar unit biosynthesis
		Metabolism of other amino acids	Phosphonate and phosphinate metabolism
IV	代谢途径	Glycan biosynthesis and metabolism	High-mannose type *N*-glycan biosynthesis
		Lipid metabolism	Fatty acid elongation in mitochondria
		Metabolism of cofactors and vitamins	Lipoic acid metabolism
V	代谢途径	Biosynthesis of polyketides and terpenoids	Diterpenoid biosynthesis
VI	遗传信息处理	Replication and repair	DNA replication
			Mismatch repair
	代谢途径	Metabolism of cofactors and vitamins	Biotin metabolism

第一类群包含 89 个代谢途径，所涉及的差异表达基因在幼苗根和叶中既有上调表达的也有下调表达的。其中 75.3%的代谢途径属于氨基酸代谢（amino acid metabolism）途径、碳水化合物代谢（carbohydrate metabolism）途径、能量代谢（energy metabolism）途径和脂类代谢（lipid metabolism）途径。

第二类群包含 11 个代谢途径，所涉及的差异表达基因在幼苗根和叶中全部上调表达。相反，第三类群中的 6 个代谢途径，其所涉及的差异表达基因在幼苗根和叶中全部下调表达。

第四、第五类群分别包含 3 个和 1 个代谢途径，前者所涉及的差异表达基因在幼苗叶中下调表达，而后者所涉及的差异表达基因在幼苗叶中上调表达。

此外，有 3 个代谢途径不涉及任何幼苗根和叶中的差异表达基因。

5. 基因芯片结果的验证

基因芯片技术是一个高通量、半定量的技术平台，需要进一步实验来验证芯片结果。通过实时荧光定量（qRT-PCR）技术来验证芯片结果，采用 Bio-Rad CFX 系统进行实验和分析。从产生显著差异表达的基因中随机选择 10 个（Contig_1885：proline dehydrogenase；Contig_3134：lipoxygenase LOXN3；Contig_2853：peroxidase1B；Contig_5876：nitrate transporter；Contig_3259：homocysteine S-methyltransferase；Contig_1500：Photosystem I reaction center subunit N, chloroplast precursor；Contig_2780：Beta-amylase；Contig_2823：glycine-rich protein 1；Contig_2895：glutathione peroxidase 1；Contig_1672：alanine: glyoxylate aminotransferase）基因，通过 Premier 5 和 Oligo 软件设计 qPCR 引物，选择 *ACTIN* 基因为内参（表 4-7）。

将芯片杂交剩余的 RNA 逆转录后进行 qPCR，结果如图 4-10 所示。结果表明，qPCR 结果与芯片结果基本一致，表明芯片结果是可靠的。

表 4-7　荧光定量 PCR 引物

基因编号	编码产物	引物序列
Contig_1885	proline dehydrogenase	Forward 5′-GTTATGCCTTACCTCTTG-3′ Reverse 5′-AACAGCAGCTTTTACTCT-3′
Contig_3134	lipoxygenase LOXN3	Forward 5′-GCTTGATGGCTTCATTGGT-3′ Reverse 5′-TGCTTTCCTACTTTTCCTTTT-3′
Contig_2853	peroxidase1B	Forward 5′-TTCAACTCTGGCTGGTGGT-3′ Reverse 5′-TCGAATGGAGCTGGAAGATTATA-3′
Contig_5876	nitrate transporter	Forward 5′-GATTGCCATTGGACTTCTG-3′ Reverse 5′-AACGCTTATTGGTATTGTTGCT-3′
Contig_3259	homocysteine S-methyltransferase	Forward 5′-AAGGCAACAGGTAAACCAATA-3′ Reverse 5′-TAACCCCACTTCCCTATGT-3′
Contig_1500	Photosystem I reaction center subunit N, chloroplast precursor	Forward 5′-TATTGGCTTGTACCTATTC-3′ Reverse 5′-AGTGGCTAACCTCTTCTTG-3′

续表

基因编号	编码产物	引物序列
Contig_2780	Beta-amylase	Forward 5'-GCAGGATACTACAACACCC-3' Reverse 5'-GAGATGGACTTTCGCTTTC-3'
Contig_2823	glycine-rich protein 1	Forward 5'-TGGTGGTTACTATTCTGGG-3' Reverse 5'-TATGAAAGTAGTAAGAAAGTGC-3'
Contig_2895	glutathione peroxidase 1	Forward 5'-GTCAAGCAAAGGTGGTCTC-3' Reverse 5'-TTTCAGTAAGTCCTTCTCAATG-3'
Contig_1672	alanine: glyoxylate aminotransferase	Forward 5'-GCAACTCTTGGGATGTCTT-3' Reverse 5'-CAACTCCACTTCCATACTTT-3'
	Actin	Forward 5'-TGTCTTGAGTGGTGGTTCTAC-3' Reverse 5'-TTCATCATATTCTGCCTTTG-3'

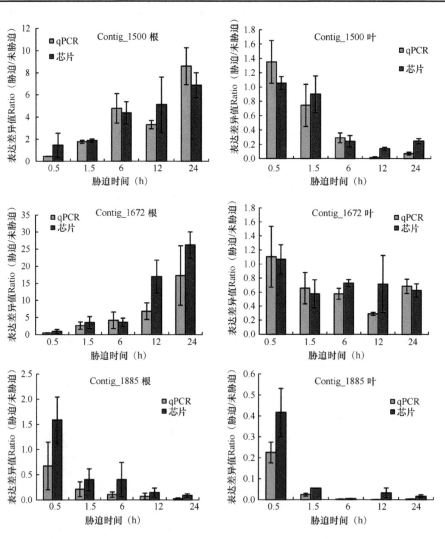

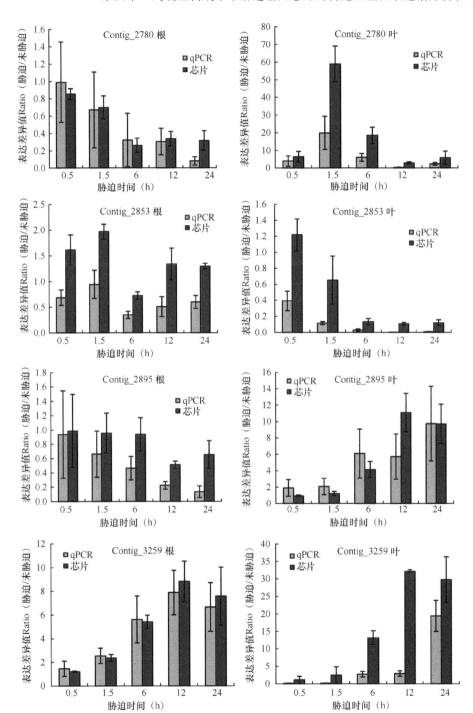

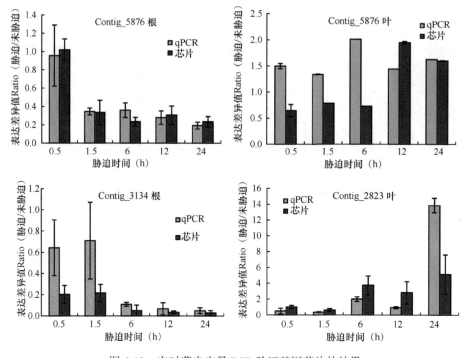

图 4-10 实时荧光定量 PCR 验证基因芯片的结果

参 考 文 献

Altschul SF, Madden TL, Schäffer AA, Zhang J, Zhang Z, Miller W, Lipman DJ. 1997. Gapped BLAST and PSI-BLAST: a new generation of protein database search programs[J]. Nucleic Acids Research, 25(17): 3389-3402.

Ashraf N, Ghai D, Barman P, Basu S, Gangisetty N, Mandal MK, Chakraborty N, Datta A, Chakraborty S. 2009. Comparative analyses of genotype dependent expressed sequence tags and stress-responsive transcriptome of chickpea wilt illustrate predicted and unexpected genes and novel regulators of plant immunity[J]. BMC Genomics, 10: 415.

Coram TE, Pang ECK. 2005a. Isolation and analysis of candidate ascochyta blight defence genes in chickpea. Part I. Generation and analysis of an expressed sequence tag (EST) library[J]. Physiological and Molecular Plant Pathology, 66(5): 192-200.

Coram TE, Pang ECK. 2005b. Isolation and analysis of candidate ascochyta blight defence genes in chickpea. Part II. Microarray expression analysis of putative defence-related ESTs[J]. Physiological and Molecular Plant Pathology, 66(5): 201-210.

Ewing B, Green P. 1998. Base-calling of automated sequencer traces using phred. II. Error probabilities[J]. Genome Research, 8(3): 186-194.

Ewing B, Hillier L, Wendl MC, Green P. 1998. Base-calling of automated sequencer traces using phred. I. Accuracy assessment[J]. Genome Research, 8(3): 175-185.

Gordon D, Abajian C, Green P. 1998. Consed: a graphical tool for sequence finishing[J]. Genome Research, 8(3): 195-202.

Harris MA, Clark J, Ireland A, Lomax J, Ashburner M, Foulger R, Eilbeck K, Lewis S, Marshall B, Mungall C, Richter J, Rubin GM, Blake JA, Bult C, Dolan M, Drabkin H, Eppig JT, Hill DP, Ni L, Ringwald M, Balakrishnan R, Cherry JM, Christie KR, Costanzo MC, Dwight SS, Engel S, Fisk DG, Hirschman JE, Hong EL, Nash RS, Sethuraman A, Theesfeld CL, Botstein D, Dolinski K, Feierbach B, Berardini T, Mundodi S, Rhee SY, Apweiler R, Barrell D, Camon E, Dimmer E, Lee V, Chisholm R, Gaudet P, Kibbe W, Kishore R, Schwarz EM, Sternberg P, Gwinn M, Hannick L, Wortman J, Berriman M, Wood V, de la Cruz N, Tonellato P, Jaiswal P, Seigfried T, White R. 2004. The Gene Ontology (GO) database and informatics resource[J]. Nucleic Acids Research, 32(1): D258-261.

Kanehisa M, Goto S, Kawashima S, Okuno Y, Hattori M. 2004. The KEGG resource for deciphering the genome[J]. Nucleic Acids Research, 32(1): D277-280.

Mantri NL, Ford R, Coram TE, Pang ECK. 2007. Transcriptional profiling of chickpea genes differentially regulated in response to high-salinity, cold and drought[J]. BMC Genomics, 8(1): 303.

Moriya Y, Itoh M, Okuda S, Yoshizawa AC, Kanehisa M. 2007. KAAS: an automatic genome annotation and pathway reconstruction server[J]. Nucleic Acids Research, 35(Suppl. 2): W182-185.

Romo S, Labrador E, Dopico B. 2001. Water stress-regulated gene expression in *Cicer arietinum* seedlings and plants[J]. Plant Physiology and Biochemistry, 39(11): 1017-1026.

Tripathi V, Parasuraman B, Laxmi A, Chattopadhyay D. 2009. CIPK6, a CBL-interacting protein kinase is required for development and salt tolerance in plants[J]. The Plant Journal, 58(5): 778-790.

Varshney RK, Hiremath PJ, Lekha P, Kashiwagi J, Balaji J, Deokar AA, Vadez V, Xiao Y, Srinivasan R, Gaur PM, Siddique KH, Town CD, Hoisington DA. 2009. A comprehensive resource of drought- and salinity- responsive ESTs for gene discovery and marker development in chickpea (*Cicer arietinum* L.)[J]. BMC Genomics, 10: 523.

Woo Y, Affourtit J, Daigle S, Viale A, Johnson K, Naggert J, Churchill G. 2004. A comparison of cDNA, oligonucleotide, and Affymetrix GeneChip gene expression microarray platforms[J]. Journal of Biomolecular Techniques, 15(4): 276-284.

Yang YH, Dudoit S, Luu P, Lin DM, Peng V, Ngai J, Speed TP. 2002. Normalization for cDNA microarray data: a robust composite method addressing single and multiple slide systematic variation[J]. Nucleic Acids Research, 30(4): e15.

第五章　鹰嘴豆耐逆转录因子的克隆和功能分析

第一节　锌指蛋白基因 *ZF1*、*ZF2*、*ZF3* 的克隆与功能分析

　　ZF1 基因编码一条 244 个氨基酸残基的多肽，含有两个典型的 Cys2/His2 锌指结构，定位于细胞核内。*ZF1* 在鹰嘴豆两周龄幼苗的根、茎、叶、花、幼荚和幼胚中均有表达。在种子发芽过程中，*ZF1* 的表达呈现一个先下降后上升的趋势。*ZF1* 受高温、干旱、6-苄基腺嘌呤（6-BA）、脱落酸（ABA）、乙烯利（Et）、赤霉素（GA3）、吲哚-3-乙酸（IAA）、茉莉酸甲酯（MeJA）、水杨酸（SA）和 H_2O_2 诱导。

　　ZF2 基因编码一条 232 个氨基酸残基的多肽，含有两个典型的 Cys2/His2 锌指结构，定位于细胞核内。*ZF2* 在鹰嘴豆两周龄幼苗的根、茎、叶、花、幼荚和幼胚中均有表达。在种子发芽过程中，*ZF2* 基因表达量下降，之后维持在一个相对平稳状态。*ZF2* 受干旱、高温、高盐、H_2O_2 胁迫、脱落酸（ABA）、水杨酸（SA）、6-苄基腺嘌呤（6-BA）、乙烯利（Et）和吲哚-3-乙酸（IAA）诱导。*ZF2* 基因上游 2461bp 的启动子序列中含多种响应胁迫和激素诱导的顺式作用元件。*ZF2* 蛋白包含 DLN 结构域的 C 端具有转录激活活性。*ZF2* 基因的过表达能够增强拟南芥植株的抗旱能力。

　　ZF3 基因编码一条 385 个氨基酸残基的多肽，含有两个典型的 C3H 锌指结构，定位于细胞核内。*ZF3* 在两周龄鹰嘴豆幼苗的根、茎、叶、花、幼荚和幼胚中均有表达。在发芽过程中，*ZF3* 基因的表达量随种子吸胀时间的推移呈下降趋势。*ZF3* 受干旱、低温、高盐、H_2O_2 胁迫、6-苄基腺嘌呤（6-BA）、水杨酸（SA）、脱落酸（ABA）、乙烯利（Et）、吲哚-3-乙酸（IAA）和茉莉酸甲酯（MeJA）诱导。

　　锌是植物必需的营养元素，锌指蛋白因其具有指状结构特征且能结合锌离子而得名。1983 年，Miller 等在研究非洲爪蟾卵母细胞时，发现了第一个控制基因转录的锌指蛋白转录因子 TFIIIA，此后国内外学者对锌指蛋白的结构和功能做了大量的研究，已在哺乳动物、酵母、病毒体内各种控制复制和转录的 500 多种蛋白中发现了这种锌指类结构基序。据统计，在酵母基因组中大约有 500 个编码锌指蛋白的基因，而哺乳动物有 1%的基因编码锌指蛋白，人类基因组中可能有将近 1%的序列编码含有锌指基序的蛋白质。人们已经从拟南芥（*Arabidopsis thaliana*）、大豆（*Glycine max*）、矮牵牛（*Petunia hybrida*）、水稻（*Oryza sativa*）、陆地棉

（*Gossypium hirsutum*）等植物中克隆了许多编码锌指蛋白的基因，并对其结构、分类及功能进行了研究。锌指蛋白是真核生物中含量最为丰富的一类蛋白，根据 Cys 和 His 的数量及顺序，可以分为 C2H2、C3H、C3HC4 等类型，其中 C2H2 型是最为常见的一种（Han et al.，2020）。

一、鹰嘴豆锌指蛋白基因 *ZF1*、*ZF2*、*ZF3* 的克隆与序列分析

1. 3′端扩增及测序

（1）*ZF1* 的 3′端扩增及测序

依据本实验室构建的 cDNA 文库（Gao et al.，2008）中已有的一条 EST 序列 Contig_613，因其具有完整的 5′端，并且有一个疑似锌指蛋白的可读框，因此，本研究以此为模板设计特异性引物进行 3′ cDNA 末端快速扩增（3′-RACE）。*ZF1* 基因全长 cDNA 克隆采用 SMART™ RACE cDNA Amplification Kit（Clontech，USA）。基因特异性引物 3′-GSP（5′-GCCACAATCACCAATCTTCATGCACTG-3′）和 3′-NGSP（5′-CTCGCGGTGGCAAAGAAACTATCTCC-3′）作为上游引物，试剂盒中已有的寡聚核苷酸作为下游引物。3′-GSP 用于 3′端的第一轮 PCR 扩增，3′-NGSP 用于第二轮 PCR 扩增。3′-RACE 扩增产物在 1%琼脂糖凝胶上进行电泳检测。

把扩增的产物回收后连接转化，挑选阳性克隆进行序列测定。3′-RACE 结果如下：CTCGCGGTGGCAAAGAAACTATCTCCACCGCCAAATCACCTATTCTAT CGCCGCCGGTAACCACCACCGCTAAGCTCAGTCATAAATGCTCTGTTTGCAA CAAAGCTTTTTCATCTTACCAAGCACTTGGCGGACACAAAGCTAGCCACAG GAAACTCGCCGTTATTACCACCGCTGAAGATCAATCCACCACCTCATCAGCC GTGACGACAAGCTCCGCATCCAACGGTGGAGGTAAGATCAAGACTCATGAA TGCTCCATCTGTCATAAATCCTTCCCTACAGGACAGGCTTTGGGAGGTCACA AGCGTTGCCACTACGAAGGCGGTGCCGGTGGTGGAAACAGCGCCGTAACTG CTTCTGAAGGAGTTGGATCGTCTCATAGCCACCACCGTGACTTCGATCTTAA CCTCCCGGCTTTTCCGGACTTTTCAAAGAAGTTTTTCGTGGATGATGAGGTT TCCAGCCCTCTACCTGCAGCGAAGAAGCCGTGTCTTTTCAATATGGCAGAGA TTGAAATCCCTCAATACTGATCAATA

（2）*ZF2* 的 3′端扩增及测序

依据本实验室前期构建的 cDNA 文库（Gao et al.，2008）中已有的一条 EST 序列 Contig_395，设计 2 条特异性引物 3′-GSP（5′-GCGTTCATCACGTTCATGCACCG-3′）和 3′-NGSP（5′-GGCAGCCACCACTAGCTCCGCTAAC-3′）进行 3′ cDNA 末端快速扩增。3′-RACE 扩增产物在 1%琼脂糖凝胶上电泳检测。

把扩增的产物回收后连接转化，挑选阳性克隆进行序列测定。3′-RACE 结果如下：GGCAGCCACCACTAGCTCCGCTAACACTGCCGTGGGAAGCGGTGGTG

TTAGATCTCATGAGTGTTCGATTTGTCATAAGTCGTTTCCGACGGGACAGGC
TCTGGGTGGACACAAACGTTGTCACTACGAAGGCGGTCATGGTGCGGCTGT
AACTGTTTCTGAAGGTGTGGGATCCACACATACTGTCAGTCATCGTGATTTC
GATCTCAACACCCCGGCTTTTCCGGAGGTTTTTAATAAGGTCGGAGAAGACG
AGGTTGAGAGTCCTCACCCTGTGGTGATGATGAAGAAGCCTCGTGTTTCTGT
TTTACCCAAGATTGAAATTCCTCATCATCTTCAATGAATAATTAGTTGAATTAT
ATAGATTGTAGATTTAGTGAAATCTTCGATAGTAATGTTAATTTTTTGTTTTT
TTAATTATTTGGAAAATTTTGAGAATTATTTGATTTTTTATATGGGGATTGGGG
GACTCTTGGACTCTGTTTTTTTTGTTGTTGTGTGTGTTCTTTAGATTGTACTTT
AATTTTGATTTTGTTGGTGGAAATTCAATTCTATTCAATTTATTTATTGAATTAT
ATTTCTGTGAAATATATGAATACTGATTGGTGGCGAAAAAAAAAAAAAAAAA
AAAAAAAA

（3）*ZF3* 的 3′端扩增及测序

依据本实验室构建的 cDNA 文库（Gao et al.，2008）中已有的一条 EST 序列 mh2_0038_A07.ab1，设计 2 条特异性引物 3′-GSP(5′-GACGACGATTCCGACTCAG ACGCTATT-3′) 和 3′-NGSP（5′-AGTGTTGGCTCCACCCTGCTCGTT-3′）进行 3′ cDNA 末端快速扩增。3′-RACE 扩增产物在 1%琼脂糖凝胶上电泳检测。

把扩增的产物回收后连接转化，挑选阳性克隆进行序列测定。3′-RACE 结果 如下：AGTGTTGGCTCCACCCTGCTCGTTACCGGACTCAGCCATGCAAAGACG
GAACAAGTTGCCGCCGGCGAGTTTGTTTTTTCGCTCACACGTCGGAGCAAC
TCAGGACTCCGACGCAGCAGAGTCCCCGGAGCGTAAACTCCACCGATTCAT
ACGACGGTTCTCCTCTGAGGCTGGCGATTGAGTCTTCCTGTGTTAAATCACT
TCCTTTCATGTCTTCTCCCGGTTCGGTTTCTCCGCCGGTAGAGTCTCCACCGA
TGTCTCCATTGACATCTTCGCTTGGAAGGTCTTTTGGTTTTGGTTCTGTGAAT
GTGAATGAAATGGTGGTTTCTCTGAGAAATTTACAACTTGGTAAAATGAAGT
CGTTACCTTCTTCTTGGAATGTTCAAATGGGATCTCCTCGATTCGGATCTCCA
AGAGGACCCGTGATCCGACCCGGATTTTGTAGCTTGCCCACGACGCCTACAC
AGACGCCGAATCGCAGCGGTGTTAATCATTTTGATCTTTGGGATCAGAGGTG
TGAGGAGGAGCCTGCGATGGAGAGGGTTGAATCTGGAAGGGACATAAGAG
TGAAGATGTTTGAGAAACTTAGCAAAGAAAATTCTCTTGATAGATCGGGTTT
GGGTTCGGGTTCGGGTTCGGGTCAGGTTGATGGGGCTCCGGATGTTGGATG
GGTTTCGGAGCTAGTGAGCCCTTTCTTGGGCTGATTGTTGCTGCTGATTTCAT
TTTGGGGTCGTCTTTGGTTTCCACTTTTGGACAAGATTTAATTTTCTAAGTGT
ATCTATGTAAATATCTTATTATTGTCAAGGTTATGATGGGGAATTGAAGTGA
AGAATTTAAGTTCTTTTTTTGGAAGGTTTTCTTGGAAAATCCAGACGACCAGT
AATTCTTGATTTGCAAGATAAAAAGTTATCTTAAGCTTAGCTTTTTTTTGTATA
TAGGCTGGCAATATTATTCCTGTATTTTTAACTTCAGTGTTAATTATTATTAATG
TCTCCTAGCTAATTTCGTGTTGGTGATGTATATTTGAATTTTCTTATCCGTTGT

AGGATCCAAACTCATTGTGTTCAATTATGTAAACAATCTATATTATTCTAAGTT
GTGTAAAAAAAAAAAAAAAAAAAAAAAAAAAA

2. 基因 cDNA 和 DNA 序列全长的分离及克隆

ZF1、*ZF2* 和 *ZF3* 采用 3′-RACE 扩增出的条带，经回收、克隆测序后，分别与原有的 EST 序列进行拼接。根据拼接序列设计两端引物，以鹰嘴豆叶片所提取的 DNA、RNA 为材料，分别进行基因的 DNA 及 cDNA 全长的扩增。用于扩增 *ZF1* 基因的一对引物为 5′-ATCAATCACATGGCTTTGGA-3′和 5′-TATTGATCAGTA TTGAGGGATTTC-3′,用于扩增 *ZF2* 基因的一对引物为 5′-CCCAAAACATGGCTC TAGAA-3′和 5′-AATTATTCATTGAAGATGATGAGG-3′,用于扩增 *ZF3* 基因的一对引物为 5′-CCATGTCGATGATGTTAGGG-3′和 5′-AATCAGCAGCAACAATCAGC-3′。

1）获得的 *ZF1* 全长 cDNA 序列如下：

ATCAATCACATGGCTTTGGAATCCCTCAAATCACCCACCACCGTCACTC
ATTCATTCACTTCCTTTGAAATTGAAGAACCTAATCACAGTTACATCAATACA
CCGTGGACCAAACGTAAACGTTCAAAGCGTTCTCGTATGGATAGCCACAATC
ACCAATCTTCATGCACTGAAGAAGAAGAGTACCTCGCTCTCTGTCTCATCAT
GCTCGCTCGCGGTGGCAAAGAAACTATCTCCACCGCCAAATCACCTATTCTA
TCGCCGCCGGTAACCACCACCGCTAAGCTCAGTCATAAATGCTCTGTTTGCA
ACAAAGCTTTTTCATCTTACCAAGCACTTGGCGGACACAAAGCTAGCCACA
GGAAACTCGCCGTTATTACCACCGCTGAAGATCAATCCACCACCTCATCAGC
CGTGACGACAAGCTCCGCATCCAACGGTGGAGGTAAGATCAAGACTCATGA
ATGCTCCATCTGTCATAAATCCTTCCCTACAGGACAGGCTTTGGGAGGTCAC
AAGCGTTGCCACTACGAAGGCGGTGCCGGTGGTGGAAACAGCGCCGTAACT
GCTTCTGAAGGAGTTGGATCGTCTCATAGCCACCACCGTGACTTCGATCTTA
ACCTCCCGGCTTTTCCGGACTTTTCAAAGAAGTTTTTCGTGGATGATGAGGT
TTCCAGCCCTCTACCTGCAGCGAAGAAGCCGTGTCTTTTCAATATGGCAGAG
ATTGAAATCCCTCAATACTGATCAATA

该序列已递交到 GenBank 数据库，登录号为：FJ212172。

2）获得的 *ZF2* 全长 cDNA 序列如下：

CCCAAAACATGGCTCTAGAAGCTCTTAACTCACCCACAACCACTACCCC
AAAATTCACATTCAATGAACCAACTCTTCGTTACCCTGAAGAACCATGGACA
AAACGAAAGCGTTCAAAGCGTTCATCACGTTCATGCACCGAAGAAGAGTAT
CTCGCTCTCTGTCTCATCATGCTCGCTCGCGGCAACACAAACCGCCACGATT
TTTACTCATTACCGGCAACCGGTTCCTCCGGTGACACAACCAAACTCAGTTA
CAAATGTTCCGTTTGTAACAAAGAGTTTCCTTCTTATCAAGCACTTGGTGGA
CACAAAGCAAGTCACCGGAAACACACCACCGTCGGCGACGACCAATCAAC
TTCGTCGGCAGCCACCACTAGCTCCGCTAACACTGCCGTGGGAAGCGGTGG
TGTTAGATCTCATGAGTGTTCGATTTGTCATAAGTCGTTTCCGACGGGACAG

GCTCTGGGTGGACACAAACGTTGTCACTACGAAGGCGGTCATGGTGCGGCT
GTAACTGTTTCTGAAGGTGTGGGATCCACACATACTGTCAGTCATCGTGATT
TCGATCTCAACATCCCGGCTTTTCCGGAGGTTTTTAATAAGGTCGGAGAAGA
CGAGGTTGAGAGTCCTCACCCTGTGGTGATGATGAAGAAGCCTCGTGTCTC
TGTTTTACCCAAGATTGAAATTCCTCATCATCTTCAATGAATAATTAGTTGAAT
TATATAGATTGTAGATTAGTGAAATCTTCGATAGTAATGTTAATTTTTTTGTTT
TTTAATTATTTGGAAAATTTTGAGAATTATTTGATTTTTTATATGGGGATTGG
GGGACTCTTGGACTCTGTTTTTTTTGTTGTTGTGTGTGTTCTTTAGATTGTAC
TTTAATTTTGATTTTGTTGGTGGAAATTCAATTCTATTCAATTTATTTATTGAAT
TATATTTCTGTGAAAATATATGAATACTGATTGGTGGCGAAAAAAAAAAAAA
AAAAAAAAAAAA

该序列已递交到 GenBank 数据库，登录号为：FJ212174。

3）获得的 *ZF3* 全长 cDNA 序列如下：

CCATGTCGATGATGTTAGGGGAACCACCTCATCGCACAAATCCAACCAT
ACACGTGCCACCGTGGCAAATGATGAGCGATTCAACGGCGGAGATCTTTTC
ACCTTTAACCACCAATGACGATTACTCTCCGTACTATTTGCAAGAAGCGCTTA
GCGCTCTTCAGCACTATATACCCTCCAACGAACACGACGACGATTCCGACTC
AGACGCTATTCCGAGTCACGAATCGGTGGATGTTACTCGTGCGATAACTTC
CGCATGTTCGAGTTCAAGATTAGGAGATGCGCACGTGGCAGGTCACATGACT
GGACGGAGTGTCCGTACGCTCATCCCGGCGAGAAAGCTCGCCGCCGTGACC
CGAGGAAGTTTCACTATTCCGGCACGGCATGTCCCGATTTTCGCAAAGGAAG
TTGCAAGAAAGGCGATTCGTGTGAATTCGCGCATGGAGTTTTTGAGTGTTGG
CTCCACCCTGCTCGTTACCGGACTCAGCCATGCAAAGACGGAACAAGTTGC
CGCCGGCGAGTTTGTTTTTTCGCTCACACGTCGGAGCAACTCAGGACTCCG
ACGCAGCAGAGTCCCCGGAGCGTAAACTCCACCGATTCATACGACGGTTCT
CCTCTGAGGCTGGCGATTGAGTCTTCCTGTGTTAAATCACTTCCTTTCATGTC
TTCTCCCGGTTCGGTTTCTCCGCCGGTAGAGTCTCCACCGATGTCTCCATTGA
CATCTTCGCTTGGAAGGTCTTTTGGTTTTGGTTCTGTGAATGTGAATGAAATG
GTGGTTTCTCTGAGAAATTTACAACTTGGTAAAATGAAGTCGTTACCTTCTTC
TTGGAATGTTCAAATGGGATCTCCTCGATTCGGATCTCCAAGAGGACCCGTG
ATCCGACCCGGATTTTGTAGCTTGCCCACGACGCCTACACAGACGCCGAATC
GCAGCGGTGTTAATCATTTTGATCTTTGGGATCAGAGGTGTGAGGAGGAGCC
TGCGATGGAGAGGGTTGAATCTGGAAGGGACATAAGAGTGAAGATGTTTGA
GAAACTTAGCAAAGAAAATTCTCTTGATAGATCGGGTTTGGGTTCGGGTTCG
GGTTCGGGTCAGGTTGATGGGGCTCCGGATGTTGGATGGGTTTCGGAGCTAG
TGAGCCCTTCTTGGGCTGATTGTTGCTGCTGATTTCATTTTGGGGTCGTCTT
TGGTTTCCACTTTTGGACAAGATTTAATTTTCTAAGTGTATCTATGTAAATATA
TCTTATTATTGTCAAGGTTATGATGGGGAATTGAAGTGAAGAATTTAAGTTCT
TTTTTGGAAGGTTTTCTTGGAAAATCCAGACGACCAGTAATTCTTGATTTGC

AAGATAAAAAGTTATCTTAAGCTTAGCTTTTTTTTTTGTATATAGGCTGGCAATAT
TATTCCTGTATTTTTAACTTCAGTGTTAATTATTATTAATGTCTCCTAGCTAATT
TCGTGTTGGTGATGTATATTTGAATTTTCTTATCCGTTGTAGGATCCAAACTCA
TTGTGTTCAATTATGTAAACAATCTATATTATTCTAAGTTGTGTAAAAAAAAA
AAAAAAAAAAAAAAAA

该序列已递交到 GenBank 数据库，登录号为：FJ212173。

以鹰嘴豆幼苗叶片所提 DNA 为模板，分别扩增 *ZF1*、*ZF2*、*ZF3* 的 DNA 全长序列，结果表明这 3 个基因均不含内含子。

3. 生物信息学分析

（1）*ZF1* 的生物信息学分析

1）可读框　将获得的 *ZF1* 序列，分别用序列分析软件 BioXM 和 ORF Finder（http://www.ncbi.nlm.nih.gov/gorf/gorf.html）分析其可读框（ORF），两者都显示在其 cDNA 的第 10～744 处有一个完整的可读框，编码 244 个氨基酸。

2）同源性分析　对 NCBI 的 nr 数据库进行 BlastX，发现 ZF1 与苜蓿 Mszpt2-1（CAB77055）的氨基酸一致性为 71%（Frugier et al.，2000），与苜蓿 Mt-ZFP1（AAP81810）的氨基酸一致性为 60%（Xu and Ma，2004），与大豆 SCOF-1（AAB39638）的氨基酸一致性为 56%（Kim et al.，2001），与长春花 ZCT3（CAF74935）的氨基酸一致性为 55%，与辣椒 CAZFP1（AAQ10954）的氨基酸一致性为 51%（Kim et al.，2004），与烟草 PIF1（AAQ54303）的氨基酸一致性为 51%，与矮牵牛 EPF2-7（BAA05079）的氨基酸一致性为 52%（Takatsuji et al.，1994），与烟草 ZFT1（BAE17114）的氨基酸一致性为 49%（Uehara et al.，2005）。

Mszpt2-1 是一个与固定氮根瘤组织形成相关的锌指蛋白，表达于植物生长组织，如根、茎、叶，高表达于花及自发的节结组织中（Frugier et al.，2000）。Mt-ZFP1 受细胞分裂素诱导表达，而 ABA、JA 抑制该基因的表达（Xu and Ma，2004）。SCOF-1 受低温和 ABA 诱导表达，能够提高转基因拟南芥、烟草和甘薯的抗冷特性（Kim et al.，2001，2011）。因此，推测 ZF1 可能与胁迫相关。

3）蛋白质功能位点分析预测　InterProScan 预测显示 ZF1 是一个 C2H2 型锌指蛋白转录因子。

4）氨基酸多序列比对　*ZF1* 基因编码一条 244 个氨基酸残基的多肽，分子质量为 26.33kDa，等电点为 8.58。*ZF1* 编码产物含有两个典型的 Cys2/His2 锌指结构，2 个锌指结构都包含植物所特有的 QALGGH 保守序列。在 N 端含有一个可能的核定位信号序列 KXKRSKRXR（B-box）及一个富含亮氨酸的疏水区 L-box，其中心序列为 EXEXXAXCLXXL，可能与 DNA 的结合有关（Sakamoto et al.，2000）；C 端有一个保守的 FDLN-box，是一个可能的功能抑制区（Sakamoto et al.，2004）。

5) 进化树分析　进化树分析表明，ZF1 与苜蓿 Mszpt2-1（CAB77055）亲缘关系最近。

（2）*ZF2* 的生物信息学分析

1) 可读框的查找　将得到的 *ZF2* 序列，分别用序列分析软件 BioXM 和 ORF Finder（http://www.ncbi.nlm.nih.gov/gorf/gorf.html）分析候选基因的可读框，两者都显示在其 cDNA 的第 9~707 处有一个完整的可读框，编码 232 个氨基酸。

2) 同源性分析　对 NCBI 的 nr 数据库进行 BlastX，发现 ZF2 与苜蓿 Mt-ZFP1（AAP81810）的氨基酸一致性为 72%（Xu and Ma，2004），与大豆 SCOF-1（AAB39638）的氨基酸一致性为 62%（Kim et al.，2001），与苜蓿 Mszpt2-1（CAB77055）的氨基酸一致性为 58%（Frugier et al.，2000），与长春花 ZCT3（CAF74935）的氨基酸一致性为 53%，与辣椒 CAZFP1（AAQ10954）的氨基酸一致性为 53%（Kim et al.，2004），与烟草 PIF1（AAQ54303）的氨基酸一致性为 56%，与烟草 ZFT1（BAE17114）的氨基酸一致性为 56%（Uehara et al.，2005），与矮牵牛 EPF2-7（BAA05079）的氨基酸一致性为 54%（Takatsuji et al.，1994）。

3) 蛋白质功能位点分析预测　InterProScan 预测显示 ZF2 是一个 C2H2 型锌指蛋白转录因子。

4) 氨基酸多序列比对　*ZF2* 基因编码一条 232 个氨基酸残基的多肽，分子质量为 25.30kDa，等电点为 8.65。*ZF2* 编码产物含有两个典型的 Cys2/His2 锌指结构，2 个锌指结构都包含植物所特有的 QALGGH 保守序列。在 N 端含有一个可能的核定位信号序列 KXKRSKRXR（B-box）及一个富含亮氨酸的疏水区 L-box，其中心序列为 EXEXXAXCLXXL，可能与 DNA 的结合有关（Sakamoto et al.，2000）；C 端有一个保守的 DLN/EAR 基序，是一个可能的功能抑制区（Sakamoto et al.，2004）。

5) 进化树分析　进化树分析表明，*ZF2* 基因与苜蓿的 Mt-ZFP1（AAP81810）亲缘关系最近。

（3）*ZF3* 的生物信息学分析

1) 可读框的查找　将得到的 *ZF3* 序列，分别用序列分析软件 BioXM 和 ORF Finder（http://www.ncbi.nlm.nih.gov/gorf/gorf.html）分析候选基因的可读框，两者都显示在其 cDNA 的第 3~1160 处有一个完整的可读框，编码 385 个氨基酸。

2) 同源性分析　对 NCBI 的 nr 数据库进行 BlastX，发现 ZF3 与葡萄 XP_002283114 的氨基酸一致性为 66%，与葡萄 CAN81808 的氨基酸一致性为 65%（Velasco et al.，2007），与白杨 ABK92961 的氨基酸一致性为 55%（Ralph et al.，2008），与拟南芥 AT2G19810 的氨基酸一致性为 55%，与拟南芥 AT4G29190 的氨基酸一致性为 54%。

3）蛋白质功能位点分析预测　InterProScan 预测显示 ZF3 是一个 C3H 型锌指蛋白转录因子。

4）氨基酸多序列比对　ZF3 基因编码一条 385 个氨基酸残基的多肽，分子质量为 42.9kDa，等电点为 6.64。ZF3 编码产物含有两个比较典型的 C3H 型锌指元件（CX₇CX₅CX₃H，CX₅CX₄CX₃H），两个锌指元件之间有 16 个氨基酸的间隔，属于一个研究比较少的 CCCH 型锌指蛋白家族。氨基酸的多序列比对结果表明，ZF3 与动植物中的一些锌指蛋白同源性很高，都含有两个保守的 C3H 型锌指，但是连接两个锌指间的间隔和锌指中保守的氨基酸间的间隔不同。

5）进化树分析　进化树分析表明，ZF3 与拟南芥中一簇锌指蛋白在系统进化关系上最近。该类蛋白为 SRZFP 锌指蛋白亚家族（郭英慧，2007），拟南芥芯片表达分析表明，该亚家族锌指蛋白基因均受不同生物和非生物胁迫的诱导表达，其不同成员可能在响应不同的生物和非生物胁迫信号交叉途径中发挥着重要作用。例如，At4g29190 基因的表达受到水杨酸（SA）、高盐和甘露醇的诱导，At5g44260 基因的表达受到渗透胁迫、热、冷、ABA 及乙烯等诱导。

二、鹰嘴豆锌指蛋白基因 *ZF1*、*ZF2* 和 *ZF3* 的表达分析

1. *ZF1* 的表达分析

（1）组织特异性表达分析

为了明确 *ZF1* 基因在不同器官中的表达特征，本研究采用半定量 RT-PCR 方法，同时以本实验室克隆的、在鹰嘴豆不同细胞中稳定表达的 *CarACT1* 基因（Peng et al.，2010），作为内参基因。结果表明，该基因在两周龄鹰嘴豆幼苗的根、茎、叶、花、幼荚及幼胚中均表达（图 5-1），其中在茎和叶中表达较弱。

图 5-1　*ZF1* 基因在不同器官中的表达
R. 根；S. 茎；L. 叶；F. 花；Ip. 幼荚；E. 幼胚；M. DNA 分子量标记 DL2000

（2）在叶片衰老、种子发育及发芽时期的表达分析

ZF1 基因在叶片衰老及种子发育过程中的表达量没有明显变化，而且在叶片衰老过程中的表达量很低；而在种子发芽阶段，*ZF1* 基因在种子吸胀 2h 时表达，然后表达量下降，在吸胀 24h 时表达量上升，至吸胀 48h 时表达量基本保持平稳（图 5-2）。

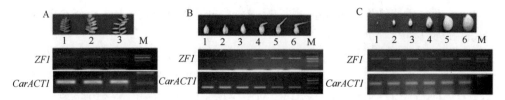

图 5-2　*ZF1* 基因在叶片衰老、种子发育及发芽过程中的表达

A. *ZF1* 基因在叶片衰老各个时期的表达；泳道 1～3 分别表示早期、中期和末期叶片；B. *ZF1* 基因在种子发芽各个阶段的表达；泳道 1～6 分别表示浸泡 12h 后再置于培养皿中发芽 2h、6h、12h、24h、36h、48h 的种子；C. *ZF1* 基因在种子发育过程中的表达；泳道 1～6 分别表示开花后 5d、10d、15d、20d、25d、30d 的种子；M. DNA 分子量标记 DL2000

（3）非生物胁迫和激素处理下的表达分析

采用半定量 RT-PCR 揭示 *ZF1* 基因在不同激素处理及非生物胁迫下幼苗叶片中的表达状况，结果如图 5-3 所示。

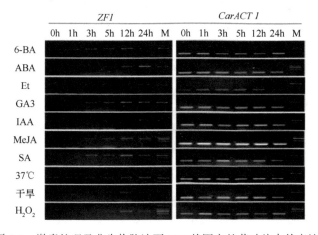

图 5-3　激素处理及非生物胁迫下 *ZF1* 基因在幼苗叶片中的表达

6-BA. 6-苄基腺嘌呤；ABA. 脱落酸；Et. 乙烯利；GA3. 赤霉素；IAA. 吲哚-3-乙酸；MeJA. 茉莉酸甲酯；SA. 水杨酸；H_2O_2. 双氧水；M. DNA 分子量标记 DL2000

在干旱（空气干旱）和双氧水（H_2O_2，50μmol/L）胁迫下，*ZF1* 基因表达呈现出相同的规律，即在 12h 时表达量达最大，之后表达量略有下降。而在高温（37℃）处理下，*ZF1* 基因表达量呈逐渐上升趋势。

ZF1 基因在茉莉酸甲酯（MeJA，100μmol/L）和乙烯利（Et，200μmol/L）处理下，表达量逐渐升高；在水杨酸（SA，100μmol/L）处理下，表达量逐渐升高，至 12h 达最大，之后略有下降。

在吲哚-3-乙酸（IAA，20μmol/L）和脱落酸（ABA，100μmol/L）处理下，*ZF1* 基因的表达量呈逐渐上升趋势；在赤霉素（GA3，100μmol/L）和 6-苄基腺嘌呤（6-BA，10μmol/L）处理下，*ZF1* 基因的表达量逐渐升高，至 12h 时达峰值，之后略微下降或维持平稳。

此外，低温（4℃）、伤害（用捆成一束的针在叶片上扎孔）及盐（200mmol/L NaCl）处理下，24h 之内，*ZF1* 基因表达量没有明显变化（数据未展示）。

选取半定量 RT-PCR 有差异的几个处理，进行实时荧光定量 PCR 验证，结果表明，*ZF1* 基因表达量的变化趋势与半定量 RT-PCR 检测的结果一致（图 5-4）。

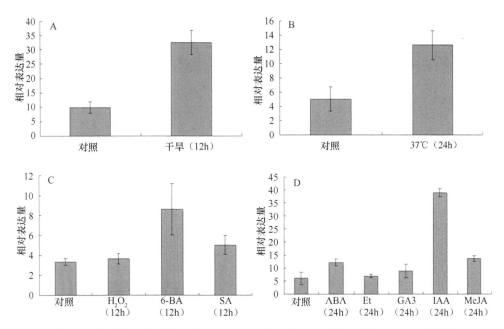

图 5-4　激素处理及非生物胁迫下 *ZF1* 基因表达的实时荧光定量 PCR 分析结果

图中括号里的为处理时间点

2. *ZF2* 的表达模式分析

（1）组织特异性表达分析

ZF2 基因在两周龄鹰嘴豆幼苗的根、茎、叶、花、幼荚及幼胚中均表达（图 5-5），其中在根中的表达量较低。

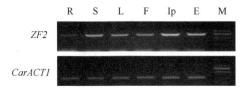

图 5-5　*ZF2* 基因在不同器官中的表达

R. 根；S. 茎；L. 叶；F. 花；Ip. 幼荚；E. 幼胚；M. DNA 分子量标记 DL2000

（2）在叶片衰老、种子发育及发芽时期的表达分析

ZF2 基因在叶片衰老及种子发育过程中的表达量没有明显变化，而且在叶片衰老过程中表达量很低；而在种子发芽阶段，*ZF2* 基因在种子吸胀 2h 时表达量最高，此后随着吸胀时间延长，表达量有所下降并维持在一个相对平稳的状态（图 5-6）。

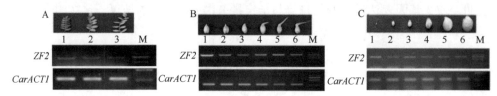

图 5-6 *ZF2* 基因在叶片衰老、种子发育及发芽过程中的表达

A. *ZF2* 基因在叶片衰老各个时期的表达，泳道 1～3 分别表示早期、中期和末期叶片；B. *ZF2* 基因在种子发芽各个阶段的表达，泳道 1～6 分别表示浸泡 12h 后再置于培养皿中发芽 2h、6h、12h、24h、36h、48h 的种子；C. *ZF2* 基因在种子发育过程中的表达，泳道 1～6 分别表示开花后 5d、10d、15d、20d、25d、30d 的种子；M. DNA 分子量标记 DL2000

（3）非生物胁迫和激素处理下的表达分析

采用半定量 RT-PCR 揭示 *ZF2* 基因在不同激素处理及非生物胁迫下幼苗叶片中的表达状况，结果如图 5-7 所示。

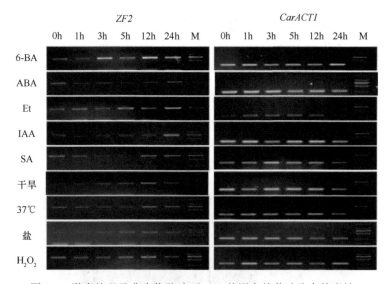

图 5-7 激素处理及非生物胁迫下 *ZF2* 基因在幼苗叶片中的表达

6-BA. 6-苄基腺嘌呤；ABA. 脱落酸；Et. 乙烯利；IAA. 吲哚-3-乙酸；SA. 水杨酸；H_2O_2. 双氧水；M. DNA 分子量标记 DL2000

在干旱（空气干旱）、高盐（200mmol/L NaCl）和双氧水（H_2O_2，50μmol/L）胁迫下，*ZF2* 基因的表达量呈逐渐升高趋势，至 12h 时达最大，之后略有下降。而在高温（37℃）胁迫下，*ZF2* 基因的表达量呈先下降趋势，之后在 12h 时达

最大值。

　　ZF2 基因在水杨酸（SA，100μmol/L）处理下呈先下降后上升的趋势，至 12h 时表达量最大。在乙烯利（Et，200μmol/L）处理后，*ZF2* 基因表达量基本呈逐渐上升趋势。

　　在吲哚-3-乙酸（IAA，20μmol/L）和脱落酸（ABA，100μmol/L）处理下，*ZF2* 基因的表达量呈逐渐上升的趋势。在 6-苄基腺嘌呤（6-BA，10μmol/L）处理下，*ZF2* 基因表达量在 3h 时达到 1 个峰值，之后有所下降，在 12h 时又达到一个峰值，此后表达量又有所下降。

　　此外，低温（4℃）、赤霉素（GA3，100μmol/L）、茉莉酸甲酯（MeJA，100μmol/L）及伤害（用捆成一束的针在叶片上扎孔）处理下，24h 之内 *ZF2* 基因表达量没有明显变化（数据未展示）。

　　选取半定量 RT-PCR 有差异的几个处理，进行实时荧光定量 PCR 验证，结果表明，*ZF2* 基因表达量的变化趋势与半定量 RT-PCR 检测的结果基本一致（图 5-8）。

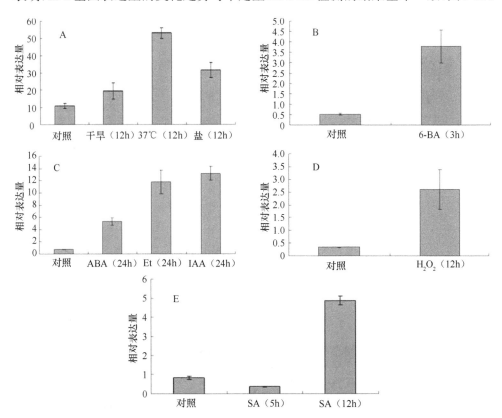

图 5-8　激素处理及非生物胁迫下 *ZF2* 基因表达的实时荧光定量 PCR 分析结果

图中括号里的为处理时间点

3. ZF3 的表达分析

（1）组织特异性表达分析

ZF3 基因在两周龄鹰嘴豆幼苗的根、茎、叶、花、幼荚及幼胚中均表达（图 5-9）。

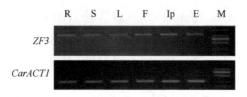

图 5-9　*ZF3* 基因在不同器官中的表达

R. 根；S. 茎；L. 叶；F. 花；Ip. 幼荚；E. 幼胚；M. DNA 分子量标记 DL2000

（2）在叶片衰老、种子发育及发芽时期的表达分析

ZF3 基因在叶片衰老及种子发育过程中的表达量没有明显变化，而且在叶片衰老过程中表达量很低；而在种子发芽阶段，*ZF3* 基因的表达量随种子吸胀时间的推移呈下降趋势（图 5-10）。

图 5-10　*ZF3* 基因在叶片衰老、种子发育及发芽过程中的表达

A. *ZF3* 基因在叶片衰老各个时期的表达，泳道 1～3 分别表示早期、中期和末期叶片；B. *ZF3* 基因在种子发芽各个阶段的表达，泳道 1～6 分别表示浸泡 12h 后再置于培养皿中发芽 2h、6h、12h、24h、36h、48h 的种子；C. *ZF3* 基因在种子发育过程中的表达，泳道 1～6 分别表示开花后 5d、10d、15d、20d、25d、30d 的种子；M. DNA 分子量标记 DL2000

（3）非生物胁迫和激素处理下的表达分析

采用半定量 RT-PCR 揭示 *ZF3* 在不同激素处理及非生物胁迫下幼苗叶片中的表达状况，结果如图 5-11 所示。

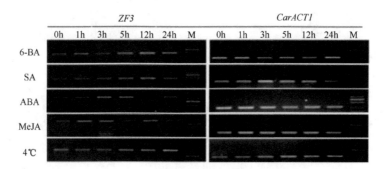

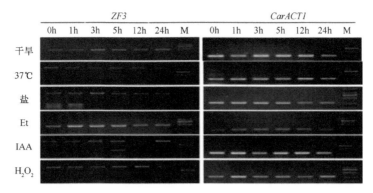

图 5-11　激素处理及非生物胁迫下 *ZF3* 基因在幼苗叶片中的表达

6-BA. 6-苄基腺嘌呤；SA. 水杨酸；ABA. 脱落酸；MeJA. 茉莉酸甲酯；Et. 乙烯利；IAA. 吲哚-3-乙酸；H₂O₂. 双氧水；M. DNA 分子量标记 DL2000

$\qquad$在干旱（空气干旱）和高盐（200mmol/L NaCl）处理下，*ZF3* 基因的表达量在 3h 时达最大，之后有所下降。在双氧水（H_2O_2，50μmol/L）胁迫下，*ZF3* 基因的表达量呈逐渐上升趋势，至 12h 时达最大，之后略有下降。在低温（4℃）处理下，*ZF3* 基因的表达量呈逐渐上升趋势，而在高温（37℃）处理下，*ZF3* 基因表达量呈逐渐下降趋势。

$\qquad$在 6-苄基腺嘌呤（6-BA，10μmol/L）处理下，*ZF3* 基因的表达量呈先下降后升高的趋势，至 12h 达最大。在水杨酸（SA，100μmol/L）处理下，*ZF3* 基因的表达量呈逐渐上升的趋势，至 12h 时达最大，之后略有下降。

$\qquad$在脱落酸（ABA，100μmol/L）和吲哚-3-乙酸（IAA，20μmol/L）处理下，*ZF3* 基因的表达量呈先增加后降低，之后再增加的趋势。在茉莉酸甲酯（MeJA，100μmol/L）处理下，*ZF3* 基因的表达量呈先增加后降低，之后再增加的趋势。在乙烯利（Et，200μmol/L）处理下，*ZF3* 基因的表达量呈逐渐降低的趋势。

$\qquad$此外，伤害（用捆成一束的针在叶片上扎孔）和赤霉素（GA3，100μmol/L）处理下，24h 之内，*ZF3* 基因的表达量没有明显变化（数据未展示）。

$\qquad$选取半定量 PCR 有差异的几个处理，进行实时荧光定量 PCR 验证，结果表明，*ZF3* 基因表达量的变化趋势与半定量 RT-PCR 检测的结果基本一致（图 5-12）。

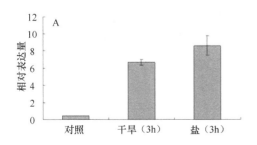
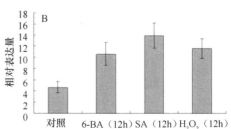

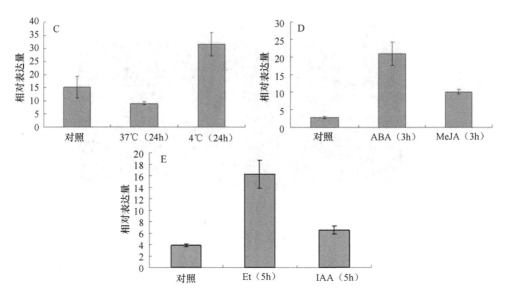

图 5-12　激素处理及非生物胁迫下 *ZF3* 基因表达的实时荧光定量 PCR 分析结果

图中括号里的为处理时间点

三、鹰嘴豆锌指蛋白 ZF1、ZF2 和 ZF3 的亚细胞定位

1. ZF1 蛋白亚细胞定位

ZF1 编码产物的 N 端包含有 KXKRSKRXR 结构域,类似于猿病毒 40(SV40)-型核定位信号(Kalderon et al.,1984)。为了确认该蛋白是否定位于细胞核,利用农杆菌介导法将构建的融合表达载体转化洋葱表皮细胞,在激光共聚焦显微镜下进行观察,结果表明该融合蛋白分布在细胞核中,而不含 *ZF1* 的对照绿色荧光蛋白(green fluorescent protein,GFP)分布在整个细胞中(图 5-13)。说明 *ZF1* 基因编码的产物定位于细胞核中。

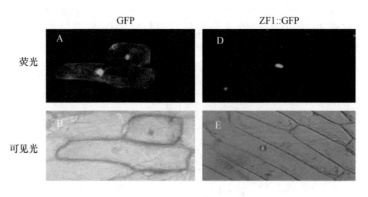

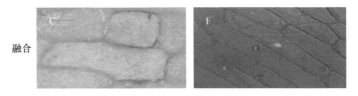

图 5-13　ZF1 蛋白在洋葱表皮细胞的亚细胞定位（×200）

2. ZF2 蛋白亚细胞定位

ZF2 基因编码产物的 N 端含有一个可能的核定位信号。为了确认该蛋白是否定位于细胞核，利用农杆菌介导法将构建的融合表达载体转化洋葱表皮细胞，结果表明，该融合蛋白分布在细胞核中，而不含 *ZF2* 的对照 GFP 蛋白分布在整个细胞中（图 5-14）。说明 *ZF2* 基因编码的产物定位于细胞核。

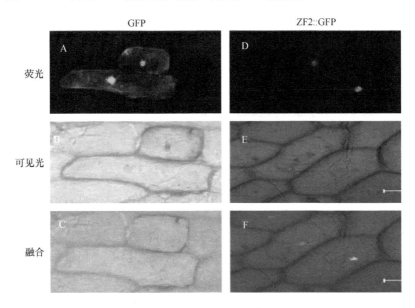

图 5-14　ZF2 蛋白在洋葱表皮细胞的亚细胞定位（×200）

3. ZF3 蛋白亚细胞定位

用 LOCtree（http://www.rostlab.org/cgi/var/nair/loctree/query）在线进行蛋白亚细胞定位分析，预测 ZF3 蛋白定位于细胞核内，但未预测到已知的核定位信号序列（NLS）。为了确定 ZF3 蛋白在细胞内定位情况，以农杆菌侵染的方法转化洋葱表皮细胞，结果表明表达的 ZF3::GFP 蛋白集中于细胞核，而作为对照表达的 GFP 蛋白在整个细胞内呈现均匀分布（图 5-15）。说明 ZF3 蛋白确实定位于细胞核内，这也与其亚细胞定位预测分析结果一致。

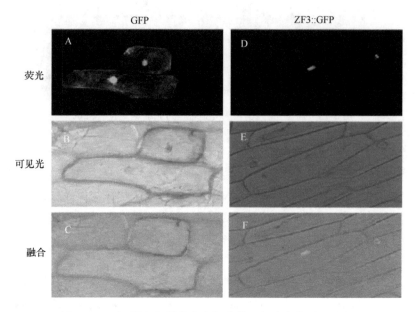

图 5-15　ZF3 蛋白在洋葱表皮细胞的亚细胞定位（×200）

四、*ZF2* 基因启动子及其过表达分析

1. *ZF2* 基因启动子中的顺式作用元件

以 NCBI（http://www.ncbi.nlm.nih.gov/）公布的 *ZF2* 基因上游的 2500bp 的 DNA 序列为模板，设计一对引物 5′-GTTTAGGTTTGGCTGGTTGGC-3′和 5′-GGT AGTGGTTGTGGGTGAGTT-3′对鹰嘴豆总 DNA 进行扩增，1.5%琼脂糖凝胶电泳进行检测，扩增得到了 2500bp 左右的条带。将该条带胶回收，连接 pMD19 载体，转化到大肠杆菌 DH5α 中。经测序分析，证实获得了 *ZF2* 基因上游 2461bp 的序列。

ZF2 基因启动子序列（ATG 上游 2461bp）如下：

CGTCTTTTCAAAGGGTCTTTTTTATAAATTTCTATGACGCAACATATTAAC
TTATTGTAAATTGATTCAACATTAATATAATCTAACTAAAGATTAATTTATCTCT
AAAATTTATGTGATGTCATAAATAAATAATTGATAAATTAGATTATAAAACTTA
AATCTCATAACCAAAATCACTAAGCTACCTTCGTCGTGGCATTATGTAACATG
TATGCTATGTGAAGACCATGGAAGAAGAATATCGTTAGCAACATGGATCGGC
AATACACTATTTTTTCAATTTTGCTAGTGTAAAAATCACCCAACTCATGTGAA
GGAAAAATAGAAAAAAAGGGAAGGAGATAATAAGATGGAAAAAAAAAATG
TAAGGAGAAAGTGTACAAAAGAATCAAGATTAAAATTATTATACTAACATAC
ATGTAATATGCCACTATAAGTCTACTCCACTTGGTGACGAGAGTCTACACCCC
AACAAGAAAACTCTCCCATGTGTAATGAATGATTTGTTTCCTCTTTTTCAAAT
TACCTACCGTGTAACAAACCATACCACAGCCCAAATGCTGATGGCGTGTGCC

TGTCTCTTAAATGCGTGATGCAATTTTGTATCAACTACAAAATCAATTTTATTT
TACCATTTATATATGTCTTTCTAATATAAAATTTGCATTTGTCATAATTCATATAT
GAAAATGTTATTATCTAAAATACATTTTTATTAAATAAAAATTAAGACGAGA
GATGGTGCATTGGTCTAAGGTAGATAAAATTTTAGGATTCACTAAATGTTTAT
AAAATAATTTGTAGTTGTTCATCTAATTAATATCAAACGTTCAATATATATTATT
TTACTACTAGATCAAATCATTGTAGTTTCTAACGTATTTTTTATTTATTTTAATA
CTTACTCTTCAATTAGTTAAATTAAGATGGGTCCAGTCAAATTTATATAGAATT
CAAGTGGTTAATAGCATATTAGAAAAAATGCTATTAGTACATTCTCTAACAAA
CTTTTTTTAATACACACTCTTCAATTATTTGAAATTAAGACGAATCTCATAAAA
TTTACGTGGACTCAAGTAGTCGACGAGTTTCAATCTTTTGAGTAATTTGAATT
TTAATTAGAACAATATTTTTTTCAATAGACAATATTAATAATCAATATTGTTAAT
ATTGTTAGAATTTATTGAGAGAGAAATTTGAACTGCAACTTCTTTATTACTTC
ACTTCTTAATGTCACCTCAATTACCAAACCAATATTATATCCTAAAATTAAAAT
AATTTTAACTAGACTTTACTTAATGACGTGTTAGTTCAAATGCGAGATGTGAG
ATTTTAATAGAGGGGGAAAAGTTGAGACATGATTGATTCAAAAGATGAAATA
AATGAAATTTTTAATAATTTTGTATTTTTTTTTGGTGGATGAGAAATTTTTTAA
TTAATACGTAAGTTATTTTTGTTACACCATCTGAACACAAACTTAAAAGTATT
TCAGTTTCTCCTCCCTTTATTTATATCCAAGCAAACACCAAAGTATTTCATATT
TTCCCCTTTATTTATATCCAAGCAAACACCTTAGTCGTTTTGCACGTAATAAA
ACCTCATTCCCATAAGAGTTAATAAAAGAAAAAGAGATATTGCCAAGAGTTT
TCTTAATACTATGTATATCCTATATATGACGTGAGAATTCGAAATGGGAATATG
ATTCAGATTCATATAATAAGCAATGAATCTATTCAGCAATGACTAACTATTTAC
TTAATATCCAAGTTGCAAATGAAATGAATATATAGTACTAGTGTTGTTTTTAAA
GGTCGGCCCCTAAATTTGTTGACAAGGAAAAGTCGTTGTTAGTTACTAACTA
GCGTGCCGGCTGCTGTGGATGGATCAGATCCTAATCTGTGACCGCGTTTCTT
CACTTTACTTACACCCCTCTTAAATCAATTCAAATAAACAAACACAAGAACC
TTTCTTTTCTACTTTATTCAATTTTGACTAGAACCTTCTCTTGGATTTTCAATT
CTGAATTCTGAATTAGTCTTCCTTCCAATTTCACTCGCCTAAAATTGGTTCTT
TCTCAGTCCCTTCTCCACTTCTCTCAATGTCAATACCTTATTCTCATTGATTTA
GATTAACATCAATAACTCTACACAATTAGATTAAACTGACACTTTATTCTCCC
AACTCAAAACCCAAAAATAACTTGAGTCCCATATAGTGACACTGACACTTTA
TTTGACCGACTTAAACTCACAGTTGCCCACCAAACGTGCTCCACTCTAAAAT
CCAACTGTATTATATTATTTTAATTACTTAAATTAGCTTGCCCACCGCGCTTAC
TTGCACACCACTTGTCACGCAACTTCCCCTCAAATTCTAACCTCCTTATAAAC
CCACATCAACACACACACTTTTCACTCATCACAAACAATAACTCAAAAAATT
CAATATACCCAAAAC

　　将分离得到的 *ZF2* 基因 2461bp 启动子序列提交到顺式作用元件预测网站
PLACE（http://www.dna.affrc.go.jp/PLACE/signalup.html）进行分析，发现该启动
子序列中含有多种响应胁迫和激素诱导的顺式作用元件（表 5-1），包括 3 个 MYB

结合元件、11 个 MYC 结合元件和 1 个 DRE/CRT 元件，这些元件均能够响应干旱胁迫诱导；8 个 W-box 元件和 6 个 GT-1 元件，能够响应病菌侵染信号及盐胁迫；2 个 PRE 元件，该元件与脯氨酸的合成相关，能够响应渗透胁迫诱导；此外，还有 4 个响应 ABA 信号的 ABRE 元件及 1 个响应低温诱导的 LTRE 元件。

表 5-1 *ZF2* 基因的启动子顺式作用元件分析

顺式作用元件	核心序列	位置	功能
W-box	TGAC/TTGAC	−226、−243、−296、−470、−559、−631、−785、−2428	响应 SA、GA 和病菌侵染信号
MYB 识别位点	CNGTTR/WAACCA	−1211、−1921、−2295	响应干旱和 ABA 信号
PRE	ACTCAT	−45、−2155	响应脯氨酸和渗透胁迫信号
MYC 识别位点	CANNTG	−113、−174、−208、−688、−996、−1146、−1504、−1795、−1905、−2015、−2152	响应干旱、低温和 ABA 信号
GT-1 基序	GAAAAA	−836、−1483、−1774、−2107、−2135、−2143	响应病菌侵染和盐胁迫信号
GARE	TAACAAR	−1458、−1925	响应 GA 信号
ABRE	ACGTG	−194、−783、−1157、−1394	响应 ABA 信号
DRE/CRT	RYCGAC	−223	响应干旱信号
LTRE	CCGAC	−222	响应低温信号
I-box	GATAA	−1699、−2119	响应光照信号

注：转录起始位点 ATG 中 A 标记为+1，ATG 之前的第一个碱基标记为−1

2. *ZF2* 基因启动子过表达拟南芥的获得及 GUS 染色分析

为研究 *ZF2* 基因启动子的功能，将该启动子序列构建到载体 pBI121-GUS 中取代 CaMV 35S 启动子的位置。选择酶切位点 HindⅢ和 SmaⅠ双酶切载体 pBI121-GUS，用同源重组的方法连接 *ZF2* 基因启动子序列的 PCR 产物和酶切后的载体，转化大肠杆菌，挑取阳性克隆进行 PCR 验证和测序，证实获得了重组载体 ZF2-P-pBI121。

由于载体 pBI121-GUS 上带有卡那霉素（Kan）抗性基因，因此带有重组载体 ZF2-P-pBI121 的拟南芥能够在含有 Kan 的培养基上正常生长，而不带有重组质粒的野生型拟南芥则无法正常生长，利用这一特性初步筛选转基因后收获到的拟南芥种子。将 T0 代的种子经消毒涂布于含 50μg/mL Kan 的 1/2 MS 培养基上，生长 7~10d 后，大部分植株叶片发黄不能正常生长，而有些植株呈现绿色，生长不受影响。将呈现绿色的植株转移至含营养土和蛭石的花盆中，待其长至抽薹期，分单株剪取其叶片提取 DNA。分别以提取的单株 DNA 为模板，从分子水平进行转基因检测，经检测成功的株系用于后续实验。分别取 7d 左右的转基因整株幼苗，以及成熟植株的叶片、花和荚进行 GUS 染色，于立体显微镜下观察拍照。

结果所示，幼苗的叶片及茎中均能观察到蓝色，而在根中无蓝色区域，表明

GUS 基因在叶片及茎中表达。而成熟植株的染色结果表明，*GUS* 基因仅在叶片、花及荚中表达，而在茎中无表达（图 5-16）。此外，对荚的染色结果表明，幼嫩的荚中 *GUS* 基因明显表达，而成熟荚中染成蓝色的区域较少，表明 *GUS* 基因可能随着荚的成熟表达量减少。

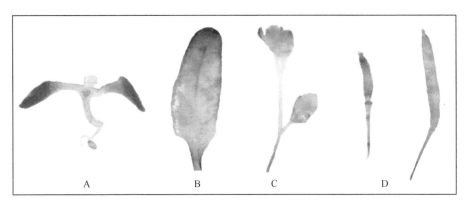

图 5-16　*ZF2* 基因启动子过表达拟南芥组织或器官的 GUS 化学染色
A. 幼苗；B. 叶片；C. 花；D. 荚

五、ZF2 蛋白转录激活活性分析

除锌指结构域外，植物 C2H2 型锌指蛋白还具有其他的结构域，比如核定位信号 NLS（B-box）、L-Box 及 DLN/EAR 基序。DLN/EAR 基序位于 C 端，最早在烟草 ERF 转录因子中被发现，其包含一段（L/F）DLN（L/F）XP 特征序列，并且研究发现该序列对于 NtERF3 的转录抑制活性是必需的，故将其命名为 EAR 基序（ERF-associated amphiphilic repression motif）。该结构域通常被认为作为转录抑制元件发挥作用（Ohta et al.，2001），如拟南芥的 STZ/ZAT10、Zat7（Sakamoto et al.，2004；Ciftci-Yilmaz et al.，2007），但并不是所有具有 DLN box/EAR 基序的锌指蛋白都是转录抑制因子。

以 pGBKT7 为载体（含酵母转录激活蛋白 GAL4 的 DNA 结合域），以 *ZF2* 基因的 ORF 为模板，分别以 5′-ATGGCCATGGAGGCCGAATTCATGGCTCTAGAAGCTCTTAAC-3′（F）和 5′-CCGCTGCAGGTCGACGGATCCGACAGTATGTGTGGATCCC-3′（R）、5′-ATGGCCATGGAGGCCGAATTCAGTCATCGTGATTTCGATC-3′（F）和 5′-CCGCTGCAGGTCGACGGATCCTCATTGAAGATGATGAGGAAT-3′（R）为引物，用同源重组的方法分别构建 *ZF2* 基因删除 DLN 结构域的 N 端重组载体 ZF2-N-BD（去除 C 端的 DLN 结构域，仅含有 N 端）和只有 DLN 结构域的 C 端的重组载体 ZF2-C-BD（仅含 C 端的 DLN 结构域）；同时构建含有 *ZF2* 基因全长 ORF 的重组载体 ZF2-FL-BD。载体 pGBKT7 包含 *Kan* 抗性基因、GAL4

激活域及 *TRP1* 筛选基因。载体的重组结构及 PCR 验证结果如图 5-17 所示。

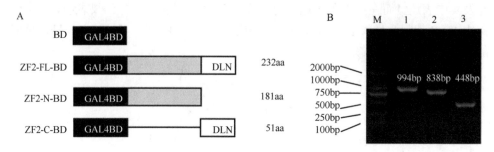

图 5-17 ZF2 蛋白结构域删减和重组载体结构示意图及重组载体的 PCR 检测结果

A. 蛋白结构域删减及其重组载体结构示意图。GAL4BD. 酵母转录激活蛋白 GAL4 的 DNA 结合域；ZF2-FL-BD. 含有 *ZF2* 基因全长 ORF 的重组载体；ZF2-N-BD. *ZF2* 基因删除 DLN 结构域的 N 端重组载体（去除 C 端的 DLN 结构域，仅含有 N 端）；ZF2-C-BD. *ZF2* 基因只有 DLN 结构域的 C 端的重组载体（仅含 C 端的 DLN 结构域）。B. 重组载体的 PCR 检测结果；泳道 1~3 分别为 ZF2-FL-BD、ZF2-N-BD 和 ZF2-C-BD；M. DNA 分子量标记 DL2000

将成功构建的重组质粒分别单独转化至酵母菌株 AH109 中，涂布于缺乏色氨酸的合成限定培养基（SD/-Trp）上，挑取单克隆点于缺乏组氨酸的合成限定培养基（SD/-His）上，30℃培养 2~3d。结果如图 5-18 所示，在 SD/-Trp 培养基上，单克隆均能够正常生长，表明重组载体成功转化到酵母中；在 SD/-His 培养基上，ZF2-FL-BD 和 ZF2-N-BD 均不能够生长，表明其在酵母体内均不具有转录激活活性，但是 ZF2-C-BD 却能够在 SD/-His 培养基上生长，而且能够被 5-溴-4-氯-3-吲哚氧基-α-D-半乳糖苷（5-bromo-4-chloro-3-indoxyl-α-D-galactopyranoside，X-α-Gal）染成蓝色，结果表明 ZF2 包含 DLN 结构域的 C 端在酵母体内具有转录激活活性。

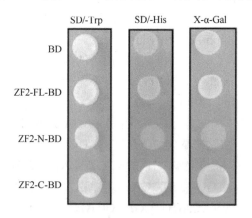

图 5-18 ZF2 蛋白转录激活活性分析

BD. 酵母载体 pGBKT7；ZF2-FL-BD. 含有 *ZF2* 基因全长 ORF 的重组载体；ZF2-N-BD. *ZF2* 基因删除 DLN 结构域的 N 端重组载体（去除 C 端的 DLN 结构域，仅含有 N 端）；ZF2-C-BD. *ZF2* 基因只有 DLN 结构域的 C 端的重组载体（仅含 C 端的 DLN 结构域）；SD/-Trp 和 SD/-His. 分别为单缺 Trp 和 His 的培养基；X-α-Gal. 采用 5-溴-4-氯-3-吲哚氧基-α-D-半乳糖苷染色本研究中，构建的重组蛋白 ZF2-FL（全长）和 ZF2-N（删除 C 端 DLN）在酵母细胞中都没有转录激活活性，而仅包含 DLN/EAR 基序的截短蛋白 ZF2-C却具有转录激活活性。类似的结果在水稻 ZFP179 蛋白和鹰嘴豆 CaZF 蛋白的研究中也出现过（Sun et al.，2010；Jain et al.，2009），ZFP179 和 CaZF 都含有DLN/EAR 基序，二者在酵母中都具有转录激活活性。

六、*ZF2* 转基因拟南芥抗旱性分析

选择酶切位点 *Sal* I 单酶切载体 pBI121-GFP 和 *ZF2* 基因的 ORF 的 PCR 产物[采用的一对扩增引物为 5′-TCCCCCGGGAATGGCTCTAGAAGCTC-3′（F）和5′-TCCCCCGGGGTTGAAGATGATGAGG-3′（R）]，连接酶切后的胶回收产物，转化大肠杆菌，挑取阳性单克隆进行 PCR 验证和测序，得到了重组载体 ZF2-pBI121。将重组质粒用液氮冻融法转化入农杆菌 EHA105 中，经 Kan 和 Rif 筛选，挑取阳性克隆，进行 PCR 验证，经验证为阳性克隆的菌液可用于下一步的拟南芥转化。

收获经农杆菌侵染的拟南芥植株的成熟种子，干燥春化后布于含 50μg/mL Kan 的 1/2 MS 固体培养基上进行筛选。将能在培养基上正常生长的幼苗转移至含蛭石和营养土的花盆中继续培养，分单株剪取适量叶片提取 DNA 和 RNA，进行分子水平的检测。结果表明，在 5 个单株（ZF2-1、ZF2-2、ZF2-3、ZF2-5、ZF2-6）中均能够检测到特异的条带，而在野生型中则检测不到该条带，表明 *ZF2* 基因能够在 CaMV 35S 启动子的作用下，在这 5 个株系中进行转录。将筛选到的株系继续在含 50μg/mL Kan 的 1/2 MS 培养基上进行筛选至 T3 代，用于后续实验。

1. 甘露醇处理下 *ZF2* 转基因拟南芥植株的根长

将生长于 1/2 MS 培养基上的幼苗转移至含 250mmol/L 甘露醇的 1/2 MS 培养基上继续生长 10d 左右，以未转移组为对照，观察其生长状况。在正常生长条件下，野生型及转基因拟南芥植株的根长和鲜重无明显差异，而在含甘露醇的培养基上生长的野生型拟南芥植株的根长和鲜重均显著低于转基因拟南芥（图 5-19），说明 *ZF2* 转基因拟南芥比野生型具有更强的耐旱性。

2. 干旱胁迫下 *ZF2* 转基因拟南芥植株的存活率

为了研究 *ZF2* 转基因拟南芥的抗旱能力，对野生型和转基因拟南芥进行干旱处理。干旱处理后，植株大都出现了萎蔫的现象，但转基因拟南芥的状况要好于野生型拟南芥（图 5-20A）。恢复浇水 3d 后，大部分 *ZF2* 转基因拟南芥能够继续生长，三个转基因株系（ZF2-1、ZF2-2、ZF2-3）的存活率分别为 83%、76% 和 82%，而野生型拟南芥出现了较大规模的死亡，存活率仅为 28%（图 5-20B）。结果说明 *ZF2*基因的过表达提高了拟南芥植株的抗旱性，从而提高了其在干旱情况下的存活率。

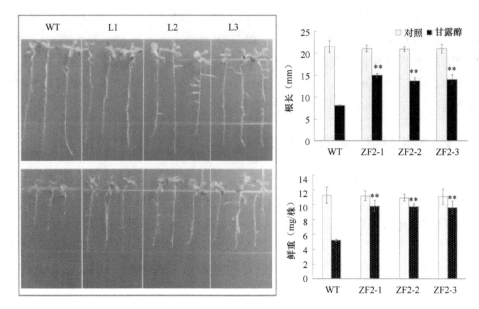

图 5-19　甘露醇处理下转基因及野生型拟南芥植株的根长和鲜重测量

**代表差异达极显著水平（$P<0.01$）

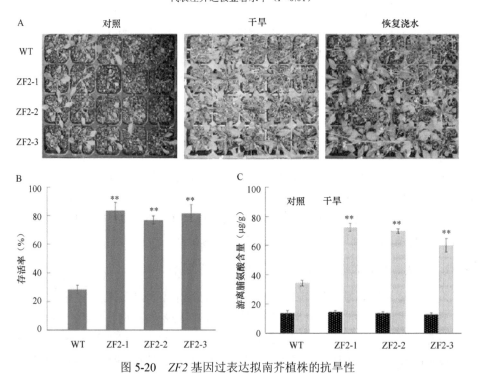

图 5-20　*ZF2* 基因过表达拟南芥植株的抗旱性

A. 干旱胁迫表型图；B. 干旱胁迫下存活率统计；C. 正常情况及干旱胁迫下的脯氨酸含量；**代表差异达极显著水平（$P<0.01$）

　　脯氨酸作为植物体内重要的渗透调节物质，能够在一定程度上反映植物的抗逆性。在对照组中，野生型拟南芥及转基因拟南芥的脯氨酸含量均较低，且没有明显差异；经干旱处理后，野生型拟南芥及转基因（ZF2-1、ZF2-2、ZF2-3）拟南芥叶片中的脯氨酸含量均有上升，而转基因拟南芥叶片中的脯氨酸含量要极显著（P<0.01）高于野生型拟南芥（图 5-20C）。该结果表明，ZF2 基因的过表达能够增强拟南芥植株在干旱胁迫下叶片合成脯氨酸的能力。

　　许多研究证实 C2H2 型转录因子与植物响应非生物胁迫相关。例如，野生大豆中编码 C2H2 型锌指蛋白的 GsZFP1 基因受 ABA、盐、冷及干旱处理的诱导，在拟南芥中过表达 GsZFP1 基因能够提高植株对于冷害和干旱胁迫的耐性；与野生型拟南芥相比，转基因植株的失水率更低而脯氨酸合成量更高，而且 GsZFP1 基因的过表达能够提高一系列胁迫相关基因的表达量（Luo et al.，2012）。又如，从干旱耐性甘薯品种 Xu55-2 中分离得到的编码 C2H2 型锌指蛋白的基因 IbZFP1，其表达受盐、聚乙二醇和 ABA 处理的诱导，在拟南芥中过表达能够显著增强植株对于高盐和干旱胁迫的耐性，而且能够引起盐和干旱胁迫下与 ABA 信号途径、脯氨酸的生物合成、活性氧清除及胁迫响应相关基因的上调表达（Wang et al.，2016）。

第二节　热激转录因子 CarHSFB2 基因的克隆与功能分析

　　鹰嘴豆转录因子基因 CarHSFB2 在其基因组中是一个单拷贝或低拷贝的基因，编码一个长度为 267 个氨基酸的蛋白。CarHSFB2 属于 B 类热激转录因子家族，定位于细胞核内，没有或具有微弱的转录激活活性。CarHSFB2 基因参与鹰嘴豆叶片衰老、种子发育及发芽过程，在受热激、伤害（针扎叶片）、H₂O₂、盐、干旱、吲哚乙酸（IAA）和赤霉素（GA3）等胁迫和处理的诱导时上调表达，而在受 6-苄基腺嘌呤（6-BA，10μmol/L）处理的诱导时下调表达。这表明 CarHSFB2 基因既涉及植物生长发育的调节又参与多种环境胁迫的响应。

　　过表达 CarHSFB2 基因的拟南芥表型变化不大，但开花期较晚。CarHSFB2 基因能通过调控一些胁迫响应基因的表达，来提高拟南芥苗期的耐旱性和耐热性，但不能提高其耐盐性和耐寒性。

　　热激转录因子（heat shock transcriptional factor，HSF）家族在植物的生长发育和胁迫应答中起着重要的作用（Andrási et al.，2021）。目前相关的研究主要集中在番茄、拟南芥、水稻等模式作物中。不同的进化途径可能导致同源基因产生不同的特性和功能，因此从不同植物广泛克隆和研究热激转录因子基因对于深入了解其功能与作用是必不可少的。鹰嘴豆长期生长在严酷的生态环境中，进化出一套有效的抗逆机制，适于发掘抗逆基因，而目前关于鹰嘴豆的分子水平的研究相当薄弱，关于其热激转录因子基因的相关研究尚未见报道。

一、鹰嘴豆热激转录因子 *CarHSFB2* 基因的克隆和序列分析

本实验室构建的 cDNA 文库（Gao et al., 2008）中有一条 EST 序列 chickpea. 3827（NCBI 登录号：FE673431），其具有完整的 5′端，并且有一个疑似热激转录因子的可读框，所以用鹰嘴豆叶片为材料提取 RNA 和 DNA，用于目的基因（*CarHSFB2*）的克隆。以 3′-GSP（5′-CTCCAACGCCGTTTCTCATCAAGACC-3′）和 3′-NGSP（5′-CCTTCATCGTCTGGAACCCTACCGTT-3′）为特异性引物，采用 3′-RACE 技术获得了 *CarHSFB2* 基因含有终止密码子和 Poly(A)尾的片段。将克隆得到的序列与已有的 EST 序列拼接后，获得了 *CarHSFB2* 基因的全长 cDNA。为了进一步分离该基因，在编码框两侧设计引物（F：5′-CCATAATACAATTTCTT GTTGC-3′和 R：5′-AGTGTCAATTACAGACGCTCT-3′），分别以叶片的 cDNA 和 DNA 为模板进行了 PCR 扩增，获得了长度为 921bp 和 1008bp 的 *CarHSFB2* 的 cDNA 与 DNA 序列，测序结果表明其 cDNA 序列包含完整的可读框（ORF），与原有的拼接序列基本一致。

CarHSFB2 全长 cDNA 序列如下：

TCCATAATACAATTTCTTGTTGCCATGGCCCCCTCGGCCGAACACAACG
CCGATTCCTCCACCGCCGACTCTCAGAGATCCTCTCCAACGCCGTTTCTCAT
CAAGACCTACGACCTCGTCGACGACCGTACCATAGACGACGTTATTTCCTGG
AACGATACCGGAACAACCTTCATCGTCTGGAACCCTACCGTTTTTGCTAAGG
ATTTGCTTCCAAAATATTTCAAGCACAACAATTTCTCGAGCTTCGTTCGCCAA
CTCAACACTTATGGATTTAAAAAAGTTGTACCTGATCGGTGGGAATTTTATAA
CGATTGTTTTAAAAGAGGCGAGAAACGGCTTCTCTGTGATATTCAGCGACGG
AAAATTGTTTCAGCATCTCCGTTGCCGTTGACTGCGATTTCGACGATGAAGA
AGATCGTATCGCCGTCGAACTCAGGGGAGGAGCAGGTGATTTCATCGAACT
CGTCGCCGTCGATTGCGCCAGTGGATCTTTTGGACGAGAACGAGAGGCTGA
GAAAGGAGAACATGCAATTGAAGAAGGAACTAGATGCAATGAAATCGCTTT
GCAACAAAATATTAAATCTTATGTCGAGTTATGGAAAATTCCAATCGGAAGA
AAGAAAAGAGTGCTGTTCCACGGCGACGAAGACGCTTAATTTGCTGCCGGC
GAAGCGGTGCAACGGTGAAGATGCAGCGGCGGAAGATAGAAATCCGAAGC
TGTTTGGGGTGGCGATTGGTACGAAGCGAGCGAGAGGAGAAGGACGGTGT
TTTGATGATGATACAGTGTTGAGCCTTCATCAACCGGTTCATGCGGACGTGA
AATAAAAAACCGTACGATTCACGAAACGGTGAAAAGAGTAAATCGCTGTGG
CTAAATAAATGTTATAGATCCAATCAGAGCGTCTGTAATTGACACTA

比较 *CarHSFB2* 的 DNA 和 cDNA 序列发现，*CarHSFB2* 含有一个长度为 87bp 的内含子。*CarHSFB2* 基因序列已经提交给 GenBank 收录，登录号为：FJ194971。

二、鹰嘴豆热激转录因子 *CarHSFB2* 基因生物信息学分析

1. 可读框

将获得的基因序列分别用序列分析软件 BioXM 和 ORF Finder（http://www.ncbi.nlm.nih.gov/gorf/gorf.html）分析候选基因的可读框，两者都显示在 *CarHSFB2* 的 cDNA 序列的第 25～828 处有一个完整的可读框，编码 267 个氨基酸。

2. 同源性分析

对 NCBI 的 nr 数据库进行 BlastX，发现 CarHSFB2 与大豆 heat stress transcription factor B-2a-like（XP_003555375）的氨基酸一致性为 61%，与大豆 heat stress transcription factor B-2b-like（XP_003538376）的氨基酸一致性为 44%，与蓖麻 heat shock factor protein B-2a（XP_002510816）的氨基酸一致性为 53%，与苹果 HSF domain class transcription factor（ADL36731）的氨基酸一致性为 54%，与葡萄（XP_002273914）和葡萄（CBI31816）的氨基酸一致性都为 50%，与拟南芥（XP_002864765）的氨基酸一致性为 49%，与苜蓿 heat stress transcription factor B-2b（XP_003611134）的氨基酸一致性为 42%，与杨树（XP_002298053）的氨基酸一致性为 45%。

3. 进化树构建

利用 44 个来自拟南芥、水稻和番茄 HSF 蛋白的全长序列构建进化树。其中来自拟南芥（At）的有 HSFA1a（AT4G17750）、HSFA1b（AT5G16820）、HSFA1d（AT1G32330）、HSFA1e（AT3G02990）、HSFA2（AT2G26150）、HSFA3（AT5G03720）、HSFA4a（AT4G18880）、HSFA4c（AT5G45710）、HSFA5（AT4G13980）、HSFA6a（AT5G43840）、HSFA6b（AT3G22830）、HSFA7a（AT3G51910）、HSFA7b（AT3G63350）、HSFA8（AT1G67970）、HSFA9（AT5G54070）、HSFB1（AT4G36990）、HSFB2a（AT5G62020）、HSFB2b（AT4G11660）、HSFB3（AT2G41690）、HSFB4（AT1G46264）、HSFC1（AT3G24520）；来自水稻（Os）的有 HSFA1a（AK100430）、HSFA2a（AK069579）、HSFA2b（AK101824）、HSFA2c（AK072391）、HSFA2d（AK066844）、HSFA2e（AK068660）、HSFA3（AK101934）、HSFA4b（AK109856）、HSFA4d（AK100412）、HSFA5（AK065643）、HSFA6b（AK064271）、HSFA9（AK072571）、HSFB1（AK061433）、HSFB2b（AK101700）、HSFB2c（AK106525）、HSFB4b（AK063952）、HSFC1a（AK069479）、HSFC1b（AK066316）、HSFC2a（AK106488）；来自番茄（Lp）的有 HSFA1a（CAA47869）、HSFA2（CAA47870）、HSFA3（AF208544）、HSFB1（CAA39034）。选择这 3 个家族的 44 个蛋白是因为

它们具有确定的家族分类，同时大部分做过功能分析或特性鉴定，可以帮助分析 CarHSFB2 蛋白的相关特性和功能。结果表明，鹰嘴豆 CarHSFB2 蛋白属于热激转录因子 B 家族，与拟南芥 HSFB2b 蛋白的进化关系最为接近（图 5-21）。

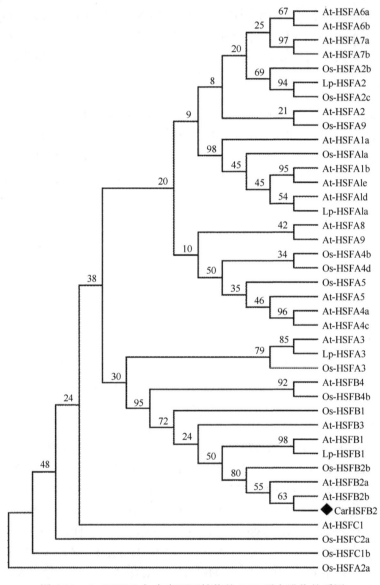

图 5-21　CarHSFB2 与来自不同植物的 HSF 蛋白进化关系图

4. 蛋白序列比对

将 CarHSFB2 蛋白与拟南芥、水稻和番茄的 HSF 蛋白比对发现，CarHSFB2
含有位于 N 端的保守的 DNA 结合域（DBD）、寡聚化结构域（HR-A/B）和核定
位信号（NLS）（图 5-22）。DNA 结合域由 3 个 α-螺旋和 4 个反向平行的 β-折叠组

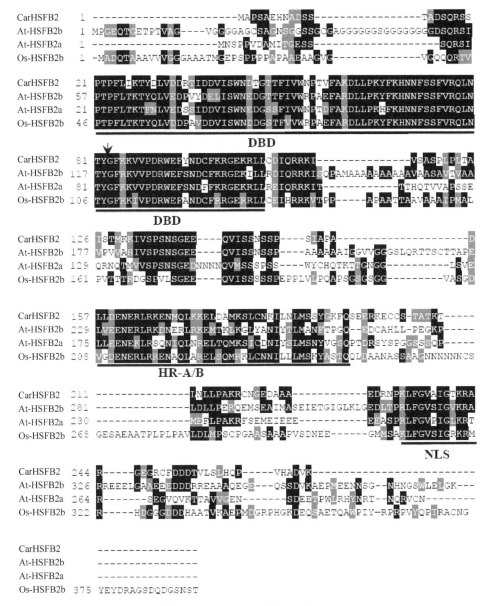

图 5-22　CarHSFB2 蛋白序列比对

相同和相似氨基酸分别由黑色和灰色阴影衬托；下划线表示保守的功能区域；内含子插入位点用箭头表明

成。植物的 HSF 都含有 1 个内含子，而且其内含子的位置高度保守，而 CarHSFB2 也不例外，在其 DBD 区域具有相同的内含子插入位点。相对于 N 端的高保守性而言，CarHSFB2 的 C 端的变化较大，也缺少具有转录活性的 AHA 结构域（aromatic，hydrophobic and acidic amino acids motif），与目前 HSF 蛋白的研究结果相一致。

三、鹰嘴豆热激转录因子 *CarHSFB2* 基因的拷贝数和产物亚细胞定位

1. DNA 印迹法（Southern blotting）

为了探明 *CarHSFB2* 在基因组中的拷贝数，以其全长的 cDNA 为探针进行 DNA 印迹实验。限制性酶切位点分析表明，所使用的限制性内切酶 *Hind*III、*Eco*R I、*Xba* I 和 *Sac* I 在 *CarHSFB2* 中均没有消化位点。鹰嘴豆叶片基因组 DNA 分别用 *Hind*III、*Eco*R I、*Xba* I 及 *Sac* I 限制性内切酶进行消化，然后电泳，电泳结果显示 4 条泳道上均只有单一的一条条带（图 5-23），表明 *CarHSFB2* 在鹰嘴豆基因组中是单拷贝或低拷贝的。

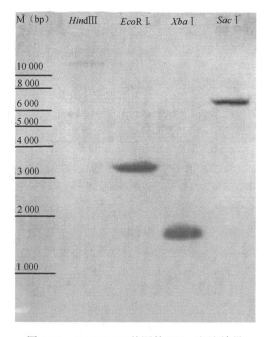

图 5-23　*CarHSFB2* 基因的 DNA 印迹结果

2. 亚细胞定位

将 *CarHSFB2* 基因的 cDNA 全长序列连接到含有增强启动子 *CaMV35S* 和绿

色荧光蛋白 GFP 基因的植物双元表达载体 pBI121 中，以农杆菌侵染的方法转化洋葱表皮细胞，在荧光显微镜下检测绿色荧光。结果表明，CarHSFB2 与 GFP 融合蛋白位于细胞核中，而单一的 GFP 蛋白充满了整个细胞（图 5-24），说明 CarHSFB2 蛋白在细胞核内行使功能，这与其转录因子的角色相一致。

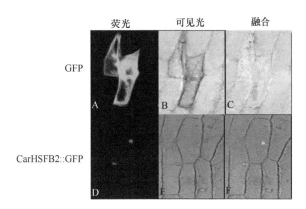

图 5-24　CarHSFB2 蛋白亚细胞定位图

A、D. 荧光下的 GFP 图片；B、E. 可见光下的细胞结构；C、F. 合并后的细胞结构

四、鹰嘴豆热激转录因子 *CarHSFB2* 基因的表达分析

1. 在叶片衰老、种子发育及发芽时期的表达分析

以 *CarACT1* 的表达水平为对照，采用半定量 RT-PCR 调查 *CarHSFB2* 在叶片衰老、种子发育和发芽过程中的表达规律。结果发现，*CarHSFB2* 在叶片衰老过程中的表达量呈先上升后下调的趋势（图 5-25A）；在种子发育过程中的后期（开花后 25d）表达（图 5-25B），而在种子发芽过程中的早期（发芽 2h 时）高表达，其后表达量逐渐减弱（图 5-25C）。

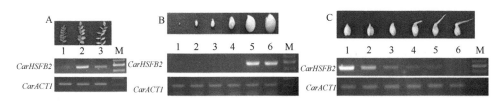

图 5-25　*CarHSFB2* 在叶片衰老、种子发育及发芽过程中的表达

A. 1～3 号泳道分别表示早期、中期和末期叶片；B. 1～6 号泳道分别表示开花后 5d、10d、15d、20d、25d、30d 的种子；C. 1～6 号泳道分别表示浸泡 12h 后再置于培养皿中发芽 2h、6h、12h、24h、36h、48h 的种子；M. DNA 分子量标记 DL2000

2. 非生物胁迫和激素处理下的表达分析

采用半定量 RT-PCR 调查 *CarHSFB2* 基因在非生物胁迫和激素处理下的表达规律（图 5-26）。

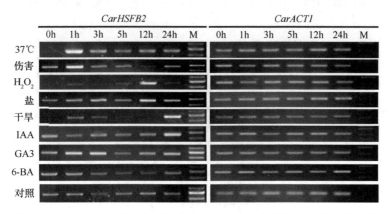

图 5-26 *CarHSFB2* 基因在不同的非生物胁迫和化学处理下的表达图谱

37℃. 高温；H$_2$O$_2$. 双氧水；干旱. 空气干旱；IAA. 吲哚-3-乙酸；GA3. 赤霉素；6-BA. 6-苄基腺嘌呤；
M. DNA 分子量标记 DL2000

在高温（37℃）胁迫下，*CarHSFB2* 在处理 1h 时表达量达到最高，随着处理时间的延长表达量逐步减弱，并维持在一个较为稳定的表达水平。伤害（用捆成一束的针在叶片上扎孔）处理下，*CarHSFB2* 在 1h 时表达量达到最大值，在 12h 时降到最低后 24h 时又略微上升。双氧水（H$_2$O$_2$，50μmol/L）处理下，*CarHSFB2* 的表达量在 12h 时达到最大值。盐胁迫（200mmol/L NaCl）处理下，*CarHSFB2* 的表达量在 12h 时达到最大，但其变化幅度相比双氧水胁迫小。而在干旱处理下，*CarHSFB2* 在胁迫早期（1～3h）表达，之后表达量下降，在 24h 时其表达量达到最大值。

在吲哚-3-乙酸（IAA，20μmol/L）处理下，*CarHSFB2* 表达量呈逐渐增加趋势，在 24h 时达到最大值。在赤霉素（GA3，100μmol/L）处理下，*CarHSFB2* 的表达量呈先升高后逐渐下降的趋势。在 6-苄基腺嘌呤（6-BA，10μmol/L）处理下，*CarHSFB2* 的表达量呈逐渐下降的趋势。

此外，*CarHSFB2* 基因的表达对低温（4℃）胁迫和脱落酸（ABA，100μmol/L）、水杨酸（SA，100μmol/L）、茉莉酸甲酯（MeJA，100μmol/L）、乙烯利（Et，200μmol/L）处理响应不明显。

选取半定量 PCR 有差异的几个处理，进行实时荧光定量 PCR 验证，结果表明，*CarHSFB2* 基因表达量的变化趋势与半定量 RT-PCR 检测的结果基本一致（图 5-27）。

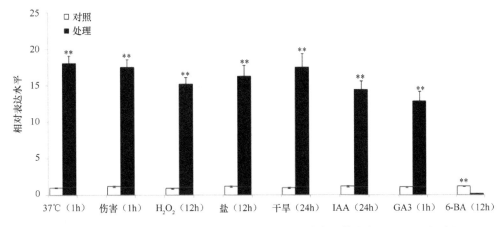

图 5-27 非生物胁迫及激素处理下 *CarHSFB2* 基因的实时荧光定量 PCR 分析结果

**表示与对照组比达到 $P<0.01$ 显著水平

五、CarHSFB2 转录激活活性的鉴定

由于热激转录因子的 C 端的 HAH 结构域（motif）是其具有转录激活活性所必需的，而作为 B 类热激转录因子，CarHSFB2 在 C 端没有 HAH 结构域，因此，推测它不具备转录激活活性。为此，参照 Hu 等（2008）描述的转录激活活性分析方法，分析验证 CarHSFB2 是否具有转录激活活性。

以 pGBKT7 质粒为载体（含酵母转录激活蛋白 GAL4 的 DNA 结合域），以 *CarHSFB2* 基因可读框为模板，分别以 5′-ATGGAGGCCGAATTCATGGCCCCCTC GGCCGAA-3′（F）和 5′-CAGGTCGACGGATCCTTTCACGTCCGCATGAAC-3′（R）为引物，扩增获得其 ORF 全长序列（CarHSFB2-F）；分别以 5′-ATGGAGGCCGAAT TCATGGCCCCCTCGGCCGAA-3′（F）和 5′-CAGGTCGACGGATCCCTTCTTCAT CGTCGAAAT-3′（R）、5′-ATGGAGGCCGAATTCAAAATTGTTTCAGCATCT-3′（F）和 5′-CAGGTCGACGGATCCTTTCACGTCCGCATGAAC-3′（R）、5′-ATGGAGGCC GAATTCAAGCGGTGCAACGGTGAA-3′（F）和 5′-CAGGTCGACGGATCCTTTC ACGTCCGCATGAAC-3′（R）为引物，获得其 ORF 部分序列 CarHSFB2-M1、CarHSFB2-M2 和 CarHSFB2-M3。用同源重组的方法分别构建重组载体 CarHSFB2-F、CarHSFB2-M1、CarHSFB2-M2 和 CarHSFB2-M3，并将成功构建的重组质粒分别单独转化至酵母菌株 AH109（含有 *His3* 和 *lacZ* 报告基因）中，同时用 pGBKT7 和 pCL1 质粒分别转化酵母 AH109，作为阴性和阳性对照（图 5-28A）。将转化的酵母菌株 AH109 分别点布于缺乏组氨酸的合成限定培养基（SD/-His）上，30℃培养 5d。结果发现，除了阳性对照（pCL1），阴性对照（pGBKT7）及 CarHSFB2-F、CarHSFB2-M1、CarHSFB2-M2 和 CarHSFB2-M3 均不能在缺乏组氨酸的合成限定

培养基（SD/-His）上生长。阳性对照（pCL1）能被 5-溴-4-氯-3-吲哚氧基-α-D-半乳糖苷（X-α-Gal）染成蓝色，而与阳性对照（pCL1）相比，CarHSFB2-F、CarHSFB2-M1、CarHSFB2-M2 和 CarHSFB2-M3 具有较弱的β-半乳糖苷酶活性，而阴性对照（pGBKT7）则完全没有。这些结果表明，作为一个 B 类热激转录因子，CarHSFB2 没有或仅具有微弱的转录激活活性（图 5-28B）。

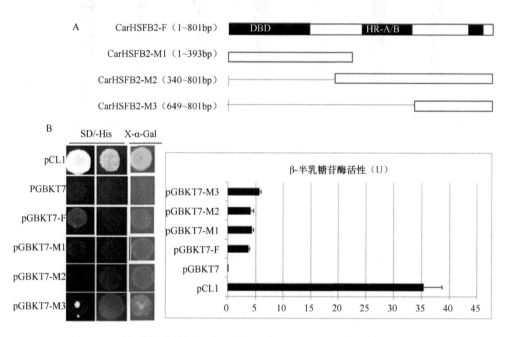

图 5-28　重组载体结构图和酵母转化子中 CarHSFB2 蛋白的转录活性检测

A. 重组载体结构图。CarHSFB2-F、CarHSFB2-M1、CarHSFB2-M2 和 CarHSFB2-M3 分别为 *CarHSFB2* 基因 ORF 的全长和部分序列；数字表示 CarHSFB2 多肽序列的氨基酸编号。B. 酵母转化子中 CarHSFB2 蛋白的转录活性检测。pGBKT7 和 pCL1 质粒分别作为阴性和阳性对照；SD/-His. 单缺培养基；X-α-Gal. 采用 5-溴-4-氯-3-吲哚氧基-α-D-半乳糖苷染色；β-半乳糖苷酶（β-galactosidase）活性采用邻硝基苯-β-D-吡喃半乳糖苷（*o*-nitrophenyl-β-D-galactopyranoside）测定

　　目前尚未有 B 类热激转录因子自身具备转录激活功能的报道。但大致上其功能可分为两类，一类是辅助 A 类热激转录因子发挥作用，如番茄的 LpHSFB1 作为辅助激活因子，通过与 A 类热激转录因子相互作用在持续热激反应中增强某些抗病毒基因或持家基因的表达（Mishra et al.，2002；Bharti et al.，2004）；在 *HSFB1* 和 *HSFB2b* 基因单缺和双缺拟南芥突变体中，*Pdf1.2a/b* 基因的表达量显著增加（Kumar et al.，2009）。另一类是主要起抑制 A 类 HSF 功能的作用，如拟南芥的 AtHSFB1 和 AtHSFB2b 被报道为转录抑制因子，它们在热诱导下负向调控热激转录因子 *HSFA2*、*HSFA7a*、*HSFB1* 和 *HSFB2b* 基因和几个热激蛋白基因的表达（Ikeda et al.，2011）。

根据以上结果，推测 CarHSFB2 可能也是作为转录辅助激活因子，通过与 A 类热激转录因子互作，在鹰嘴豆生长发育和各种胁迫响应，特别是在热和干旱胁迫中发挥作用，但这有待于进一步验证。

六、转 *CarHSFB2* 基因拟南芥的功能分析

1. 表型观察

转基因拟南芥 L1、L3 和 L9 株系幼苗叶中，*CarHSFB2* 基因均明显表达，而在野生型拟南芥幼苗叶中检测不到 *CarHSFB2* 基因表达（图 5-29A）。

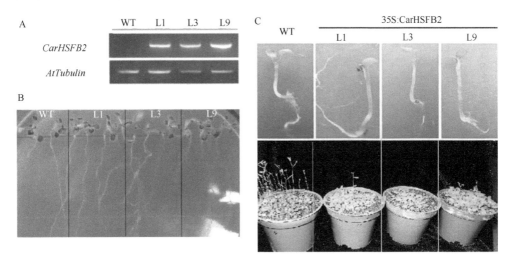

图 5-29　*CarHSFB2* 基因过表达拟南芥与野生型拟南芥表型观察

A. *CarHSFB2* 基因在转基因拟南芥株系（L1、L3 和 L9）和野生型拟南芥幼苗叶中的表达；B. 在 MS 固体培养基上生长 10d 后幼苗根长比较；C. 下胚轴长度及抽薹期对比图

在正常生长条件下，转基因拟南芥和野生型拟南芥对照相比，根长没有明显区别，下胚轴长度略长但差异不显著，抽薹期略晚一周左右。转基因拟南芥叶片，以及根的弯曲程度和野生型拟南芥相比也没有明显的区别（图 5-29B、C）。

2. 耐旱性分析

为了探究转基因拟南芥苗期是否具有耐旱能力，采用 50mmol/L、100mmol/L 和 150mmol/L D-甘露醇（D-mannitol）模拟干旱胁迫条件。在胁迫下，转基因拟南芥与野生型拟南芥对照相比，幼苗相对鲜重差异不显著；相对电导率显著（$P<0.05$）降低（除了株系 L1 在 150mmol/L 的浓度胁迫下未达显著水平）；而脯氨酸含量显著（$P<0.05$）增加（图 5-30）。结果表明，转 *CarHSFB2* 基因能使拟南芥苗期耐旱性增强。

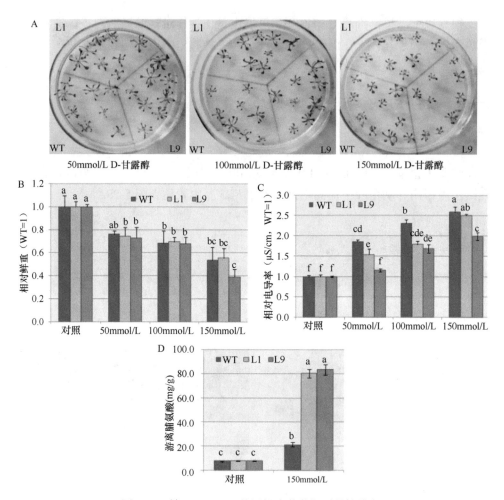

图 5-30　转 *CarHSFB2* 基因拟南芥苗期耐旱性鉴定

7d 龄的转基因拟南芥（L1 和 L9）和野生型拟南芥（WT）分别在含有 50mmol/L、100mmol/L 和 150mmol/L D-甘露醇的 MS 固体培养基上培养 14d。A. 植株形态比较；B. 胁迫处理后的相对鲜重；C. 胁迫处理后的相对电导率变化；D. 胁迫处理后的脯氨酸含量。图中字母不同表示差异达到 0.05 显著水平

3. 耐热性分析

转基因拟南芥（T3 代）的耐热鉴定分为基础耐热性（是未经过特殊耐热锻炼的植物耐热能力）和获得性耐热性（是经过耐热锻炼后自身通过一系列生理适应后获得的耐热能力）（图 5-31）。首先，研究发现未受到高温胁迫的转基因拟南芥株系（L1 和 L9）和野生型拟南芥种子具有相同的发芽率，而且幼苗能在 MS 固体培养基上生长良好（图 5-31A）。然而，种子经高温胁迫处理（46℃，36h）后，其发芽率发生了明显变化：转基因拟南芥株系的种子发芽率显著低于野生型的（图 5-31B、C）。其次，转基因拟南芥株系（L1 和 L9）和野生型拟南芥幼苗在 46℃

高温下胁迫 40min 后，其生长基本没有受到影响；但同样温度条件下胁迫 70min 后，所有野生型幼苗出现萎蔫，而转基因拟南芥株系幼苗仍生长良好（图 5-31D）。这些结果表明 *CarHSFB2* 基因的过表达能够促进拟南芥幼苗的耐热性。再次，转基因拟南芥株系（L1 和 L9）和野生型拟南芥幼苗先在 37℃ 温度下胁迫 2h，然后在 23℃ 条件下恢复 2h，之后再在 46℃ 条件下处理 70min，结果发现野生型拟南芥幼苗的存活率为 95.5%，接近转基因株系的 96.3% 的存活率，表明热应激预处理能够导致野生型拟南芥幼苗获得获得性耐热性，从而使其存活率与转基因拟南芥存活率几乎一致（图 5-31D）。据此，推测转基因拟南芥可能积累了足够的热激转录因子，使植株具有了较高的基础耐热性。但是，野生型拟南芥经过温和的热处理后，也能积累足够的热激转录因子来应对高温胁迫。

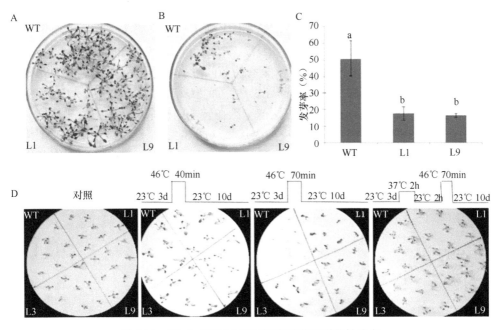

图 5-31　转 *CarHSFB2* 基因拟南芥苗期耐热性鉴定

A. 在正常温度（23℃）条件下生长的两周龄的野生型（WT）和转基因拟南芥 T3 代株系（L1 和 L9）幼苗；B、C. 野生型（WT）和转基因拟南芥株系（L1 和 L9）种子经 46℃ 处理 36h 后，在 23℃ 条件下发芽 10d 的情况。图中字母 a、b 表示差异达到 0.05 显著水平。D. 野生型及转基因拟南芥株系（L1、L3 和 L9）基础耐热性及获得性耐热性分析。基础耐热性处理方法为幼苗在 46℃ 条件下分别胁迫 40min 和 70min；获得性耐热性处理方法为幼苗先 37℃ 处理 2h，然后 23℃ 条件下恢复 2h，之后再在 46℃ 条件下处理 70min（*n*=3）

同时，本研究中转 *CarHSFB2* 基因拟南芥对热激胁迫的表型与过表达 *AtHSFA3* 基因拟南芥对热激胁迫的表型较为相似（Chen et al.，2010）。

上述耐旱性和耐热性分析表明，*CarHSFB2* 基因过表达拟南芥植株表现出苗期耐旱性和耐热性增强。为揭示其内在分子机制，本研究进一步分析了在干旱和热胁迫下，*CarHSFB2* 过表达拟南芥株系和野生型拟南芥株系幼苗中 6 个胁迫响应基因（*HSFA2*、*HSFB2a*、*HSFA7a*、*RD22*、*RD26* 和 *RD29A*）的转录水平。所用引物分别为 *HSFA2*（F：5′-GGAAGCAGCGTTGGATGTGA-3′，R：5′-TAGATCTTGGCTGTCCCAATCCA-3′）、*HSFB2a*（F：5′-GCTATCCCAACGCCGTTTCTC-3′，R：5′-CGAAATCTGTCGGATTCCATACGA-3′）、*HSFA7a*（F：5′-TGATGAACCCGTTTCTCCCG-3′，R：5′-TGGAGGTGGAGCATTTTCGT-3′）、*RD22*（F：5′-CGGAAGAAGCGGAGATG-3′，R：5′-GTAGCTGAACCACACAACATG-3′）、*RD26*（F：5′-GAAGGTGAGGCGGAGAGTG-3′，R：5′-CCCGAAACTCTGAGTCAACCT-3′）和 *RD29A*（F：5′-TTTGCTCCAAGTGGTGAT-3′，R：5′-GAGAACAGAGTCAAAGTCCT-3′）。以 *AtTublin*（F：5′-CTCAAGAGGTTCTCAGCAGTA-3′，R：5′-TCACCTTCTTCATCCGCAGTT-3′）作为内参基因。

结果表明，在正常生长条件下，转基因拟南芥株系和野生型株系幼苗中 6 个基因（*HSFA2*、*HSFB2a*、*HSFA7a*、*RD22*、*RD26* 和 *RD29A*）的转录水平皆较低，而且在转基因拟南芥株系和野生型株系幼苗间没有显著差异。然而，*HSFA2*、*HSFB2a* 和 *HSFA7a* 基因受热胁迫诱导表达，而 *RD22*、*RD26* 和 *RD29A* 基因受干旱胁迫诱导表达。在胁迫下，所有这些基因在转基因株系幼苗中的表达量均显著（$P<0.05$）高于野生型拟南芥幼苗中的表达量（图 5-32）。这些结果说明在干旱和热胁迫下，*CarHSFB2* 基因的过表达可以显著（$P<0.05$）上调转基因拟南芥中一些胁迫响应基因。此外，研究还发现转 *CarHSFB2* 基因不能提高拟南芥的耐寒性和耐盐性。

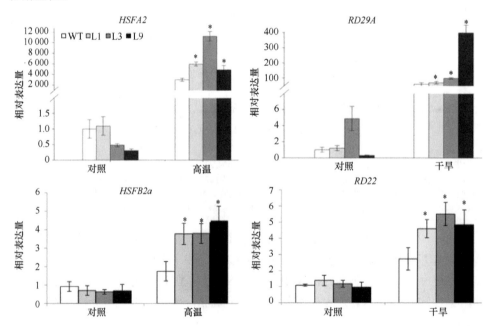

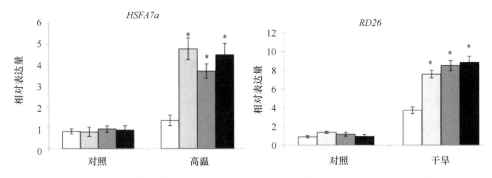

图5-32　干旱和热胁迫下野生型拟南芥及转 *CarHSFB2* 基因拟南芥6个胁迫响应基因的qRT-PCR

*表示在同一胁迫下野生型拟南芥与转基因拟南芥之间差异达到0.05显著差异水平

第三节　NAC 转录因子家族基因 *CarNAC1* ~ *CarNAC6* 的克隆及功能分析

CarNAC1 ~ CarNAC6 蛋白 N 端序列保守、C 端序列变异性较大。C 端具有转录激活功能。6 个 CarNAC::GFP 融合蛋白均位于洋葱表皮细胞核中。

CarNAC2 的表达受到干旱及脱落酸（ABA）诱导，其异位表达导致拟南芥种子萌芽延迟、发芽势低，幼苗茎短小、主根显著增长，成年植株地上部体型矮小、抽薹开花早，结荚量小。

CarNAC3 的表达受到干旱、ABA、乙烯利（Et）、水杨酸（SA）、H_2O_2 及衰老的诱导，其他NAP亚家族成员（拟南芥 *NAP*、野生小麦 *NAM-B1* 和大豆 *GmNAC1*）一样，其异位表达未导致拟南芥衰老加剧及其他异常现象，但增强了植株的抗旱及 ABA 敏感性。

CarNAC4 主要表达在幼叶及成熟植株的叶片、花和荚中，受到干旱、盐、高温（37℃）、低温（4℃）、ABA、茉莉酸甲酯（MeJA）、Et、SA、GA3、生长素（IAA）和 H_2O_2 的诱导。在 N 端及部分 C 端的参与下，CarNAC4 可自身形成同源二聚体，或与 CarNAC1 形成异源二聚体。决定二聚体形成的关键氨基酸被进一步鉴定。*CarNAC4* 的过量表达可提高拟南芥种子在干旱和盐胁迫条件的发芽势和存活率，通过提高逆境功能基因的表达和改善脯氨酸与丙二醛含量来提高植株的抗旱及耐盐能力。体内、外实验均表明 CarNAC4 与 ZF2 蛋白可在细胞核中互作，为其功能机制解析奠定了基础。

CarNAC5 受到干旱、盐、高温（37℃）、伤害、SA 和 IAA 及衰老的诱导，其过量可提高拟南芥种子在干旱和盐胁迫条件的发芽势与存活率。该基因是通过提高逆境功能基因的表达和改善脯氨酸与丙二醛含量来提高植株的抗旱及耐盐能力。

CarNAC6 受到干旱、盐、低温（4℃）、ABA、Et、GA3、IAA 和 H₂O₂ 的诱导。其异位表达未导致拟南芥异常发育，但增强了植株的抗旱及 ABA 敏感性。CarNAC6 通过促进逆境功能基因的表达和改善脯氨酸与丙二醛含量来提高植株的抗旱及耐盐能力。进一步的实验表明 CarNAC6 能够在体外与包含 NACRS 核心序列特异性结合，展示了 NAC 转录因子 DNA 结合元件的保守性。

NAC 家族的起名源于矮牵牛 *NAM*（no apical meristem）和拟南芥 *ATAF1*、*ATAF2* 及 *CUC2*（cup-shaped cotyledon）基因（Souer et al.，1996；Aida et al.，1997）。NAC 家族转录因子在植物发育和胁迫应答过程中发挥着重要的作用（Duval et al.，2002；Ooka et al.，2003；Li et al.，2018；Diao et al.，2020；Kou et al.，2021）。已有的相关研究主要集中在拟南芥、矮牵牛和水稻等几种模式植物上。进化可能导致同源基因产生不同的功能和特性，更广泛地从其他植物中克隆和研究 *NAC* 基因是有必要的。为探索鹰嘴豆的抗旱机制，本实验室利用其叶片建立了干旱相关的 cDNA 文库（Gao et al.，2008）。在文库中发现了 6 个 NAC 样基因的 EST，基于 RACE 技术，6 个鹰嘴豆 *NAC* 基因被分离和鉴定。

一、*CarNAC1*～*CarNAC6* 基因的克隆与分析

1. *CarNAC1*～*CarNAC6* 基因的克隆和序列分析

由于本研究中 NAC 样基因 EST 是在鹰嘴豆叶片 cDNA 文库中被发现的，因此选择鹰嘴豆叶片作为材料来提取 RNA 和 DNA，用于目的基因的克隆。通过在 NCBI 的蛋白数据库搜索比对，发现文库中 chickpea.0512（NCBI 登录号：FE672634）、chickpea.0680（FE671029）和 chickpea.1564（FE670941）等 3 条 EST 包含 NAC 样基因编码框的 3'端，需要克隆 5'端来获得完整的序列编码信息，而 chickpea.0271（FE671217）、chickpea.0679（FE672201）和 chickpea.1565（FE669907）等 3 条 EST 包含起始密码子 ATG，需要延伸 3'端来获得完整的序列编码信息，所用特异性引物列于表 5-2。chickpea.0271、chickpea.0512、chickpea.0679、chickpea.0680、chickpea.1564 和 chickpea.1565 等 6 条 EST 依次对应基因 *CarNAC1*～*CarNAC6*。借助 5'-RACE 技术，*CarNAC1*、*CarNAC2*、*CarNAC4* 和 *CarNAC5* 基因分别得到长度为 354bp、513bp、794bp 和 926bp 的片段，同源比对结果显示这些片段都含有起始密码子 ATG。通过 3'-RACE 实验，*CarNAC1*、*CarNAC3*、*CarNAC6* 基因也分别得到了长度为 509bp、658bp、679bp 的片段，3 个片段均含有终止密码子和 Poly(A)尾。将克隆到的序列与相应的 EST 拼接后，获得了 6 个 *NAC* 基因 cDNA 的完整序列信息。

表 5-2　*CarNAC1*～*CarNAC6* 基因的 RACE 特异性引物表

基因	引物名称	引物序列
CarNAC1	5′-GSP 5′-NGSP	5′-GAACCGTGAGGGGGTTTGCCTTTGTA-3′ 5′-GATGGAAGCGGGTAAAGGGAAAGAGAA-3′
	3′-GSP 3′-NGSP	5′-CCCTTTACCCGCTTCCATCATTCCTGAA-3′ 5-GGCAAACCCCCTCACGGTTCAAGAA-3′
CarNAC2	5′-GSP 5′-NGSP	5′-CCATGACACCTCTGTTCCACTGTCAACA-3′ 5′-CCCATTTGCTCCAACTCGCTTCAAGATT-3′
CarNAC3	3′-GSP 3′-NGSP	5′-GCCACCAAAGGGCCTCAAGACAGA-3′ 5′-TCCATGAGGCTAGATGATTGGGTGTTG-3′
CarNAC4	5′-GSP 5′-NGSP	5′-TCCACCACTCTGAACCTCTTCCTCCA-3′ 5′-ACGTGGCAGCATGAAGCAACGGT-3′
CarNAC5	5′-GSP 5′-NGSP	5′-ACATATCCTGCAACGGGGACATCTGA-3′ 5′-GATTATTGCTCTGGAATTGGGAACCGA-3′
CarNAC6	3′-GSP 3′-NGSP	5′-TCGCTTCGATGTCATTGGTTTCCTCA-3′ 5′-CCGAAGCGCATAATCGGGTAGAGGA-3′

　　为了进一步分离这些基因，在编码框的两侧设计引物，以鹰嘴豆叶片 cDNA 为模板进行 PCR 扩增（表 5-3），扩增得到的 *CarNAC1*～*CarNAC6* 基因的相应片段长度分别为 753bp、706bp、927bp、1108bp、987bp 和 921bp。测序结果表明这些序列均包含完整的可读框，与原有的拼接序列基本一致。为了探明 *CarNAC* 的基因结构，用前述引物，以叶片 DNA 为模板进行了 PCR 扩增，对应 *CarNAC1*～*CarNAC6* 基因片段长度分别为 1253bp、1607bp、1551bp、1600bp、1907bp 和 2014bp。通过比较 DNA 和 cDNA 序列发现，每个 *NAC* 基因在可读框内都包含两个长度不同的内含子（图 5-33）。*CarNAC1*～*CarNAC6* 基因序列已被 GenBank 收录，登录号分别为 EU339183、EU339184、FJ356671、FJ477885、FJ477886、FJ477887。

表 5-3　*CarNAC1*～*CarNAC6* 基因的 cDNA 和 DNA 全长扩增引物表

基因	引物名称	引物序列
CarNAC1	N1-1（forward）	5′-CTTCTCCGTGGCTTTGTTGA-3′
	N1-2（reverse）	5′-GTTAATTATTATTTGTTAACGAAGGAA-3′
CarNAC2	N2-1（forward）	5′-ATGTTGGGGAGTGAAAATATGAAG-3′
	N2-2（reverse）	5′-CCTTGCATGTACTAGAGACTCTC-3′
CarNAC3	N3-1（forward）	5′-CAATGAATGGAAGAACAAGC-3′
	N3-2（reverse）	5′-ATTGGTGAAGCTTATCGTCA-3′
CarNAC4	N4-1（forward）	5′-CACCCCAGCTACAACCTAGA-3′
	N4-2（reverse）	5′-CCTTCTGATTCATTGCCCA-3′
CarNAC5	N5-1（forward）	5′-AGCTCGTCATGCACTATCTC-3′
	N5-2（reverse）	5′-CGCTGTTCGGTTGTTTCT-3′
CarNAC6	N6-1（forward）	5′-GATAATACATGGCATCAATGG-3′
	N6-2（reverse）	5′-GAGGGTGTTGGAATTAGCA-3′

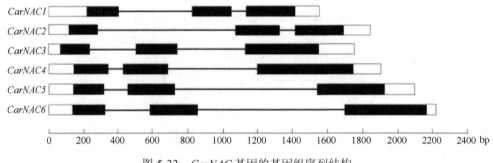

图 5-33 *CarNAC* 基因的基因组序列结构

方形框和线条分别表示外显子和内含子，空心方框表示非翻译区，实心方框表示可读框

2. *CarNAC1*～*CarNAC6* 蛋白序列、结构及同源性分析

CarNAC1～*CarNAC6* 基因分别编码 6 个长度不一的蛋白（191～339aa），将它们与拟南芥 ATAF1、CUC1 及矮牵牛 NAM 蛋白进行比对发现，其 N 端存在一段同源性较高的序列，即所谓的 NAC 保守结构域。这一区域又可分为 5 个亚结构域（A～E；图 5-34）。除 *CarNAC2* 外，其他基因在 C 和 D 亚结构域中分别存在两个核定位信号（NLS）（Kikuchi et al., 2000）。尽管 *CarNAC2* 基因的 NLS 区域不完整，但软件（ProtComp v8.0；http://linux1.softberry.com）预测它的蛋白产物也定位于细胞核中。6 个 NAC 蛋白的 C 端序列差异很大，显示出很低的同源性（图 5-34）。此外，蛋白序列比对还揭示第一个内含子的位置高度保守，都位于同一氨基酸对应密码子的第一和第二碱基之间；第二个内含子也位于相近区域（图 5-34）。这意味着内含子的数目和位置对于 NAC 蛋白的功能行使具有重要意义。

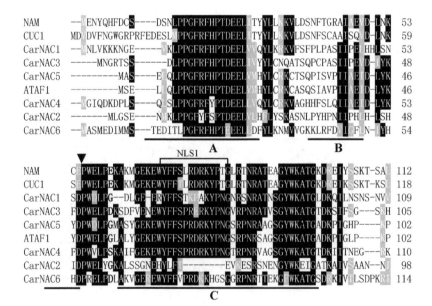

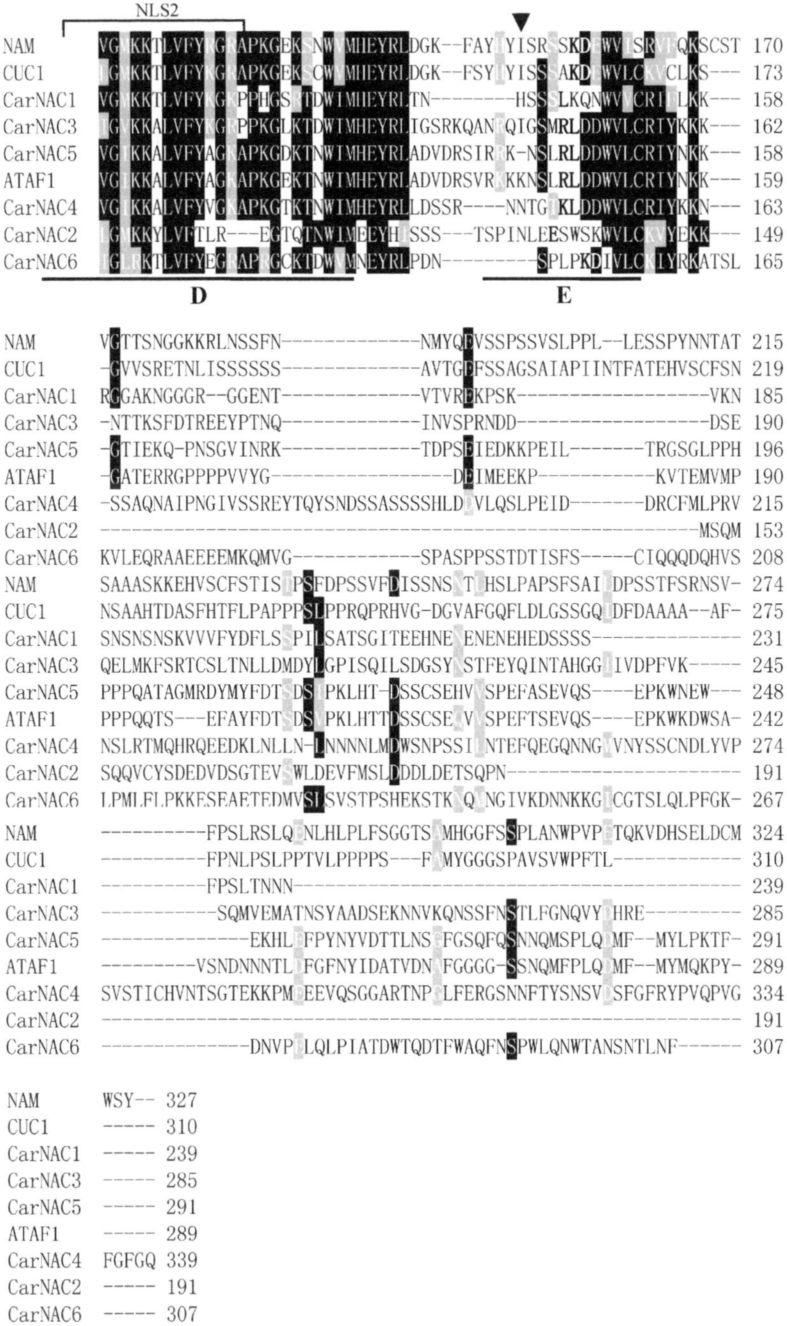

```
                    NLS2                                  ▼
NAM      VGKKTLVFYRG APKGEK NW MHIEYRLDGK--FAY YISR SKD WV SRVI QKSCST 170
CUC1     IGKKTLVFYKG APKGEK CW MHIEYRLDGK--FSY YISS AKD WVLCKVCLKS---  173
CarNAC1  ..KKTLVFYKG PPHGS TDWIMHEYRLTN-----HSS LKQNWV CRIF LK---       158
CarNAC3  IGKKALVFYKG PPKGDKTDWIMHEYRLIGSRKQAN QIGSMRLDDWVLCRTYKK---     162
CarNAC5  VGIKKALVFYAG APKGDKTNWIMHEYRLADVDRSIR K-NSLRLDDWVLCRTYNKK--    158
ATAF1    VGIKKALVFYAG APKGEKTNWIMHEYRLADVDRSVR KKNSLRLDDWVLCRTYNKK--    159
CarNAC4  IGKKALVFYVG APKGTKTNWIMHEYRLLDSSR----NNTG KLDDWVLCRIYKKN--      163
CarNAC2  IGMKKYLVFTLR--EGTQTNWIMEEYH SSS----TSPINLEESWSKWVLCKVYBKK--    149
CarNAC6  IGLRKTLVFYEGR APKGCKTDWMNEYRLPDN-----SPLPKDIVLCLIYRKATSL       165
                    D                                    E

NAM      VGTTSNGGKKRLNSSFN-----------NMYQ VSSPSSVSLPPL--LESSPYNNTAT     215
CUC1     -GVVSRETNLISSSSSS-----------AVTG FSSAGSAIAPIINTFATEHVSCFSN     219
CarNAC1  RCGAKNGGGR--GGENT-----------VTVR KPSK------------------VKN     185
CarNAC3  -NTTKSFDTREEYPTNQ-----------INVSPRNDD--------------------DSE    190
CarNAC5  -GTIEKQ-PNSGVINRK-----------TDPS IEDKKPEIL----------TRGSGLPPH   196
ATAF1    -GATERRGPPPPVVYG-----------DPIMEEKP----------------KVTEMVMP    190
CarNAC4  -SSAQNAIPNGIVSSREYTQYSNDSSASSSSHLD VLQSLPEID-------DRCFMLPRV   215
CarNAC2  ------------------------------------------------------MSQM    153
CarNAC6  KVLEQRAAEEEEMKQMVG-----------SPASPPSSTDTISFS----CIQQQDQHVS     208

NAM      SAAASKKEHVSCFSTIS PSFDPSSVFDISSNS T HSLPAPSFSAI DPSSTFSRNSV-    274
CUC1     NSAAHTDASFHTFLPAPPPSLPPRQPRHVG-DGVAFGQFLDLGSSGQ DFDAAAA--AF-   275
CarNAC1  SNSNSNSKVVVFYDFLS PILSATSGITEEHNE ENENEHEDSSSS-               231
CarNAC3  QELMKFSRTCSLTNLLDMDYLGPISQILSDGSY STFEYQINTAHGG IVDPFVK-----   245
CarNAC5  PPPQATAGMRDYMYFDT DS PKLHT DSSCSEHV SPEFASEVQS---EPKWNEW-     248
ATAF1    PPPQQTS---EFAYFDT DS PKLHTTDSSCSE V SPEFTSEVQS---EPKWKDWSA-   242
CarNAC4  NSLRTMQHRQEEDKLNLLN LNNNLMDWSNPSSI NTEFQEGQNNG VNYSSCNDLYVP    274
CarNAC2  SQQVCYSDEDVDSGTEV WLDEVFMSLDDLDETSQPN-------------------     191
CarNAC6  LPMLFLPKKESEAETEDMVSI SVSTPSHEKSTK Q NGIVKDNNKKG CGTSLQLPFGK-  267

NAM      -----------FPSLRSLQ NLHLPLFSGGTS MHGGFSSPLANWPVP TQKVDHSELDCM  324
CUC1     -----------FPNLPSLPPTVLPPPPS--F MYGGGSPAVSVWPFTL-              310
CarNAC1  -----------FPSLTNNN-                                          239
CarNAC3  -------SQMVEMATNSYAADSEKNNVKQNSSFN TLFGNQVY HRE-----          285
CarNAC5  -------EKHL FPYNYVDTTLNS FGSQFQS NNQMSPLQ MF--MYLPKTF-        291
ATAF1    -------VSNDNNNTL FGFNYIDATVDN FGGGG-SSNQMFPLQ MF--MYMQKPY-    289
CarNAC4  SVSTICHVNTSGTEKKPM EEVQSGGARTNP LFERGSNNFTYSNSV SFGFRYPVQPVG  334
CarNAC2  ------------------------------------------------------        191
CarNAC6  -------DNVP LQLPIATDWTQDTFWAQFN SPWLQNWTANSNTLNF------        307

NAM      WSY-- 327
CUC1     ----- 310
CarNAC1  ----- 239
CarNAC3  ----- 285
CarNAC5  ----- 291
ATAF1    ----- 289
CarNAC4  FGFGQ 339
CarNAC2  ----- 191
CarNAC6  ----- 307
```

图 5-34 NAC 蛋白序列比对图

相同氨基酸和相似氨基酸分别由黑色和灰色阴影衬托。A～E 表示 5 个 N 端保守区域。两个预测的核定位信号 NLS1 和 NLS2 序列由方形括弧标出。两个内含子插入位点用粗体和黑色箭头标明利用 CarNAC1~CarNAC6 蛋白全长序列构建的进化树显示，CarNAC4 和 CarNAC5 的同源性最高，而 CarNAC2 与其他 CarNAC 蛋白同源性较低，处于最远的独立分支（图 5-35A）。鉴于 NAC 蛋白 N 端序列的保守性，本研究还采用同样的方法，基于 6 个 CarNAC 蛋白的 N 端序列构建了进化树，它与前一进化树差异不大，只是 CarNAC1 与 CarNAC6 的位置发生了交换（图 5-35B）。

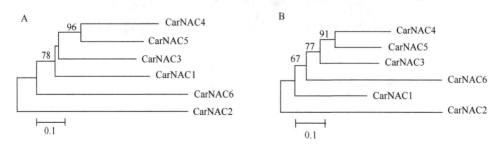

图 5-35　CarNAC1~CarNAC6 蛋白系统进化关系图

A. 基于蛋白全长序列构建的进化树；B. 基于蛋白 N 端序列构建的进化树

Ooka 等（2003）基于 NAC 结构域序列将全部的拟南芥和水稻 NAC 蛋白分为 2 组与 18 个亚组。为了分析鹰嘴豆与其他物种 NAC 蛋白间的进化关系，利用 52 个来自不同植物的 NAC 蛋白全长序列构建了进化树，其中，选择了与鹰嘴豆同属豆科植物的大豆的 9 个 NAC 蛋白，其余 37 个 NAC 蛋白之所以被选择是因为它们中大部分做过功能分析或特性鉴定，相应的聚类信息可帮助预测 CarNAC 的功能。建树结果显示，6 个鹰嘴豆 NAC 蛋白分别位于 6 个不同的亚家族中，其中 CarNAC1 位于 SENU5 亚组，CarNAC3 位于 NAP 亚组，CarNAC4 位于 AtNAC3 亚组，CarNAC5 位于 ATAF 亚组，CarNAC6 位于 TERN 亚组，而 CarNAC2 位于一个未知亚组（图 5-36）。鉴于 ANAC012（又名 XND1）是该组中目前唯一做过功能分析的基因，因而本研究将这一亚组命名为 XND1。

3. CarNAC1~CarNAC6 基因的拷贝数

为探明 CarNAC1~CarNAC6 基因在鹰嘴豆基因组中的数量，本研究以全长 cDNA 为探针进行了 DNA 凝胶印迹实验。用 BamH I、Xba I、EcoR I、Hind III 及 Sac I 等 5 种限制性内切酶对基因组 DNA 进行酶切，限制性酶切位点分析表明，Hind III 在 CarNAC4 基因、BamH I 在 CarNAC5 基因、EcoR I 在 CarNAC6 基因内部各存在 1 个酶切位点，其余限制酶在相应的基因中均没有消化位点。结果表明，多数泳道上只发现单一的条带，少数泳道上存在两条带，只有一条泳道上检测到 3 条带，表明 CarNAC 在基因组中是单或低拷贝的（图 5-37）。

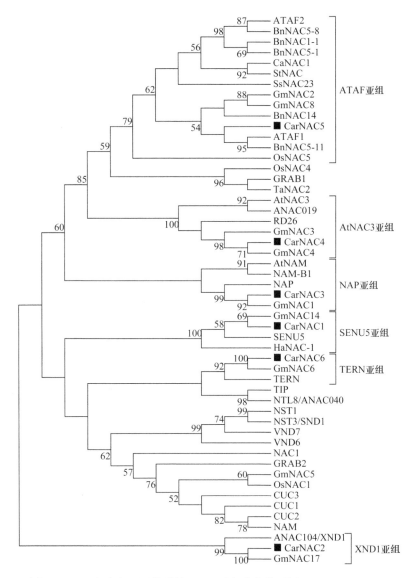

图 5-36　52 个来自不同物种的 NAC 蛋白进化关系图

52 条 NAC 蛋白序列的名称和 GenBank 中的登录号如下：CarNAC1，EU339183；CarNAC2，EU339184；CarNAC3，FJ356671；CarNAC4，FJ477885；CarNAC5，FJ477886；CarNAC6，FJ477887；ATAF1，At1g01720；ATAF2，At5g08790；ANAC019，At1g52890；AtNAC3，At3g29035；AtNAM，AF123311；CUC1，AB049069；CUC2，AB002560；CUC3，AF543194；NAC1，AF198054；NAP，At1g69490；NST1，At2g46770；NST3/SND1，At1g32770；NTL8/ANAC040，At2g27300；RD26，At2g27410；TIP，AF281062；VND6，At5g62380；VND7，At1g71930；ANAC104/XND1，At5g64530；OsNAC1，AB028180；OsNAC4，AB028183；OsNAC5，AB028184；NAM，X92205；BnNAC1-1，AY245879；BnNAC5-1，AY245881；BnNAC5-8，AY245883；BnNAC5-11，Y245884；BnNAC14，AY245886；GmNAC1~6，DQ028769~DQ028774；GmNAC8，EU661911；GmNAC14，EU661914；GmNAC17，EU661917；GRAB1，AJ010829；GRAB2，AJ010830；NAM-B1，DQ869673；TaNAC2，AY625683；CaNAC1，AY714222；HaNAC-1，AY730866；SENU5，T07182；SsNAC23，CA094345；StNAC，AJ401151；TERN，AB021178

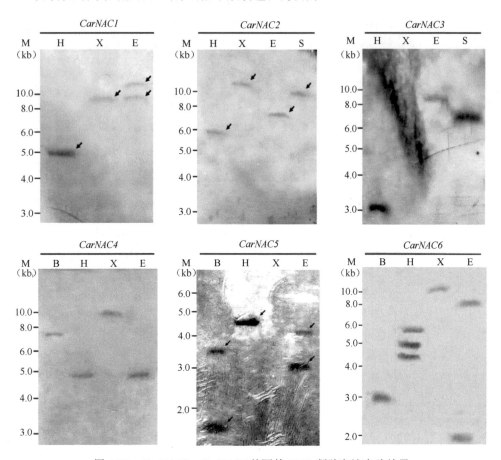

图 5-37　CarNAC1～CarNAC6 基因的 DNA 凝胶印迹实验结果

叶片基因组 DNA 分别用 BamH I（B）、Hind III（H）、Xba I（X）、EcoR I（E）和 Sac I（S）限制性内切酶进行消化

4. CarNAC1～CarNAC6 蛋白的亚细胞定位

转录因子往往在细胞核中发挥作用，许多 NAC 转录因子已被证实位于细胞核中（Souer et al.，1996；Duval et al.，2002）。根据软件 ProtComp v8.0（http://linuxl.softberry.com/berry.phtml）在线预测，CarNAC1～CarNAC6 基因的编码产物均位于细胞核中。为了证实这一预测，本研究以植物双元表达载体 pBI121 为载体，采用洋葱表皮做亚细胞定位实验，所用引物见表 5-4。结果发现 6 个 NAC 与 GFP 的融合蛋白均位于细胞核中，而单一的 GFP 蛋白充满整个细胞（图 5-38），说明 CarNAC 蛋白在细胞核内行使功能，这与其转录因子的角色相一致。

表 5-4 *CarNAC1～CarNAC6* 基因的亚细胞定位表达载体构建所采用的相关引物

基因	引物名称	引物序列
CarNAC1	N1-X（Forward）	5'-CGC<u>TCTAGA</u>TCTCCGTGGCTT GTTGAAT-3'
	N1-B（Reverse）	5'-CGC<u>GGATCC</u>ATTATTATTTGTTAACGAAGGAA-3'
CarNAC2	N2-X（Forward）	5'-CGC<u>TCTAGA</u>ATGTTGGGGAGTGAAAATATGAAG-3'
	N2-B（Reverse）	5'-CGC<u>GGATCC</u>ATTAGGTTGGCTTGTCTCATCA-3'
CarNAC3	N3-X（Forward）	5'-CGC<u>TCTAGA</u>ATGAATGGAAGAACAAG-3'
	N3-B（Reverse）	5'-CGC<u>GGATCC</u>ATATTCTCTATGGTCATATAC-3'
CarNAC4	N4-X（Forward）	5'-CGC<u>TCTAGA</u>ATGGGAATTCAAGATAAAGACC-3'
	N4-B（Reverse）	5'-CGC<u>GGATCC</u>CCTTCTGATCCATTGCCCA-3'
CarNAC5	N5-X（Forward）	5'-CGC<u>TCTAGA</u>AACATGGCATCAGAGCTT-3'
	N5-B（Reverse）	5'-CGC<u>GGATCC</u>CCAAAAGGTTTTTGGCA-3'
CarNAC6	N6-X（Forward）	5'-CGC<u>TCTAGA</u>ATACATGGCATCAATGGA-3'
	N6-B（Reverse）	5'-CGC<u>GGATCC</u>ATAAAAATTGAGGGTGTTGGAATTAG-3'

注：下划线标识 *Xba* Ⅰ（上游引物）和 *Bam*H Ⅰ（下游引物）酶切位点

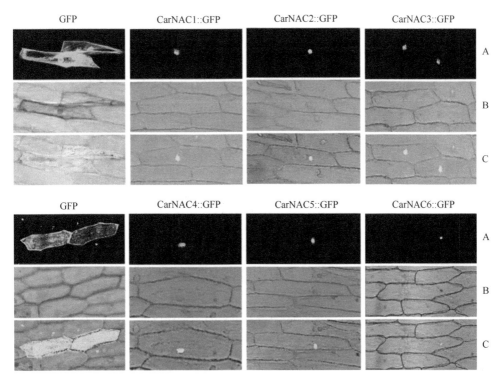

图 5-38 CarNAC1～CarNAC6 蛋白亚细胞定位结果

A. GFP 荧光图；B. 可见光图；C. 荧光及可见光融合图

5. CarNAC1～CarNAC6 蛋白转录激活功能域的鉴定

激活转录是转录因子的基本功能。Ooka 等（2003）曾推断 NAC 蛋白的转录激活功能域位于 C 端。为了检验这一假设，本研究以酵母表达载体 pDBLeu 为载体，进行酵母单杂交实验，相关引物见表 5-5。结果表明，所有载体（分别含 *CarNAC1*～*CarNAC6* 基因 cDNA 全长、N 端或 C 端的重组载体及空载体）的酵母转化子都能在 YPAD 全营养型培养基上快速生长，而含 CarNAC 蛋白全长或 C 端重组载体的酵母比其他两种酵母在 SD/-His 缺陷型培养基上生长更快（图 5-39），并且能被 5-溴-4-氯-3-吲哚氧基-α-D-半乳糖苷（X-α-Gal）染成蓝色，意味着前两者中的 *His* 和 *LacZ* 报告基因均被激活表达。这些结果说明 CarNAC1～CarNAC6 蛋白都具有转录激活活性，且相应的功能域位于蛋白 C 端。

表 5-5 *CarNAC1*～*CarNAC6* 基因的转录激活实验表达载体构建所采用的相关引物

基因	片段	引物序列
CarNAC1	F	Forward: 5′-CGC<u>GTCGAC</u>TTCTCCGTGGCTTTGTTGA-3′ Reverse: 5′-TAT<u>GCGGCCGC</u>CGGCCTCATTTTGAGATA-3′
	N	Forward: 5′-CGC<u>GTCGAC</u>TTCTCCGTGGCTTTGTTGA-3′ Reverse: 5′-TAT<u>GCGGCCGC</u>CTTCAGAAATATGCGACACAC-3′
	C	Forward: 5′-CGC<u>GTCGAC</u>GTGTGTCGCATATTTCTGAAG-3′ Reverse: 5′-TAT<u>GCGGCCGC</u>CGGCCTCATTTTGAGATA-3′
CarNAC2	F	Forward: 5′-CGC<u>GTCGAC</u>AATGTTGGGGAGTGAAAA-3′ Reverse: 5′-TAT<u>GCGGCCGC</u>TAATTAGGTTGGCTTGTCTC-3′
	N	Forward: 5′-CGC<u>GTCGAC</u>AATGTTGGGGAGTGAAAA-3′ Reverse: 5′-TAT<u>GCGGCCGC</u>GTTGGGACATTTGTGACAT-3′
	C	Forward: 5′-CGC<u>GTCGAC</u>GGTTTTATGCAAAGTGTATG-3′ Reverse: 5′-TAT<u>GCGGCCGC</u>TAATTAGGTTGGCTTGTCTC-3′
CarNAC3	F	Forward: 5-CGC<u>GTCGAC</u>AATGAATGGAAGAACAAGC-3′ Reverse: 5-TAT<u>GCGGCCGC</u>TTGGTGAAGCTTATCGTCA-3′
	N	Forward: 5′-CGC<u>GTCGAC</u>AATGAATGGAAGAACAAGC-3′ Reverse: 5′-TAT<u>GCGGCCGC</u>GTGTCAAATGATTTTGTGGTA-3′
	C	Forward: 5′-CGC<u>GTCGAC</u>TTGGGTGTTGTGTAGGATC-3′ Reverse: 5′-TAT<u>GCGGCCGC</u>TTGGTGAAGCTTATCGTCA-3′
CarNAC4	F	Forward: 5′-CGC<u>GTCGAC</u> CACCCCAGCTACAACCTAGA-3 Reverse: 5′-TAT<u>GCGGCCGC</u> CCTTCTGATTCATTGCCCA-3′
	N	Forward: 5′-CGC<u>GTCGAC</u>CACCCCAGCTACAACCTAGA-3′ Reverse: 5′-TAT<u>GCGGCCGC</u>ATGGCATTTTGTGCACTAGAG-3′
	C	Forward: 5′-CGC<u>GTCGAC</u>CTCTAGTGCACAAAATGCCAT-3′ Reverse: 5′-TAT<u>GCGGCCGC</u>CCTTCTGATTCATTGCCCA-3′
CarNAC5	F	Forward: 5′-CGC<u>GTCGAC</u>TCACGGAGAAAGTATCGC-3′ Reverse: 5′-TAT<u>GCGGCCGC</u>TTCATCTTTCAAATGCTCA-3′
	N	Forward: 5′-CGC<u>GTCGAC</u>TCACGGAGAAAGTATCGC-3′ Reverse: 5′-TAT<u>GCGGCCGC</u>GTTGTTTCTCGATTGTGCCT-3′
	C	Forward: 5′-CGC<u>GTCGAC</u>AGGCACAATCGAGAAACAAC-3′ Reverse: 5′-TAT<u>GCGGCCGC</u>TTCATCTTTCAAATGCTCA-3′

续表

基因	片段	引物序列
CarNAC6	F	Forward：5′-CGC<u>GTCGAC</u>ATAATACATGGCATCAATGG-3′ Reverse：5′-TAT<u>GCGGCCGC</u>AGGGTGTTGGAATTAGCA-3′
	N	Forward：5′-CGC<u>GTCGAC</u>ATAATACATGGCATCAATGG-3′ Reverse：5′-TAT<u>GCGGCCGC</u>AGCACTTTCAATGAAGTTGCC-3′
	C	Forward：5′-CGC<u>GTCGAC</u>GGCAACTTCATTGAAAGTGCT-3′ Reverse：5′-TAT<u>GCGGCCGC</u>AGGGTGTTGGAATTAGCA-3′

注：下划线标识 *Sal* I（上游引物）和 *Not* I（下游引物）酶切位点。F. 基因 cDNA 全长；N. 蛋白 N 端；C. 蛋白 C 端

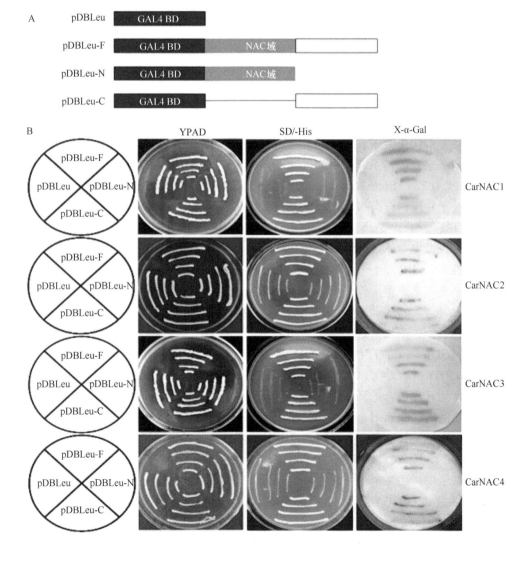

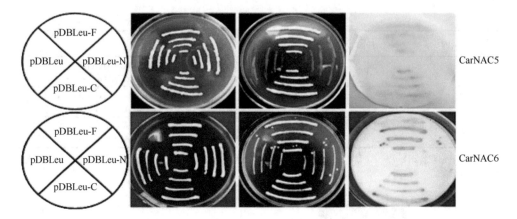

图 5-39　CarNAC1～CarNAC6 蛋白的转录激活实验结果图

A. 重组载体结构图；B. 酵母转化子中的 CarNAC1～CarNAC6 蛋白转录激活活性的检测图。F、N、C 分别代表 *CarNAC1～CarNAC6* 基因的 cDNA 全长、N 端或 C 端编码序列；pDBLeu. 酵母表达载体；YPAD. 全营养型培养基；X-α-Gal. 采用 5-溴-4-氯-3-吲哚氧基-α-D-半乳糖苷染色

6. *CarNAC2*、*CarNAC4* 和 *CarNAC5* 启动子序列分析

为了分析和研究 *NAC* 基因的表达调控机制，采用了基因步移（gene walking）技术克隆了它们的转录起始位点的上游序列，并通过植物启动子顺式调控元件预测软件 PLACE（http://www.dna.affrc.go.jp/PLACE/）在线分析发现，*CarNAC2* 基因的启动子片段中含有多个潜在的调控元件，包括 4 个 TATA 盒、1 个干旱应答元件（DRE）、1 个铜离子应答元件（GTAC）、1 个 ABA 应答元件的类似序列（ABRE-like）、2 个 MYC 应答元件、4 个 W 盒、2 个 MYB 应答元件、1 个生长素应答元件（AuxRE）、1 个早期响应脱水元件（ERDE）、1 个 GCC 盒、1 个 CCAAT 盒和 1 个赤霉素应答元件（GARE）（图 5-40）。

CarNAC4 基因启动子区域存在多种与逆境胁迫相关的转录因子的结合序列，其中包括 9 个 NAC 转录因子结合的核心序列（CACG/CGT[G/A]）、3 个 MYB 结合元件（GGATA/CTGTTG/AAACCA）、13 个 MYC 结合元件（CANNTG）、2 个 W 盒（WRKY）结合元件（TTGAC/TGAC）和 1 个 DRE/CRT 结合元件（RYCGAC），与这些作用元件结合的转录均能调控响应干旱、盐、低温及病菌侵染等非生物和生物逆境胁迫（图 5-41，表 5-6）。此外，启动子区域中还发现 1 个低温响应结合元件 LTRE（CCGAC）和 4 个能够响应盐胁迫和病菌侵染的 GT-1 基序（GAAAAA）；7 个 ABRE 元件（ACGTG）和 3 个 DPBF 结合元件（ACACNNG）也存在于 *CarNAC4* 基因启动子中，这 2 个作用元件均能响应 ABA 信号。另外还存在 1 个响应 JA 信号的 T/G 盒（AACGTG）和 2 个响应 GA、SA 信号的 W 盒（TTGAC/TGAC）。*CarNAC4* 基因的启动子中还发现了两个能够响应光信号的作用元件 I 盒（GATAA）和 G 盒（MCACGTGGC）；2 个与脯氨酸生物合成相关的顺式作用元件 PRE

（ACTCAT），该元件能够响应高渗透胁迫（图 5-41，表 5-6）。

TGAAAAACA<u>ATG TCGGT</u>AAGTGAATTATTCTATGTGTCT<u>GTAC</u><u>ACGTG</u>TAGGTGTGATGA
　　　　　　 DRE　　　　　　　　　　　　　　　　GTAC ABRE-like

TAATTTTATGAATTAATATTAAAAAATGAATGCAAAACATATTTGAAATCATGTATTCC<u>CAT</u>
　　　　　　 -600　　　　　　　　　　　　　　　　　　　　　　　　 MYC

<u>ATG</u>AATCTGCCTGCAA<u>TATATAAT</u>CTATT<u>AGTCA</u>TGGATTATTCAAACTTGTAGTAGCTAG
　　　　　　　　 TATA box4　　 W-box

CTGCAATGGGCAGGGAAATA<u>TTGACC</u>ATTACAAAAAGTAGGATTGATAT<u>ATTAAT</u>TTT
　　　　　　　　　　 W-box　　　　　　　　　　　　　　　TATA box3

GGAGATATGCTCAATTCTCATTAATTATTGTT<u>TATCC</u>TTATTGTTAACTTAAAAAATACT<u>AG</u>
　　　　　　　　　　　　　　　 -400　　 MYB

<u>TCA</u>TGATAATGATTAATTTGATGTTAACTTCAATTACAAAAATAATTTT<u>TGAC</u><u>AAGTGAG</u>
W-box　　　　　　　　　　　　　　　　　　　　　　　　 W-box　 MYC

<u>ACAC</u>ATTAATAG<u>ACGT</u>TAGACAAGAAAGCAACTTTATGTCTTTTGTAACTTGTATTGTTA
AuxRE　　　　　 ERDE

<u>GGATA</u>GTTAGCTTTGTT<u>GGCGGC</u>CCCACTTTCTTATAGTGGTATTCCACGCAACGCTGC
　 MYB　　　　　　 GCC box　　　　　　　　　　　　　　　 -200

CAGA<u>CCAA</u>TTCTTTTTTTCATTCACAATCAACCAAAGTCTCTATCTTTCTAATTCTAATTG
　　 CCAAT box

CTATATAA<u>GGCTAAGCATTATTGAGGAATTTCCCAACAAGCATATTCATTTATAGTAATATA
TATA box4

TATATATATAGCCCAAAGTGCCAAATTAATTTAAATCCATAGTCTAAATAGAAAC<u>TATATA</u>
　　　　　　　　　　　　　　　　　　　　　　　　　　　　　TATA box4

<u>ACAAA</u>ATGTTGGGGAGTGAA
-- GARE +1

图 5-40　*CarNAC2* 基因启动子片段结构图

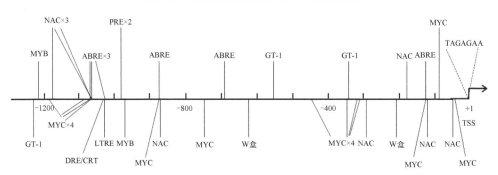

图 5-41　*CarNAC4* 基因启动子中部分顺式作用元件的分布

表 5-6　***CarNAC4*** 启动子中潜在逆境相关顺式作用元件预测

顺式作用元件	核心序列	位置	功能
NAC 核心序列	CACG/CGT[G/A]	−55、−122、−173、−291、−875、−1012、−1063、−1073、−1181	响应多种胁迫信号
ABRE	ACGTG	−126、−692、−879、−1033、−1067、−1077、−1185	响应 ABA 信号
DRE/CRT	RYCGAC	−1037	响应干旱信号
DPBF 结合元件	ACACNNG	−128、−881、−1079	响应 ABA 信号
MYB 结合元件	GGATA/CTGTTG/AAACCA	−919、−969、−1210	响应干旱和 ABA 信号

续表

顺式作用元件	核心序列	位置	功能
MYC 结合元件	CANNTG	−43、−97、−127、−302、−315、−348、−446、−746、−880、−1068、−1078、−1086、−1186	响应干旱、ABA 和低温信号
W 盒	TTGAC/TGAC	−210、−620	响应 SA、GA 和病菌侵染信号
PRE	ACTCAT	−982、−989	响应脯氨酸和渗透胁迫信号
GT-1 基序	GAAAAA	−340、−557、−1012、−1229	响应病菌和盐胁迫信号
T/G 盒	AACGTG	−693	响应 JA 信号
I 盒	GATAA	−163、−455	响应光信号
G 盒	MCACGTGGC	−128	响应光信号
LTRE	CCGAC	−1036	响应低温信号

CarNAC5 基因启动子区域存在多种与逆境胁迫相关的转录因子的结合序列,其中包括 5 个 NAC 转录因子结合的核心序列(CACG/CGT[G/A])、3 个 MYB 结合元件(GGATA/CTGTTG/AAACCA)、10 个 MYC 结合元件(CANNTG)和 4 个 W 盒(WRKY)结合元件(TTGAC/TGAC)。与这些作用元件结合的转录均能调控响应干旱、盐、低温,以及病菌侵染等非生物和生物逆境胁迫(图 5-42,表 5-7)。此外,启动子区域中还发现 3 个能够响应盐胁迫和病菌侵染的 GT-1 基序(GAAAAA);存在 2 个 ABRE 元件(ACGTG)和 2 个 DPBF 结合元件(ACACNNG),这 2 个作用元件均能响应 ABA 信号。另外还存在响应 GA 信号的 1 个 GARE(TAACAAR)序列和 1 个 GADOWNAT(ACGTGTC)序列,以及 4 个能够响应 GA、SA 信号的 W 盒(TTGAC/TGAC)。CarNAC5 基因的启动子中还发现了 2 种能够响应光信号的作用元件 I 盒(GATAA)和 G 盒(MCACGTGGC),1 种响应黑暗信号的 CDA-1 元件及 1 个响应 CO_2 信号的 EEC 元件(GANTTNC)。还检测到 1 个与保卫细胞 K^+ 通道相关的顺式作用元件 TAAAG 基序(TAAAG)(图 5-42,表 5-7)。

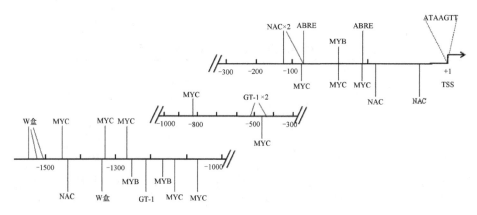

图 5-42 CarNAC5 基因启动子中部分顺式作用元件的分布

表 5-7　*CarNAC5* 启动子中潜在逆境相关顺式作用元件预测

顺式作用元件	核心序列	位置	功能
NAC 核心序列	CACG/CGT[G/A]	−19、−48、−85、−116、−1437	响应多种胁迫信号
ABRE	ACGTG	−52、−85	响应 ABA 信号
CDA-1 结合元件	CAAAACGC	−101、−274	响应黑暗信号
DPBF 结合元件	ACACNNG	−1073、−1452	响应 ABA 信号
MYB 结合元件	GGATA/CTGTTG/AAACCA	−69、−1171、−1255	响应干旱和 ABA 信号
MYC 结合元件	CANNTG	−53、−69、−86、−463、−816、−1070、−1138、−1268、−1328、−11451	响应干旱、ABA 和低温信号
W 盒	TTGAC/TGAC	−1332、−1503、−1517、−1560	响应 SA、GA 和病菌侵染信号
GT-1 基序	GAAAAA	−434、−520、−1213	响应病菌和盐胁迫信号
EEC	GANTTNC	−695	响应 CO_2 信号
I 盒	GATAA	−4、−506、−593	响应光信号
G 盒	MCACGTGGC	−53、−1420	响应光信号
LTRE	CCGAC	−1036	响应低温信号
GADOWNAT	ACGTGTC	−52	响应 GA 信号
GARE	TAACAAR	−227	响应 GA 信号
TAAAG 基序	TAAAG	−724	响应保卫细胞中 K^+ 通道

　　CarNAC6 基因的启动子片段中含有多个潜在的调控元件，包括 19 个 TATA 盒、1 个低温响应元件、8 个铜离子应答元件（GTAC）、4 个硫应答元件、1 个 ABA 应答元件、2 个 ABA 应答元件的类似序列（ABRE-like）、2 个 CBF 结合元件、18 个 MYC 应答元件、23 个 W 盒、5 个 MYB 应答元件、1 个生长素应答元件（AuxRE）、1 个乙烯应答元件（ETRE）、2 个糖应答元件和 23 个赤霉素应答元件（GARE）。

二、*CarNAC1*～*CarNAC6* 基因的表达分析

（一）组织特异性表达分析

　　采用半定量 RT-PCR 方法检测 *CarNAC1*～*CarNAC6* 基因在鹰嘴豆各个主要器官中的转录水平，包括两周龄幼苗的根、茎、叶及成年植株的花、荚（开花

后 15d）、种子（开花后 15d）（图 5-43）。*CarNAC1* 基因在鹰嘴豆幼苗的根、茎、叶及花中表达量基本一致，且相对较高；在荚中表达量较低，在发育 15d 的种子中难以检测到。*CarNAC2* 基因在幼苗叶中低表达，而在幼苗的根、茎及花、荚、发育种子中难以检测到。*CarNAC3* 和 *CarNAC4* 基因表达规律类似，在花中表达最高，在幼苗的根、叶及荚中表达较弱，而在茎和发育种子中则难以检测得到。*CarNAC5* 基因也是在花中表达量最高，但与 *CarNAC3* 和 *CarNAC4* 基因不同的是，尽管在不同器官间存在强度的差异，*CarNAC5* 基因的 mRNA 在每个器官中都有较高表达。*CarNAC6* 基因在幼苗叶及花、荚中的表达量较高，而在幼苗的根、茎及发育种子中难以检测到。纵观 6 个 *NAC* 基因的表达情况，只有 *CarNAC3* 和 *CarNAC4* 基因展现相似的表达规律，而它们与其他 4 个 *CarNAC* 基因在组织特异性表达上存在明显的差异，说明它们可能在鹰嘴豆植株发育和生理代谢过程中的功能有所不同。

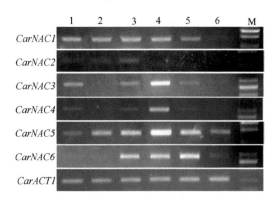

图 5-43 *CarNAC1*～*CarNAC6* 基因的组织特异性表达

1～6 号泳道分别表示两周龄幼苗的根、茎、叶及成年植株的花、荚（开花后 15d）、种子（开花后 15d）。*CarACT1* 作为内参基因；M. DNA 分子量标记 DL2000

（二）在叶片衰老、种子发育及发芽时期的表达分析

1. 在叶片衰老过程中的表达分析

从鹰嘴豆同一植株上、中、下 3 个部位取代表不同衰老程度的叶片，并应用半定量RT-PCR调查*CarNAC1*～*CarNAC6*基因在 3 种叶片中的表达强度（图 5-44）。结果发现 *CarNAC1* 和 *CarNAC3* 基因的表达量随叶片衰老逐渐增大，而 *CarNAC6* 基因的表达量随叶片衰老逐渐减少，其余 *NAC* 基因的转录水平在叶片衰老过程中基本不变，说明 *CarNAC1*、*CarNAC3*、*CarNAC6* 基因可能参与鹰嘴豆叶片的衰老过程。

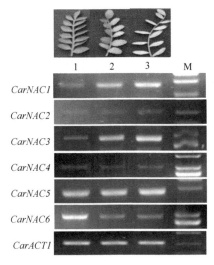

图 5-44　*CarNAC1*～*CarNAC6* 基因在叶片衰老过程中的表达

1～3 号泳道分别表示衰老初期、中期、末期的叶片。*CarACT1* 作为内参基因；M. DNA 分子量标记 DL2000

2. 在种子发育过程中的表达分析

采用半定量 RT-PCR 调查 *CarNAC1*～*CarNAC6* 基因在种子发育过程中的表达规律。取样时间点分别为开花后 5d、10d、15d、20d、25d、30d（图 5-45）。*CarNAC1* 和 *CarNAC3* 基因的表达量随发育进程呈现波动性，*CarNAC4* 和 *CarNAC5* 基因主要在种子发育的后期表达，而 *CarNAC2* 和 *CarNAC6* 基因的转录物在整个种子发育过程中很难被检测到，说明 *CarNAC1*、*CarNAC3*、*CarNAC4*、*CarNAC5* 基因可能涉及种子发育过程，且其作用存在差异。

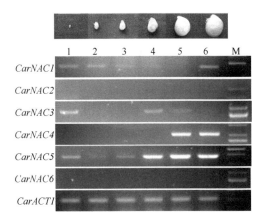

图 5-45　*CarNAC1*～*CarNAC6* 基因在鹰嘴豆种子发育过程中的表达

1～6 号泳道分别表示开花后发育 5d、10d、15d、20d、25d、30d 的种子。*CarACT1* 作为内参基因；M. DNA 分子量标记 DL2000

3. 在种子发芽过程中的表达分析

采用半定量 RT-PCR 方法调查了 *CarNAC1*~*CarNAC6* 基因在种子发芽过程中的表达规律。干燥的种子在室温下浸泡 12h 后置于铺有湿润滤纸的培养皿中，此时计为 0h 时间点，其后分别在 2h、6h、12h、24h、36h、48h 取样，提取 RNA 进行表达分析（图 5-46）。*CarNAC1* 和 *CarNAC3* 基因在发芽早期不表达，仅在发芽后 36h 和 48h 时有微弱表达，而 *CarNAC4* 的表达规律恰恰相反，仅在 2h 时有一定量的表达，其后几乎不表达。*CarNAC2* 仅在 12h 和 48h 时有微弱表达，而 *CarNAC6* 的表达随发芽进程呈现"增加—降低—增加—降低"的趋势。*CarNAC5* 基因在种子发芽早期强烈表达，其后逐步减弱。这些结果表明 6 个 *CarNAC* 基因可能在鹰嘴豆种子发芽过程中发挥着不同作用。

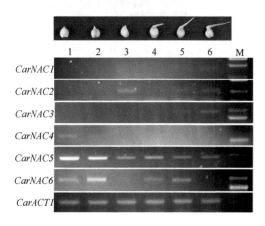

图 5-46　*CarNAC1*~*CarNAC6* 基因在种子发芽过程中的表达

1~6 号泳道分别表示室温浸泡 12h 后再置于培养皿中发芽 2h、6h、12h、24h、36h、48h 的鹰嘴豆种子。*CarACT1* 作为内参基因；M. DNA 分子量标记 DL2000

（三）在逆境和激素处理下的表达分析

1. 采用半定量 RT-PCR 方法

为了明确各种逆境对 *CarNAC1*~*CarNAC6* 基因转录水平的影响，本研究调查了 6 个 *NAC* 基因在空气干旱、高盐（200mmol/L NaCl）、高温（37℃）、低温（4℃），以及机械伤害等胁迫处理下的表达规律（图 5-47）。总 RNA 分别来源于 0h、1h、3h、5h、12h、24h 等不同时间点上所取的叶片（倒二叶和倒三叶）。水培（对照）条件下，*CarNAC1*、*CarNAC4* 和 *CarNAC5* 基因在各个观察时间点间的表达量没有明显变化，而 *CarNAC2*、*CarNAC3* 和 *CarNAC6* 基因在各个观察时间点间的表达量出现变化，说明它们的表达可能与光周期有关（图 5-47A）。除了 *CarNAC1* 基因的表达基本不受空气干旱胁迫诱导，其余 5 个基因皆受空气干旱胁迫诱导显著上调表达（图 5-47B）。*CarNAC1*、*CarNAC4*、*CarNAC5* 和 *CarNAC6* 基因受盐（200mmol/L NaCl）胁迫显著上调表达，*CarNAC2* 基因受盐（200mmol/L NaCl）胁迫弱上调表达，而 *CarNAC3* 基因基本不受盐（200mmol/L NaCl）胁迫的影响（图 5-47C）。37℃高温胁迫下，*CarNAC4* 和 *CarNAC5* 基因的转录水平显著增高，而且这种响应是快速的；*CarNAC1*、*CarNAC2* 和 *CarNAC3* 基因的表达被抑制，而 *CarNAC6* 基因基本不受高温胁迫影响（图 5-47D）。低温胁迫下，*CarNAC1* 和 *CarNAC4* 基因在处理后期高表达；*CarNAC2* 基因的表达被低温胁迫弱抑制或不受

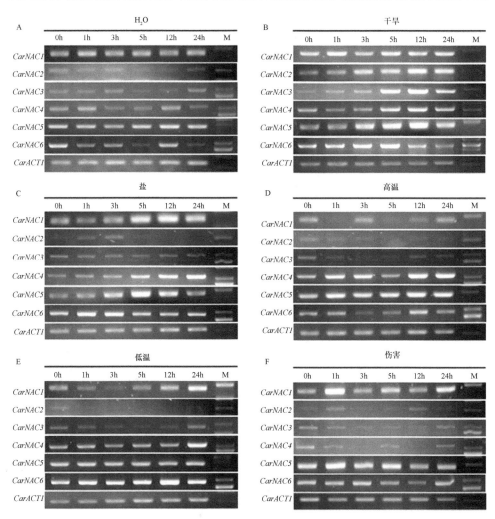

图 5-47 *CarNAC1*～*CarNAC6* 基因在逆境处理下的表达

以水培为对照（A），两周龄鹰嘴豆幼苗经过干旱（空气干旱，B）、盐（200mmol/L NaCl，C）、高温（37℃，D）、低温（4℃，E）及伤害（针扎叶片，F）处理，在显示时间点取叶样样。*CarACT1* 作为内参基因；M. DNA 分子量标记 DL2000

影响；其余 3 个 *NAC* 基因（*CarNAC3*、*CarNAC5* 和 *CarNAC6*）的表达基本不受低温胁迫的影响（图 5-47E）。*CarNAC1* 和 *CarNAC5* 基因受叶片机械伤害胁迫上调表达，其余 4 个 *NAC* 基因对损伤处理弱响应或响应不明显（图 5-47F）。

以水培为对照（图 5-48A），选取 8 种植物激素和化学物质分别处理鹰嘴豆幼苗，以明确其对 *CarNAC1*～*CarNAC6* 基因转录水平的影响。除了 *CarNAC1* 和 *CarNAC5* 基因，其余 4 个 *NAC* 基因皆对脱落酸（ABA，100μmol/L）处理产生上调响应（图 5-48B）。茉莉酸甲酯（MeJA，100μmol/L）处理下，除了 *CarNAC4* 基因的表达响应处理显著上升，其余 5 个 *NAC* 基因的表达变化不显著（图 5-48C）。乙烯利（Et，200μmol/L）处理能在不同时间点促进 *CarNAC1*、*CarNAC3*、*CarNAC4* 和 *CarNAC6* 基因的表达，但对 *CarNAC2* 和 *CarNAC5* 基因的表达影响不显著（图 5-48D）。水杨酸（SA，100μmol/L）处理时，*CarNAC1*、*CarNAC3*、*CarNAC4*、

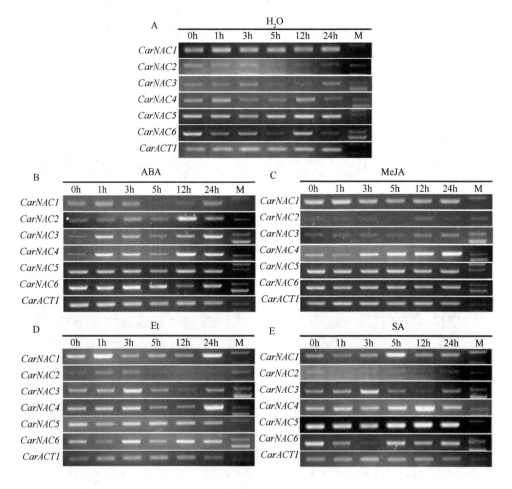

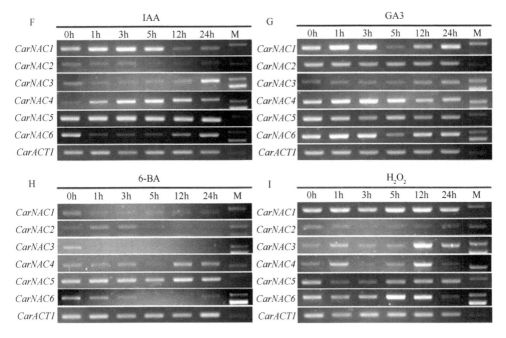

图 5-48 *CarNAC1~CarNAC6* 基因在激素和化学物质处理下的表达

以水培为对照（A），两周龄鹰嘴豆幼苗分别采用 ABA（脱落酸，100μmol/L，B）、MeJA（茉莉酸甲酯，100μmol/L，C）、Et（乙烯利，200μmol/L，D）、SA（水杨酸，100μmol/L，E）、IAA（吲哚-3-乙酸，20μmol/L，F）、GA3（赤霉素，100μmol/L，G）、6-BA（6-苄基腺嘌呤，10μmol/L，H）、H_2O_2（双氧水，50μmol/L，I）处理，在显示时间点取叶片样；*CarACT1* 作为内参基因；M. DNA 分子量标记 DL2000

CarNAC5 和 *CarNAC6* 基因受处理影响上调表达，而 *CarNAC2* 基因的转录水平没有明显变化（图 5-48E）。吲哚乙酸（IAA，20μmol/L）处理下，除了 *CarNAC2* 和 *CarNAC6* 基因下调表达，其余 4 个 *NAC* 基因均在不同时间点响应处理上调表达（图 5-48F）。赤霉素（GA3，100μmol/L）处理时，*CarNAC1*、*CarNAC4* 和 *CarNAC6* 基因皆响应处理显著上调表达，*CarNAC2*、*CarNAC3* 和 *CarNAC5* 基因弱响应或不响应赤霉素处理（图 5-48G）。6-苄基腺嘌呤（6-BA，10μmol/L）处理对任一 *NAC* 基因皆产生弱诱导或抑制表达（图 5-47H）。H_2O_2（50μmol/L）胁迫下，*CarNAC1*、*CarNAC3*、*CarNAC4* 和 *CarNAC6* 基因受处理影响上调表达，而另外 2 个基因的表达受到弱影响或不受影响（图 5-48I）。

2. 采用荧光定量 PCR 方法

本研究进一步采用实时定量 PCR 技术验证 *CarNAC2*、*CarNAC4* 和 *CarNAC5* 基因在逆境与激素处理下半定量 RT-PCR 研究结果。分别在处理 0h、1h、3h、5h、12h、24h 六个时间点取样，统一取从植株顶点向下第 3 片叶用于提取总 RNA。水培植株在同一时间点同样位置取样作为对照。*CarNAC2* 基因所用引物序列为

5'-TCAGAGTGGTGGAGCAAGAAC-3'（F）和 5'-CCCAAACGAATCAACCGAAT-3'
（R）；*CarNAC4* 基因所用引物序列为 5'-CGAGTATCGTTTGGCTGAC-3'（F）和
5'-CCGCTGTTCGGTTGTTT-3'（R）；*CarNAC5* 基因所用引物序列为 5'-CTTGAA
GCGAGTTGGAGC-3'（F）和 5'-CCACTGTCAACATCCTCATCG-3'（R）；内参基
因 *CarACT1* 所用引物序列为 5'-GCCTGATGGACAGGTGATCAC-3'（F）和 5'-GG
AACAGGACCTCTGGACATCT-3'（R）。

（1）*CarNAC2* 基因在逆境和激素处理下的表达分析 水培对照条件下，
CarNAC2 基因在 6 个时间点的表达量没有明显变化（结果未显示）。采用 20%
PEG6000 模拟干旱胁迫处理下，*CarNAC2* 基因的表达量缓慢升高，到处理 24h 时
表达量达到最高值。高盐胁迫处理下，*CarNAC2* 基因的表达量在 1h 时升到最高
点，之后随着处理时间的延长，表达量又慢慢地回落到处理前的水平，之后再升
高，说明 *CarNAC2* 基因能够响应盐胁迫的短时间刺激，迅速转录表达（图 5-49）。
另外，*CarNAC2* 基因对高温（37℃）和冷害（4℃）等胁迫没有明显响应（结果
未显示）。

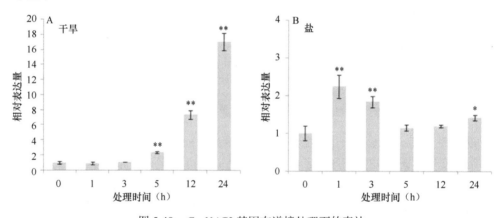

图 5-49 *CarNAC2* 基因在逆境处理下的表达
A. 20% PEG6000 模拟干旱胁迫处理；B. 200mmol/L NaCl 处理。*和**分别代表与 0h 时相比达到显著（*P*<0.05）
和极显著（*P*<0.01）差异水平

对 *CarNAC2* 基因在激素诱导条件下的表达分析发现，*CarNAC2* 基因的表达
仅受到 ABA 的诱导（图 5-50），对其他激素没有响应（结果未显示）。在 100μmol/L
外源 ABA 处理 5h 内，*CarNAC2* 基因的表达量没有明显变化，而在处理 12h 时，
表达量迅速升高至最高点，之后表达量又开始下降。结果表明，长时间的外源 ABA
的处理能够显著增加 *CarNAC2* 基因的表达量，而短时间（5h 内）的 ABA 处理则
不能够显著诱导 *CarNAC2* 基因的转录表达。

（2）*CarNAC4* 基因在逆境和激素处理下的表达分析 水培对照条件下，*CarNAC4*
基因 6 个时间点的表达量没有明显变化（结果未显示）。20% PEG6000 模拟干旱

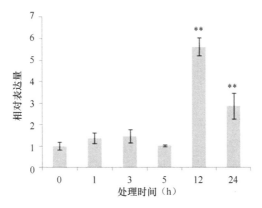

图 5-50 *CarNAC2* 基因在 100μmol/L ABA 处理下的表达
**代表与 0h 时相比达到极显著差异水平（*P*<0.01）

胁迫处理下，*CarNAC4* 基因的表达量随着处理时间延长而逐渐升高，到处理 24h 时，表达量达到最高水平。200mmol/L NaCl 处理下，*CarNAC4* 基因的表达量也随着处理时间延长而逐渐升高，到处理 24h 时，表达量达到最高。37℃高温处理下，*CarNAC4* 基因的表达量迅速积累，处理 12h 时表达量升到最高。4℃低温处理下，*CarNAC4* 基因的表达量同样随着处理时间的延长而显著增加，到处理 24h 时表达量达到最高（图 5-51）。以上结果表明，*CarNAC4* 基因的表达受到干旱、盐、高温和低温胁迫显著影响，4 种逆境胁迫均能诱导其表达。

100μmol/L 外源 ABA 处理下，*CarNAC4* 基因的表达量随处理时间延长而逐渐增加，到处理 24h 时，表达量达到最高值。20μmol/L IAA 处理下，在 1h 时 *CarNAC4* 基因的表达量迅速积累，之后一直到处理 24h 时表达量较平稳。100μmol/L 的 MeJA 处理下，*CarNAC4* 基因的表达量随处理时间增加而持续升高。50μmol/L 的 H_2O_2 处理下，*CarNAC4* 基因的表达量迅速增加，在 12h 时，表达量达到最高（图 5-52）。以上结果表明，*CarNAC4* 基因在多种植物激素和化学物质处理下，表达量均会大幅度升高。

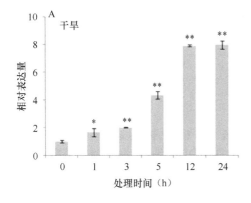

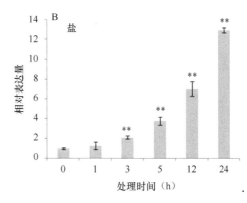

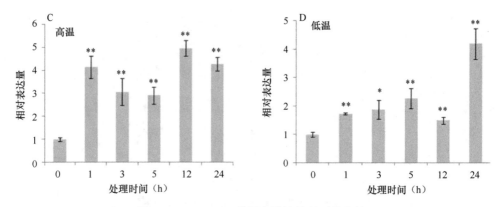

图 5-51　*CarNAC4* 基因在逆境处理下的表达

A. 20% PEG6000 模拟干旱胁迫；B. 200mmol/L NaCl 处理；C. 37℃处理；D. 4℃处理。*和**分别代表与 0h 时相比达到显著（*P*<0.05）和极显著（*P*<0.01）差异水平

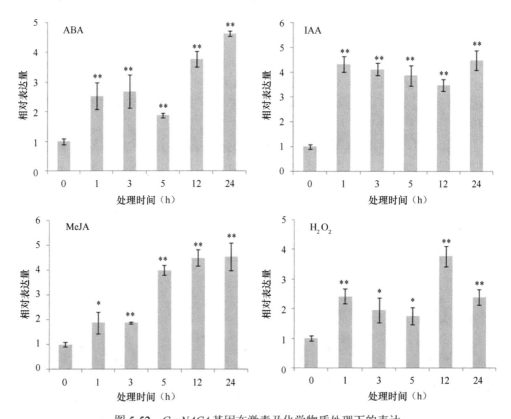

图 5-52　*CarNAC4* 基因在激素及化学物质处理下的表达

ABA. 100μmol/L；IAA. 20μmol/L；MeJA. 100μmol/L；H_2O_2. 50μmol/L。*和**分别代表与 0h 时相比达到显著（*P*<0.05）和极显著（*P*<0.01）差异水平

（3）*CarNAC5*基因在逆境和激素处理下的表达分析　在水培对照条件下，*CarNAC5*基因在6个时间点的表达量没有明显变化（结果未显示）。20% PEG6000模拟干旱胁迫处理下，*CarNAC5*基因的表达量随处理时间延长而逐步升高，到处理12h 时表达量达到最高点。高盐（200mmol/L）处理下，*CarNAC5*基因在5h 和24h 时极显著或显著上调表达。在37℃高温处理下，*CarNAC5*基因的表达量在1h 时迅速积累至最高点。低温（4℃）处理下，*CarNAC5*基因仅在5h 时显著上调表达（图5-53）。以上结果说明 *CarNAC5*基因显著响应干旱、高盐、高温和低温的胁迫。

20μmol/L IAA 处理下，*CarNAC5* 基因表达量迅速升高，在 3h 时达到最高（图 5-54），表明 *CarNAC5* 基因的转录表达受到外源 IAA 处理的诱导。

采用荧光定量 PCR 对鹰嘴豆 *NAC* 基因在逆境和激素处理下表达量的部分半定量 RT-PCR 分析结果进行验证，发现两者结果基本一致，说明研究结果可靠。

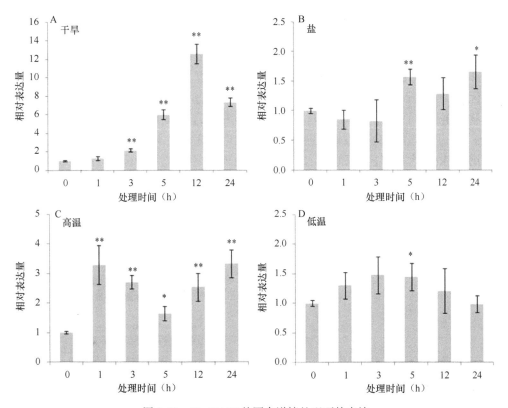

图 5-53　*CarNAC5* 基因在逆境处理下的表达

A. 20% PEG6000 模拟干旱胁迫；B. 200mmol/L NaCl 处理；C. 37℃处理；D. 4℃处理。*和**分别代表与0h 时相比达到显著（$P<0.05$）和极显著（$P<0.01$）差异水平

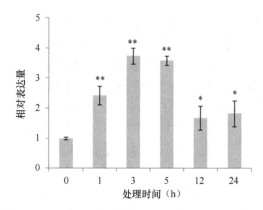

图 5-54　*CarNAC5* 基因在 20μmol/L IAA 处理下的表达

*和**分别代表与 0h 时相比达到显著（*P*<0.05）和极显著（*P*<0.01）差异水平

三、*CarNAC2* 基因功能分析

（一）转 *CarNAC2* 基因拟南芥植株的阳性鉴定

采用浸花法转化拟南芥，收获种子后在含卡那霉素（Kan）的 1/2 MS 培养基上筛选阳性植株。在种子萌芽并展开子叶后，转基因植株由于含有卡那霉素抗性基因能正常生长，非转基因植株则黄化且停止发育（图 5-55A）。将 T1 代转基因苗移栽至含蛭石的小盆中，置于人工气候箱中生长，在成熟期分单株收获种子（T2代）。在 T1 代植株生物量较大时，分单株剪取适量叶片分别提取 DNA 和 RNA，应用 PCR 技术从基因组和 mRNA 水平检测转基因植株。从图 5-55B 可以看出，所有受检的 T1 代植株均含有 35S 启动子及 *CarNAC2* 基因序列，而 RT-PCR 实验证明 *CarNAC2* 基因在这些单株中均有表达（图 5-55C）。

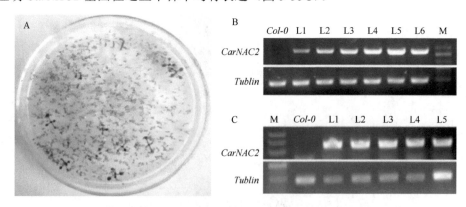

图 5-55　转 *CarNAC2* 基因拟南芥阳性苗的筛选和鉴定

A. 阳性苗的筛选；B. 基因组 PCR 检测；C. 转录水平检测。泳道 L1～L6 号为 T1 代阳性转基因单株；*Col-0* 为野生型；*Tublin* 基因为内参基因，用以检验目的基因的表达水平；M. DNA 分子量标记 DL2000

（二）*CarNAC2*过表达拟南芥植株形态学调查

1. 种子发芽率

*CarNAC2*过表达拟南芥株系（L1、L7和L12）和野生型拟南芥种子经表面消毒后散布在MS固定培养基上进行发芽。发芽第2天，3个转基因株系L1、L7、L12的发芽率分别为30%、27%和22%，而野生型种子的发芽率为40%，明显高于转基因种子（图5-56）。发芽第3天和第4天，野生型种子的发芽率同样高于转基因种子。但到发芽第6天时，转基因种子的发芽率基本和野生型种子的发芽率相同，接近100%。结果表明，*CarNAC2*的过表达并没有影响拟南芥种子的发芽率，但是减慢了拟南芥种子的发芽势。

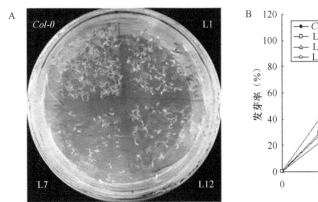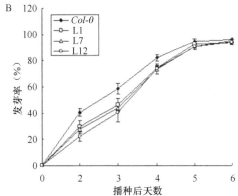

图5-56　*CarNAC2*基因过表达拟南芥种子发芽状况

A. 播种5d后发芽状况；B. 发芽率。L1、L7和L12为转基因株系；*Col-0*为野生型

2. 幼苗形态观察

在MS固体培养基上培养14d后，*CarNAC2*基因过表达拟南芥幼苗的下胚轴明显短于野生型拟南芥幼苗的下胚轴（图5-57），说明在苗期阶段*CarNAC2*基因的过表达会抑制下胚轴的伸长。

3. 开花时间调查

拟南芥幼苗从培养基移栽到蛭石盆栽，在光照培养箱中继续生长。移栽30d后，野生型拟南芥开始抽薹开花，而一周后，3个转基因株系才开始抽薹开花。与此同时，观察发现转基因株系和野生型株系在莲座大小上并没有显著区别。结果说明*CarNAC2*基因的过表达延迟了拟南芥植株的开花时间（图5-58）。

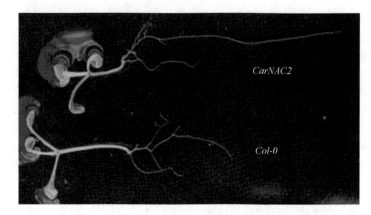

图 5-57 *CarNAC2* 基因过表达拟南芥植株幼苗形态

CarNAC2. *CarNAC2* 基因过表达幼苗；*Col-0*. 野生型幼苗

图 5-58 *CarNAC2* 基因过表达拟南芥植株开花期形态

L1、L7 和 L12 为转基因株系；*Col-0* 为野生型

4. *CarNAC2* 基因过表达拟南芥植株的耐旱性鉴定

（1）耐旱能力　为评价 *CarNAC2* 基因过表达拟南芥植株的抗旱能力，将 3 周苗龄的转基因拟南芥和野生型拟南芥一起进行干旱胁迫，同时设置对照组进行正常浇水。控水 18d 后，当观察到野生型拟南芥受到不可逆的损伤时，浇水至蛭石中，待含水量饱和后进行复苏，复苏 3d 后统计拟南芥苗的存活数。野生型拟南芥植株有 32% 具备继续生长能力，而 3 个 *CarNAC2* 基因过表达拟南芥株系（L1、L7、L12）的存活率分别为 76%、82% 和 87%，极显著高于野生型拟南芥的存活率（图 5-59），表明 *CarNAC2* 基因的过表达明显增强了拟南芥的耐旱能力。

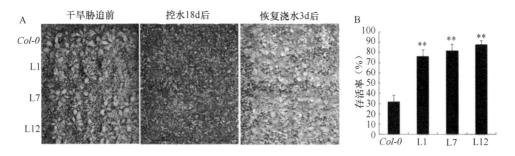

图 5-59 *CarNAC2* 基因过表达拟南芥植株的耐旱性

A. 表型图；B. 存活率。L1、L7 和 L12 为转基因株系；*Col-0* 为野生型。**代表转基因株系与 *Col-0* 间达极显著
差异水平（*P*<0.01）

（2）叶片游离脯氨酸含量　游离脯氨酸作为植物体内重要的抗渗透物质，在干旱逆境胁迫下发挥了重要的作用。分别测定了 *CarNAC2* 基因过表达拟南芥（L1、L7 和 L12）植株和野生型植株在正常与干旱胁迫下叶片中的游离脯氨酸含量，结果发现：在正常浇水条件下，转基因和野生型拟南芥叶片中游离脯氨酸的含量基本一致，没有明显区别（*P*>0.05）；而在干旱胁迫条件下，*CarNAC2* 基因过表达植株叶片中的游离脯氨酸含量极显著（*P*<0.01）高于野生型植株叶片中的游离脯氨酸含量（图 5-60）。这个结果说明在干旱胁迫下，*CarNAC2* 基因的过表达能够促进拟南芥叶片内游离脯氨酸的生物合成。

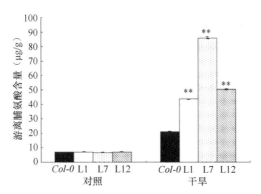

图 5-60 *CarNAC2* 基因过表达拟南芥叶片中游离脯氨酸含量

L1、L7 和 L12 为转基因株系；*Col-0* 为野生型。**代表转基因株系与 *Col-0* 间达极显著差异水平（*P*<0.01）

（3）离体叶片失水率　叶片的失水率也是揭示植物抗旱性的一个重要指标。在室温湿度恒定条件下，通过称叶片重量比较了 *CarNAC2* 基因过表达拟南芥植株和野生型植株叶片在离体 3h 内的失水情况，结果发现 *CarNAC2* 基因过表达拟南芥植株叶片失水较慢，失水率显著低于野生型叶片（图 5-61）。这个结果说明 *CarNAC2* 基因的过表达能够增强拟南芥叶片的保水能力。

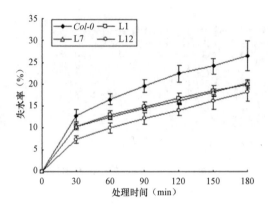

图 5-61　*CarNAC2* 基因过表达拟南芥植株离体叶片失水率

L1、L7 和 L12 为转基因株系；*Col-0* 为野生型

5. 逆境相关基因的转录水平

CarNAC2 基因的过表达增强了拟南芥植株的抗干旱胁迫能力（图 5-59）。鉴于 *CarNAC2* 基因的编码产物为转录因子，它很可能直接或间接地促进胁迫相关基因的表达。本研究采用荧光定量 PCR 技术调查了 6 个与逆境生理密切相关的拟南芥基因（*COR15A*、*COR47*、*ERD10*、*RD22*、*RD29A*、*KIN1*）的转录水平（所用引物见表 5-8）。图 5-62 显示，无论是野生型还是转基因植株中，其中 4 个胁迫相关基因（*COR15A*、*RD22*、*RD29A*、*KIN1*）的表达均受到干旱处理的强烈诱导：未胁迫处理时，4 个胁迫相关基因（*COR15A*、*RD22*、*RD29A*、*KIN1*）在转基因和野生型植株中的表达量没有明显差异，表达量都很低；而经过干旱处理 7d 后，这 4 个胁迫相关基因在转基因植株的转录水平显著高于在野生型植株的转录水平（图 5-62）。说明 *CarNAC2* 基因的过表达促进了拟南芥中逆境相关基因的转录。

表 5-8　胁迫相关基因的荧光定量 PCR 扩增引物表

基因	引物名称	引物序列
COR15A	COR15A-1（Forward）	5′-CAGTTCGTCGTCGTTTCT-3′
	COR15A-2（Reverse）	5′-TGACGGTGACTGTGGATA-3′
COR47	COR47-1（Forward）	5′-CTCAAGAGACAACGACGCT-3′
	COR47-2（Reverse）	5′-GCAATCAACGAAAGCCAC-3′
ERD10	ERD10-1（Forward）	5′-GTTCCAGAGCAGGAGACC-3′
	ERD10-2（Reverse）	5′-CACTCCCACATCATTATTATTC-3′
RD22	RD22-1（Forward）	5′-CGGAAGAAGCGGAGATG-3′
	RD22-2（Reverse）	5′-GTAGCTGAACCACACAACATG-3′

续表

基因	引物名称	引物序列
RD29A	RD29A-1（Forward）	5′-TTTGCTCCAAGTGGTGAT-3′
	RD29A-2（Reverse）	5′-GAGAACAGAGTCAAAGTCCT-3′
KIN1	KIN1-1（Forward）	5′-CAAGAATGCCTTCCAAGC-3′
	KIN1-2（Reverse）	5′-CGGATCGACTTATGTATCGT-3′
Tublin	Tublin-1（Forward）	5′-CTCAAGAGGTTCTCAGCAGTA-3′
	Tublin-2（Reverse）	5′-TCACCTTCTTCATCCGCAGTT-3′

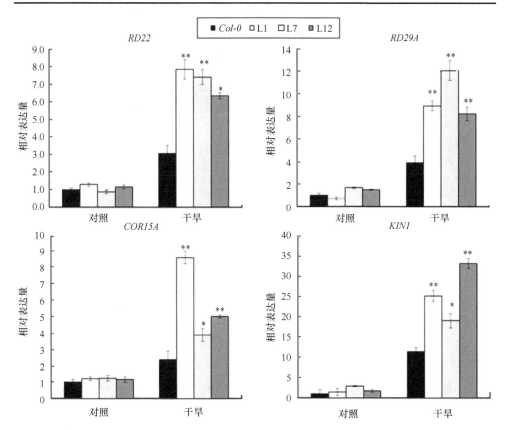

图 5-62 *CarNAC2* 基因过表达拟南芥植株中逆境胁迫相关基因的转录水平

L1、L7 和 L12 为转基因株系；*Col-0* 为野生型。*和**分别代表显著差异水平（*P*<0.05）和极显著差异水平（*P*<0.01）

四、*CarNAC3* 基因功能分析

1. 转 *CarNAC3* 基因拟南芥植株的阳性鉴定

采用浸花法转化拟南芥，收获种子后在含 Kan 的 1/2 MS 培养基上筛选阳性

植株。在种子萌芽并展开子叶后，转基因植株由于含有 Kan 抗性基因能正常生长，非转基因植株则黄化且停止发育（图 5-63A）。将 T1 代转基因苗移栽至含蛭石的小盆中，置于人工气候箱中生长，在成熟期分单株收获种子（T2 代）。在 T1 代植株生物量较大时，分单株剪取适量叶片分别提取 DNA 和 RNA，应用 PCR 技术从基因组和 mRNA 水平检测转基因植株。从图 5-63B 可以看出，所有受检的 T1 代植株均含有 35S 启动子及 *CarNAC3* 基因，而 RT-PCR 实验证明 *CarNAC3* 基因在这些单株中均有表达（图 5-63C）。

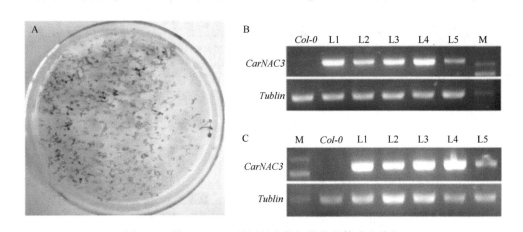

图 5-63　转 *CarNAC3* 基因拟南芥阳性苗的筛选和鉴定

A. 阳性苗的筛选；B. 基因组 PCR 检测；C. 转录水平检测。泳道 L1～L5 分别代表 T1 代阳性转基因单株；*Col-0*
为野生型；*Tublin* 基因为内参基因，用以检验目的基因的表达水平；M. DNA 分子量标记 DL2000

2. 耐旱能力

为了判断 *CarNAC3* 基因的过表达是否会影响拟南芥植株的生长发育，采用 3 个转基因株系（L1、L3、L4）与野生型（Wt）种子做发芽对比实验，未发现两者之间在发芽率和发芽势上有明显差异（结果未显示）。二者在苗期及开花期的形态也无显著差别（图 5-64A），说明 *CarNAC3* 基因的过表达没有引起拟南芥植株的异常生长和发育。

为了鉴定 *CarNAC3* 基因过表达植株是否具有耐旱性，首先利用甘露醇处理来比较转基因拟南芥和野生型拟南芥在苗期对低水势环境的耐受能力。3 个转基因株系 10d 龄幼苗移栽至含 250mmol/L 甘露醇的 1/2 MS 固体培养基上生长 18d 后，转基因植株的生长状态明显好于野生型植株（图 5-64B）。然后，为了进一步验证转基因拟南芥的成年植株是否具有耐旱性，将 25d 苗龄植株进行 25d 干旱处理（不浇水），之后浇水进行 4d 的复苏处理。图 5-64C 显示，4 个转基因株系的存活率均显著高于野生型。以上实验结果表明 *CarNAC3* 基因的过表达可显著增强拟南芥苗期和成年植株的耐旱能力。

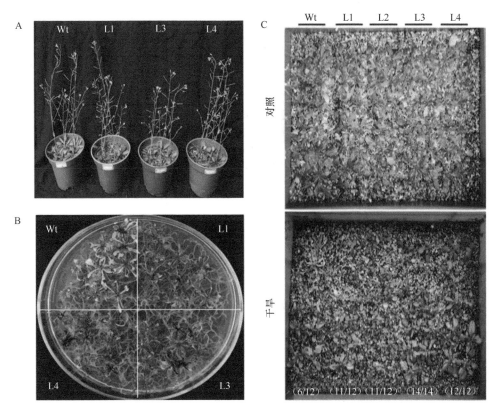

图 5-64　转 *CarNAC3* 基因拟南芥和野生型拟南芥植株形态图

A. 正常生长条件下；B. 甘露醇（250mmol/L）胁迫处理；C. 干旱胁迫处理，图下方数据表示在干旱处理后植株
存活数/处理数。L1、L2、L3、L4 分别代表 T3 代阳性转基因株系；Wt 为野生型拟南芥

3. 对 ABA 的敏感性

前期表达分析实验显示 *CarNAC3* 基因的表达受 ABA 的显著诱导（图 5-48B）。为了判断 *CarNAC3* 基因是否位于 ABA 信号通路之中，本研究进行了转基因植株的 ABA 敏感性实验。10d 龄苗被移至含 ABA（5μmol/L）的 1/2 MS 固体培养基上生长 18d 后，发现无论是野生型还是转基因植株的地上部及根的生长都受到 ABA 的显著抑制，而且转基因植株表现得尤为明显：在对照情况下，转基因植株与野生型植株的根长没有显著差异；而在 ABA 处理下，转基因植株的根长明显短于野生型植株的根长（图 5-65），这表明 *CarNAC3* 基因增强了拟南芥植株对 ABA 的敏感程度。

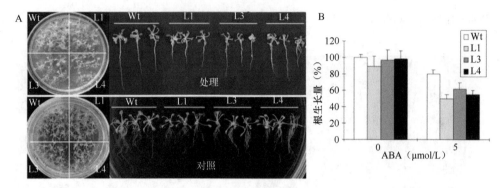

图 5-65 转 *CarNAC3* 基因拟南芥和野生型拟南芥植株对 ABA 处理响应

A. 生长于含 0μmol/L 或 5μmol/L ABA 的 1/2 MS 培养基上的拟南芥幼苗；B. ABA 处理对转基因幼苗根长的影响。
L1、L3、L4 代表 T3 代阳性转基因株系；Wt 为野生型拟南芥

五、*CarNAC4* 基因功能分析

（一）*CarNAC4* 基因启动子的功能分析

1. 启动子 5′端缺失体的瞬时表达分析

CarNAC4 基因的启动子上含有多种能够响应逆境和激素信号的顺式作用元件，为了研究 ABRE、DRE/CRT、PRE、GT-1 等元件在 *CarNAC4* 基因启动子中的作用，利用上游 N4-P0-F、N4-P1-F、N4-P2-F、N4-P3-F、N4-P4-F、N4-P5-F 和共同的下游引物 N4-P-R 进行 PCR（表 5-9），对 *CarNAC4* 基因启动子的 5′端进行有目的的缺失，将 *CarNAC4* 基因启动子截短为 N4-P0、N4-P1、N4-P2、N4-P3、N4-P4 及 N4-P5 六个片段（其中 N4-P0 为全长）（图 5-66A）。将扩增后的

表 5-9 实验所需引物

引物名称	引物序列	引物作用
N4-P0-F	5′-GACCATGATTACGCCAAGCTTTTCGTACCTACTTGTAAGC-3′	
N4-P1-F	5′-GACCATGATTACGCCAAGCTTGCGTCCTCTTCGTGCCGAC-3′	
N4-P2-F	5′-GACCATGATTACGCCAAGCTTCGCCTCAATACACTCATAA-3′	用于 *CarNAC4*
N4-P3-F	5′-GACCATGATTACGCCAAGCTTCAAGTATATGTGAGTAAGA-3′	基因启动子缺
N4-P4-F	5′-GACCATGATTACGCCAAGCTTAAATCTATACAAATTTTTT-3′	失体的构建
N4-P5-F	5′-GACCATGATTACGCCAAGCTTTTTATTTTTGATTAAAAAA-3′	
N4-P-R	5′-ATAAGGGACTGACCACCCGGGTTTAATTCAATATTCTTCA-3′	
GUS-Q-F	5′-ATGTGGAGTATTGCCAACGA-3′	
GUS-Q-R	5′-AGGCACAGCACATCAAAGAG-3′	用于荧光定量
ACTIN1-Q-F	5′-GCCTGATGGACAGGTGATCAC-3′	实验
ACTIN1-Q-R	5′-GGAACAGGACCTCTGGACATCT-3′	

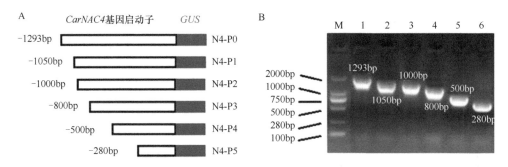

图 5-66 *CarNAC4* 基因启动子序列删减示意图及重组载体的 PCR 检测结果

A. 启动子序列删减示意图；B. 启动子片段重组载体的 PCR 检测结果。N4-P0～N4-P5 分别代表 *CarNAC4* 基因启动子不同片段；泳道 1～6 分别为 *CarNAC4* 基因启动子片段 N4-P0～N4-P5 重组载体的 PCR 扩增结果。M. DNA 分子量标记 DL2000

启动子片段插入载体 pBI121-GUS 的 *Hind*Ⅲ 和 *Sam*Ⅰ 酶切位点之间，取代载体上 CaMV 35S 的位置。经测序得到了正确的植物表达载体，提取质粒，转化农杆菌 EHA105，经 PCR 验证，重组质粒成功转化了农杆菌 EHA105（图 5-66B）。

为了分析启动子活性的最小必要片段，本研究以 CaMV 35S 启动子为对照，同时用包含启动子不同片段植物表达载体的农杆菌侵染烟草叶片，并进行 GUS 组织化学染色。经染色发现，烟草叶片上所有的侵染位置都呈现蓝色，表明所有的启动子片段都能够驱动 *GUS* 基因的表达（图 5-67）。最短的启动子缺失片段 N4-P5 仅包含转录起始位点上游 280bp 的序列，根据实验结果，推测该片段可能包含 *CarNAC4* 启动子驱动基因表达的核心序列。

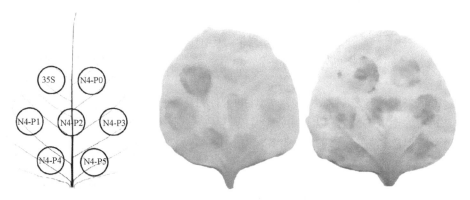

图 5-67 受 *CarNAC4* 基因启动子片段载体侵染的烟草叶片的 GUS 化学染色

N4-P0～N4-P5 分别为 *CarNAC4* 基因启动子不同片段，其结构见图 5-66A；35S 代表 CaMV 35S 启动子

2. 启动子 5′端缺失体在转基因拟南芥中的表达分析

为研究不同的启动子缺失片段在拟南芥中的表达情况，进而对启动子片段进

行了农杆菌介导的拟南芥侵染。植物表达载体 pBI121-GUS 上带有 Kan 抗性基因，因此带有重组质粒的拟南芥能够在含有 Kan 的培养基上正常生长，而不带有重组质粒的野生型拟南芥则无法正常生长，利用这一特性来筛选进行转基因后收获到的拟南芥种子。将 T0 代的种子经消毒后涂布于含 50μg/mL Kan 的 1/2 MS 培养基上，生长 7～10d 后大部分植株叶片发黄不能正常生长，而有些植株呈现绿色，生长不受影响（图 5-68）。

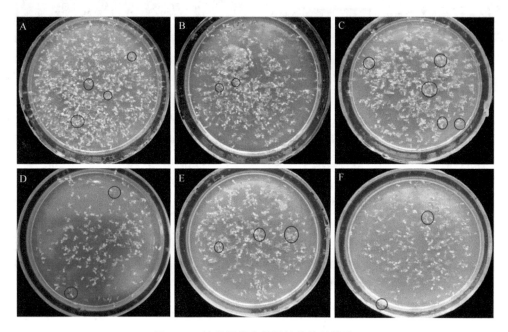

图 5-68　转基因拟南芥阳性植株的筛选

A～F 分别为 *CarNAC4* 基因启动子片段 N4-P0～N4-P5 转基因拟南芥；N4-P0～N4-P5 结构见图 5-66A。图中圆圈标注的是能在含 Kan 的培养基中正常生长的拟南芥

　　将疑似阳性植株转移至含营养土和蛭石的花盆中，待其长至抽薹期，分单株剪取其叶片提取 DNA。以 DNA 为模板，从分子水平进行检测，经检测鉴定到了包含不同启动子缺失片段的拟南芥植株（图 5-69）。

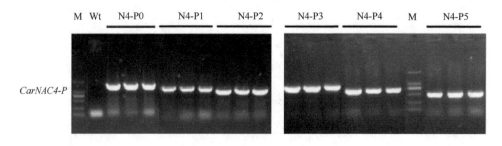

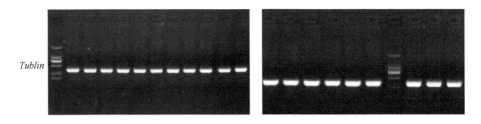

图 5-69 转基因拟南芥植株 PCR 检测

N4-P0~N4-P5 分别代表 *CarNAC4* 基因启动子（*CarNAC-P*）不同片段，其结构见图 5-66A。Wt. 野生型拟南芥；
M. DNA 分子量标记 DL2000

对不同启动子片段在转基因拟南芥中的表达进行了 GUS 组织化学染色分析。从染色结果可以看出，包含 *CarNAC4* 基因启动子的不同片段的拟南芥叶片均能够被染成蓝色，该结果与烟草叶片中的瞬时表达分析结果一致，表明启动子活性的最小片段可能存在于转录起始位点上游 280bp 中。此外，包含 CaMV 35S 启动子的拟南芥的根、茎、叶均被染成蓝色，而包含不同启动子片段的拟南芥被染成蓝色的部位主要是叶片，而茎和根中均未变蓝，表明 *CarNAC4* 基因可能主要在幼苗的叶片中表达（图 5-70）。

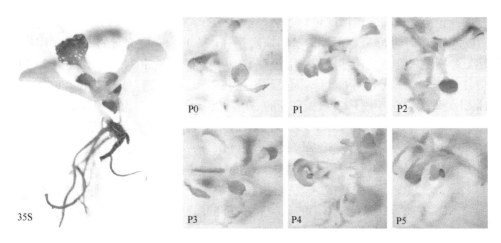

图 5-70 转基因拟南芥组织的 GUS 化学染色

P0~P5 分别为 *CarNAC4* 基因启动子片段 N4-P0~N4-P5，结构见图 5-66A；35S 代表 CaMV 35S 启动子

为进一步验证 *CarNAC4* 基因的表达部位，对包含启动子全长片段 N4-P0 的拟南芥不同时期、不同部位进行了 GUS 染色。研究发现，转基因拟南芥的成熟叶片、花及幼荚均能够被染成蓝色，表明该启动子能够驱动 *GUS* 基因在这些部位表达，推测 *CarNAC4* 基因除了在幼苗的叶片中表达，在成熟的叶片、花及荚中均能够表达（图 5-71）。

图 5-71　N4-P0 转基因拟南芥组织的 GUS 化学染色
A. 成熟叶；B. 花；C. 幼荚

3. *CarNAC4* 基因启动子 5′端缺失体在逆境和激素处理下的表达分析

前期研究发现 *CarNAC4* 基因的表达受干旱、盐和 ABA 处理的诱导，而且在处理 24h 时，*CarNAC4* 基因的表达量达到高峰期（图 5-51，图 5-52），这一结果间接表明该基因的启动子中存在多种应答元件。为进一步验证 *CarNAC4* 基因启动子中干旱、盐和 ABA 应答元件的位置，本研究对不同启动子缺失片段介导的 *GUS* 基因在拟南芥中的表达情况进行了荧光定量分析。

20% PEG6000 处理后，转基因拟南芥中 P0、P1 和 P2 介导的 *GUS* 基因的表达量分别是未处理的转基因拟南芥植株 *GUS* 基因表达量的 24.3 倍、22.6 倍和 17.8 倍，P3、P4 和 P5 介导的 *GUS* 基因表达量在 PEG 处理后没有显著变化；200mmol/L NaCl 处理后，P0、P1、P2 和 P3 介导的 *GUS* 基因表达量分别为对照的 6.7 倍、15.6 倍、14.3 倍和 5.2 倍，P4 和 P5 介导的 *GUS* 基因表达量在盐处理后无显著变化；100μmol/L ABA 处理后，转基因拟南芥中 P0、P1 和 P2 介导的 *GUS* 基因的表达量分别是未处理的转基因拟南芥植株 *GUS* 基因表达量的 8.1 倍、6.5 倍和 5.0 倍，而 P3、P4 和 P5 介导的 *GUS* 基因表达量在 ABA 处理后没有显著变化（图 5-72）。

本研究中，*CarNAC4* 基因的启动子在花和叶片中特异表达，并且其表达受干旱、盐及 ABA 处理的诱导。因此，判断 *CarNAC4* 基因的启动子是在花和叶片中特异表达的诱导型启动子。分析其 5′端缺失体在外源 ABA 处理下的表达模式发现，启动子片段 P0、P1 和 P2 对于 ABA 处理均有不同程度的响应，但 P3、P4 和 P5 均无明显响应。在 *CarNAC4* 基因的启动子中共存在 7 个响应 ABA 信号的 ABRE 元件（图 5-41），其中片段 P0 包括 7 个，P1 包含 4 个，P2 包含 3 个，P3 包含 2 个，P4 包含 1 个，P5 包含 1 个。因此，推测启动子片段 P3、P4、P5 虽然含有 ABRE 元件，但其数量不足以响应 ABA 信号，需要多个重复的 ABRE 元件才能够响应 ABA 信号的诱导，类似的情况在一些报道中同样存在（Ganguly et al.，2011；Hobo et al.，1999；张宜麟等，2005）。在 PEG 模拟的干旱处理下，启动子 5′端缺失片段

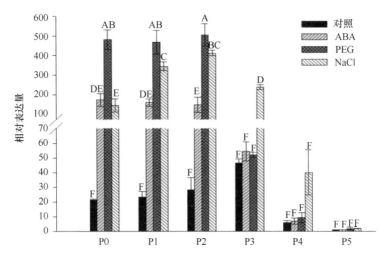

图 5-72 逆境（PEG 和盐）和激素 ABA 处理下转基因拟南芥中 *GUS* 基因的表达

PEG. 20% PEG6000；NaCl. 200mmol/L；ABA. 100μmol/L。P0～P5 分别为 *CarNAC4* 基因启动子片段 N4-P0～N4-P5，
结构见图 5-66A。大写字母 A～F 代表极显著差异水平（*P*<0.01）

P0、P1、P2 均能够响应诱导，*GUS* 基因表达量显著上升，而 P3、P4、P5 则无明显变化。分析这些片段包含的顺式作用元件发现，P3、P4、P5 片段依然含有能够响应干旱的多个 MYC 元件（图 5-41），但其对于干旱处理的响应并不明显，结合这些片段对于 ABA 处理同样没有响应的情况，推测可能是 *CarNAC4* 基因启动子中干旱诱导元件需与多个 ABA 诱导元件同时存在时才能够响应干旱的诱导。此外，*CarNAC4* 基因的启动子中包含 1 个 DRE/CRT 元件（图 5-41），该元件单个足以调控基因的表达，不需要其他元件的配合（Yamaguchi-Shinozaki and Shinozaki, 1994），然而 P3、P4、P5 片段均不含有该元件，因此，导致其对于干旱胁迫没有响应。

（二）CarNAC4 蛋白二聚体化研究

1. CarNAC 蛋白 N 端自激活活性分析

典型的 NAC 转录因子主要包括高度保守的 N 端 NAC 结构域及多样化的 C 端转录调控域。NAC 蛋白与 DNA 的结合取决于 N 端，其约由 150 个氨基酸构成，可以分为 A、B、C、D、E 五个亚结构域，其中亚结构域 A 可能与二聚体的形成有关；C 端行使转录调控功能，能够激活或者抑制转录。本研究中，连接于 pGBKT7 载体（含酵母转录激活蛋白 GAL4 的 DNA 结合域）上的序列所表达的蛋白需不具备自激活活性，因此，本研究将 *CarNAC1*、*CarNAC2*、*CarNAC3*、*CarNAC4*、*CarNAC5* 和 *CarNAC6* 基因的 N 端片段分别连接在载体上，6 个 *NAC* 基因 N 端蛋白长度分别为 157aa、148aa、161aa、169aa、164aa 和 161aa（图 5-73）。本研究所用引物列于表 5-10。

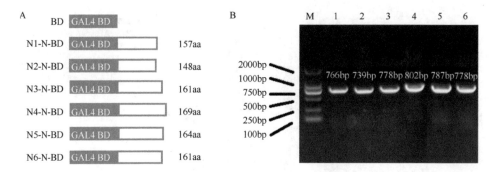

图 5-73 CarNAC1~CarNAC6 蛋白 N 端重组载体结构示意图及其重组载体的 PCR 检测结果

A. 蛋白 N 端重组载体结构示意图；B. 蛋白 N 端重组载体的 PCR 检测结果；N1-N-BD～N6-N-BD 分别代表 CarNAC1～CarNAC6 蛋白 N 端编码序列重组载体；泳道 1～6 分别为 CarNAC1～CarNAC6 蛋白 N 端编码序列重组载体 N1-N-BD～N6-N-BD PCR 扩增结果；GAL4-BD. 酵母转录激活蛋白 GAL4 的 DNA 结合域；M. DNA 分子量标记 DL2000

表 5-10 所用引物

引物名称	引物序列	引物作用
N1-N-BD-F	5'-ATGGCCATGGAGGCCGAATTCATGAATTTAGTGAAGAAG-3'	
N1-N-BD-R	5'-CCGCTGCAGGTCGACGGATCCCTTCAGAAATATGCGACAC-3'	
N2-N-BD-F	5'-ATGGCCATGGAGGCCGAATTCATGTTGGGGGAGTGAAAAT-3'	
N2-N-BD-R	5'-CCGCTGCAGGTCGACGGATCCCTTTTCATACACTTTGCAT-3'	
N3-N-BD-F	5'-ATGGCCATGGAGGCCGAATTCATGAATGGAAGAACAAGC-3'	
N3-N-BD-R	5'-CCGCTGCAGGTCGACGGATCCCTTCTTATAGATCCTACAC-3'	用于 N 端片段的克隆
N4-N-BD-F	5'-ATGGCCATGGAGGCCGAATTCATGGGAATTCAAGATAAAG-3'	
N4-N-BD-R	5'-CCGCTGCAGGTCGACGGATCCATGGCATTTTGTGCACTAG-3'	
N5-N-BD-F	5'-ATGGCCATGGAGGCCGAATTCATGGCATCAGAGCTTCAAT-3'	
N5-N-BD-R	5'-CCGCTGCAGGTCGACGGATCCGTTGTTTCTCGATTGTGCC-3'	
N6-N-BD-F	5'-ATGGCCATGGAGGCCGAATTCATGGCATCAATGGAAGACA-3'	
N6-N-BD-R	5'-CCGCTGCAGGTCGACGGATCCCTTTCTATATATCTTGCAT-3'	
N4-AD-F	5'-GCCATGGAGGCCAGTGAATTCATGGGAATTCAAGATAAAG-3'	
N4-169-AD-R	5'-AGCTCGAGCTCGATGGATCCATGGCATTTTGTGCACTAG-3'	
N4-215-AD-R	5'-AGCTCGAGCTCGATGGATCCGACACGTGGCAGCATGAAG-3'	用于 CarNAC4 蛋白 C 端删减片段的构建
N4-274-AD-R	5'-AGCTCGAGCTCGATGGATCCAGGGACATAGAGATCGTTA-3'	
N4-339-AD-R	5'-AGCTCGAGCTCGATGGATCCTTGCCCAAACCCAAACCCA-3'	
N4-1-1-F	5'-TTTTTACCCCACCGATGAAGCGCTTCTTGTTCAATAT-3'	
N4-1-2-F	5'-CACAATTGAGTTTGCCTCCTGGTTTTGCTTTTTACCCCACCGAT-3'	
N4-1-3-F	5'-ATGGGAATTCAAGATAAAGACCCTCTTTCACAATTGAGTTTGCC-3'	用于 CarNAC4 蛋白氨基酸删除和替换突变体的构建
N4-2-1-F	5'-AGACCCTCTTTCACAACGTTTTTACCCCACCG-3'	
N4-2-2-F	5'-ATGGGAATTCAAGATAAAGACCCTCTTTCACAA-3'	
N4-T-R	5'-TCATTGCCCAAACCCAAACCCAACCGGTTG-3'	

将构建好的载体 N1-N-BD、N2-N-BD、N3-N-BD、N4-N-BD、N5-N-BD 和 N6-N-BD 分别单独转化酵母菌株 AH109，涂布于 SD/-Trp 培养基，挑取单克隆点于 SD/-His 培养基上，30℃培养 2~3d。如图 5-74 所示，转化子都能够在 SD/-Trp 培养基上正常生长，表明质粒成功转化入酵母细胞，但都无法在 SD/-His 培养基上生长。将构建好的载体分别与 pGADT7 空载体共转化酵母菌株 AH109，涂布于 SD/-Leu/-Trp 培养基，挑取单克隆点于 SD/-Ade/-His/-Leu/-Trp 培养基上，30℃培养 2~3d。转化子仅能够在 SD/-Leu/-Trp 培养基上生长。以上实验结果表明，6 个 CarNAC 蛋白的 N 端片段都不具有自激活活性，重组载体能够用于后续酵母双杂交实验。

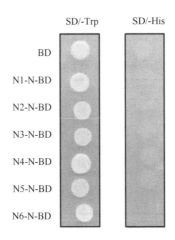

图 5-74 CarNAC1~CarNAC6 蛋白 N 端片段自激活活性分析
N1-N~N6-N 分别代表 CarNAC1~CarNAC6 蛋白 N 端编码序列重组载体。
SD/-Trp 和 SD/-His 分别为单缺 Trp 和 His 的培养基

2. CarNAC4 蛋白同源和异源二聚体化研究

为验证 CarNAC4 蛋白是否与自身及其他 CarNAC 蛋白存在互作，并探明互作的区域，构建了 CarNAC4 蛋白 C 端的一系列删减结构，长度分别为 169aa（N 端）、215aa、274aa 和 339aa（全长）。将不同长度的片段 C 端连接于酵母双杂交载体 pGADT7 上，构建载体 N4-169-AD、N4-215-AD、N4-274-AD 及 N4-339-AD（图 5-75）。

将已验证无自激活活性的 N1-N-BD、N2-N-BD、N3-N-BD、N4-N-BD、N5-N-BD 和 N6-N-BD 载体分别与重组载体 N4-169-AD、N4-215-AD、N4-274-AD 和 N4-339-AD 共转化酵母菌株 AH109，转化组合如表 5-11 所示。

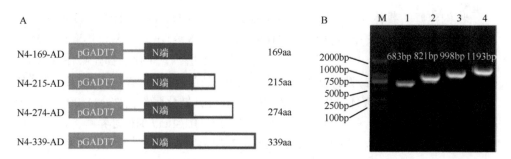

图 5-75 CarNAC4 蛋白 C 端删减片段重组载体结构示意图及重组载体的 PCR 检测结果

A. 蛋白 C 端删减片段重组载体结构示意图；B. 蛋白 C 端删减片段重组载体的 PCR 检测结果。N4-169-AD、N4-215-AD、N4-274-AD、N4-339-AD 分别代表 CarNAC4 蛋白 C 端不同的删减片段编码序列的重组载体；泳道 1～4 分别为 CarNAC4 蛋白 C 端删减片段编码序列重组载体 N4-169-AD、N4-215-AD、N4-274-AD、N4-339-AD PCR 扩增结果。pGADT7. 酵母表达载体 pGADT7；M. DNA 分子量标记 DL2000

表 5-11 转化组合

载体	N4-169-AD	N4-215-AD	N4-274-AD	N4-339-AD
N1-N-BD	1	2	3	4
N2-N-BD	5	6	7	8
N3-N-BD	9	10	11	12
N4-N-BD	13	14	15	16
N5-N-BD	17	18	19	20
N6-N-BD	21	22	23	24

注：1～24 代表不同转化组合的编号

　　将 24 种组合分别转化后涂布于 SD/-Leu/-Trp 培养基上，挑取单克隆点于 SD/-Ade/-His/-Leu/-Trp 培养基上，30℃培养 2～3d，结果如图 5-76 所示，所有的转化子都能够在双缺培养基 SD/-Leu/-Trp 上正常生长，表明所有的质粒都已成功转化入酵母细胞，但是 N2-N-BD、N3-N-BD、N5-N-BD、N6-N-BD 与 CarNAC4 蛋白不同长度 C 端的 AD 载体的组合都不能够在四缺培养基 SD/-Ade/-His/-Leu/-Trp 上生长（图 5-76），表明 CarNAC2、CarNAC3、CarNAC5 及 CarNAC6 蛋白的 N 端都不能够与 CarNAC4 蛋白互作。N1-N-BD、N4-N-BD 与 N4-169-AD 的组合也不能够在 SD/-Ade/-His/-Leu/-Trp 培养基上生长，但两者分别与 N4-215-AD、N4-274-AD、N4-339-AD 组合的转化子能够在四缺培养基上正常生长，而且在 5-溴-4-氯-3-吲哚氧基-α-D-半乳糖苷（X-α-Gal）处理下变为蓝色（图 5-77）。以上结果表明 CarNAC4 蛋白能够与自身及 CarNAC1 蛋白互作形成同源或异源二聚体，而且一部分的 NAC 蛋白的 C 端区域对于互作是必要的。

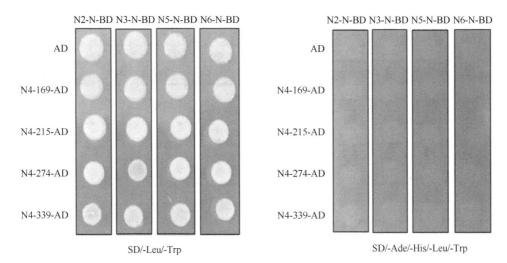

图 5-76 CarNAC4 与 CarNAC2、CarNAC3、CarNAC5 和 CarNAC6 互作分析

N2-N-BD、N3-N-BD、N5-N-BD、N6-N-BD 分别代表 CarNAC2、CarNAC3、CarNAC5、CarNAC6 蛋白的 N 端编码序列重组载体；N4-169-AD、N4-215-AD、N4-274-AD、N4-339-AD 分别代表 CarNAC4 蛋白 C 端不同删减片段编码序列重组载体。SD/-Leu/-Trp 和 SD/-Ade/-His/-Leu/-Trp 分别代表双缺和四缺培养基

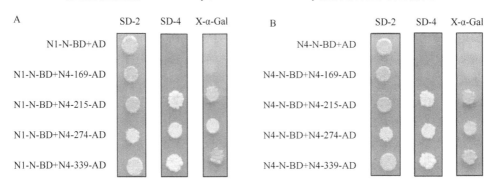

图 5-77 CarNAC4 与 CarNAC1（A）、CarNAC4（B）互作分析

N1-N-BD、N4-N-BD 分别代表 CarNAC1、CarNAC4 蛋白的 N 端编码序列重组载体；N4-169-AD、N4-215-AD、N4-274-AD、N4-339-AD 分别代表 CarNAC4 蛋白 C 端不同删减片段编码序列重组载体；SD-2. 双缺培养基 SD/-Leu/-Trp；SD-4. 四缺培养基 SD/-Ade/-His/-Leu/-Trp；X-α-Gal. 采用 5-溴-4-氯-3-吲哚氧基-α-D-半乳糖苷染色

3. CarNAC4 蛋白二聚体化中的关键氨基酸

在已经被解析的拟南芥 ANAC019 蛋白中，N 端的两个保守的氨基酸 Arg 19 和 Glu 26 能够形成 NAC 互作中非常重要的盐桥，Arg 11～Glu 18 的氨基酸则对于二聚体表面的反向 β-折叠的形成起到关键作用（Ernst et al.，2004）。CarNAC4 蛋白与 ANAC019 在氨基酸序列上有高度的相似性，两者的氨基酸序列比对结果如图 5-78 所示。

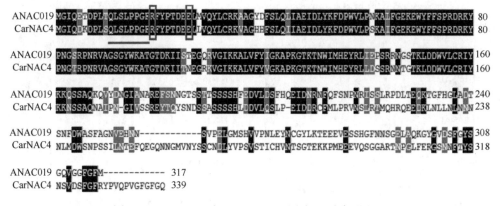

图 5-78　CarNAC4 与 ANAC019 蛋白氨基酸序列比对

完全相同的氨基酸用黑色表示，保守的氨基酸用阴影表示；下划线代表形成 β-折叠的氨基酸（Arg 11～Glu 18），从左至右 2 个长方形框分别代表形成盐桥中保守的氨基酸 R（Arg 19）和 E（Glu 26）

根据 ANAC019 的结构，构建了将 CarNAC4 的 Arg 19 和 Glu 26 替换为 Ala 的突变体，以及删除了 Arg 11～Glu 18 中 8 个氨基酸的突变体。为构建 CarNAC4 的替换突变体，根据设计的引物（N4-1-1-F、N4-T-R；N4-1-2-F、N4-T-R；N4-1-3-F、N4-T-R）进行了 3 轮 PCR，将两个替换位点 GCT 和 GCG（编码氨基酸 Ala）引入 *CarNAC4* 序列中，将最后一轮的 PCR 产物胶回收后连接得到 CarNAC4-1-pMD19 载体，并以此为模板，分别以 N4-N-BD-F、N4-N-BD-R 和 N4-AD-F、N4-339-AD-R 为引物，构建了酵母双杂交载体 CarNAC4-1-N-BD（N4-1-N-BD）和 CarNAC4-1-AD（N4-1-AD）。为构建删除突变体，设计了两对引物（N4-2-1-F、N4-T-R；N4-2-2-F、N4-T-R），两轮 PCR 后经胶回收连接，得到了删除编码 8 个氨基酸的碱基的 CarNAC4-2-pMD19 载体，并以此为模板，分别以 N4-N-BD-F、N4-N-BD-R 和 N4-AD-F、N4-339-AD-R 为引物，构建了酵母双杂交载体 CarNAC4-2-N-BD（N4-2-N-BD）和 CarNAC4-2-AD（N4-2-AD），用于后续实验。所用引物列于表 5-10。

将载体 N4-1-N-BD、N4-2-N-BD 及 N4-N-BD 分别与 N4-1-AD、N4-2-AD 及 N4-AD（即 N4-339-AD）组合，共转化酵母菌株 AH109，涂布于 SD/-Leu/-Trp 培养基上，挑取单克隆点于 SD/-Ade/-His/-Leu/-Trp 培养基上，30℃培养 2～3d。结果如图 5-79 所示，所有的转化子都能够在双缺培养基 SD/-Leu/-Trp 上正常生长，表明所有的质粒都已成功转化入酵母细胞，但仅有转化了 N4-N-BD 和 N4-AD 的组合能够在 SD/-Ade/-His/-Leu/-Trp 培养基上生长（图 5-79C），并且在 X-α-Gal 处理下变为蓝色，其他的所有转化子均不能够在四缺培养基上生长。结果表明，将 CarNAC4 蛋白中对形成二聚体非常关键的氨基酸替换或者删除后，不能够继续形成同源二聚体，证实了 CarNAC4 蛋白 N 端的 8 个氨基酸（Gln 11～Phe 18）、Arg 19 和 Glu 26 对于 CarNAC4 形成同源二聚体是必需的。

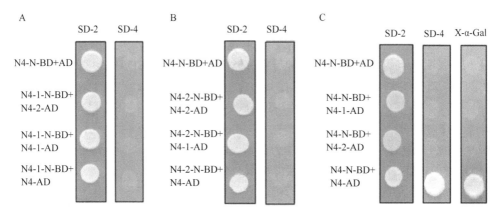

图 5-79　CarNAC4 突变体互作分析

N4-N-BD、N4-AD 分别为 CarNAC4 的酵母双杂交载体；N4-1-N-BD、N4-1-AD 分别为将 CarNAC4 的 Arg 19 和 Glu 26
替换为 Ala 的突变体的酵母双杂交载体；N4-2-N-BD、N4-2-AD 分别为删除了 CarNAC4 的 Arg 11～Glu 18 中 8 个氨
基酸的突变体的酵母双杂交载体。SD-2. 双缺培养基 SD/-Leu/-Trp；SD-4. 四缺培养基 SD/-Ade/-His/-Leu/-Trp；
X-α-Gal. 采用 5-溴-4-氯-3-吲哚氧基-α-D-半乳糖苷染色

（三）CarNAC4 与 ZF2 蛋白互作的研究

通过蛋白互作预测网站 STRING（http://www.string-db.org/）及查阅相关文献，
发现 CarNAC4 蛋白与 ZF2 蛋白间可能存在互作。因此，本研究利用酵母双杂交
和双分子荧光互补实验对二者的互作进行验证。所用引物列于表 5-12。

表 5-12　CarNAC4 与 ZF2 蛋白互作的研究所用引物

引物名称	引物序列	引物作用
ZF2-BD-F	5′-ATGGCCATGGGAGGCCGAATTCATGGCTCTAGAAGCTCTTAAC-3′	用于酵母双杂
ZF2-BD-R	5′-CCGCTGCAGGTCGACGGATCCTCATTGAAGATGATGAGGAAT-3′	交载体的构建
cEYFP-F	5′-CACTACCAGCAGAACACCC-3′	
cEYFP-R	5′-CAGCTATGACCATGATTAC-3′	
nEYFP-F	5′-GAAGAACGGCATCAAGGT-3′	
nEYFP-R	5′-CGACAGGTTTCCCGACTG-3′	用于 BiFC 载体
cEYFP-ZF2-F	5′-GCTTCGAATTCTGCAGTCGACATGGCTCTAGAAGCTCTTA-3′	的构建
cEYFP-ZF2-R	5′-TAGATCAGGTGGATCCTCATTGAAGATGATGAGGAATTTC-3′	
nEYFP-N4-F	5′-GCTTCGAATTCTGCAGTCGACATGGGAATTCAAGATAAAG-3′	
nEYFP-N4-R	5′-GACTCTAGATCAGGTGGATCCTCATTGCCCAAACCCAAAC-3′	

1. 酵母双杂交验证 CarNAC4 与 ZF2 的互作

为验证 CarNAC4 与 ZF2 蛋白的互作，以含 ZF2-pMD19 载体的菌液为模板，
以 ZF2-BD-F、ZF2-BD-R 为引物，通过 PCR 实验获得带有酶切位点的产物（ZF2
基因 ORF），用同源重组的方法连接到载体 pGBKT7 上，构建了载体 ZF2-BD。

为保证后期酵母双杂交实验的准确性，将重组载体 ZF2-BD 单独转化入酵母

菌株 AH109 中，涂布于 SD/-Trp 培养基，挑取单克隆点于 SD/-His 培养基上，30℃培养 2～3d。结果如图 5-80A 所示，在单缺培养基 SD/-Trp 上，单克隆能够正常生长，表明重组载体成功转化到酵母中，但单克隆无法在 SD/-His 培养基上生长。此外，将 ZF2-BD 与 pGADT7 空载体共转化酵母菌株 AH109，涂布于 SD /-Leu/-Trp 培养基，挑取单克隆点于 SD/-Ade/-His/-Leu/-Trp 培养基上，30℃培养 2～3d。结果如图 5-80B 所示，单克隆仅能够在 SD/-Leu/-Trp 双缺培养基上生长，而不能在 SD/-Ade/-His/-Leu/-Trp 四缺培养基上生长。以上实验表明 ZF2 蛋白不具有自激活活性，载体 ZF2-BD 可以用于后续酵母双杂交实验。

　　将已验证无自激活活性的 ZF2-BD 重组载体、pGBKT7 空载体分别与重组载体 N4-AD、pGADT7 空载体共转化酵母菌株 AH109，涂布于 SD/-Leu/-Trp 培养基，挑取单克隆点于 SD/-Ade/-His/-Leu/-Trp 培养基上，30℃培养 2～3d。结果如图 5-81 所示，所有的单克隆都能够在 SD/-Leu/-Trp 双缺培养基上生长，而只有同时转化了 ZF2-BD 和 N4-AD 载体的单克隆能够在 SD/-Ade/-His/-Leu/-Trp 四缺培养基上生长，并且在 X-α-Gal 的处理下变蓝。该结果表明，蛋白 CarNAC4 能够与 ZF2 在酵母体内互作。

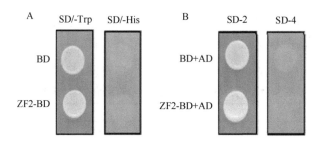

图 5-80　ZF2 蛋白自激活活性分析

SD/-Trp. 单缺培养基；SD/-His. 单缺培养基；SD-2. 双缺培养基 SD/-Leu/-Trp；
SD-4. 四缺培养基 SD/-Ade/-His/-Leu/-Trp

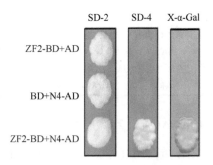

图 5-81　ZF2 与 CarNAC4 的互作分析

N4. CarNAC4；SD-2. 双缺培养基 SD/-Leu/-Trp；SD-4. 四缺培养基 SD/-Ade/-His/-Leu/-Trp；
X-α-Gal. 采用 5-溴-4-氯-3-吲哚氧基-α-D-半乳糖苷染色

2. 双分子荧光互补（BiFC）验证 CarNAC4 与 ZF2 的互作

以含 *ZF2* 基因 ORF 的菌液为模板，以 cEYFP-ZF2-F、cEYFP-ZF2-R 为引物（表 5-12），进行 PCR 反应获得带有酶切位点的产物，用同源重组的方法将 *ZF2* 基因的 ORF 连接到载体 pSAT1-cEYFP-C1-B 上 [该载体包含 Amp（氨苄青霉素）抗性基因、CaMV 35S 启动子及 *cEYFP* 基因]，构建重组载体 cEYFP-ZF2，将连接后的质粒转化大肠杆菌 DH5α，挑取阳性克隆，经 PCR 验证和测序，得到了载体 cEYFP-ZF2。用同样的方法，以 nEYFP-N4-F、nEYFP-N4-R 为引物（表 5-12），将 *CarNAC4* 基因的 ORF 连接到载体 pSAT1-nEYFP-C1 上（该载体包含 Amp 抗性基因、CaMV 35S 启动子及 *nEYFP* 基因），构建了重组载体 nEYFP-CarNAC4。

为进一步验证二者是否在植物细胞体内互作，将构建好的重组载体 cEYFP-ZF2 和 nEYFP-CarNAC4 采用基因枪轰击法转化烟草表皮细胞，并以 cEYFP-ZF2 和 nEYFP、cEYFP 和 nEYFP-CarNAC4 的转化组合作为对照，于激光共聚焦显微镜下观察荧光。结果如图 5-82 所示，在同时转化 cEYFP-ZF2 和 nEYFP-CarNAC4 载体的烟草叶片细胞中，能够观察到黄色荧光，并且黄色荧光的位置与表达核蛋白的 marker 完全重合；其他的组合 cEYFP-ZF2 和 nEYFP、cEYFP 和 nEYFP-CarNAC4 均未能观察到黄色荧光。该结果表明，CarNAC4 蛋白能够与 ZF2 蛋白在活体细胞体内互作，而且互作位于细胞核上。

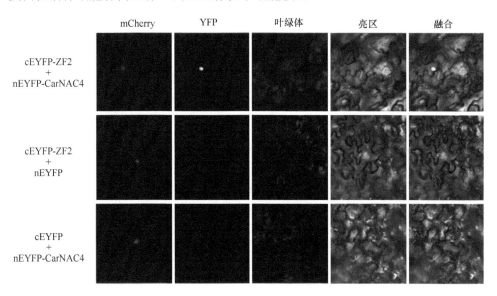

图 5-82　BiFC 验证 ZF2 与 CarNAC4 蛋白在烟草叶片细胞中的互作
cEYFP-ZF2、nEYFP-CarNAC4. 分别为包含有 *ZF2*、*CarNAC4* 基因的载体；mCherry. 荧光染料；YFP. 黄色荧光蛋白

（四）CarNAC4 基因过表达拟南芥抗逆性分析

1. 耐旱性分析

（1）种子发芽率　*CarNAC4* 过表达拟南芥株系（L1、L2、L4、L6）和野生型拟南芥（*Col-0*）种子经表面消毒后散布在 MS 固体培养基上发芽。在正常 MS 培养基上发芽时，野生型和转基因的拟南芥种子具有相同的发芽速率与发芽率（结果未显示）。而当在 MS 培养基中添加 250mmol/L 的甘露醇以模拟渗透干旱胁迫时，发芽第 1 天，野生型种子的发芽率为 40%，而 4 个转基因株系 L1、L2、L4和 L6 的发芽率分别为 62%、66%、60%和 74%，明显高于野生型种子（图 5-83A）。发芽第 2 天，转基因拟南芥种子的发芽率同样高于野生型种子。但是在发芽第 4天和第 5 天时，转基因种子的发芽率基本和野生型种子的发芽率相同，接近 100%。发芽第 7 天时，4 个转基因株系的幼苗比野生型幼苗明显更健壮（图 5-83B）。以上结果表明，在干旱胁迫条件下，与野生型拟南芥相比，*CarNAC4* 基因过表达拟南芥的种子发芽速率更快，并且幼苗更健壮。

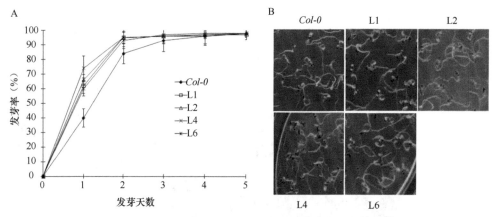

图 5-83　干旱胁迫条件下 *CarNAC4* 基因过表达拟南芥种子的发芽情况

A. 发芽率；B. 种子发芽 7d 后形态。L1、L2、L4 和 L6 为转基因株系；*Col-0* 为野生型拟南芥

（2）耐旱能力　为评价 *CarNAC4* 基因过表达拟南芥植株的抗旱能力，将 3周苗龄的转基因拟南芥和野生型拟南芥一起开始控水进行干旱处理，同时对照组正常浇水。控水大约 15d，当观察到野生型拟南芥受到不可逆的损伤时，浇水至蛭石中，待含水量饱和后进行复苏，复苏 3d 后统计拟南芥苗的存活数。如图 5-84显示，野生型拟南芥植株仅有 29.2%具备继续生长能力，而 4 个 *CarNAC4* 基因过表达拟南芥株系（L1、L2、L4 和 L6）的存活率分别为 73.6%、71%、78.5%和 68.6%，明显高于野生型拟南芥的存活率，表明 *CarNAC4* 基因的过表达明显增强了转基因拟南芥的耐旱能力。

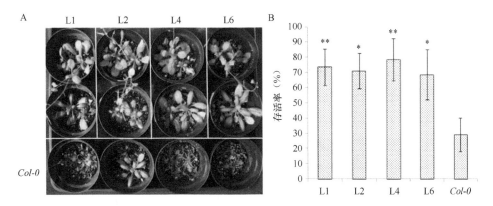

图 5-84 *CarNAC4* 基因过表达拟南芥植株的抗旱性

A. 干旱胁迫处理表型图；B. 干旱胁迫处理存活率统计。L1、L2、L4 和 L6 为转基因系；*Col-0* 为野生型拟南芥。
*和**分别代表与对照相比差异达显著（*P*<0.05）和极显著（*P*<0.01）水平

（3）叶片游离脯氨酸含量 游离脯氨酸作为植物体内重要的抗渗透物质，在干旱逆境胁迫下发挥了重要的作用。本研究分别测定了 *CarNAC4* 基因过表达拟南芥植株和野生型植株在正常条件下及干旱胁迫下叶片中游离脯氨酸的含量，结果发现在正常浇水条件下，转基因和野生型拟南芥叶片中游离脯氨酸的含量基本相同，没有明显区别；而在干旱胁迫条件下，*CarNAC4* 基因过表达植株叶片中的游离脯氨酸含量极显著高于野生型植株叶片（*P*<0.01）（图 5-85），说明在干旱胁迫时，*CarNAC4* 基因的过表达能够促进拟南芥叶片内游离脯氨酸的生物合成。

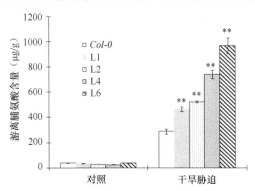

图 5-85 *CarNAC4* 基因过表达拟南芥叶片游离脯氨酸的含量

L1、L2、L4 和 L6 为转基因株系；*Col-0* 为野生型。**代表与对照相比差异达极显著水平（*P*<0.01）

（4）离体叶片失水率 叶片的失水率也是揭示植物抗旱性的一个重要指标。本研究在室温湿度恒定条件下，通过称量叶片重量比较了 *CarNAC4* 基因过表达拟南芥植株和野生型植株叶片在离体 3h 内的失水情况，结果发现 *CarNAC4* 基因过表达拟南芥植株叶片失水较慢，失水率低于野生型叶片（图 5-86），说明 *CarNAC4* 基因的过表达能够增强拟南芥叶片的保水能力。

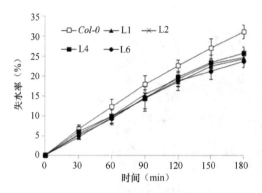

图 5-86　*CarNAC4* 基因过表达拟南芥植株叶片失水率

L1、L2、L4 和 L6 为转基因株系；*Col-0* 为野生型

2. 耐盐性分析

（1）种子发芽率　为研究盐胁迫对拟南芥种子发芽率的影响，将 *CarNAC4*基因过表达拟南芥株系（L1、L2、L4 和 L6）和野生型拟南芥（*Col-0*）种子经表面消毒后散布在添加了 NaCl（150mmol/L）的 MS 固定培养基上发芽，结果如图 5-87A 所示，发芽第 1 天，野生型种子的发芽率为 3%，而 4 个转基因株系L1、L2、L4 和 L6 的发芽率分别为 9%、11%、10% 和 19%，明显高于野生型种子。发芽第 2 天，转基因拟南芥种子快速萌发，发芽率分别为 84%、83%、80% 和 92%，而野生型种子的发芽率只有 39%。第 3 天、第 4 天和第 5 天，虽然野生型种子的发芽率逐步提高，但仍略低于转基因种子。发芽 7d 后，4 个转基因株系的发芽率不仅比野生型高，且幼苗比野生型幼苗明显更健壮（图 5-87B），结果表明，与野生型拟南芥相比，*CarNAC4* 基因的过表达能够提高盐胁迫时拟南芥种子的发芽速率、发芽率，并且幼苗更健壮。

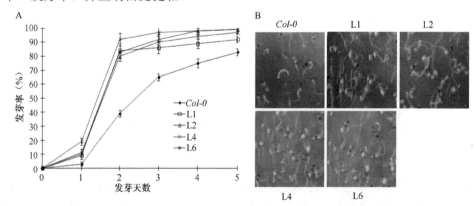

图 5-87　*CarNAC4* 基因过表达拟南芥种子盐胁迫下的发芽率

A. 拟南芥种子发芽率统计；B. 拟南芥种子发芽 7d 后形态。L1、L2、L4 和 L6 为转基因株系；

Col-0 为野生型拟南芥

（2）耐盐能力 为了研究转基因幼苗对盐胁迫的耐受能力，本研究对 3 周苗龄的野生型和 *CarNAC4* 转基因拟南芥同时进行盐胁迫处理，使用 4 个浓度的 NaCl 溶液（50mmol/L、100mmol/L、150mmol/L、200mmol/L），每个浓度处理 4d，总共处理 16d。然后用清水反复浸泡洗净蛭石中所含的 NaCl，继续生长一周后发现，4 个转基因株系的幼苗在盐胁迫下比野生型幼苗展现出了更强的存活能力：野生型拟南芥的存活率为 35.4%，而转基因株系的存活率分别为 82.6%、86.1%、75.7% 和 75.7%（图 5-88）。结果表明 *CarNAC4* 基因的过表达增强了拟南芥幼苗的耐盐能力。

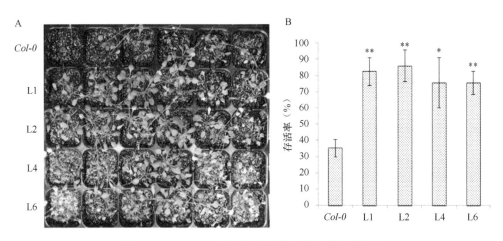

图 5-88 *CarNAC4* 基因过表达拟南芥植株的耐盐性

A. 盐胁迫处理表型图；B. 盐胁迫处理存活率统计。L1、L2、L4 和 L6 为转基因株系；Col-0 为野生型拟南芥。
*和**分别代表与对照相比差异达显著（*P*<0.05）或极显著（*P*<0.01）水平

（3）叶片中丙二醛（MDA）含量 植物叶片在盐胁迫处理时，多种生理指标会发生变化，其中丙二醛的含量变化是植物在盐胁迫时受伤害程度的重要指标，因为丙二醛是在植物组织或器官膜脂质发生过氧化反应而产生的。本研究通过硫代巴比妥酸显色法分别测定了正常条件下和盐胁迫（NaCl，150mmol/L）条件下 *CarNAC4* 基因过表达拟南芥及野生型拟南芥叶片中丙二醛的含量，结果如图 5-89 所示，正常条件下，野生型拟南芥和转基因拟南芥叶片中的丙二醛含量相差不大，且含量均比较低；而当经过盐胁迫处理之后，野生型拟南芥和转基因拟南芥叶片中的丙二醛含量均明显升高，但是转基因株系中的丙二醛含量极显著（*P*<0.01）低于野生型拟南芥，说明在盐胁迫处理时拟南芥叶片中的丙二醛迅速积累，但 *CarNAC4* 基因过表达拟南芥中丙二醛的积累量明显低于野生型拟南芥。

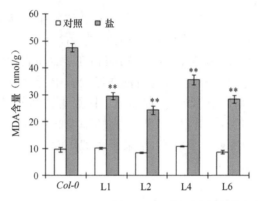

图 5-89　盐胁迫（NaCl，150mmol/L）下 *CarNAC4* 基因过表达拟南芥叶片中丙二醛含量

L1、L2、L4 和 L6 为转基因株系；*Col-0* 为野生型拟南芥。**代表与对照相比达极显著差异水平（*P*<0.01）

（五）对 ABA 的敏感性

表达分析研究表明 *CarNAC4* 基因的转录显著受到 ABA 的诱导（图 5-48B，图 5-52）。为了判断 *CarNAC4* 基因是否位于 ABA 信号通路之中，本研究进行了转基因植株 ABA 敏感性实验。10d 龄苗被移至含 ABA（5μmol/L）的 1/2 MS 培养基上，生长 18d 后发现，无论是野生型还是转基因植株的地上部及根的生长都受到 ABA 的显著抑制，而转基因植株表现得更为明显。在不加 ABA 的情况下，转基因植株的根短于野生型植株，但地上部大小无明显差异；在加 ABA 的情况下，前者的根长缩减量显著大于后者，且地上部的生长量明显小于后者（图 5-90），这表明 *CarNAC4* 基因加剧了拟南芥植株对 ABA 的敏感程度。

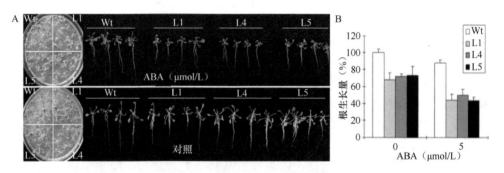

图 5-90　*CarNAC4* 基因过表达拟南芥对 ABA 的敏感性

A. 生长于含 0μmol/L 或 5μmol/L ABA 的 1/2 MS 培养基上的苗；B. ABA 处理对植株根生长的影响。L1、L4、L5 为转 *CarNAC4* 基因拟南芥株系；Wt 代表野生型拟南芥

（六）逆境相关基因的转录水平

CarNAC4 基因的编码产物为 NAC 家族转录因子，它在响应逆境胁迫的过程

中很可能直接或间接地调控逆境相关基因的表达。本实验采用荧光定量 PCR 技术调查了 8 个逆境生理密切相关的拟南芥基因（*RD22*、*RD29A*、*ERD10*、*COR15A*、*COR47*、*KIN1*、*DREB2A*、*DREB2B*）的转录水平（所用引物见表 5-8 和表 5-13）。正常条件下，8 个基因在过表达株系和 *Col-0* 中的表达量没有明显区别（结果未显示）。而在干旱处理后，结果如图 5-91 所示，与野生型拟南芥相比，6 个逆境相关基因（*RD29A*、*ERD10*、*COR15A*、*COR47*、*KIN1* 和 *DREB2A*）在 *CarNAC4* 基因过表达植株中的表达量显著增高，在个别株系中，表达量高达 10 倍以上，说明 *CarNAC4* 基因的过表达促进了拟南芥中上述 6 个逆境相关基因的表达；而 *RD22* 基因仅在转基因株系 L1 和 L6 中的表达量显著或极显著高于野生型，*DREB2B* 基因仅在 L2 株系中的表达量高于野生型 2 倍。

表 5-13　胁迫相关基因的荧光定量 PCR 扩增引物表

基因	引物名称	引物序列
DREB2A	DREB2A-1（Forward）	5′-GACCTAAATGGCGACGATGT-3′
	DREB2A-2（Reverse）	5′-TCGAGCTGAAACGGAGGTAT-3′
DREB2B	DREB2B-1（Forward）	5′-TTGCGACTATAAAGAAGAAG-3′
	DREB2B-2（Reverse）	5′-TCCGCGGTAGGAAAAGTACC-3′

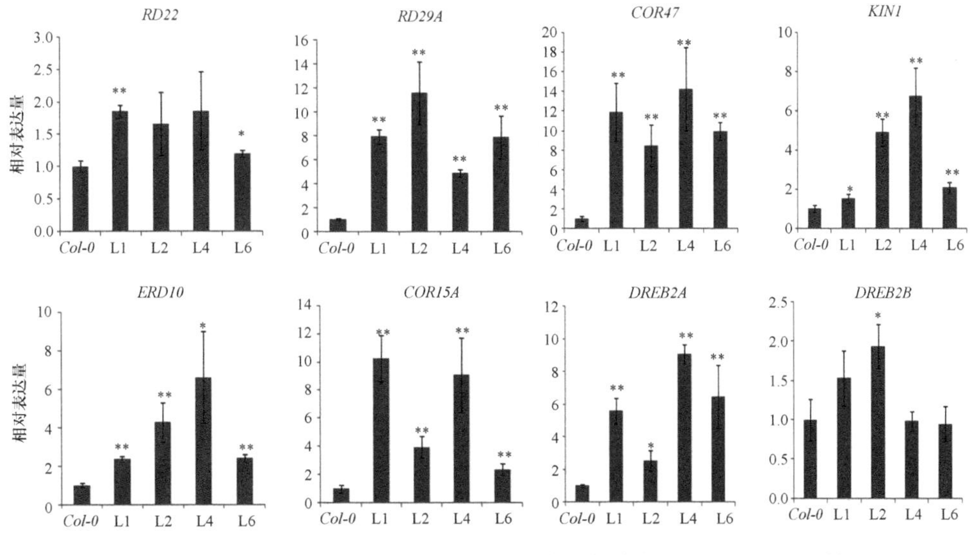

图 5-91　干旱胁迫下 *CarNAC4* 基因过表达拟南芥植株中与胁迫相关基因的转录水平

L1、L2、L4、L6 为转 *CarNAC4* 基因拟南芥株系；*Col-0* 代表野生型拟南芥。*和**分别代表与对照相比差异达到显著（*P*<0.05）或极显著（*P*<0.01）水平

为了进一步探讨 *CarNAC4* 调节下游逆境相关基因表达的分子机制，通过搜索拟南芥基因组数据库获得了上述 8 个基因的上游启动子序列，并对其 1000bp 以内

的顺式作用元件进行了预测。结果如表 5-14 所示，*RD22*、*RD29A*、*ERD10*、*COR15A*、*COR47*、*KIN1*、*DREB2A* 和 *DREB2B* 基因的启动子中均包含多个种类不同的 NAC 结合核心元件，与所鉴定的 CarNAC4 蛋白结合序列 CGT[G/A]相同，说明 *CarNAC4* 基因可能是通过这些元件来调节逆境相关基因的表达，从而响应外界的逆境胁迫。

表 5-14　抗逆相关基因启动子序列中预测能与 NAC 结合的元件

基因	在启动子中位置	序列
RD22	−132∼−136, −464∼−470, −635∼−639	CGTA
	−152∼−156	CACG
	−229∼−233	CGTG
	−52∼−58	CACGTA
RD29A	−301∼−305, −311∼−316, −404∼−409	CGTA
	−76∼−80, −312∼−316	CACG
	−55∼−59	CGTG
	−107∼−115	CACGCGTA
ERD10	−73∼−77, −290∼−294, −454∼−458	CGTG
	−800∼−806, −886∼−892	CACGTG
	−156∼−160	CGTA
	−953∼−957	CACG
COR15A	−69∼−73, −930∼−934	CACG
	−122∼−128, −304∼−310	CACGTG
	−558∼−562	CGTA
COR47	−915∼−919	CGTG
	−350∼−354	CACG
	−344∼−348	CGTA
KIN1	−70∼−76, −143∼−149	CACGTG
	−53∼−57	CGTG
	−91∼−95	CGTA
DREB2A	−84∼−90, −793∼−799, −896∼−902	CACGTA
	−430∼−434, −629∼−633	CACG
	−164∼−168, −492∼−496	CGTG
	−16∼−20, −175∼−179	CGTA
	−531∼−539	CGTACGTA
DREB2B	−59∼−63, −264∼−268, −356∼−360	CACG
	−152∼−156, −330∼−334, −615∼−619	CGTG
	−626∼−630	CGTA
	−586∼−592	CACGTG

六、*CarNAC5* 基因功能分析

（一）转 *CarNAC5* 基因拟南芥植株的阳性鉴定

采用浸花法转化拟南芥，收获种子后在含 Kan 的 1/2 MS 培养基上筛选阳性植株。在种子萌芽并展开子叶后，转基因植株由于含有 Kan 抗性基因能正常生长，非转基因植株则黄化且停止发育（图 5-92A）。将 T1 代转基因苗移栽至含蛭石的小盆中，放置在光照培养箱中，23℃、12h/12h 光周期继续生长。在成熟期分单株收获种子（T2 代）。在 T1 代植株生物量较大时，分单株剪取适量叶片分别提取 DNA 和 RNA，应用 PCR 技术从基因组和 mRNA 水平检测转基因植株。从图 5-92B 可以看出，所有受检的 T1 代植株均含有 35S 启动子及 *CarNAC5* 基因序列，而 RT-PCR 实验证明 *CarNAC5* 基因在这些单株中均有表达（图 5-92C）。

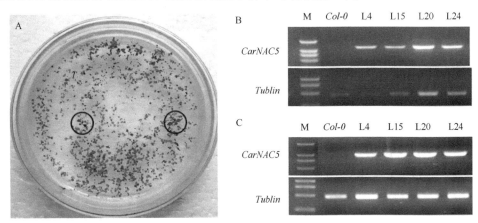

图 5-92　转 *CarNAC5* 基因拟南芥阳性苗的筛选和鉴定

A. 阳性苗的筛选；B. 基因组 PCR 检测；C. 转录水平检测。泳道 L4、L15、L20 和 L24 分别代表 T1 代阳性转基因单株；*Col-0* 代表野生型拟南芥；M. DNA 分子量标记 DL2000

（二）*CarNAC5* 基因过表达拟南芥植株的抗旱性分析

1. 种子发芽率

CarNAC5 过表达拟南芥株系（L4、L15、L20 和 L24）和野生型拟南芥种子（*Col-0*）经表面消毒后散布在 MS 固体培养基上发芽。当在正常 MS 培养基上发芽时，野生型和转基因的拟南芥种子具有相同的发芽速率和发芽率(结果未显示)。在 MS 培养基中添加 250mmol/L 的甘露醇以模拟渗透干旱胁迫时，发芽第 1 天，野生型种子的发芽率为 40%，而 4 个转基因株系 L4、L15、L20 和 L24 的发芽率分别为 57%、55%、47%和 60%，略高于野生型种子（图 5-93A）。发芽第 2 天，野生型种子的发芽率大幅度提高至 84%，接近转基因种子的发芽率。从第 3 天开

始，转基因种子的发芽率基本和野生型种子的发芽率相同，接近100%。发芽第7天时，4个转基因株系的幼苗比野生型幼苗明显更健壮（图5-93B）。以上结果表明，在干旱胁迫条件下，野生型拟南芥与4个转基因株系种子的发芽率一致，但转基因株系的种子发芽速率更快，并且幼苗更健壮。

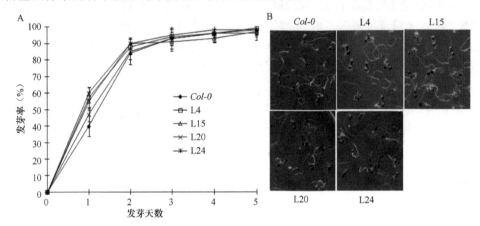

图 5-93　干旱胁迫条件下 *CarNAC5* 基因过表达拟南芥种子发芽情况

A. 发芽率；B. 发芽 7d 后形态。L4、L15、L20 和 L24 为转基因株系；*Col-0* 为野生型拟南芥

2. 抗旱能力

为评价 *CarNAC5* 过表达拟南芥植株的抗旱能力，将 3 周苗龄的转基因拟南芥和野生型拟南芥一起开始控水进行干旱处理，同时对照组正常浇水。控水大约 12d，当观察到野生型拟南芥受到不可逆的损伤时，浇水至蛭石中，待含水量饱和后进行复苏，复苏 3d 后统计拟南芥苗的存活数。如图 5-94 所示，野生型拟南芥植株

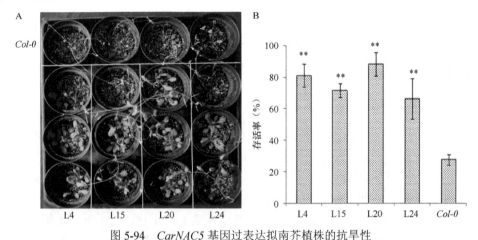

图 5-94　*CarNAC5* 基因过表达拟南芥植株的抗旱性

A. 干旱胁迫处理表型图；B. 干旱胁迫处理存活率。L4、L15、L20 和 L24 为转基因株系；*Col-0* 为野生型拟南芥。

**代表与对照相比差异达极显著性水平（$P < 0.01$）

有 27.6%具备继续生长的能力,而 4 个 *CarNAC5* 基因过表达拟南芥株系(L4、L15、L20 和 L24)的存活率分别为 81.4%、71.7%、88.5%和 66.5%,明显高于野生型拟南芥的存活率, 表明 *CarNAC5* 基因的过表达明显增强了拟南芥的抗旱能力。

3. 叶片中游离脯氨酸含量

游离脯氨酸作为植物体内重要的渗透调节物质,在干旱逆境胁迫下发挥了重要的作用。本研究分别测定了 *CarNAC5* 基因过表达拟南芥植株和野生型植株在正常条件下和干旱胁迫下叶片中的游离脯氨酸含量,结果发现在正常浇水条件下,转基因和野生型拟南芥叶片中游离脯氨酸的含量都比较低,但其中 2 个转基因株系(L15、L24)中的游离脯氨酸含量极显著高于野生型拟南芥中的游离脯氨酸含量,L4 和 L20 两个株系中的含量与野生型没有显著差别;而经过干旱胁迫后,*CarNAC5* 基因过表达植株和野生型植株的游离脯氨酸含量均有大幅度升高,但是转基因株系中的游离脯氨酸含量极显著高于野生型植株叶片($P<0.01$)(图 5-95)。这个结果说明在干旱胁迫时,*CarNAC5* 基因的过表达能够促进拟南芥叶片内游离脯氨酸的生物合成。

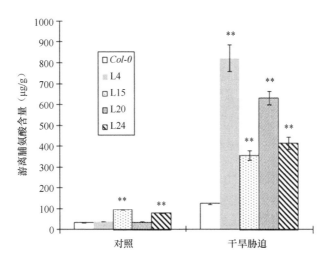

图 5-95　干旱胁迫下 *CarNAC5* 基因过表达拟南芥叶片的游离脯氨酸含量

L4、L15、L20 和 L24 为转基因株系;*Col-0* 为野生型拟南芥。
**代表与对照相比差异达极显著水平($P<0.01$)

4. 离体叶片失水率

叶片的失水率也是揭示植物抗旱性的一个重要指标。本研究在室温湿度恒定条件下,通过称量叶片重量比较了 *CarNAC5* 基因过表达拟南芥植株和野生型植株叶片在离体 3h 内的失水情况,结果发现 *CarNAC5* 基因过表达拟南芥植株叶片失水较慢，失水率低于野生型叶片（图 5-96）。这个结果说明 *CarNAC5* 基因的过表达能够增强拟南芥叶片的保水能力。

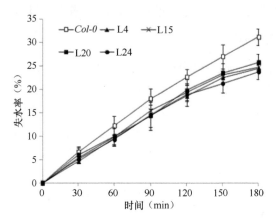

图 5-96　*CarNAC5* 基因过表达拟南芥植株离体叶片失水率

L4、L15、L20 和 L24 为转基因株系；*Col-0* 为野生型拟南芥

研究发现 *CarNAC5* 基因的过表达并没有改变拟南芥植株对 ABA 的敏感性（结果未显示），前面研究结果表明 *CarNAC5* 基因的过表达也未受到 ABA 的诱导（图 5-48），说明 *CarNAC5* 基因可能不是通过依赖 ABA 途径来调节植物的干旱胁迫响应。这一结果表明，即使属于同一亚家族的 NAC 转录因子，依然可以通过不同的途径来调控逆境响应。这种现象或许与 NAC 转录因子 C 端的多样性有关系。

（三）转基因拟南芥中逆境相关基因的转录水平

CarNAC5 基因的编码产物为 NAC 家族转录因子，它在响应逆境胁迫的过程中很可能直接或间接地调控逆境相关基因的表达。本研究采用荧光定量 PCR 技术调查了 8 个逆境生理密切相关的拟南芥基因（*RD22*、*RD29A*、*ERD10*、*COR15A*、*COR47*、*KIN1*、*DREB2A* 和 *DREB2B*）的转录水平（引物见表 5-8 和表 5-13）。在正常条件下，8 个基因在转基因株系和 *Col-0* 中的表达量没有明显差别（结果未显示）。而经干旱处理后，与野生型拟南芥相比，5 个逆境相关基因（*RD22*、*RD29A*、*ERD10*、*COR15A*、*DREB2A*）在转基因植株中的表达量显著增高，在个别株系中，表达量高达 10 倍以上，说明 *CarNAC5* 基因的过表达促进了拟南芥中上述 5 个逆境相关基因的表达（图 5-97）。此外，*KIN1* 基因只在其中一个转基因株系（L20）中的表达量显著高于野生型的，在其他 3 个转基因株系的表达量与野生型的没有明显差别；而 *COR47* 和 *DREB2B* 两个基因的表达量在转基因株系与野生型拟南芥间均没有明显差别。

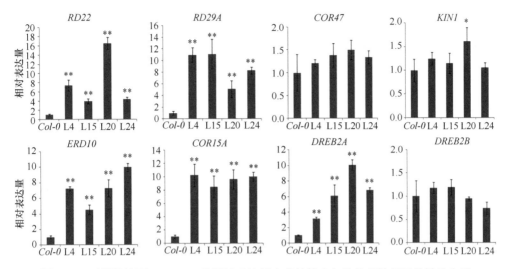

图 5-97　干旱胁迫下 *CarNAC5* 基因过表达拟南芥植株中与胁迫相关基因的转录水平
L4、L15、L20 和 L24 为转基因株系；*Col-0* 为野生型拟南芥。*和**分别代表与对照相比差异达到显著（*P*<0.05）
或极显著（*P*<0.01）水平

通过搜索拟南芥基因组数据库获得了上述 8 个基因的上游启动子序列，并对其 1000bp 以内的顺式作用元件进行了预测。预测结果发现，*RD22*、*RD29A*、*ERD10*、*COR15A*、*KIN1* 和 *DREB2A* 基因的启动子中均包含多个种类不同的 NAC 结合核心元件（表 5-14），与所鉴定的 CarNAC5 蛋白结合序列 CGT[G/A]相同，说明 *CarNAC5* 基因可能是通过这些元件来调节逆境相关基因（*RD22*、*RD29A*、*ERD10*、*COR15A*、*DREB2A*）的表达，从而响应外界的逆境胁迫。

和前面研究的 *CarNAC4* 基因一样，*CarNAC5* 基因的过表达拟南芥植株也展现了较强的抗旱能力，说明 *CarNAC4* 和 *CarNAC5* 两个基因在鹰嘴豆遭受干旱胁迫时，能够发挥相似的作用，从而共同调控鹰嘴豆对水分胁迫响应的生理过程。尽管如此，2 个基因依然展现了不同的调控方式。例如，*CarNAC4* 转基因株系在正常条件下，叶片中的游离脯氨酸含量与野生型拟南芥没有显著区别，而 *CarNAC5* 基因的两个转基因株系中游离脯氨酸含量比野生型拟南芥的含量高，推测 *CarNAC5* 基因对拟南芥体内游离脯氨酸合成的调控可能不需要干旱胁迫的诱导。此外，相比于野生型拟南芥，*CarNAC4* 基因的过表达株系展现了较强的耐盐能力，而 *CarNAC5* 基因的过表达株系则对耐盐能力没有明显提高（结果未显示）。在对转基因拟南芥株系中逆境相关基因的表达量调查发现，*CarNAC4* 转基因株系中表达量明显增强的 *COR47* 和 *KIN1* 两个基因，在 *CarNAC5* 转基因株系中则没有表现出明显变化，而 *CarNAC4* 转基因株系中表达量仅在 2 个株系发生明显变化的 *RD22* 基因，在 4 个 *CarNAC5* 转基因株系中的表达量显著增加，这个现象说明了 CarNAC4 和 CarNAC5 两个蛋白对下游基因可能有不同的调控模式，尽管研究结果表明它们具有相似的结合元件，推测应该是对结合元件结合能力的强弱，以及 C 端激活域激活能力的强弱造成了这种现象。从基因进化的角度，这种类似具有相同功能的基因，却各自拥有不同的调控途径，大大丰富了植物体响应外界逆境胁迫的途径和方式。

前面的研究发现 *CarNAC5* 基因的表达除受到干旱的诱导之外，还能受到盐胁迫和高温不同程度的诱导（图 5-47，图 5-53）。尽管如此，本研究并没有发现 *CarNAC5* 基因过表达的拟南芥植株展现出更好的耐盐和耐高温能力（结果未显示）。这种现象可能是由 *CarNAC5* 基因在其他物种中的异位表达造成的。

此外，*CarNAC5* 基因的过表达在提高拟南芥抗旱能力的同时，也没有明显改变拟南芥植株的表型，产生负面效应，这些特性同样展现了其在转基因育种中的应用前景。

七、*CarNAC6* 功能分析

（一）转 *CarNAC6* 拟南芥植株的阳性鉴定

采用浸花法转化拟南芥，收获种子后在含 Kan 的 1/2 MS 固体培养基上筛选阳性植株。在种子萌芽并展开子叶后，转基因植株由于含有 Kan 抗性基因能正常生长，非转基因植株则黄化且停止发育（图 5-98A）。将 T1 代转基因苗移栽至含蛭石的小盆中，置于人工气候箱中生长，在成熟期分单株收获种子（T2 代）。在 T1 代植株生物量较大时，分单株剪取适量叶片分别提取 DNA 和 RNA，应用 PCR 技术从基因组和 mRNA 水平检测转基因植株。从图 5-98B 可以看出，所有受检的 T1 代植株均含有 35S 启动子及 *CarNAC6* 基因，而 RT-PCR 实验证明 *CarNAC6* 基因在 L1、L8、L10、L11 和 L12 单株中均有表达（图 5-98C）。

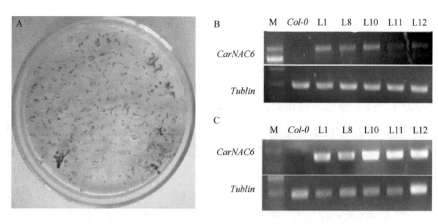

图 5-98 转 *CarNAC6* 基因拟南芥阳性苗的筛选和鉴定

A. 阳性苗的筛选；B. 基因组 PCR 检测；C. 转录水平检测。泳道 L1、L8、L10、L11 和 L12 为 T1 代阳性转基因单株；*Col-0* 为野生型拟南芥；*Tublin* 基因为内参基因，用以检验目的基因的表达水平；M. DNA 分子量标记 DL2000

（二）植株的表型

为了判断 *CarNAC6* 基因的过表达是否会影响拟南芥植株的生长发育，采用 2 个转基因株系（L10、L12）与野生型（*Col-0*）种子做发芽对比实验，未发现两者之间在发育率和发芽势上有明显差异（结果未显示）。

用筛选得到的 3 个 T3 代拟南芥转基因株系（L8、L10、L12）和野生型拟南芥（*Col-0*）在同样的生长条件下，观察其整个生长周期的表型，结果发现在幼苗阶段，14d 的 *CarNAC6* 转基因拟南芥植株（L8、L10、L12）的下胚轴要明显长于同期的野生型拟南芥（*Col-0*）（图 5-99A）；在生殖期，*CarNAC6* 转基因拟南芥植株的开花期要比野生型拟南芥提前 3～5d（图 5-99B）。

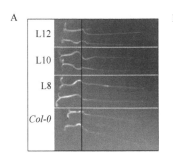

图 5-99　*CarNAC6* 基因过表达拟南芥形态学分析

A. 野生型和转基因植株的下胚轴长度比较；B. 野生型和转基因植株的开花时间比较。L8、L10 和 L12 为转基因株系；*Col-0* 为野生型拟南芥

（三）*CarNAC6* 基因过表达拟南芥的抗逆性分析

1. 耐旱性分析

（1）干旱胁迫　表达分析显示 *CarNAC6* 基因的表达受到干旱的显著诱导（图 5-47B）。为了鉴定 *CarNAC6* 基因过表达植株是否具有较强的适应低水势环境的能力，用 10d 苗龄植株在培养基上做了 15d 的胁迫处理（250mmol/L 甘露醇）。图 5-100 显示，2 个转基因株系的生长状态均明显好于野生型。

进一步对野生型和转基因拟南芥进行干旱处理。停止浇水 14d 后，大部分植物出现了萎蔫现象，但 *CarNAC6* 基因过表达拟南芥株系的整体状况要优于作为对照的野生型拟南芥（图 5-101A）。恢复浇水 3d 后，*CarANC6* 转基因拟南芥株系（L8、L10 和 L12）的存活率分别为 82%、73%及 72%，而野生型拟南芥的存活率仅为 32%（图 5-101B），表明 *CarNAC6* 基因的过表达能够提高拟南芥的耐旱性。

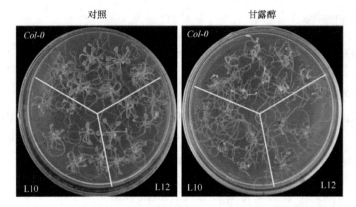

图 5-100　甘露醇（250mmol/L）处理下转 *CarNAC6* 基因拟南芥植株和野生型植株的表现

L10、L12 为转 *CarNAC6* 基因拟南芥株系；*Col-0* 为野生型拟南芥

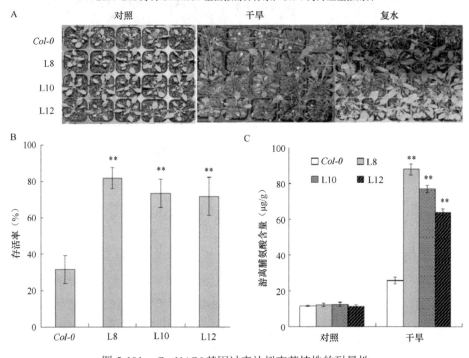

图 5-101　*CarNAC6* 基因过表达拟南芥植株的耐旱性

A. 干旱胁迫表型图；B. 干旱胁迫下存活率；C. 正常情况及干旱胁迫下游离脯氨酸含量。L8、L10、L12 为转
CarNAC6 基因拟南芥株系；*Col-0* 为野生型拟南芥；**表示与对照相比差异达到极显著水平（P<0.01）

（2）叶片中的游离脯氨酸含量　游离脯氨酸是植物体内重要的渗透调节物质，
植物在遭受干旱、高盐、高温、低温及重金属等胁迫时，通过增加游离脯氨酸合成
及减少游离脯氨酸降解来积累游离脯氨酸，以响应和适应逆境胁迫。本研究分别测
定了正常生长条件下及干旱处理 7d 后，野生型和转基因拟南芥叶片中游离脯氨酸

的含量。结果表明，正常生长条件下，野生型和转基因拟南芥叶片中游离脯氨酸的含量没有太大差异；干旱处理条件下，*CarANC6* 过表达拟南芥株系（L8、L10 和 L12）叶片中游离脯氨酸的含量要极显著高于野生型（*P*<0.01）（图 5-101C），说明 *CarNAC6* 基因的过表达能够增强拟南芥叶片干旱胁迫下游离脯氨酸的生物合成能力。

（3）离体叶片失水率　在野生型和转基因拟南芥植株的相同位置剪取叶片，置于恒定的温度和湿度条件下，称量计算叶片在 3h 内的失水率。结果表明，*CarANC6* 基因过表达拟南芥植株离体叶片的失水率要比野生型拟南芥慢（图 5-102），说明 *CarANC6* 基因过表达能够增强拟南芥离体叶片的保水能力。

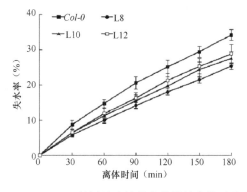

图 5-102　*CarNAC6* 基因过表达拟南芥植株离体叶片失水率

L8、L10、L12 为转 *CarNAC6* 基因拟南芥株系；*Col-0* 为野生型拟南芥

（4）转基因拟南芥中与耐旱相关基因的转录水平分析　*CarNAC6* 基因的过表达增强了拟南芥植株的耐旱能力（图 5-100，图 5-101）。鉴于 *CarNAC6* 基因的编码产物为转录因子，它很可能直接或间接地促进胁迫相关基因的表达。本研究采用荧光定量 PCR 技术调查了 6 个逆境生理密切相关的拟南芥基因（*COR15A*、*COR47*、*ERD10*、*RD22*、*RD29A* 和 *KIN1*）的转录水平（引物见表 5-8）。未胁迫处理时，6 个胁迫相关基因中的 4 个（*COR15A*、*RD22*、*RD29A* 和 *KIN1*）在转基因植株中的表达量明显高于野生型，而在干旱胁迫处理下，无论是在野生型还是在转基因植株中，6 个胁迫相关基因的表达均受到干旱处理的强烈诱导，但 6 个胁迫相关基因的转录水平在野生型和转基因植株间没有明显差异（图 5-103）。

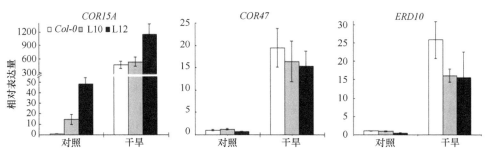

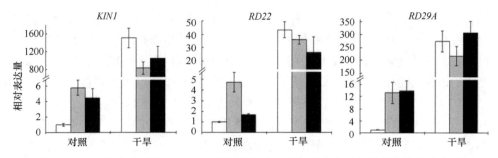

图 5-103　干旱胁迫下转 *CarNAC6* 基因植株中 6 个与逆境胁迫相关基因的转录水平

L10、L12 为转 *CarNAC6* 基因拟南芥株系；*Col-0* 为野生型拟南芥

2. 耐盐性分析

为验证 *CarNAC6* 基因在盐胁迫响应中的功能，本研究将在 1/2 MS 培养基上生长 3d 左右的幼苗转移至含 100mmol/L NaCl 的 1/2 MS 培养基上，未转移的作为对照组，继续培养 5d。观察发现在正常情况下，*CarNAC6* 转基因拟南芥株系和野生型并没有明显差异，而在盐胁迫下，*CarNAC6* 转基因株系和野生型拟南芥的根长发育都受到了抑制，但转基因拟南芥的受抑制程度要极显著（$P<0.01$）低于野生型植株（图 5-104）。该结果表明，*CarANC6* 基因过表达能够促进盐胁迫下转基因拟南芥根的生长。

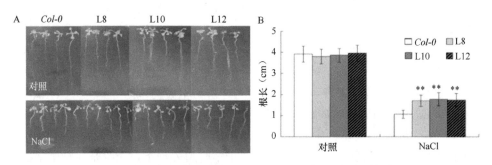

图 5-104　NaCl（100mmol/L）胁迫下 *CarNAC6* 基因过表达拟南芥植株的生长情况

A. 正常情况和盐处理下拟南芥植株根长的比较；B. 盐胁迫对植株根长的影响。L8、L10、L12 为转 *CarNAC6* 基因拟南芥株系；*Col-0* 为野生型拟南芥；**代表与对照相比差异达极显著水平（$P<0.01$）

（四）*CarNAC6* 基因过表达拟南芥对 ABA 的敏感性

表达分析实验显示 *CarNAC6* 基因的转录受到 ABA 的显著诱导（图 5-48B）。为了判断 *CarNAC6* 基因是否位于 ABA 信号通路之中，本研究进行了转基因植株的 ABA 敏感性实验。将野生型和转基因拟南芥植株转移于含有或者不含 ABA 的培养基上，观察其生长情况。结果发现转基因和野生型拟南芥植株在 1/2 MS 培养

基上的生长情况没有明显差异；而在含有 10μmol/L ABA 的 1/2 MS 培养基上，转基因和野生型拟南芥的根长都受到一定程度的抑制，但前者的根长受抑制程度极显著（P<0.01）大于后者（图 5-105），表明 *CarNAC6* 基因的过表达能够增强拟南芥对于 ABA 的敏感程度。

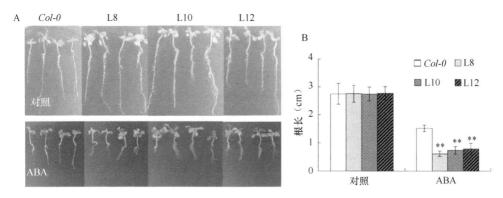

图 5-105　转 *CarNAC6* 基因拟南芥植株对 ABA 的敏感性

A. 生长于含 0μmol/L 或 10μmol/L ABA 的 1/2 MS 培养基上的幼苗；B. ABA 处理对植株根长的影响。L8、L10、L12 为转基因拟南芥株系；*Col-0* 为野生型拟南芥

八、鹰嘴豆 NAC 蛋白与下游基因启动子中目标元件的结合分析

转录因子通过与下游基因启动子区域的特异顺式调控元件相结合，从而实现对下游基因的表达调控。所以，鉴别不同类型的转录因子的结合元件，是研究转录因子行使功能的重要环节。相比较于结构多元化的 C 端，NAC 家族蛋白的 N 端结构通常相对保守，被称为 NAC 结构域，该结构域主要负责与 DNA 序列的结合，同时也能够行使蛋白二聚体的结合功能（Olsen et al.，2005；Ernst et al.，2004）。NAC 家族蛋白的特异顺式作用元件已经有一些报道，Tran 等（2004）的研究表明拟南芥中 ANAC019、ANAC055 和 ANAC072 三个 NAC 蛋白能够特异地与 *ERD1* 基因启动子中的 TTGAAAACTTCTTCTGTAACACGCATGTG 序列结合，这个系列被称为 NACRS（NAC recognition sequence）。该序列中包含的核心元件 CACG/CGT[G/A]被认为是 NAC 蛋白的核心结合元件，因为研究发现多个 NAC 蛋白的结合启动子区域中均包含这个核心元件（Xue，2005；Hao et al.，2011；Lindemose et al.，2014）。

鹰嘴豆 NAC 转录因子是否也能够与该元件结合？为验证这一假设，本研究设计了包含 CACG 核心元件的 *ERD1* 基因启动子片段作为探针，并将 CACG 替换为 CGCG 的突变体作为对照，用非放射性凝胶迁移实验（EMSA）从体外对 CarNAC4、CarNAC5 和 CarNAC6 蛋白与核心元件的结合情况进行了研究；同时，通过酵母单杂交实验进一步从体内对 CarNAC4、CarNAC5 和 CarNAC6 蛋白与核心元件 CGT[G/A]的互作进行验证。所使用的引物列于表 5-15。

表 5-15　研究所需引物

引物名称	引物序列	引物作用
N4-p-F	5'-GGAATTCCATATGATGGGAATTCAAGATAAAGACC-3'	
N4-p-R	5'-CGCGGATCCCTTCTGATCCATTGCCCA-3	
N5-p-F	5'-GGAATTCCATATGAACATGGCATCAGAGCTT-3'	
N5-p-R	5'-CGGGAATTCGCCCAAAAGGTTTTTGGCA-3'	
N6-p-F	5'-GGAATTCCATATGATGGCATCAATGGAAGACA-3'	用于原核表达载体的构建
N6-p-R	5'-CGGGAATTCAAAATTGAGGGTGTTGGAAT-3'	
pET-28a-T7-F	5'-TAATACGACTCACTATAGGG-3'	
pET-28a-T7-R	5'-GCTAGTTATTGCTCAGCGG-3'	
N4-G-F	5'-GGAATTCCATATGATGGGAATTCAAGATAAAGACC-3'	
N4-G-R	5'-CGCGGATCCCTTCTGATCCATTGCCCA-3'	
N5-G-F	5'-GGAATTCCATATGAACATGGCATCAGAGCTT-3'	
N5-G-R	5'-CGGGAATTCGCCCAAAAGGTTTTTGGCA-3'	
N6-G-F	5'-GGAATTCCATATGATGGCATCAATGGA-3'	
N6-G-R	5'-CGCGGATCCCATAAAAATTGAGGGTGTTGGAATTAG-3'	
pGADT7-F	5'-TAATACGACTCACTATAGGG-3'	用于酵母单杂载体的构建
pGADT7-R	5'-AGATGGTGCACGATGCACAG-3'	
HIS-F	5'-GTTTTCCCAGTCACGACGTTGT-3'	
HIS-R	5'-GTTCTGCTACTGCTTCTGCCTC-3'	
NACRS	5'-CGGAATTCTTGAAAACTTCTTCTGTAACACGCATGTGGAGCTCG-3'	
Core	5'-CGGAATTCTTTCGTATTGCGTGTTTTCGTATTGCGTGTGAGCTCG-3'	
Mutant Core	5'-CGGAATTCTTTCGCATTGCGCGTTTTCGCATTGCGCGTGAGCTCG-3'	
NACRS	5'-CTTGAGCTCTTCTTCTGTAACACGCATGTGTTGCGTTTGG-3'	用于 EMSA 探针的合成
Mutant NACRS	5'-CTTGAGCTCTTCTTCTGTAACGCGCATGTGTTGCGTTTGG-3'	

（一）CarNAC4、CarNAC5 和 CarNAC6 蛋白与 NACRS 的体外结合

1. 原核表达载体的构建及大肠杆菌 BL21（DE3）的转化

以包含 *CarNAC4*、*CarNAC5* 和 *CarNAC6* cDNA 的 T 载体菌液为模板，分别使用添加了酶切位点（*CarNAC4* 为 *Nde* I、*Bam*H I，*CarNAC5* 为 *Nde* I、*Eco*R I，*CarNAC6* 为 *Nde* I、*Eco*R I）的基因特异性引物扩增得到 *CarNAC4*、*CarNAC5*

和 *CarNAC6* 的 ORF 序列。通过分别酶切 PCR 片段和 pET-28a（+）载体，然后将 *CarNAC4*、*CarNAC5* 和 *CarNAC6* 分别连接到 pET-28a（+）载体上。热激法转化大肠杆菌 DH5α，经测序得到了 CarNAC4-pET-28a（+）、CarNAC5-pET-28a（+）和 CarNAC6-pET-28a（+）原核表达载体。提取测序正确菌液的质粒，转化大肠杆菌 BL21（DE3），经 PCR 验证，重组载体 CarNAC4-pET-28a（+）、CarNAC5-pET-28a（+）和 CarNAC6-pET-28a（+）被成功转化入大肠杆菌 BL21（DE3）。

2. CarNAC4、CarNAC5 和 CarNAC6 重组蛋白的原核表达和纯化

通过对诱导条件不断优化，发现包含 CarNAC4 和 CarNAC5 重组质粒的 BL21（DE3）菌株在 IPTG 浓度为 0.1mmol/L，于 37℃培养箱 220r/min 振荡诱导培养 6h，以及包含 CarNAC6 重组质粒的 BL21（DE3）菌株在 IPTG 浓度为 0.2mmol/L，于 30℃培养箱 160r/min 振荡培养 6～8h 后，重组蛋白的可溶性蛋白表达量较高。诱导后的菌液经超声破碎离心取上清，经过 Ni 柱纯化分别得到了纯化后的 CarNAC4、CarNAC5 和 CarNAC6 重组蛋白，经 SDS-PAGE 检测该蛋白为单一的特异性条带，经测定纯化后的蛋白含量达到了后续实验的要求（图 5-106）。

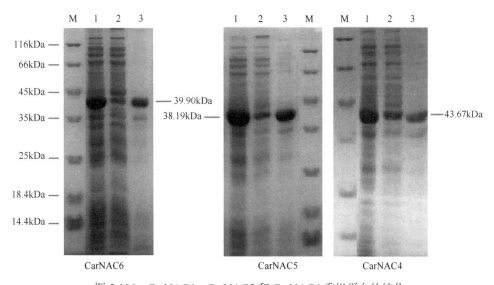

图 5-106　CarNAC4、CarNAC5 和 CarNAC6 重组蛋白的纯化
1. CarNAC 诱导菌体；2. CarNAC 菌体超声后上清；3. CarNAC 纯化后洗脱液；M. 低分子量蛋白 marker

3. CarNAC4、CarNAC5 和 CarNAC6 蛋白的凝胶迁移实验（electrophoretic mobility shift assay，EMSA）

为了研究 CarNAC4、CarNAC5 和 CarNAC6 蛋白是否可以与 NACRS 结合，本研究合成了 NACRS、Mutant NACRS 探针，并用生物素标记。将纯化得到的一定

纯度的 CarNAC4、CarNAC5 和 CarNAC6 蛋白分别与 NACRS 探针或 Mutant NACRS 探针混合,结合反应 20min 后,进行 EMSA 分析。结果如图 5-107 所示,当 CarNAC4、CarNAC5 和 CarNAC6 蛋白分别与 NACRS 探针混合时,重组蛋白能够与 NACRS 探针特异结合,形成 DNA-蛋白质复合物,形成凝胶上相对滞后的条带;相反,当 CarNAC4、CarNAC5 和 CarNAC6 蛋白分别与 Mutant NACRS 探针混合时,不能形成 DNA-蛋白质复合物,泳道中没有滞后带形成。以上结果表明,CarNAC4、CarNAC5 和 CarNAC6 蛋白在体外可以与 NACRS 元件特异结合,与突变的 Mutant NACRS 则不能结合。因此可以推测 CarNAC4、CarNAC5 和 CarNAC6 蛋白在鹰嘴豆中通过与 NAC 家族结合元件 NACRS 结合来调控下游基因的表达。

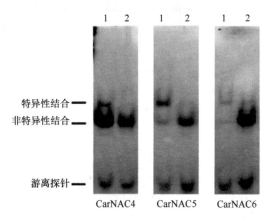

图 5-107　CarNAC4、CarNAC5 和 CarNAC6 蛋白与 NACRS 的凝胶迁移
1. NACRS 探针和 CarNAC 蛋白的混合物;2. Mutant NACRS 探针和 CarNAC 蛋白的混合物

(二) CarNAC4、CarNAC5 和 CarNAC6 蛋白与 NACRS 的体内结合

1. 酵母表达载体和报告载体的构建

本研究以保存的含有 CarNAC4、CarNAC5 和 CarNAC6 cDNA 的 T 载体的菌液为模板,分别使用添加了酶切位点(*Nde* I、*Bam*H I,*Nde* I、*Eco*R I 和 *Nde* I、*Bam*H I)的基因特异性引物扩增得到 *CarNAC4*、*CarNAC5* 和 *CarNAC6* 的 ORF 序列。通过分别酶切 PCR 片段和 pGADT7 AD 载体,T4 连接酶连接,热激法转化大肠杆菌 DH5α,经测序得到了 CarNAC4-pGADT7、CarNAC5-pGADT7 和 CarNAC6-pGADT7 酵母单杂交载体。

将合成好的 NACRS、Core 和 mCore 三个 DNA 片段经退火后形成双链,用限制性内切酶 *Eco*R I、*Sac* I 分别酶切双链 DNA 片段和 pHIS2 质粒,T4 连接酶分别连接酶切后的片段和载体,热激法转化大肠杆菌 DH5α,经菌液 PCR 验证,测序得到正确的 NACRS-pHIS2、Core-pHIS2 及 mCore-pHIS2 载体。

2. 酵母体内的结合反应

将构建好的 NACRS-pHIS2、Core-pHIS2、mCore-pHIS2 及 pHIS2 空载体，分别与 CarNAC4-pGADT7、CarNAC5-pGADT7、CarNAC6-pGADT7 及 pGADT7 空载体共转化酵母菌株 Y187，将转化后的菌液涂布于 SD/-Leu/-Trp 培养基上，挑取单克隆经 PCR 验证后，点于含 30mmol/L 3-AT 的 SD/-Leu/-Trp/-His 培养基上，30℃培养 2~3d。结果如图 5-108 所示，CarNAC4、CarNAC5 和 CarNAC6 蛋白都能够在酵母体内分别与 NACRS 片段和包含 Core 核心结合元件的 DNA 片段结合，并激活下游 *HIS3* 报告基因的表达。

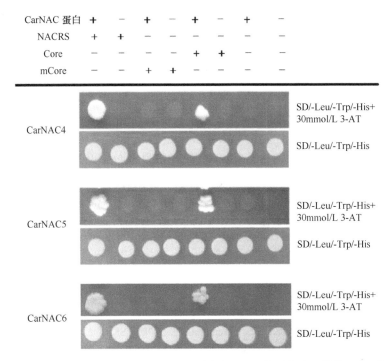

图 5-108　CarNAC4、CarNAC5 和 CarNAC6 蛋白与 DNA 序列在酵母菌株 Y187 体内的结合
SD/-Leu/-Trp/-His. 三缺培养基

本研究通过 EMSA 实验验证了 CarNAC4、CarNAC5 和 CarNAC6 蛋白能够与 NACRS 序列在体外特异结合，同时用酵母单杂交实验验证了 CarNAC4、CarNAC5 和 CarNAC6 蛋白与 NACRS 序列在体内的结合，以及 CarNAC4、CarNAC5 和 CarNAC6 蛋白与包含核心元件的 Core 片段的特异性结合。证明了 NAC 转录因子 DNA 结合元件的保守性，为进一步研究该转录因子调控的下游基因，进而揭示 CarNAC 蛋白在植物响应逆境胁迫中的调控机制奠定了基础。

参 考 文 献

郭英慧. 2007. 棉花 CCCH 型锌指蛋白基因 *GhZFP1* 的分离、功能鉴定及其作用机制的研究[J]. 山东农业大学博士学位论文.

张宜麟, 赵帆, 赵洁. 2005. 脱落酸对水稻种子萌发及相关基因表达的影响[J]. 武汉植物学研究, 23(3): 203-210.

Aida M, Ishida T, Fukaki H, Fujisawa H, Tasaka M. 1997. Genes involved in organ separation in *Arabidopsis*: an analysis of cup-shaped cotyledon mutant[J]. Plant Cell, 9: 841-857.

Andrási N, Pettkó-Szandtner A, Szabados L. 2021. Diversity of plant heat shock factors: regulation, interactions, and functions[J]. Journal of Experimental Botany, 72(5): 1558-1575.

Bharti K, von Koskull-Döring P, Bharti S, Kumar P, Tintschl-Körbitzer A, Treuter E, Nover L. 2004. Tomato heat stress transcription factor HsfB1 represents a novel type of general transcription coactivator with a histone-like motif interacting with the plant CREB binding protein ortholog HAC1[J]. Plant Cell, 16: 1521-1535.

Chen H, Hwang JE, Lim CJ, Kim DY, Lee SY, Lim CO. 2010. *Arabidopsis* DREB2C functions as a transcriptional activator of HsfA3 during the heat stress response[J]. Biochemical and Biophysical Research Communications, 401: 238-244.

Ciftci-Yilmaz S, Morsy MR, Song L, Coutu A, Krizek BA, Lewis MW, Warren D, Cushman J, Connolly EL, Mittler R. 2007. The EAR-motif of the Cys2/His2-type zinc finger protein Zat7 plays a key role in the defense response of *Arabidopsis* to salinity stress[J]. Journal of Biological Chemistry, 282(12): 9260-9268.

Diao PF, Chen C, Zhang YZ, Meng QW, Lv W, Ma NN. 2020. The role of NAC transcription factor in plant cold response[J]. Plant Signaling & Behavior, 15(9): e1785668.

Duval M, Hsieh TF, Kim SY, Thomas TL. 2002. Molecular characterization of AtNAM: a member of the *Arabidopsis* NAC domain superfamily[J]. Plant Molecular Biology, 50: 237-248.

Ernst HA, Olsen AN, Skriver K, Larsen S, Leggio LL. 2004. Structure of the conserved domain of ANAC, a member of the NAC family of transcription factors[J]. EMBO Rep, 5(3): 297-303.

Frugier F, Poirier S, Satiat-Jeunemaître B, Kondorosi A, Crespi M. 2000. A Krüppel-like zinc finger protein is involved in nitrogen-fixing root nodule organogenesis[J]. Genes and Development, 14: 475-482.

Ganguly M, Roychoudhury A, Sarkar SN, Sengupta DN, Datta SK, Datta K. 2011. Inducibility of three salinity/abscisic acid-regulated promoters in transgenic rice with *gusA* reporter gene[J]. Plant Cell Reports, 30(9): 1617-1625.

Gao WR, Wang XS, Liu QY, Peng H, Chen C, Li JG, Zhang JS, Hu SN, Ma H. 2008. Comparative analysis of ESTs in response to drought stress in chickpea (*C. arietinum* L.)[J]. Biochemical and Biophysical Research Communications, 376: 578-583.

Han G, Lu C, Guo J, Qiao Z, Sui N, Qiu N, Wang B. 2020. C2H2 zinc finger proteins: master regulators of abiotic stress responses in plants[J]. Frontiers in Plant Science, 20(11): 115.

Hao YJ, Wei W, Song QX, Chen HW, Zhang YQ, Wang F, Zou HF, Lei G, Tian AG, Zhang WK, Ma B, Zhang JS, Chen SY. 2011. Soybean NAC transcription factors promote abiotic stress tolerance and lateral root formation in transgenic plants[J]. Plant Journal, 68(2): 302-313.

Hobo T, Asada M, Kowyama Y, Hattori T. 1999. ACGT-containing abscisic acid response element (ABRE) and coupling element 3 (CE3) are functionally equivalent[J]. Plant Journal, 19(6): 679-689.

Hu HH, You J, Fang Y, Zhu X, Qi Z, Xiong LZ. 2008. Characterization of transcription factor gene *SNAC2* conferring cold and salt tolerancein rice[J]. Plant Molecular Biology, 67: 169-181.

Ikeda M, Mitsuda N, Ohme-Takagi M. 2011. *Arabidopsis* HsfB1 and HsfB2b act as repressors of the expression of heat-inducible Hsfs but positively regulate the acquired thermotolerance[J]. Plant Physiology, 157: 1243-1254.

Jain D, Roy N, Chattopadhyay D. 2009. CaZF, a plant transcription factor functions through and parallel to HOG and calcineurin pathways in *Saccharomyces cerevisiae* to provide osmotolerance[J]. PLoS One, 4(4): e5154.

Kalderon D, Roberts BL, Richardson WD, Smith AE. 1984. A short amino acid sequence able to specify nuclear location[J]. Cell, 39(2): 499-509.

Kikuchi K, Ueguchi-Tanaka M, Yoshida KT, Nagato Y, Matsusoka M, Hirano HY. 2000. Molecular analysis of the *NAC* gene family in rice[J]. Molecular and General Genetics, 262: 1047-1051.

Kim JC, Lee SH, Cheong YH, Yoo CM, Lee SI, Chun HJ, Yun DJ, Hong JC, Lee SY, Lim CO, Cho MJ. 2001. A novel cold-inducible zinc finger protein from soybean, *SCOF-1*, enhances cold tolerance in transgenic plants[J]. Plant Journal, 5(3): 247-259.

Kim SH, Hong JK, Lee CL, Sohn KH, Jung HW, Hwang BK. 2004. *CAZFP1*, Cys2/His2-type zinc-finger transcription factor gene functions as a pathogen-induced early-defense gene in *Capsicum annuum*[J]. Plant Molecular Biology, 55(6): 883-904.

Kim YH, Kim MD, Park SC, Yang KS, Jeong JC, Lee HS, Kwak SS. 2011. *SCOF-1*-expressing transgenic sweetpotato plants show enhanced tolerance to low-temperature stress[J]. Plant Physiology and Biochemistry, 49(12): 1436-1441.

Kou X, Zhou J, Wu CE, Yang S, Liu Y, Chai L, Xue Z. 2021. The interplay between ABA/ethylene and NAC TFs in tomato fruit ripening: a review[J]. Plant Molecular Biology, 25: 1-6.

Kumar M, Busch W, Birke H, Demmerling B, Nürnberger T, Schöffl F. 2009. Heat shock factor HsfB1 and HsfB2b are involved in the regulation of *Pdf1.2* expression and pathogen resistance in *Arabidopsis*[J]. Molecular Plant, 2: 152-165.

Lindemose S, Jensen MK, de Velde JV, O'Shea C, Heyndrickx KS, Workman CT, Vandepoele K, Skriver K, Masi FD. 2014. A DNA-binding-site landscape and regulatory network analysis for NAC transcription factors in *Arabidopsis thaliana*[J]. Nucleic Acids Research, 42(12): 7681-7693.

Li W, Li XX, Chao JT, Zhang ZL, Wang WF, Guo YF. 2018. NAC family transcription factors in tobacco and their potential role in regulating leaf senescence[J]. Frontiers in Plant Science, 9: 1900.

Luo X, Bai X, Zhu D, Li Y, Ji W, Cai H, Wu J, Liu BH, Zhu YM. 2012. GsZFP1, a new Cys2/His2-type zinc-finger protein, is a positive regulator of plant tolerance to cold and drought stress[J]. Planta, 235(6): 1141-1155.

Mishra SK, Tripp J, Winkelhaus S, Tschiersch B, Theres K, Nover L, Scharf KD. 2002. In the complex family of heat stress transcriptionfactors, HsfA1 has a unique role as master regulator of thermotolerance in tomato[J]. Gene Development, 16: 1555-1567.

Ohta M, Matsui K, Hiratsu K, Shinshi H, Ohme-Takagi M. 2001. Repression domains of class II ERF transcriptional repressors share an essential motif for active repression[J]. Plant Cell, 13(8): 1959-1968.

Olsen AN, Ernst HA, Leggio LL, Skriver K. 2005. DNA-binding specificity and molecular functions of NAC transcription factors[J]. Plant Science, 169(4): 785-797.

Ooka H, Satoh K, Doi K, Nagata T, Otomo Y, Murakami K, Matsubara K, Osato N, Kawai J, Carninci P, Hayashizaki Y, Suzuki K, Kojima K, Takahara Y, Yamamoto K, Kikuchi S. 2003. Comprehensive analysis of NAC family genes in *Oryza sativa* and *Arabidopsis thaliana*[J]. DNA Research, 10: 239-247.

Peng H, Cheng HY, Yu XW, Shi QH, Zhang H, Li JG, Ma H. 2010. Molecular analysis of an actin gene, *CarACT1*, from chickpea (*Cicer arietinum* L.) [J]. Molecular Biology Reports, 37: 1081-1088.

Ralph ST, Chun HJE, Cooper D, Kirkpatrick R, Kolosova N, Gunter L, Tuskan GA, Douglas CJ, Holt RA, Jones SJM, Marra MA, Bohlmann J. 2008. Analysis of 4,664 high-quality sequence-finished poplar full-length cDNA clones and their utility for the discovery of genes responding to insect feeding[J]. BMC Genomics, 9: 57-74.

Sakamoto H, Araki T, Meshi T, Iwabuchi M. 2000. Expression of a subset of the *Arabidopsis* Cys2/His2-type zinc-finger protein gene family under water stress[J]. Gene, 248: 23-32.

Sakamoto H, Maruyama K, Sakuma Y, Meshi T, Iwabuchi M, Shinozaki K, Yamaguchi-Shinozaki K. 2004. *Arabidopsis* Cys2/His2-type zinc-finger proteins function as transcription repressors under drought, cold, and high-salinity stress conditions[J]. Plant Physiology, 136(1): 2734-2746.

Souer E, van Houwelingen A, Kloos D, Mol J, Koes R. 1996. The no apical meristem gene of *Petunia* is required for pattern formation in embryos and flowers and is expressed at meristem and primordia boundaries[J]. Cell, 85: 159-170.

Sun SJ, Guo SQ, Yang X, Bao YM, Tang HJ, Sun H, Huang J, Zhang HS. 2010. Functional analysis of a novel Cys2/His2-type zinc finger protein involved in salt tolerance in rice[J]. Journal of Experimental Botany, 61(10): 2807-2818.

Takatsuji H, Nakamura N, Katsumoto Y. 1994. A new family of zinc finger proteins in *Petunia*: structure, DNA sequence recognition, and floral organ-specific expression[J]. Plant Cell, 6(7): 947-958.

Tran L S, Nakashima K, Sakuma Y, Simpson SD, Fujita Y, Maruyama K, Fujita M, Seki M, Shinozaki K, Yamaguchi-Shinozaki K. 2004. Isolation and functional analysis of *Arabidopsis* stress-inducible NAC transcription factors that bind to a drought-responsive *cis*-element in the early responsive to dehydration stress 1 promoter[J]. Plant Cell, 16(9): 2481-2498.

Uehara Y, Takahashi Y, Berberich T, Miyazaki A, Takahashi H, Matsui K, Ohme-Takagi M, Saitoh H, Terauchi R, Kusano T. 2005. Tobacco ZFT1, a transcriptional repressor with a Cys2/His2 type zinc finger motif that functions in spermine-signaling pathway[J]. Plant Molecular Biology, 59(3): 435-448.

Velasco R, Zharkikh A, Troggio M, Cartwright DA, Cestaro A, Pruss D, Pindo M, FitzGerald LM, Vezzulli S, Reid J, Malacarne G, Iliev D, Coppola G, Wardell B, Micheletti D, Macalma T, Facci M, Mitchell JT, Perazzolli M, Eldredge G, Gatto P, Oyzerski R, Moretto M, Gutin N, Stefanini M, Chen Y, Segala C, Davenport C, Demattè L, Mraz A, Battilana J, Stormo K, Costa F, Tao QZ, Si-Ammour A, Harkins T, Lackey A, Perbost C, Taillon B, Stella A, Solovyev V, Fawcett JA, Sterck L, Vandepoele K, Grando SM, Toppo S, Moser C, Lanchbury J, Bogden R, Skolnick M, Sgaramella V, Bhatnagar SK, Fontana P, Gutin A, de Peer YV, Salamini F, Violal R. 2007. A high quality draft consensus sequence of the genome of a heterozygous grapevine variety[J]. PLoS One, 12: e1326.

Wang FB, Tong WJ, Zhu H, Kong WL, Peng RH, Liu QC, Yao QH. 2016. A novel Cys2/His2 zinc finger protein gene from sweetpotato, IbZFP1, is involved in salt and drought tolerance in transgenic *Arabidopsis*[J]. Planta, 243(3): 783-797.

Xu Y, Ma QH. 2004. *Medicago truncatula* Mt-ZFP1 encoding a root enhanced zinc finger protein is regulated by cytokinin, abscisic acid and jasmonate, but not cold[J]. DNA Sequence, 15(2): 104-109.

Xue GP. 2005. A CELD-fusion method for rapid determination of the DNA-binding sequence specificity of novel plant DNA-binding proteins[J]. Plant Journal, 41(4): 638-649.

Yamaguchi-Shinozaki K, Shinozaki K. 1994. A novel *cis*-acting element in an *Arabidopsis* gene is involved in responsiveness to drought, low-temperature, or high-salt stress[J]. Plant Cell, 6(2): 251-264.

第六章 鹰嘴豆耐逆功能基因的克隆和功能分析

植物的耐逆性是由多基因控制的数量性状，在逆境条件下，植物一些正常表达的基因被关闭，一些与逆境相适应的基因受到诱导得到表达，其产物参与植物对逆境的耐受性反应，导致植物一系列形态、生理功能、生物化学及蛋白表达水平的改变，从而调节植物适应逆境响应。生长于干旱和半干旱地区的鹰嘴豆，已经进化出高效的逆境响应机制，从而为逆境胁迫研究提供了丰富的基因池资源。因此，我们通过分子克隆技术，从鹰嘴豆中分离鉴定了多种逆境功能基因，并通过转基因技术对其进行了功能分析，为育种改良工作提供了理论基础和基因资源。

第一节 肌动蛋白 *CarACT1* 基因的克隆与表达分析

借助 RACE 技术，克隆了第一个鹰嘴豆 *ACTIN* 基因(*CarACT1*：*Cicer arietinum* L. actin gene)。*CarACT1* 基因的 cDNA 全长 1418bp，编码一个长 377aa 的蛋白，其基因组序列包含 4 个长度不一的内含子。系统进化分析显示 *ACTIN* 基因核苷酸序列在整个生物界都是高度保守的。*CarACT1* 基因在鹰嘴豆各个器官、组织及不同的发育时期中广泛表达。以 *CarACT1* 基因为假定内参照，*CAP2*(*Cicer arietinum* L. APETALA2)基因表现出与前人报道一致的表达模式，因而可初步确定 *CarACT1* 能够作为鹰嘴豆基因表达分析中的内参基因使用。

肌动蛋白（actin）是细胞微丝的基本组分，序列高度保守，其功能涉及多种细胞活动，如细胞骨架的形成、细胞分裂、细胞迁移、信号转导、胞间互作及细胞内吞与分泌等（Pollard and Cooper，1986；Rubenstein，1990；Kabsch and Vandekerckhove，1992；Cadoret et al.，1999；Valentijn et al.，1999；Galletta and Cooper，2009）。由于序列的保守性高，*ACTIN* 基因还被用于物种进化分析（Bricheux and Brugerolle，1997；Bhattacharya and Weber，1997；Hwang et al.，2002）。一些 *ACTIN* 基因在不同组织和发育过程中组成型表达，因而被用作基因表达分析的内参（Hirayoshi et al.，1991；Bunger et al.，2003；Ma et al.，2020）。许多物种特别是模式植物中的 *ACTIN* 基因已经被分离鉴定（An et al.，1996；McDowell et al.，1996；Meagher et al.，1999），而鹰嘴豆的 *ACTIN* 基因至今未被克隆。在本实验室前期构建的鹰嘴豆 cDNA 文库中，有一条 EST（表达序列标签）与已知的 *ACTIN*

基因序列高度相似（Gao et al.，2008）。基于此序列，本研究使用 RACE（cDNA 末端快速扩增）技术克隆了相应基因的全长，命名为 *CarACT1*（*Cicer arietinum* L. <u>act</u>in gene），并初步调查了它的时空表达规律。

一、*CarACT1* 基因的克隆与序列分析

通过在 NCBI 蛋白数据库中搜索比对，发现 EST chickpea.0290（GenBank accession No. FE671069）包含 ACTIN 样基因编码框的 3′端，需要克隆 5′端来获得完整的编码序列。以 EST 序列为模板设计基因特异性引物 5′-GSP（5′-GTGG TCTCGTGAATGCCTGCTGCTT-3′，用于第一轮 PCR）和 5′-NGSP［5′-GTGAATGC CTGCTGCTTCCATTCCTA-3′，用于第二轮（巢式）PCR］，借助 5′-RACE 技术，在第二轮 PCR 后获得一个长 950bp 的片段（图 6-1A）。测序后经同源比对发现，这个片段含有起始密码子 ATG。将该片段序列与相应的 EST 拼接后，获得了一个 *ACTIN* 基因 cDNA 的完整序列信息。为了进一步分离该基因，在编码框的两侧设计引物（5′-CTCTCTCTCTTCCTCTCACCTTG-3′，Forward 和 5′-CAACTCCTCGCC TTCAGC-3′，Reverse），以叶片 cDNA 为模板进行了 PCR 扩增。图 6-1B 显示该基因的片段长度为 1418bp。测序结果表明该序列包含完整的可读框，与原有的拼接序列基本一致。

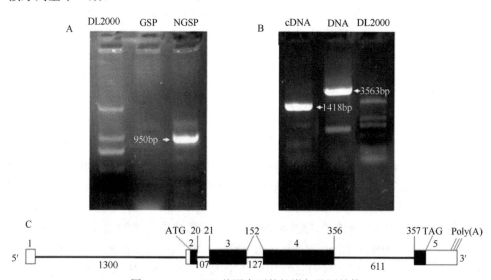

图 6-1 *CarACT1* 基因序列的扩增与基因结构

A. 5′-RACE 结果图；GSP. 基因特异性引物；NGSP. 巢式 PCR 基因特异性引物；B. cDNA 和 DNA 全长 PCR 结果图；C. *CarACT1* 基因的结构；DL2000. DNA 分子量标记；方形框表示外显子，其中空心框表示非编码区，实心方框表示编码区，线条表示内含子

为了探明 *CarACT1* 的基因结构，用前述引物，以叶片 DNA 为模板进行了 PCR

扩增，所得片段的长度为 3563bp（图 6-1B）。通过比较 DNA 和 cDNA 序列发现，该 ACTIN 的基因序列含有 4 个长度不同的内含子（图 6-1C）。该基因序列已被 GenBank 收录，登录号为 EU529707。

二、CarACT1 蛋白序列、结构及同源性分析

CarACT1 基因编码一个 377aa 的蛋白，预测分子质量为 41.96kDa，等电点为 5.16。基于 Softberry 在线软件（ProtComp v8.0, http://linux1.softberry.com/berry.phtml）的分析，CarACT1 蛋白被预测定位于细胞质中。CarACT1 蛋白序列的中部存在两个核输出信号（NES）（图 6-2）（Wada et al.，1998），说明 CarACT1 蛋白是胞质蛋白，这与 ACTIN 作为细胞微丝组分的功能一致。为了分析 CarACT1 蛋白序列的保守程度，收集 8 个来自其他植物的已知 ACTIN 并做同源比对，结果表明除 AtACT9 蛋白外，CarACT1 与其他植物 ACTIN 蛋白的相似性很高，意味着 ACTIN 家族蛋白的保守性很高（图 6-2）。

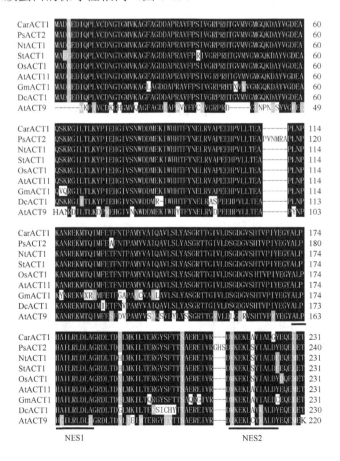

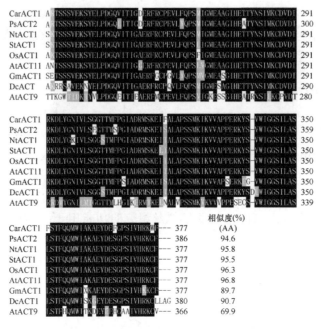

图 6-2　ACTIN 蛋白多重序列比对图

相同氨基酸由黑色标记，相似氨基酸由灰色标记，NES 表示核输出信号，每个蛋白序列与 CarACT1 序列的相似度
用百分比注明

　　既然一级序列决定着蛋白质的高级结构，那么不同 ACTIN 蛋白的空间结构是否也相似？应用同源建模法，构建出 CarACT1 蛋白的三维结构（图 6-3），结果表明，与其他 ACTIN 蛋白一样，CarACT1 也包含 4 个结构域，与模板 3EKS 没有明显的结构差异，说明 ACTIN 蛋白的空间构象也是高度保守的。

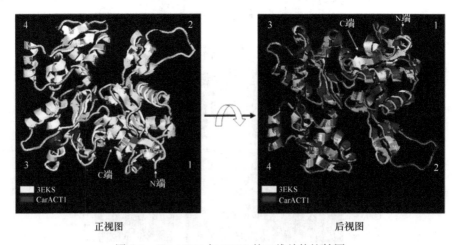

图 6-3　CarACT1 与 3EKS 的三维结构比较图

　　为了探讨 CarACT1 与其他 ACTIN 蛋白的进化关系，收集了 36 个来自不同物种的 ACTIN 蛋白氨基酸序列，应用邻位法构建系统发生树。如果不考虑 AtACT5 和 AtACT9 两个蛋白，所有植物类 ACTIN 蛋白聚集成一个大的分支，而非植物类 ACTIN 蛋白聚集成另一个分支（图 6-4）。*AtACT5* 和 *AtACT9* 可能是两个没有功能的假基因，因为它们不仅与其他 ACTIN 基因的序列差异很大，不符合 ACTIN 基因家族高度保守的特征，而且还没有转录表达功能（McDowell et al.，1996）。CarACT1 在进化上与 PsACT2、GmACT1、StACT3、AtACT11 等蛋白的关系较近（图 6-4）。

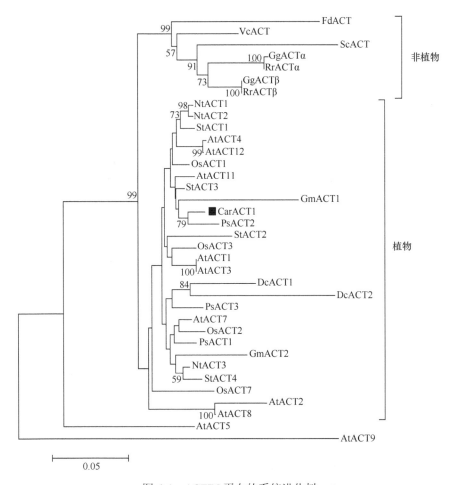

图 6-4　ACTIN 蛋白的系统进化树

At. 拟南芥（*Arabidopsis thaliana*）；Car. 鹰嘴豆（*Cicer arietinum*）；Dc. 野胡萝卜（*Daucus carota*）；Fd. 藻类（*Fucus disticus*）；Gg. 原鸡（*Gallus gallus*）；Gm. 大豆（*Glycine max*）；Nt. 烟草（*Nicotiana tabacum*）；Os. 水稻（*Oryza satvia*）；Ps. 豌豆（*Pisum sativum*）；Rr. 黑家鼠（*Rattus rattus*）；Sc. 酿酒酵母（*Saccaromyces cerevisiae*）；St. 马铃薯（*Solanum tuberosum*）；Vc. 藻类（*Volvox carterii*）

三、*CarACT1* 基因的表达分析

为了调查 *CarACT1* 基因在鹰嘴豆中的时空表达规律，采用半定量 RT-PCR 技术分析了该基因在不同组织及多个发育过程中的表达模式。考虑到鹰嘴豆中可能存在多个 ACTIN 基因，而且 ACTIN 基因之间在编码区域高度保守，因此本研究将 PCR 下游引物设置在保守性较低的 3′非翻译区，以期避开非特异性扩增。扩增获得的片段长约 270bp，经克隆测序证明该片段是以 *CarACT1* 为模板扩增得到的产物。RT-PCR 实验结果显示，*CarACT1* 基因在幼苗的根、茎、叶，以及花、荚（开花后 15d）等多个器官中广泛稳定地表达（图 6-5A）。此外，*CarACT1* 基因还持续地在逐渐衰老的叶片、发育的籽粒及不断伸长的芽胚中表达（图 6-5B～D），这些结果揭示该基因具有组成型表达的特征。

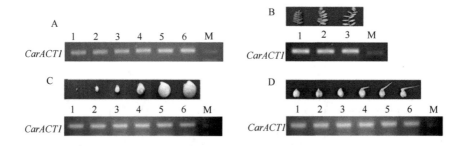

图 6-5　*CarACT1* 基因在不同组织及不同发育过程中的表达图

A. 组织特异性表达；泳道 1～6 依次表示两周龄幼苗的根、茎、叶及成年植株的花、荚（开花后 15d）、种子（开花后 15d）；M DNA 分子量标记 DL2000。B. 在叶片衰老过程中的表达；泳道 1～3 分别表示衰老初期、中期和末期的叶片。C. 在种子发育过程中的表达；泳道 1～6 分别表示开花后发育 5d、10d、15d、20d、25d、30d 的种子。D. 在种子发芽过程中的表达；泳道 1～6 分别表示室温浸泡 12h 再置于培养皿中发芽 2h、6h、12h、24h、36h、48h，分别取芽胚

为了判断 *CarACT1* 是否可用作基因表达分析的内参照，本研究引入了鹰嘴豆 *CAP2*（*Cicer arietinum* L. APETALA2）基因作为实验对象。*CAP2* 基因编码一个乙烯应答转录因子，先前的研究已经证实该基因在鹰嘴豆幼苗中受到干旱（将幼苗根部的沙洗净，吸干表面水分并转移到光照培养箱中干燥的滤纸上，暴露于空气中）及高盐胁迫的诱导表达（Shukla et al., 2006）。图 6-6 显示，在本实验条件下，基于 *CarACT1* 基因的表达量标准化后，*CAP2* 基因在幼苗叶片中的转录水平受到干旱和高盐胁迫的显著增强，说明 *CarACT1* 可用作基因表达分析的内参照。

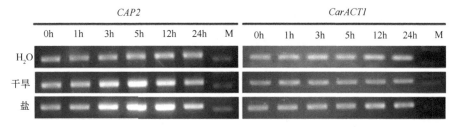

图 6-6　*CAP2* 和 *CarACT1* 基因在干旱及盐胁迫下的表达模式

以水培为对照，两周龄鹰嘴豆幼苗经过干旱（空气干旱）和盐（200mmol/L，NaCl）处理。干旱处理是将幼苗根部的沙洗净，吸干表面水分并转移到光照培养箱中干燥的滤纸上，暴露于空气中。M. DNA 分子量标记 DL2000

第二节　*S*-腺苷甲硫氨酸代谢途径中几个重要基因的克隆及其表达研究

在前期构建的两个鹰嘴豆叶片 cDNA 文库 5′随机测序和序列拼接注释的基础上，克隆了鹰嘴豆 *S*-腺苷甲硫氨酸（*S*-adenosyl methionine，SAM）代谢途径中的 *CpSAMs*、*CpMS* 及 *CpSAMDC* 3 个基因。结果表明这 3 个基因都包含了完整的可读框，其中 *CpSAMs* 基因编码的蛋白质包含了两个腺苷甲硫氨酸信号结构域，*CpMS* 基因编码的蛋白质含有 Meth_synt_1 和 Meth_synt_2 两个结构域，*CpSAMDC* 基因编码的蛋白质包含了酶原剪切位点和 PEST 两个结构域。同时为了研究 SAM 代谢途径与鹰嘴豆耐旱的相关性，对该途径中 *CpSAMs*、*CpMS*、*CpSAHH* 和 *CpSAMDC* 等 4 个基因进行了半定量 RT-PCR 分析。结果表明这 4 个基因于干旱胁迫的初始阶段在根和叶中的表达量都上升，并在根、茎、叶中的表达存在组织特异性。因此，推测 SAM 代谢途径可能参与鹰嘴豆响应干旱胁迫。

S-腺苷甲硫氨酸（SAM）是生物体内多种代谢的中间产物，也是激素、蛋白质、核酸和磷脂等物质的甲基供体（Chiang et al.，1996；Malakar et al.，2006），还是合成谷胱甘肽、乙烯和多胺的前体物质（汤亚杰等，2007；Hamilton et al.，1991；Bleecker and Kende，2000；Thu-Hang et al.，2002；Hao et al.，2005）。当用作酶底物时，其作用仅次于 ATP（Fontecave et al.，2004）。*S*-腺苷甲硫氨酸几乎在所有细胞体内代谢中都发挥核心的作用，并且主要作为 3 种代谢途径（转甲基、转硫基和转氨丙基）的前体（图 6-7）（汤亚杰等，2007）。

S-腺苷甲硫氨酸经去甲基化转变成 *S*-腺苷基高半胱氨酸（*S*-adenosylho-mocysteine，SAH），然后在 *S*-腺苷巯基水解酶（SAH hydrolase，SAHH）作用下水解形成腺苷和高半胱氨酸（homocysteine）（Palmer and Abeles，1979）。高半胱氨酸可以转变成细胞内重要的抗氧化物——谷胱甘肽或者在甲硫氨酸合成酶

(methionine synthase, MS) 作用下通过甲基化作用形成甲硫氨酸（methionine）。最后在 S-腺苷甲硫氨酸合成酶（S-adenosylmethionine synthetase）作用下催化 L-甲硫氨酸和 ATP 反应重新生成 S-腺苷甲硫氨酸（Fontecave et al.，2004）。S-腺苷甲硫氨酸还可以在腺苷甲硫氨酸脱羧酶（S-adenosylmethionine decarboxylase，SAMDC，EC 4.1.1.50）作用下脱羧生成 5′-腺苷甲基硫丙胺（adenosine methylthiopropylamine）（Thu-Hang et al.，2002；Hao et al.，2005）。5′-腺苷甲基硫丙胺一方面可以形成 L-甲硫氨酸，另一方面可以经亚精氨酸合成酶催化转移 5′-腺苷甲基硫丙胺的氨丙基部分到腐胺，形成亚精胺和精胺等多胺类物质（Hanzawa et al.，2000）。

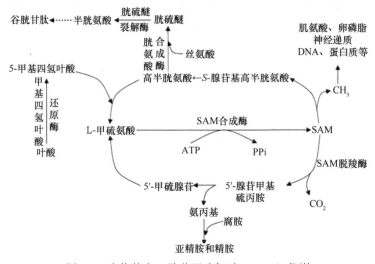

图 6-7　生物体内 S-腺苷甲硫氨酸（SAM）代谢

近年来，众多研究表明，S-腺苷甲硫氨酸代谢中的 SAM、MS、SAMDC 三个酶在植物抵御各种环境胁迫中扮演着重要的角色（Zarreen and Chakraborty，2020；Hasan et al.，2021）。许多学者在美洲黑杨（*Populus deltoids*）、水稻（*Oryza sativa*）等多种植物上已成功克隆 *SAMs* 基因，并开展了该基因在植物应对逆境和衰老调节中作用的研究（冯艳飞和梁月荣，2001；Meng et al.，2021）。MS 有两种，一种是 VB_{12} 依赖型，另一种是 VB_{12} 不依赖型，而植物中的 MS 是 VB_{12} 不依赖型。目前已经从多种植物中克隆到了该基因（Eichel et al.，1995；Ravanel et al.，1998）。谢国生等（2002）克隆了水稻中的 VB_{12} 不依赖型甲硫氨酸合成酶，并发现该基因与水稻的盐碱适应性有关系。*SAMDC* 为多胺生物合成中的一个关键调节酶基因（Franceschetti et al.，2001；Hu et al.，2005），主要通过调控多胺类物质在植物中的含量来影响植物的生长发育。多胺是一类近似植物生长调节剂的信号分子，在植物细胞的形态发生和细胞对非生物及生物胁迫的反应等方面发挥了关键作用，尤其是在抗逆方面已经有很多报道（Bouchereau et al.，1999；Walters，2003）。

目前鹰嘴豆中关于 S-腺苷甲硫氨酸代谢中的这些基因及其在逆境中的表现研究较少，NCBI 中也只有 S-腺苷巯基水解酶（SAH hydrolase，*SAHH*，GenBank 登录号：AJ884609）cDNA 全长序列和 *SAMs* cDNA 片段序列的报道，*SAMs*、*SAMDC*、*MS* 的全长序列还未见报道。本研究从鹰嘴豆抗旱性较好的种质 209 中克隆 S-腺苷甲硫氨酸代谢中 *CpSAMs*、*CpSAMDC* 和 *CpMS* 三个重要的基因，同时应用半定量 RT-PCR 的方法研究 *CpSAMs*、*CpSAMDC*、*CpMS* 及 *SAHH* 在干旱胁迫条件下在叶、茎、根中的表达情况。

一、*CpSAMDC* 基因克隆和序列分析

通过对前期构建的两个鹰嘴豆叶片 cDNA 文库的 EST 序列拼接、注释后发现 mh1_0024_B07.ab1 与 NCBI 中桃树的 *SAMDC* 基因片段的外显子 1～3 序列（登录号：AJ704800.1）的相似性达到 76%，与 NCBI 中菜豆 *SAMDC* 基因片段（登录号：EF580132）的相似性达到 77%。因为 mh1_0024_B07.ab1 没有包含完整的编码框，所以通过下载 NCBI 中具有完整编码框的 *SAMDC* 序列，对其进行比对分析后，选择同源性较高的区域设计上下游引物 5′-ATGGCAGTTTCTGCAATTGGTTTTG-3′（F），5′-CTACTCTTCTTCATCTTCATCTTTCCAGC-3′（R），分别以鹰嘴豆 cDNA 和 DNA 为模板扩增，挑选含有阳性克隆的菌液进行测序。测序结果表明 *CpSAMDC* 的 cDNA 和 DNA 序列长度都为 1062bp，在 GenBank 数据库中查新后进行序列登录，cDNA 序列登录号为 EU924157，基因组 DNA 序列登录号为 EU924158。DNA 序列与 cDNA 序列经比对后发现完全一致，这表明 *CpSAMDC* 基因在 ORF 区域不含内含子。在核酸水平上分析表明，克隆得到的鹰嘴豆 *CpSAMDC* 基因与苜蓿 *falcata* 亚种（登录号：EF408870.1）、蚕豆（登录号：AJ250026.1）、豌豆（登录号：U60592.1）、大豆（登录号：AF488307.1）和拟南芥（登录号：NM_113454.3）的 *SAMDC* 基因的相似性分别达到了 90%、89%、87%、82% 和 70%。

CpSAMDC 的 cDNA 序列从起始密码子 ATG 开始，到终止密码子 TAG 结束，G+C 含量为 43.22%，包含了完整的可读框。由此推导其蛋白质含有 353 个氨基酸，分子质量为 38.73kDa，等电点为 4.89。以此蛋白序列为查询序列搜索 GenBank 数据库，发现其与许多 SAMDC 同源序列有较高的相似性：与苜蓿 *falcata* 亚种（登录号：ABO77440.1）、蚕豆（登录号：Q9M4D8）、豌豆（登录号：Q43820）、大豆（登录号：AAL89723.1）、水稻（登录号：BAD19677.1）和拟南芥（登录号：AAT06473.1）的 SAMDC 相似性分别达到了 94%、91%、90%、85%、56% 和 72%。

将鹰嘴豆 *CpSAMDC* 推导的氨基酸序列与其他物种中的 *SAMDC* 基因的氨基

酸序列比对，结果发现 CpSAMDC 包含 2 个保守的氨基酸结构域。一个是
"LSESSLF" 酶原剪切位点（proenzyme cleavage site）结构域（Stanley et al.，1989）。
在微生物、动物及植物中，成熟的 SAMDC 是由一个前体蛋白剪切成 2 个多肽后
形成的，因此在特异的酶原剪切位点处的氨基酸序列十分保守。理论上讲，非水
解的剪切作用将产生 7.6kDa N 端的小片段和 34.8kDa C 端的大片段，这对于
SAMDC 在生物体内的功能是必需的（Schröder G and Schröder J，1995）。正因为
这样的翻译后修饰，才能由 N 端剪切位点处的丝氨酸残基产生对于 SAMDC 酶活
性起重要作用的丙酮酸盐辅基（Kashiwagi et al.，1990）。另一个是与 SAMDC 蛋
白的快速降解有关的 PEST 结构域 "TIHVTPEDGFSYASFE"。该结构域首先由
Rogers 等（1986）发现，是一段富含脯氨酸（P）、谷氨酸（E）、丝氨酸（S）和
苏氨酸（T）残基的短小的氨基酸链。蛋白质中如果包含一个或多个 PEST 结构域，
则其半衰期小于 2h，而去除 PEST 结构则可以稳定细胞内的蛋白质，这表明 PEST
结构域对于细胞内蛋白质的快速降解起重要的作用。这些研究都表明植物界中的
SAMDC 蛋白结构和功能的相似性。

CpSAMDC 与其他豆科物种中的 SAMDC 氨基酸序列有较高的同源性，与苜
蓿亚种 *falcata*、蚕豆、豌豆、大豆、绿豆、棉豆的 SAMDC 的相似性分别为 94%、
91%、90%、85%、80%、79%，而与茄科、葡萄科、伞形科、十字花科、禾本科
等外族植物的 SAMDC 氨基酸序列的同源性相对较低。这正符合亲缘关系越近的
物种其氨基酸同源性就越高的结论。

二、*CpSAMs* 基因克隆和序列分析

通过对前期构建的两个鹰嘴豆叶片 cDNA 文库的 EST 序列拼接、注释后发现
mh1 文库中有一个由 6 条 EST（mh1_0013_G03.ab1、mh1_0033_B09.ab1、
mh1_0009_F04.ab1、mh1_0016_C03.ab1、mh1_0017_H07.ab1、mh1_0006_D08. ab1）
拼接而成的 Contig_259，与 NCBI 中苜蓿亚种 *falcata* 的 *SAMs* 基因（登录号：
EF408868）核酸序列的相似性达到 90%，与豌豆栽培品种 *SAMs-2* 基因（登录号：
X82077.1）和 *SAMs* 基因（登录号：L36681.1）的核酸序列相似性都达到 85%，
且相似的区域都包含了完整的编码框。因此利用该序列设计特异性引物
（5′-TTCAAGCTATAACTTCTCACTCACCT-3′，5′-CATTAGATTGAGATAAATTCG
GAGAC-3′）对 *CpSAMs* 基因进行基因克隆。测序结果表明，*CpSAMs* 的 cDNA 序
列长度为 1477bp，在 GenBank 数据库中查新后进行序列登录，cDNA 序列登录号
为 EU924159，*CpSAMs* 的 DNA 序列长度为 2043bp，基因组 DNA 序列登录号为
EU924160。cDNA 序列长 1477bp，包含一个 1191bp 的 ORF，5′UTR 长度为 52bp，
起始密码子 ATG 位于 53～55bp 位置处，终止密码子 TAA 位于 1241～1243bp 位

置处，3′UTR 长度 234bp。G+C 含量为 43.2%。由此 cDNA 序列推导的蛋白质含有 396 个氨基酸，分子质量为 43.29kDa，等电点为 5.50。以此蛋白序列为查询序列搜索 GenBank 数据库，发现其与许多 SAMs 同源序列有较高的相似性。

经过 DNA 和 cDNA 序列比对后发现，在 DNA 扩增片段的第 37 位后，有一个长度为 566bp 的内含子，而在 ORF 区域内没有内含子的存在。

S-腺苷甲硫氨酸合成酶（EC 2.5.1.6）催化 ATP 和甲硫氨酸形成 S-腺苷甲硫氨酸。在细菌中该基因以单基因的形式存在，在出芽酵母和哺乳动物中存在两种基因，而在植物中以多基因的形式存在。

通过 Prosite 和 SMART 网站在线对 CpSAMs 的氨基酸结构域进行预测，发现在 121～131 区域是腺苷甲硫氨酸信号 1 结构域，其序列为 GAGDQGhmfGY，而在 268～276 区域是腺苷甲硫氨酸信号 2 结构域，其序列为 GGGAFSgkD。经过氨基酸比对后发现，在不同的物种中这两个结构的区域非常保守，这与文献报道的相似（Lindroth et al.，2001）。腺苷甲硫氨酸合成酶在不同的物种中高度保守，而且都存在两种保守的结构，一种是腺苷甲硫氨酸合成酶信号 1，另一种是腺苷甲硫氨酸合成酶信号 2（Horikawa et al.，1990）。前者是一个六肽的结构，可能参与了 ATP 中腺苷的结合反应，而后者是由甘氨酸含量高的九肽组成的 P-环，可能参与了 ATP 中三磷酸的结合反应（Lindroth et al.，2001）。

经氨基酸序列比对后发现，CpSAMs 基因在物种间非常保守，其编码的氨基酸与豆科物种苜蓿亚种 falcata、棉豆的氨基酸相似百分率达到了 95%，与伞形科物种胡萝卜、芥菜型油菜及茄科物种番茄、马铃薯的氨基酸相似百分率达到了 94%；与十字花科、禾本科、锦葵科、苋科等所选物种的氨基酸相似百分率也都在 89% 以上。

三、CpMS 基因克隆和序列分析

通过对前期构建的两个鹰嘴豆叶片 cDNA 文库的 EST 序列拼接、注释后发现有一个由 2 条 EST（mh2_0013_B07.ab1、mh1_0033_H03.ab1）拼接而成的序列 mhcontig251，与 NCBI 中大豆 MS 基因（登录号：AF518566.1）序列的 1989～2640 区间相似性达到 81%；另一条序列 mh-1b_0029_F09.ab1 与大豆 MS 基因（登录号：AF518566.1）序列 28～625 区间相似性达到 88%。而大豆 MS 基因的编码区为 73～2366，根据此分析结果，利用 mh-1b_0029_F09.ab1 序列的 5′端设计上游引物（5′-CCTTCAATCACCTCCCTTAAGAAGA-3′），利用 mhcontig251 的 3′端设计下游引物（5′-TTTGCACAAAACTGGTAAAAATTGC-3′），从而实现对鹰嘴豆 MS 基因的克隆。

分别以鹰嘴豆 cDNA 为模板扩增时，在 2200～3000bp 得到了单一的特异性条带。根据菌液 PCR 鉴定结果，分别挑选含有阳性克隆的菌液进行测序。测序结果表明 *CpMS* 的 cDNA 序列长度为 2607bp，在 GenBank 数据库中查新后进行序列登录，cDNA 序列登录号为 EU924156。cDNA 序列包含一个 2292bp 的 ORF，5′UTR 长度为 63bp，起始密码子 ATG 位于 64～66bp 位置处，终止密码子 TAA 位于 2353～2355bp 位置处，3′UTR 长度为 252bp。G+C 含量为 46.1%。

由此 cDNA 序列推导出 CpMS 蛋白含有 763 个氨基酸，分子质量为 84.37kDa，等电点为 6.01。以此蛋白序列为查询序列搜索 GenBank 数据库，发现其与许多 *MS* 同源序列有较高的相似性。

对 CpMS 氨基酸序列进行蛋白结构预测，发现两个保守结构域。一个是位于 2～305 位的 Meth_synt_1（PF08267，Cobalamin-independent synthase，N-terminal domain），另一个是位于 404～727 位的 Meth_synt_2（PF01717，Cobalamin-independent synthase，Catalytic domain/C-terminal domain）。甲硫氨酸合成酶催化高半胱氨酸接受甲基形成甲硫氨酸。甲硫氨酸的 N 端结构域和 C 端结构域共同决定该酶的催化反应。C 端结构域包含了甲硫氨酸合成酶起催化作用的残基（Ravanel et al.，1998）。N 端结构域结合催化底物，尤其是带负电的聚谷氨酸肽链，而且 N 端结构域还能稳定 C 端结构域中的环结构（Ferrer et al.，2004）。

CpMS 与豆科物种中大豆 MS 的氨基酸同源性百分率达到了 91%，与茄科物种马铃薯和烟草的同源性分别为 87%和 86%。与单子叶植物禾本科物种玉米、高粱、水稻、大麦的同源性分别达到了 85%、84%、85%、84%。与模式作物拟南芥的同源性较低，仅有 78%。与光合细菌、中慢生根瘤菌的同源性最低，分别为 53%和 52%。

四、*CpSAMs*、*CpSAMDC*、*CpMS* 和 *CpSAHH* 基因表达研究

为研究 *S*-腺苷甲硫氨酸代谢与抗旱的相关性，本研究对该代谢中关键的 4 个基因（*CpSAMs*、*CpSAMDC*、*CpMS* 和 *CpSAHH*）在干旱胁迫下（60mmol/L PEG4000 溶液）在鹰嘴豆叶、茎、根中的表达情况进行分析。图 6-8 为 4 个基因在叶片中不同干旱胁迫时间的表达图谱，可以看出，4 个基因在干旱胁迫后 1h 内的表达量基本不变，此后都有一个表达量显著增加阶段，表明干旱胁迫对叶中的这 4 个基因有诱导上调表达作用。对高活力胁迫响应最快的是 *CpSAHH* 基因，在胁迫后 2h 即出现表达高峰，之后急剧下降；其次是 *CpMS* 基因，在胁迫 3h 也出现了表达高峰，但在 6h 后开始下降，到 48h 几乎已经检测不到；再次是 *CpSAMs* 基因，在胁迫后 3～6h 出现表达高峰，36h 后大幅减弱；*CpSAMDC* 基因的表达量在处理前是最低的，干旱胁迫处理后的表现与 *CpSAMs* 基因的表现有些相似，都是在胁迫后 3～6h 出现表达高峰，不同的是 24h 后即大幅减弱。

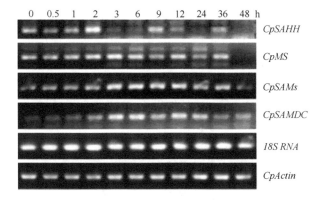

图 6-8　干旱胁迫下 *CpSAHH*、*CpMS*、*CpSAMs* 和 *CpSAMDC* 基因在鹰嘴豆植株叶中的表达
CpSAHH. S-腺苷巯基水解酶基因；*CpMS*. 甲硫氨酸合成酶基因；*CpSAMs*. S-腺苷甲硫氨酸合成酶基因；*CpSAMDC*.
腺苷甲硫氨酸脱羧酶基因

　　图 6-9 为 4 个基因在茎中不同干旱胁迫时间的表达图谱，可以看出，*CpSAHH*
基因的表达量在胁迫后 3h 内持续缓慢降低，之后显著下降，但在 12h 时又有所回
升，之后又迅速降低，直至 48h 达最低水平；*CpMS* 基因的表现与 *CpSAHH* 基因
相似，其表达量也是在胁迫后 3h 内基本不变，随后显著下降，但在 12h 时又有所
回升；*CpSAMs* 基因的表达量在胁迫后呈先降低（0.5h）后升高（3h），再降低（12h）
的变化趋势；*CpSAMDC* 基因的表达量在处理前是最低的，但在胁迫后持续增加，
至 3h 达到高峰，随后即显著下降。

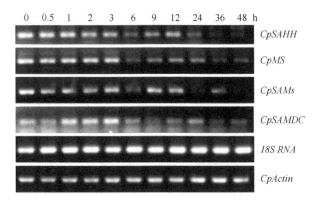

图 6-9　干旱胁迫下 *CpSAHH*、*CpMS*、*CpSAMs* 和 *CpSAMDC* 基因在鹰嘴豆植株茎中的表达
CpSAHH. S-腺苷巯基水解酶基因；*CpMS*. 甲硫氨酸合成酶基因；*CpSAMs*. S-腺苷甲硫氨酸合成酶基因；*CpSAMDC*.
腺苷甲硫氨酸脱羧酶基因

　　图 6-10 为 4 个基因在根中不同干旱胁迫时间的表达图谱，可以看出，*CpSAHH*
基因的表达量在胁迫后迅速增加，1h 即出现表达高峰，但之后急剧下降，9h 后几
乎检测不到；*CpMS* 基因的表达量在胁迫后 1h 内显著增加，2h 出现表达高峰，随

后显著降低,但在 6h 降至最低水平之后却又开始缓慢回升,至 48h 几乎又恢复到处理前的表达水平;*CpSAMs* 基因的表达量在胁迫后即迅速增加,在 2h 出现表达高峰,之后就显著降低,在 9h 后基本回落到胁迫前水平;*CpSAMDC* 基因的表达量在处理前是最低的,与 *CpMS* 的表现类似,*CpSAMDC* 表达量在胁迫后 2h 也同样出现表达高峰,随后就显著降低,但在 9h 降至较低水平之后却又开始缓慢回升,至 48h 几乎又恢复到较高的表达量水平。

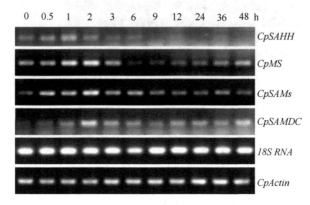

图 6-10　干旱胁迫下 *CpSAHH*、*CpMS*、*CpSAMs* 和 *CpSAMDC* 基因在鹰嘴豆植株根中的表达
CpSAHH. S-腺苷巯基水解酶基因; *CpMS*. 甲硫氨酸合成酶基因; *CpSAMs*. S-腺苷甲硫氨酸合成酶基因; *CpSAMDC*.
腺苷甲硫氨酸脱羧酶基因

以上结果表明,*CpSAMs*、*CpSAMDC*、*CpMS* 和 *CpSAHH* 基因在鹰嘴豆响应干旱胁迫的过程中可能扮演着重要角色。

第三节　脯氨酸富集蛋白 *CarPRP1* 基因的克隆与功能分析

甘氨酸及脯氨酸富集蛋白 *CarPRP1*（*Cicer arietinum* L. glycine-and proline-rich protein）基因包含两个内含子,编码一个长为 186aa 的 XYPPX 家族多肽,在基因组中存在 3 个或 3 个以上的拷贝。CarPRP1::GFP 融合蛋白被定位于细胞膜和细胞核中。*CarPRP1* 基因广泛地在鹰嘴豆幼苗的根、茎、叶及花、发育中的种子和荚中表达,只是在种子和荚中的表达量相对较高。在叶片衰老和种子发芽过程中,该基因的转录水平逐渐降低,但在籽粒发育过程中呈现波动性变化。此外,*CarPRP1* 基因的表达还受到干旱、低温、高盐,以及机械伤害等胁迫和 ABA、IAA、GA3 及 H_2O_2 等化学处理的诱导。*CarPRP1* 基因在拟南芥中的过表达能显著增强植株抗盐和冷冻胁迫的能力。干旱处理 3h 后,6 个抗逆相关基因（COR15A、COR47、ERD10、RD22、RD29A、KIN1）在转基因植株中的转录水平极显著高于野生型植株,这可能是 *CarPRP1* 基因能增强植株抗逆性的部分分子机制。*CarPRP1* 基因在作物抗逆基因工程上具有潜在的应用价值。

在比较利用鹰嘴豆构建的 2 个干旱胁迫的平行 cDNA 文库时（Gao et al.，2008），发现一条 Contig 序列 chickpea.2099（GenBank 登录号：FE672231），其相应的表达序列标签（EST）在干旱和对照库中的数目比例为 7∶1，说明相应基因的表达可能受到干旱胁迫的诱导。由于 chickpea.2099 序列包含一个完整的编码框，因而可推断出相应的蛋白序列。同源比对结果显示它属于甘氨酸及脯氨酸富集蛋白（glycine-and proline-rich protein，GPRP），基本的结构特点之一在于富含 GYPPX 重复，表明其属于 XYPPX 蛋白超家族（Marty et al.，1996；Peng et al.，2012）。XYPPX 重复结构域曾在几类蛋白质中被发现，但目前对它的确切功能还不了解（Matsushima et al.，1990）。GPRP 蛋白广泛地存在于各种植物中。近年的研究表明它们在生长发育及逆境应答中发挥功能（Liu et al.，2020；Peng et al.，2012；Halder et al.，2019）。本研究主要报道分离和鉴定 *CarPRP1* 基因，并通过转基因实验分析其功能。

一、*CarPRP1* 基因的克隆与序列分析

将前期构建的干旱胁迫 cDNA 文库中 7 条 EST 序列拼接后，得到了一条含完整 ORF 的 cDNA 序列信息，基于此设计引物（5′-GTTCCATTCTTATTACAATT TCTCT-3′，F；5′-TGAACATGTAACCAGGATGCA-3′，R）克隆了 *CarPRP1* 基因的 cDNA 和 DNA 全长。根据预测，该基因编码一条含 186 个氨基酸的多肽，分子质量 18.8kDa，等电点 10.20。通过 NCBI 网站的 Blast 比对结果显示，该预测多肽与 AtGPRP 和 OsGPRP 蛋白存在高度的同源性，并同样富含甘氨酸（25.8%）、脯氨酸（11.3%）、丙氨酸（11.3%）及组氨酸（10.8%）（Marty et al.，1996），这 4 种氨基酸残基总含量达到 59.1%。鹰嘴豆 *CarPRP1*（*Cicer arietinum* L. praline-rich protein）已在 GenBank 登录，登录号为 EU339185。与 *AtGPRP* 基因一样，*CarPRP1* 基因在基因组 DNA 序列中也包含两个长度不一的内含子，第一个内含子位于 5′UTR 区域，第二个位于编码区（图 6-11）。

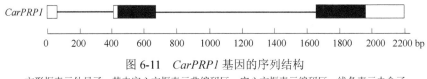

图 6-11 *CarPRP1* 基因的序列结构
方形框表示外显子，其中空心方框表示非编码区，实心方框表示编码区，线条表示内含子

二、CarPRP1 蛋白序列与进化树分析

为了明确 CarPRP1 蛋白序列的保守程度，收集 7 个来自不同植物的甘氨酸及

脯氨酸富集蛋白（GPRP）并用作同源比对。结果表明，甘氨酸及脯氨酸富集蛋白（GPRP）序列高度同源，存在 4 个共有结构域，即位于 N 端的 G-富含区、GYPP（Q/A/H/P）重复区、多丙氨酸疏水区及位于 C 端的 HGKFK 重复区（图 6-12）。由于含有 GYPP（Q/A/H/P）重复，甘氨酸及脯氨酸富集蛋白（GPRP）与脯氨酸、甘氨酸及酪氨酸富集蛋白（proline-，glycine-，and tyrosine-rich protein，PGYRP）存在较高的同源性。因此在采用邻位法构建进化树时，除了 24 条典型的 GPRP 蛋白序列，还包含了 10 个 PGYRP 蛋白（表 6-1，图 6-13）。除了 CrPGYRP，其余的 GPRP 和 PGYRP 蛋白形成两个相对独立的分支。CrPGYRP 蛋白含有一个多丙氨酸疏水区和一个 HGKFK 重复区，在结构上与 GPRP 蛋白更为相似，因而落入 GPRP 分支。该进化树还揭示 CarPRP1 与大豆 GmGPRP1～GmGPRP4、大麦 HvGPRP 及拟南芥 AtGPRP 等蛋白的亲缘关系最近，它们位于同一个小的进化分支之中。

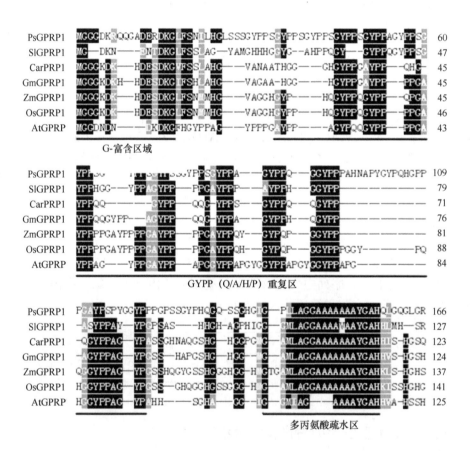

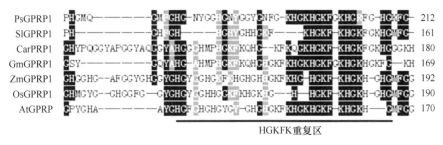

PsGPRP1	PHGMQ————GMGHGC-NYGGCNGGY CNFG-KHGKHGKHGHGKHG-HGHYG	212
SlGPRP1	PH————————GH-CHYGHHCHY————KHGKFKHGKFGHG-HGHYG	161
CarPRP1	GHYPQGGYAPGGYAQGGYGH————HMP-GCYKQHG-KHGKHGKHGHGKHGGGKH	180
GmGPRP1	GSY————————GCY-GGYCHGGGGKQH-KHGKHGKFKHGKF-G—KH	169
ZmGPRP1	GHGGHG—AFGGYGHGGGYCHGY GG-HGHGH-KHGKFKHGKF KHCGMFGG	192
OsGPRP1	GHMGYG—CHGGFG—GYHGHGY CHHG-CHGKHGKHG-H-HGKFKHCKFKHCMFGG	190
AtGPRP	GPYGHA————————AYGHGF CHGHGYG-GHGKHGKFKHGKHGKF-HGKH-GMFGG	170

HGKFK重复区

PsGPRP1	-KFKKWK	218
SlGPRP1	-KHKRWK	167
CarPRP1	G-FKKWK	186
GmGPRP1	GKFKKWK	176
ZmGPRP1	GKFKKWK	199
OsGPRP1	GKFKKWK	197
AtGPRP	GKFKKWK	177

图 6-12　甘氨酸及脯氨酸富集蛋白（GPRP）序列比对图

相同氨基酸和相似氨基酸分别由黑色和灰色阴影衬托。下划线标志不同的保守区域

表 6-1　用于多重序列比对和进化树构建的 GPRP 和 PGYRP 蛋白

类别	蛋白名称	登录号	类别	蛋白名称	登录号
A. 植物				VvGPRP2	XM_002268541
大豆（*Glycine max*）	GmGPRP1	AK244011		VvPGYRP	CAO63991
	GmGPRP2	AK245365	毛果杨（*Populus trichocarpa*）	PtGPRP	XM_002328813
	GmGPRP3	GU563824	小立碗藓（*Physcomitrella patens*）	PpGPRP	XM_001754016
	GmGPRP4	GU563825	拟南芥（*Arabidopsis thaliana*）	AtGPRP	AT5G45350
鹰嘴豆（*Cicer arietinum*）	CarPRP1	EU339185		AtPGYRP1	AT2G41420
甘薯（*Ipomoea batatas*）	IbGPRP	EF192430		AtPGYRP2	BAB08468
北美云杉（*Picea sitchensis*）	PsGPRP1	EF086668	胡萝卜（*Daucus carota*）	DcGPRP	X72383
	PsGPRP2	BT071648	水稻（*Oryza satvia*）	OsGPRP1	AAQ24632
复原草（*Sporobolus stapfianus*）	SsGPRP	AJ242804		OsGPRP2	NM_001058246
玉米（*Zea mays*）	ZmGPRP1	EU966238	大车前（*Plantago major*）	PmGPRP	AJ843997
	ZmGPRP2	EU976258	复原草（*Sporobolus stapfianus*）	SsPGYRP	CAA71756
	ZmGPRP3	BT041027	火炬松（*Pinus taeda*）	PtaPGYRP/PtaADH1	AAF75822
	ZmPGYRP1	EU958629	B. 原生生物		
	ZmPGYRP2	EU961165	衣藻（*Chlamydomonas reinhardtii*）	CrPGYRP	AJ318493
大麦（*Hordeum vulgare*）	HvGPRP	AK252746	C. 真菌		
番茄（*Solanum lycopersicum*）	SlGPRP1	AK325028	裂殖酵母（*Schizosaccharomyces pombe*）	SpPGYRP	CAA19046
	SlGPRP2	AK319374	酿酒酵母（*Saccharomyces cerevisiae*）	ScPGYRP/YDR210w	S61573
葡萄（*Vitis vinifera*）	VvGPRP1	XM_002271000			

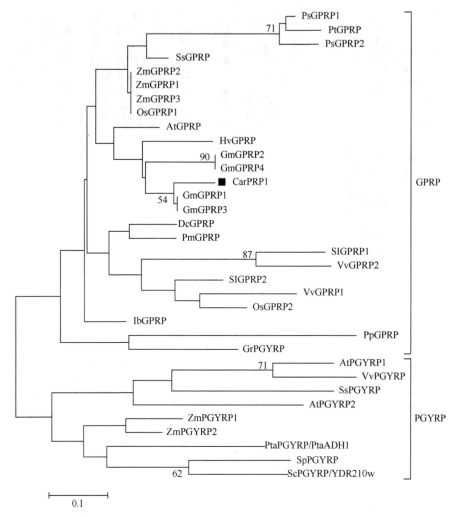

图 6-13　34 个来自不同物种的 GPRP 和 PGYRP 蛋白进化关系图
GPRP. 甘氨酸及脯氨酸富集蛋白；PGYRP. 脯氨酸、甘氨酸及酪氨酸富集蛋白

三、*CarPRP1* 基因的拷贝数

　　为了探明 *CarPRP1* 基因在鹰嘴豆基因组中的拷贝数，本研究以全长 cDNA 为探针进行了 DNA 凝胶印迹实验。*Bam*HⅠ、*Hind*Ⅲ、*Xba*Ⅰ、*Eco*RⅠ等 4 个限制性内切酶的基因组 DNA 消化产物均能杂交产生 3 条或 3 条以上的条带（图 6-14），说明该基因在鹰嘴豆基因组中可能存在 3 个或 3 个以上的拷贝。

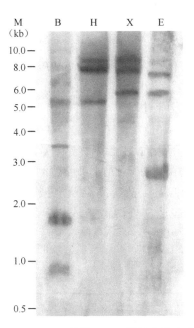

图 6-14　*CarPRP1* 基因 DNA 凝胶印迹实验结果

鹰嘴豆叶片基因组 DNA 分别用 *Bam*H I （B）、*Hind*III（H）、*Xba* I （X）及 *Eco*R I （E）限制性内切酶进行消化

四、*CarPRP1* 基因的转录水平分析

应用半定量 RT-PCR 检测 *CarPRP1* 基因在鹰嘴豆各个主要器官及不同发育过程（叶片衰老、种子发育、发芽）中的转录水平，从图 6-15A 可知，*CarPRP1* 基

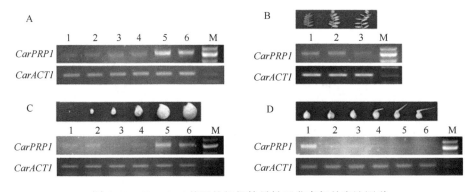

图 6-15　*CarPRP1* 基因的组织特异性及发育相关表达图谱

A. 组织特异性表达；泳道 1~6 分别表示两周龄鹰嘴豆幼苗的根、茎、叶及成年植株的花、荚（开花后 15d）、种子。B. 在叶片衰老过程中的表达图；泳道 1~3 分别表示衰老初期、中期、末期的叶片。C. 在种子发育过程中的表达；泳道 1~6 分别表示开花后发育 5d、10d、15d、20d、25d、30d 的种子。D. 种子发芽过程中在芽胚中的表达；泳道 1~6 分别表示室温浸泡 12h 再置于培养皿中发芽 2d、6d、12d、24d、36d、48d 的鹰嘴豆种子；M 为 DNA 分子量标记 DL2000

因在所有受检器官中均有所表达,在幼苗根、茎、叶及花中的表达量较低,而在荚(花后 15d)和种子中较高。在叶片衰老过程中,*CarPRP1* 基因的转录水平逐渐降低(图 6-15B)。而在种子发育过程中,*CarPRP1* 基因的表达量呈现波动变化:早期(花后前 20d)表达量逐渐降低,在成熟期(花后 25d 之后)表达量达最大值(图 6-15C)。此外,在发芽过程中,*CarPRP1* 基因呈现早期表达量较高,随后逐渐降低的变化过程(图 6-15D)。

为了调查 *CarPRP1* 基因对逆境或激素信号的响应规律,采用多种胁迫和激素处理两周龄鹰嘴豆幼苗,在不同时间点检测该基因在叶片中的表达水平。从图 6-16 可知,干旱、低温、盐、高温及机械伤害处理会在不同的时间点显著诱导 *CarPRP1* 基因的表达。外源激素或化学物质中,ABA、IAA、GA3 及 H_2O_2 存在较强的诱导表达效应,而 MeJA、Et、SA、6-BA 等未发现有明显的诱导效果。

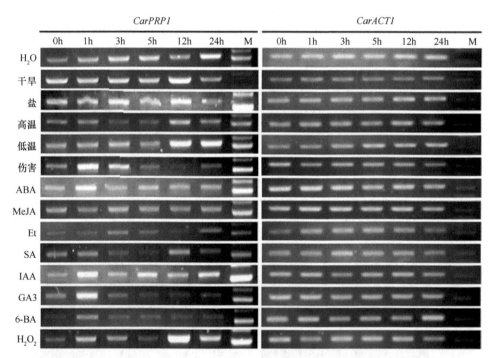

图 6-16　*CarPRP1* 基因在多种胁迫和外源激素处理过程中的表达图谱

干旱处理是将幼苗根部的沙洗净,吸干表面水分并转移到光照培养箱中干燥的滤纸上,暴露于空气中;伤害处理采用致密钢刷垂直按压叶片形成均匀穿孔;其他处理分别为 200mmol/L NaCl、4℃低温、37℃高温、100μmol/L 脱落酸(ABA)、100μmol/L 茉莉酸甲酯(MeJA)、200μmol/L 乙烯利(Et)、100μmol/L 水杨酸(SA)、20μmol/L 吲哚-3-乙酸(IAA)、100μmol/L 赤霉素(GA3)、10μmol/L 6-苄基腺嘌呤(6-BA)、50μmol/L 双氧水(H_2O_2)

五、*CarPRP1* 基因产物亚细胞定位

在构建植物表达载体时，我们将 CarPRP1 与 GFP 蛋白融合成一个复合蛋白，借助荧光显微镜直接观察转基因拟南芥植株，以检测 CarPRP1 蛋白是否得到表达，同时判断 CarPRP1 蛋白在细胞中的位置。通过对一周龄幼苗子叶表皮细胞的观察，结果发现 CarPRP1::GFP 融合蛋白在细胞核和细胞膜或壁中表达（图 6-17A）。随后的质壁分离实验揭示该融合蛋白是位于细胞膜而非细胞壁上（图 6-17B）。

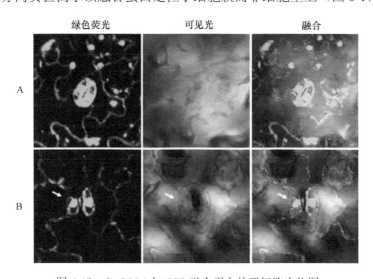

图 6-17 CarPRP1 与 GFP 融合蛋白的亚细胞定位图

A. 正常条件下的转基因拟南芥幼苗子叶表皮细胞荧光检测图；B. 发生质壁分离时的转基因拟南芥幼苗子叶表皮细胞荧光检测图

六、转 *CarPRP1* 基因拟南芥的抗逆性评价

上述表达分析实验显示 *CarPRP1* 基因的表达受到低温、高盐等胁迫的显著诱导。为了鉴定 *CarPRP1* 基因的过表达是否能增强拟南芥植株的抗逆能力，本研究采用 30d 龄的转基因拟南芥植株分别做了高盐（250mmol/L NaCl）（图 6-18）和冷冻（−20℃，40min）（图 6-19）处理。结果表明，经盐胁迫处理复苏后，2 个转基因拟南芥株系（L1、L2）的存活率均显著高于野生型（图 6-18），表明 *CarPRP1* 基因过表达可显著增强拟南芥营养生长期的抗盐能力。

经冷冻处理复苏后，3 个转基因株系中有两个（L2、L6）的存活率均显著高于野生型，表明 *CarPRP1* 基因的过表达很可能也会增强拟南芥植株的抗冻能力（图 6-19）。

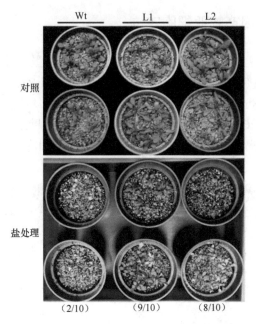

图 6-18   高盐（250mmol/L NaCl）处理下 *CarPRP1* 转基因和野生型拟南芥植株状况

L1、L2. 转 *CarPRP1* 基因拟南芥的 1、2 号株系；Wt 为野生型拟南芥。下方数据表示植株在盐处理后的存活率（存活数/总植株数）

图 6-19   冷冻（-20℃，40min）处理后 *CarPRP1* 转基因和野生型拟南芥植株状况

L1、L2、L6. 转 *CarPRP1* 基因拟南芥的 1、2、6 号株系；Wt 为野生型拟南芥

七、*CarPRP1* 基因过表达拟南芥植株中胁迫相关基因的表达

　　CarPRP1 基因的过表达增强了拟南芥植株的抗盐、耐冻能力，为了探讨这些现象的分子机制，采用荧光定量 PCR 技术调查了 6 个与逆境生理密切相关的拟南芥基因（*COR15A*、*COR47*、*ERD10*、*RD22*、*RD29A*、*KIN1*）在干旱胁迫下的转录水平。图 6-20 显示，在正常条件下，6 个胁迫相关基因的转录水平在拟南芥野生型和转基因植株间没有明显差异，而经过干旱处理 3h 后，6 个胁迫相关基因在转基因植株叶片中的表达量极显著（*P*<0.01）高于野生型，说明在干旱胁迫下，*CarPRP1* 基因过表达可以促进这些胁迫相关基因的表达。

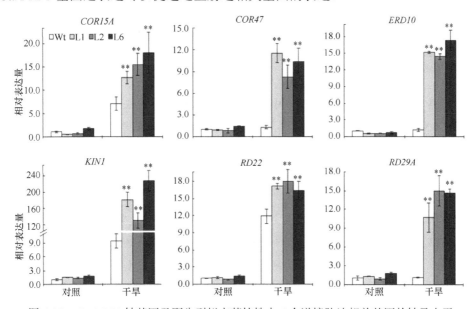

图 6-20　*CarPRP1* 转基因及野生型拟南芥植株中 6 个逆境胁迫相关基因的转录水平

L1、L2、L6. 转 *CarPRP1* 基因拟南芥的 1、2、6 号株系；Wt. 野生型拟南芥。**表示与对照相比差异达到极显著水平（*P*<0.01）

第四节　14-3-3 蛋白基因 *14-3-3-1* 和 *14-3-3-2* 的克隆及功能分析

　　本研究利用 RACE 技术克隆了鹰嘴豆 2 个 *14-3-3* 基因。*14-3-3-1* 基因的可读框（ORF）由 786bp 组成，编码一条 261 个氨基酸残基的多肽，含有 14-3-3 蛋白的 5 个高度保守区和参与二聚体的形成，以及与靶蛋白结合的一些高保守的氨基酸。*14-3-3-1* 基因序列含有 6 个外显子和 5 个内含子，在鹰嘴豆两周龄幼苗的茎、叶及花、幼荚和幼胚中均有表达。在发芽过程中，*14-3-3-1* 基因的表达呈现一个

先下降后上升的趋势。*14-3-3-1* 基因受干旱、高温、低温、高盐和机械伤害胁迫时表达量会（或略微）上升；在脱落酸（ABA）、赤霉素（GA）、吲哚-3-乙酸（IAA）、6-苄基腺嘌呤（6-BA）、茉莉酸甲酯（MeJA）、水杨酸（SA）和 H_2O_2 诱导下表达。*14-3-3-1* 基因编码的蛋白质定位于细胞核内。

14-3-3-2 基因的可读框（ORF）由 699bp 组成，编码一条 232 个氨基酸残基的多肽，同样含有 14-3-3 蛋白的 5 个高度保守区和参与二聚体的形成，以及与靶蛋白结合的一些高保守的氨基酸。*14-3-3-2* 的基因序列含有 4 个外显子和 3 个内含子。*14-3-3-2* 基因在鹰嘴豆的茎、叶、花、幼荚和幼胚中均有表达。在发芽过程中，该基因呈波动表达。*14-3-3-2* 基因受干旱、高盐、低温胁迫时表达量上升，但高温胁迫时表达量轻微下降；在脱落酸（ABA）、茉莉酸甲酯（MeJA）、乙烯利（Et）、赤霉素（GA3）、6-苄基腺嘌呤（6-BA）、吲哚-3-乙酸（IAA）和 H_2O_2 诱导下表达。*14-3-3-2* 基因编码的蛋白质定位于细胞核内。

对转 *14-3-3-1* 及 *14-3-3-2* 基因拟南芥株系的发芽率和发芽势，以及花期分析表明 *14-3-3-1* 及 *14-3-3-2* 基因可能具有促进种子萌发和植物开花的作用。

对转 *14-3-3-1* 及 *14-3-3-2* 基因拟南芥株系萌发、幼苗和成年植株 3 个阶段进行干旱胁迫处理，从表型及脯氨酸含量、细胞膜的稳定性（CMS）、光系统 II 的原初最大光合效率 Fv/Fm 和丙二醛（MDA）含量等生理指标，发现转基因可显著增强拟南芥植株的抗旱能力。

对转 *14-3-3-1* 及 *14-3-3-2* 基因拟南芥株系萌发、幼苗和成年植株 3 个阶段进行盐胁迫处理，从表型及脯氨酸含量、细胞膜的稳定性（CMS）、光系统 II 的原初最大光合效率 Fv/Fm 和丙二醛（MDA）含量等生理指标，发现转基因可显著增强拟南芥植株的耐盐能力。

14-3-3 蛋白家族是广泛存在于各种真核生物细胞中的一类含量丰富的蛋白质，单体分子质量为 28~33kDa，其氨基酸序列、蛋白质结构及功能都是高度保守的。14-3-3 蛋白之间易形成同源或异源二聚体。1994 年，Morrison 和 Muslin 发现 14-3-3 蛋白能够特异地结合到含有磷酸化丝氨酸和苏氨酸的肽段上（Muslin et al.，1996），从此 14-3-3 蛋白作为第一个特异地结合磷酸化丝氨酸和苏氨酸的信号转导分子引起了人们的普遍关注。研究表明，能够与 14-3-3 蛋白结合并受其调节的分子有 200 多种，这些分子主要涉及新陈代谢、细胞周期、细胞凋亡、细胞的分化与发育、基因转录、信号转导等生命活动（Lyu et al.，2021）。随着近年来对植物 14-3-3 蛋白研究的增多，发现 14-3-3 蛋白几乎参与了植物细胞生长发育的所有过程，并与其他信号分子一道形成了十分复杂的转导网络（Shao et al.，

2021）。由于生物胁迫和非生物胁迫均能诱导植物 *14-3-3* 基因的表达，因此有必要对 14-3-3 蛋白参与逆境胁迫应答进行深入的研究。

一、*14-3-3-1* 和 *14-3-3-2* 的克隆与序列分析

（一）cDNA 序列全长的分离

从本实验室构建的 cDNA 文库（Gao et al.，2008）中找到两条 EST 序列（mh1_0007_A05.ab1 和 Contig_25），通过在 NCBI 的蛋白数据库中搜索比对发现这两条 EST 序列都具有完整的 5′端，并且均有一个疑似 14-3-3 蛋白的可读框，需要延伸 3′端来获得完整的序列编码信息。以这两条 EST 为模板设计基因特异性引物进行 3′ cDNA 末端快速扩增（3′-RACE）。基因特异性引物 1-3′-GSP（5′-CGTGGAGGATTCTGTCTTCCATTGAGC-3′）、1-3′-NGSP（5′-AGGCTGAATTACCTCCCACTCATCCCA-3′）、2-3′-GSP（5′-AAGGTTTCCGCCAACGCTGATAACG-3′）和 2-3′-NGSP（5′-GATTCTCGTCTGATTCCTTCCGCTTCC-3′）作为上游引物，试剂盒中已有的寡聚核苷酸作为下游引物。1-3′-GSP 和 2-3′-GSP 用于 3′端的第一轮 PCR 扩增，1-3′-NGSP 和 2-3′-NGSP 用于第二轮 PCR 扩增。3′-RACE 扩增产物在 1%琼脂糖凝胶上进行电泳检测。把扩增的产物回收后连接转化，挑选阳性克隆进行序列测定。测序结果表明，分别得到的 2 个扩增的片段都包含有终止密码子和 Poly(A)尾，获得了 *14-3-3-1* 和 *14-3-3-2* 基因的 3′端序列。

将克隆得到的序列与相应的 EST 拼接后，得到了 2 个 *14-3-3* 基因的完整的 cDNA 序列信息。为了进一步分离这些基因，本研究在编码框的两侧分别设计引物（*14-3-3-1* 基因的一对引物为 F：5′-ATGGCTTCTTCTAAGGATCGTG-3′，R：5′-CCATCAGACTCACTCTGCATCA-3′；*14-3-3-2* 基因的一对引物为 F：5′-GAATTCAACAATGGCGGTC-3′，R：5′-TCTGGCAGCAAAATATGTTTAC-3′），以叶片的 cDNA 为模板进行了 PCR 扩增。测序结果表明分别得到了 783bp 的 *14-3-3-1* 和 *14-3-3-2* 基因全长 cDNA，它们包含完整的可读框，与原有的拼接序列基本一致。这 2 个序列已递交到 GenBank 数据库，登录号分别为 FJ225662 和 FJ225663。

（二）DNA 序列全长的分离

为了探明 *14-3-3* 基因的结构，本研究将 *14-3-3-1* 和 *14-3-3-2* 的 cDNA 序列与大豆基因组序列进行比对，发现 *14-3-3-1* 和 *14-3-3-2* 分别与大豆基因组中的两条 *14-3-3* 基因高度同源。虽然在基因序列中内含子序列的保守性较低，但是内含子的个数和相对位置的保守性较高。根据这两条大豆 *14-3-3* 基因内含子的位置，重新设计 *14-3-3* 基因的全长 DNA 引物，进行 DNA 全长序列的扩增。

1. *14-3-3-1* 基因 DNA 全长序列

利用引物 14-3-3-1-1（5′-TTTCGCAATTTCACAAACCC-3′）和 14-3-3-1-2（5′-CCATCAGACTCACTCTGCATCA-3′），以鹰嘴豆幼苗叶片所提取的 DNA 为模板，扩增 *14-3-3-1* 的 DNA 全长序列。测序结果如下：

TGCCGTAAGGGCGATGGCTTCTTCTAAGGATCGTGAAAACTTCGTCTACATC
GCCAAGCTCGCCGAGCAAGCTGAGCGATACGAAGGTTAATGTTTCTTCCTTT
CTTTATAAGTATCACACGTTTTCATCCTTATGCTTGATTTTGATACTTACTTTGA
TTAATTTTCTTTTTCTTTATTTTATTTCACTTTATTTTCACTCTCAAAAATTTATT
TATCAATTTTTATTAGTGTTTATTGTTGACTACTGTATCTGTTAGGGTTACTGA
AATTTCATTTCCATTTTCTGATTTTGTTTTCTTAGATAAATAATAATTGAAAAG
TGTGTTTAGTTTTAGCATGTGTCTTTTTCAATTTTTTGGTACTGCATGTTTAAG
TTGAAGTATTTTTGTTGATCAAAGTGTTGTTCTTGTTCTTTCTGTGAAATCTTT
TCAGATTTAAAGTTTGATTCAACTTTTGTTCATTTGTTGCATCTATTTTTGTGA
CAGAGATGGTGGATTCAATGAAGAGTGTTGCAAATCTAGATGTTGAACTGAC
TGTTGAAGAAAGGAATTTGCTTTCTGTTGGTTATAAGAATGTGATTGGTGCT
CGCAGAGCATCGTGGAGGATTCTGTCTTCCATTGAGCAAAAGGAAGAGACA
AAGGGAAACGATGTAAATGCAAAACGGATTAAGGAGTATAGGCATAAGGTT
GAATCAGAGCTTTCAAACATCTGTAATGATGTTATGAGAGTGATTGATGAAC
ACCTTATACCTTCAGCTGCAGCTGGTGAATCAACTGTCTTTTACTATAAGATG
TGAGCAGTCATGTCAAATATTTGATCTTGTATTTCTTTTGTGTTGCACGAGTG
AATTGTGTGATGGTTGAATATTTTGCTTGCAGGAAAGGAGATTATTATCGTTA
CCTTGCGGAATTTAAGACAGGCAATGAGAAGAAGGAGGCTGCTGATCAGTC
GATGAAAGCATATGAGGTGAAATTTATATTATTGTGTCTTGTTTTTGCAGTTTA
TATGTTATTAGCACCTGGTTCTATCCTGTAGATGGTTTATTTTCTGAGTTGATT
TAAAACATGTAGTTTTTGTTACTATTAGCAATTGATCTAAAAGGATTTTTCTGC
TCTTTATTTTTTAATTTGGCCAATATCATAGGCTCATGATTTGTCCTGTGTGTT
GTAGAGTTCCTTTTTTTCATCCTTTCTGATAACCTTATATATGGCTTTGATTGA
GAAAAAAATGTACAATATGTTTAAGGGAGATCTATATTTCTACTAATTGGAAA
ATCCAACAGAGTGGATTTATTCATAATTATTTACTATGTCAATTTTTTTTTTTATA
GTATTCAGATTTGGTGTTTTTAGGTCTCTTGTTTGGGGATAATTCTCAGCTAA
ACTTCAAATATGTAAAGCCAAAAGTAAACAACAGTTATTTGGAACTTGCAGT
CCATTTGACGACTTTGGGTTTACTTTTTTTTTTTCTTCCATATGCATATTAAGTT
TGCAATTGCAAATTAACCATTGGTATGTGAGTCCCGCATCATTGTTTGACCCT
TTTATATCTCATTTTTCTCCTTCCTTGTTATAGTTTCTTTATCTCCAAACAGGAT
TGATTACTGGAATTGGAGAACTTTATTTCATTATCTCAGTGATCTGATGCTGCA
TAGATTGCTCTTCCACTATTATTCTTCTGTACTATCTATTGTTATATATTTGATGT
AGTCATGTTTTTAGTGGTTTGCAAAAAATAATGTGTAATTATTCCTTTCCCAG
CTTTGAATCAGTATTTCCATTTTTATTTAGTTATGTCTCTTGTATTTTATACTTTT

TTATTTTTATTTTTATCATTTTATCTCCTACATAATACTTGTCGTTTTCTATATTT
CAGTCTGCTACCACTGCAGCAGAGGCTGAATTACCTCCCACTCATCCCATTC
GATTGGGGTCGGCTTTGAATTTCTCAGTTTTCTATTATGAGATCTTAAACTCA
CCAGAAAGGTTTGTGATTTGATTTATAACCTGAATTTTGATTGTAAATTGGTG
GTGTGTTTAATGATGGAGAATATGTTTTCCTTTTTCCAGAGCTTGCCATCTTG
CAAAGCAAGCTTTTGATGAAGCTATTTCAGAGCTTGACACCCTGAATGAGG
AGTCCTACAAAGATAGTACATTGATCATGCAACTTCTCAGGGACAACCTGAC
TCTTTGGACTTCTGACATCCCCGAAGATGGAGGTAATTATTAATAGATGACTT
AAAGATATTAAGATGTTTAACAAGAGGATATGACAAGGGCAAGCAGTCGTGT
ACATTTATATGTTAACAGCTAGGGTTGAAGTTTAACTATTTCCTAGCCACAGT
CTGTCATAAACCCTCAAATAATCTGAAACGTGAAAAGGATTGGAGCACAAC
AGAAATGCACCTTTCTCTAGTTATGCTTTTACATGCCAAACAAGGCTTTTAAT
GCCTAATAGCTAATGTGGTAGATGTGTCTGGCCGAGAATTTTTACTGAGATTA
AAAGCTGAAATTAATTGTGATTGTTCTGTCTCTTTGGTGGTCCTTTTCTATCA
ATTTCTACTGAATTTTTCCGACTTCCTATTACAGAAGATTCTCAGAAAGTGAA
TGGCACTGCCAAACTTGGTGGAGGTGATGATGCAGAGGTGAGCAATTCTTC
AAAATTGTAAGCTACATTTCATTTTTGTTTGATGGCTTTCATTTATTCATTTCAT
CATTTTTTTTAATGGCAGTGAGTCTGATGGTTGGCGAGAACTTCCTTAGGATT
TGATGCATGTGTTTGGGCATGAAACATTAGGGCTGATTACTTCTTTGTGTACT
AGGTAGAGATAGGGGTTCCATTGTTTCCTCTTTCTCAGTTCTTGTTAATTGGT
CATACTTTCCGAGAGAAAAGAAACTCGATTT

将测序结果与 cDNA 序列进行比对，发现 *14-3-3-1* 包含 6 个外显子和 5 个内含子（图 6-21），这些外显子与内含子连接区完全符合经典剪拼序列的 GT-AG 规则。

图 6-21　*14-3-3-1* 基因的结构

黑色方框代表外显子，白色方框代表内含子，方框上方的数字代表外显子和内含子的大小

2. *14-3-3-2* 基因 DNA 全长序列

利用引物 14-3-3-2-1 （5′-GAATTCAACAATGGCGGTC-3′ ） 和 14-3-3-2-2 （5′-TCTGGCAGCAAAATATGTTTAC-3′），以鹰嘴豆幼苗叶片所提取的 DNA 为模板，扩增 *14-3-3-2* 的 DNA 全长序列。测序结果如下：

ATGGCGGTCGCTCATTCTCCTCGGGAAGAGAACGTGTACATGGCAAAGCTC
GCCGAGCAAGCCGAGCGCTACGAAGAGATGGTGGAGTTCATGGAGAAGGT
TTCCGCCAACGCTGATAACGAGGAACTCACGGTGGAGGAAATGAACCTTCT
CTCCGTAGCTTACAAGAACGTCATCGGAGCTCGACGCGCTTCGTGGCGTATC
ATTTCCTCTATTGAACAGAAAGAGGAGAGCCGCGGCAACGAGGACCACGTC

GCTGTCATCCGTGACTACCGATCTAAGATCGAGTCAGAGCTCTCTAACATCT
GTGACGGTATTCTCAAGCTCCTCGATTCTCGTCTGATTCCTTCCGCTTCCTCT
GGCGATTCTAAGGTTTTCTACCTCAAGATGAAGGGAGATTACCACAGGTACC
TTGCCGAGTTCAAGACCGGAGCCGAGCGTAAGGAGGCTGCAGAGCACT
CTCTCCGCTTACAAATCTGCTCAGGTTAACAGTTTTTTACTCTTCCTTTTCCTT
TTTTTATTTTTATTTTTAATTTTTTTCATTTTGCGATCCAGATCTGTTCGATTTAT
ACATTTGCGCACTCACTTACTACTGTCCTAATAGTAATACTGTTTTGTTTACA
AATCTACATGATTATTATATTCATTATTATTTTAACTTATTCACTCTATTGAACTG
TTATTCATGTCTTTTTTACTCTATTGTTCTTAATATTTGTTTTTAATTAAAAATAT
TTGTAAAACTATATGAAATATTTTTTTTTGGGTTTGTTTTCTAAAGAAAGGGT
CCTCTATTTTTTTTTTTTTTTTATTGTTTTTACAGGATATTGCAAATGCGGAACTT
CCTCCAACTCATCCCATTAGACTTGGACTTGCTCTCAACTTCTCTGTTTTTTA
CTATGAAATTCTTAACTCTCCTGATCGTGCCTGCAATCTTGCAAAACAGGTTA
GAACTATATAGGCTGATTATTATGTATTTTTATATATTTTTTAACAAGATTATGAT
GATTTTGCGTTTTGAATTCTATTAATCAAATGTAGAACATCGATCTCAAATTTA
TACTTTACTTACCTGTTATTTTGTTATTGCTACTCTCAGGCTTTCGATGAAGCG
ATTGCTGAATTGGATACCCTTGGAGAGGAATCTTACAAAGACAGCACTTTGA
TCATGCAACTCCTTCGCGATAACCTCACTCTCTGGACTTCTGACATGCAGGTA
TTGATATGTGTTTGCCATAAAATTGCCCCACGTTTTACTTATTTGACAATGATA
AATGTGTTATTTATTTGATAACGATAAATGTGTTGTATTGATGTTATTTTATTTG
ATTTCAGGATGATGGTGCTGATGAAATTAAAGAAGCACCATCTAAACCGGAT
GAACCACAGCAGTAAACATATTTTGCTGCCAGATTTTATTTTCGTTTGTGAAT
TAAAGGAGATGTTGTTTGTTGCTGATATCTGCTGGCGGCTGAGATTT

　　将测序结果与 cDNA 序列进行比对，发现 *14-3-3-2* 包含 4 个外显子和 3 个内含子（图 6-22），这些外显子与内含子连接区完全符合经典剪拼序列的 GT-AG 规则。

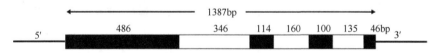

图 6-22　*14-3-3-2* 基因的结构

黑色方框代表外显子，白色方框代表内含子，方框上方的数字代表外显子和内含子的大小

（三）生物信息学分析

　　将得到的 *14-3-3-1* 基因序列分别用序列分析软件 BioXM 和 ORF Finder
（http://www.ncbi.nlm.nih.gov/gorf/gorf.html）分析候选基因的可读框（ORF），两
者都显示在 cDNA 的第 1～783 处有一个完整的可读框，编码 261 个氨基酸。

　　在 NCBI 数据库中 BlastX 后发现，14-3-3-1 与蚕豆 VFA-1433B（P42654）的氨
基酸一致性为 96%（Saalbach et al.，1997），与大豆 SGF14D（Q96453）的氨基酸
一致性为 94%，与朝鲜槐（*Maackia amurensis*）14-3-3 蛋白同源物（AAC15418）

的氨基酸一致性为 94%，与杂交杨［欧洲山杨（*Populus tremula*）×银白杨（*Populus alba*）］14-3-3 蛋白（AAD27824）的氨基酸一致性为 83%（Lapointe et al.，2001），与烟草（*Nicotiana tabacum*）14-3-3 蛋白（BAB68527）的氨基酸一致性为 83%（Igarashi et al.，2001），与番茄 14-3-3 蛋白 9（P93214）的氨基酸一致性为 82%（Roberts and Bowles，1999），与拟南芥中 GRF9（NP_001031532）的氨基酸一致性为 83%，与马铃薯（*Solanum tuberosum*）14-3-3 蛋白（ABN13161）的氨基酸一致性为 79%。

将得到的 *14-3-3-2* 基因序列分别用序列分析软件 BioXM 和 ORF Finder（http://www.ncbi.nlm.nih.gov/gorf/gorf.html）分析候选基因的可读框（ORF），两者都显示在 cDNA 的第 9～707 处有一个完整的可读框，编码 232 个氨基酸。

在 NCBI 数据库中 BlastX 后发现，14-3-3-2 与豌豆 14-3-3-样蛋白（P46266）的氨基酸一致性为 95%（Stankovic et al.，1995），与豌豆（*Pisum sativum*）14-3-3-样蛋白（CAB42546）的氨基酸一致性为 95%（May and Soll，2000），与赤豆（*Vigna angularis*）14-3-3 蛋白（BAB47119）的氨基酸一致性为 95%，与陆地棉（*Gossypium hirsutum*）14-3-3b 蛋白（ABY65001）的氨基酸一致性为 91%，与葡萄（*Vitis vinifera*）14-3-3 蛋白（ACO40495）的氨基酸一致性为 93%，与鹰嘴豆（*Cicer arietinum*）14-3-3-样蛋白（ABQ95992）的氨基酸一致性为 90%，与旱金莲（*Tropaeolum majus*）14-3-3 蛋白（AAT35546）的氨基酸一致性为 92%，与蚕豆 VFA-1433A（P42653）的氨基酸一致性为 90%（Saalbach et al.，1997）。

二、*14-3-3-1* 和 *14-3-3-2* 基因的表达模式分析

（一）*14-3-3-1* 基因的表达模式分析

1. RT-PCR 分析

（1）组织特异性表达分析

为了明确 *14-3-3-1* 基因在鹰嘴豆不同器官中的表达特征，采用半定量 RT-PCR 方法检测了它在各个主要器官中的转录水平，包括两周龄幼苗的根、茎、叶及花、幼荚（开花后 15d）、幼胚（开花后 15d）。结果发现，*14-3-3-1* 基因在茎、叶、花、幼荚及幼胚中均能检测到表达（图 6-23），但在根中的表达很弱，在茎中的表达量也相对较低；在幼胚中的表达量最高，其次是在花中。

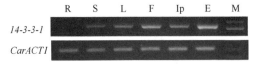

图 6-23　*14-3-3-1* 基因在不同器官中的表达

R. 根；S. 茎；L. 叶；F. 花；Ip. 幼荚；E. 幼胚；M. DNA 分子量标记 DL2000

（2）叶片衰老及发芽过程中的表达分析

在鹰嘴豆不同衰老程度的叶片中，*14-3-3-1* 基因的表达没有明显的变化（图6-24A），而在种子发芽过程中，*14-3-3-1* 基因的表达量在 12h 时先轻微下降，在36h 时开始显著上升（图6-24B）。

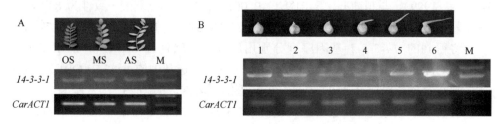

图 6-24　*14-3-3-1* 基因在叶片衰老及发芽过程中的表达

A. 在叶片衰老过程中的表达；泳道 OS、MS、AS 分别代表衰老早期、中期和末期的叶片。B. 在发芽过程中的表达；泳道 1～6 分别表示种子吸水后 2h、6h、12h、24h、36h、48h。M. DNA 分子量标记 DL2000

（3）非生物胁迫下的表达分析

为检测各种非生物胁迫对 *14-3-3-1* 基因转录水平的影响，调查了其在干旱、盐胁迫、热（37℃）、冷（4℃）及机械伤害等胁迫下的表达模式，结果表明，低温或高温胁迫下，*14-3-3-1* 基因在 12h 时表达量会略微上升；干旱处理下，*14-3-3-1* 基因的表达量在 1h 时就会上升，但之后的表达量呈现平稳；*14-3-3-1* 基因的表达量在盐处理 12h 时达到最高；机械伤害会导致 *14-3-3-1* 基因的表达量略微升高（图6-25）。

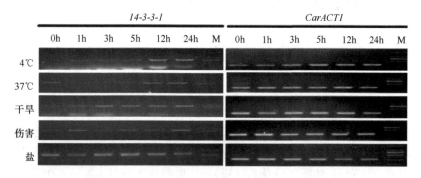

图 6-25　*14-3-3-1* 基因在不同非生物胁迫下的表达

干旱处理. 将幼苗根部的沙洗净，吸干表面水分并转移到光照培养箱中干燥的滤纸上，暴露于空气中；冷处理（4℃）. 将幼苗移至温度设置为 4℃的培养箱中进行处理；热处理（37℃）. 将幼苗移至温度设置为 37℃培养箱中进行处理；盐胁迫处理. 将幼苗转移到 200mmol/L 的 NaCl 溶液中；机械伤害处理. 用致密钢刷垂直按压叶片，形成均匀的穿孔。M. DNA 分子量标记 DL2000

（4）不同激素诱导下的表达分析

以水为对照，采用 7 种激素（ABA、MeJA、Et、SA、IAA、GA3、6-BA）和 H_2O_2 处理生长两周左右的鹰嘴豆幼苗，并在不同时间点提取 RNA 供表达分析。结果表明，ABA 处理下，*14-3-3-1* 基因表达量略有升高；MeJA 处理后，*14-3-3-1* 基因表达量在 3h 时明显升高，之后持续上升；Et 处理 1h 后，*14-3-3-1* 基因的表达量达到了第一个高峰，之后略微下调，在 12h 表达量又有明显的增加；SA 处理下，*14-3-3-1* 基因的表达量有短暂的上升，在 3h 时达到第一个高峰，在 6h 时有短暂的下降，之后继续上升；IAA 处理下，*14-3-3-1* 基因在 3h 内的表达量变化不大，在 6h 时表达量开始显著升高，之后表达量变化不大。GA3 处理下，*14-3-3-1* 基因的表达量略有升高；6-BA 和 H$_2$O$_2$ 处理下，*14-3-3-1* 基因表达量呈波动变化（图 6-26）。

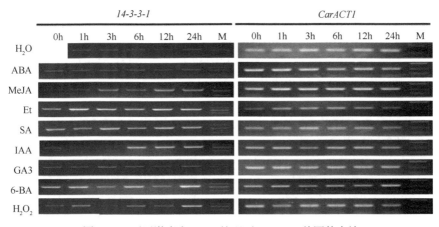

图 6-26　不同激素和 H$_2$O$_2$ 处理下 *14-3-3-1* 基因的表达

ABA（脱落酸）100μmol/L，MeJA（茉莉酸甲酯）100μmol/L，Et（乙烯利）200μmol/L，SA（水杨酸）100μmol/L，
IAA（吲哚-3-乙酸）20μmol/L，GA3（赤霉素）100μmol/L，6-BA（6-苄基腺嘌呤）10μmol/L，H$_2$O$_2$ 50μmol/L；
M. DNA 分子量标记 DL2000

2. 荧光定量 PCR 分析

选取半定量 PCR 有差异的几个处理进行实时荧光定量 PCR 验证，结果表明，*14-3-3-1* 基因表达的变化趋势与半定量 PCR 检测的结果基本一致。在干旱、盐、低温和高温胁迫下，*14-3-3-2* 基因的表达量都会有显著的升高。GA3 处理下，*14-3-3-1* 基因的表达量上升，这可能表明 *14-3-3-1* 基因参与了 GA 信号通路。ABA 处理下，*14-3-3-1* 基因也有响应，表达量略微升高，推测 *14-3-3-1* 基因在 ABA 信号转导途径中起重要作用。

（二）*14-3-3-2* 基因的表达模式分析

1. RT-PCR 分析

（1）组织特异性表达分析

为明确 *14-3-3-2* 基因在鹰嘴豆不同器官中的表达特征，采用半定量 RT-PCR

检测它在各个主要器官中的转录水平，包括两周龄幼苗的根、茎、叶及花、幼荚（开花后 15d）、幼胚（开花后 15d）。结果发现，该基因在茎、叶、花、幼荚及幼胚中均有表达（图 6-27），但在根中表达量很低，在幼胚中表达量最高。

图 6-27 *14-3-3-2* 基因在不同器官中的表达

R. 根；S. 茎；L. 叶；F. 花；Ip. 幼荚；E. 幼胚；M. DNA 分子量标记 DL2000

（2）叶片衰老及发芽过程中的表达分析

在鹰嘴豆不同衰老程度的叶片中，*14-3-3-2* 基因的表达没有明显的变化（图6-28）。而在种子发芽过程中，*14-3-3-2* 基因的表达量在 12h 时先轻微下降，在 24h表达量又有所恢复，之后又轻微下降。

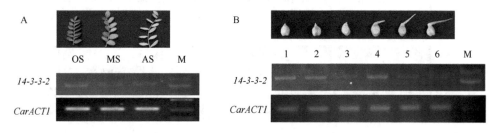

图 6-28 *14-3-3-2* 基因在不同发育进程中的表达

A. 在叶片衰老过程中的表达；泳道 OS、MS、AS 分别代表衰老早期、中期和末期的叶片。
B. 在发芽过程中的表达；泳道 1～6 分别表示种子吸水后 2h、6h、12h、24h、36h、48h。
M. DNA 分子量标记 DL2000

（3）非生物胁迫下的表达分析

为检测各种非生物胁迫对 *14-3-3-2* 基因转录水平的影响，调查了其在干旱、盐胁迫、热（37℃）、冷（4℃）及机械伤害等胁迫下的表达模式，结果表明，低温胁迫下，*14-3-3-2* 基因的表达量呈逐渐略微上升的趋势，而在高温胁迫下，*14-3-3-2* 基因的表达量表现出相反的趋势，即表达量呈逐渐轻微下降的趋势；干旱胁迫下，*14-3-3-2* 基因的表达量在 3h 时显著升高，而在 5h 时表达量略微下降，之后表达量又有轻微的上升；盐胁迫下，*14-3-3-2* 基因的表达量呈逐渐上升的趋势；机械伤害会导致 *14-3-3-1* 基因的表达量略微升高（图 6-29）。

（4）不同激素诱导下的表达分析

以水为对照，采用 7 种激素（ABA、MeJA、Et、SA、IAA、GA3、6-BA）和 H$_2$O$_2$ 处理生长两周左右的鹰嘴豆幼苗，并在不同时间点提取 RNA 供表达分析。结果表明，ABA 处理下，*14-3-3-2* 基因呈现轻微的上升趋势；MeJA 处理下，*14-3-3-2*基因表达量在 1h 时上升，但之后呈现平稳态势；Et 处理下，*14-3-3-2* 基因表达量短时间内（1h）有显著的升高，之后开始下降，到 24h 时表达量又有所升高；SA 处理下，*14-3-3-2* 基因表达量变化不大；IAA 和 GA3 处理下，*14-3-3-2* 基因表达量在 12h 时才开始略微升高；6-BA 处理下，*14-3-3-2* 基因表达量呈现波动式变化；H$_2$O$_2$ 处理下，*14-3-3-2* 基因表达量呈逐渐增加趋势（图 6-30）。

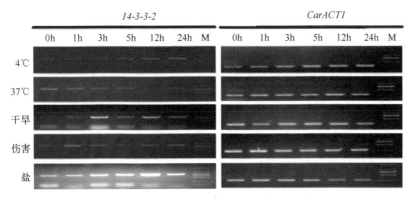

图 6-29　*14-3-3-2* 基因在不同非生物胁迫下的表达

干旱处理．将幼苗根部的沙洗净，吸干表面水分并转移到光照培养箱中干燥的滤纸上，暴露于空气中；冷处理（4℃）．将幼苗移至温度设置为 4℃的培养箱中进行处理；热处理（37℃）．将幼苗移至温度设置为 37℃培养箱中进行处理；盐胁迫处理．将幼苗转移到 200mmol/L 的 NaCl 溶液中；机械伤害处理．用致密钢刷垂直按压叶片，形成均匀的穿孔；M. DNA 分子量标记 DL2000

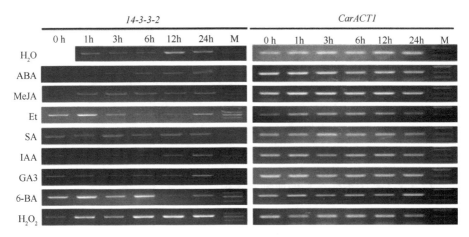

图 6-30　不同激素和 H$_2$O$_2$ 处理下 *14-3-3-2* 基因的表达

ABA（脱落酸）100μmol/L，MeJA（茉莉酸甲酯）100μmol/L，Et（乙烯利）200μmol/L，SA（水杨酸）100μmol/L，IAA（吲哚-3-乙酸）20μmol/L，GA3（赤霉素）100μmol/L，6-BA（6-苄基腺嘌呤）10μmol/L，H$_2$O$_2$ 50μmol/L；M. DNA 分子量标记 DL2000

2. 荧光定量 PCR 分析

选取半定量 PCR 有差异的几个处理进行实时荧光定量 PCR 验证，结果表明，*14-3-3-2* 基因表达的变化趋势与半定量 PCR 检测的结果基本一致。在干旱、盐、低温和高温胁迫下，*14-3-3-2* 基因的表达量都会显著升高。但相对于低温、高温和干旱处理,在高温处理下 *14-3-3-2* 基因的表达量增加很小。GA3 处理下,*14-3-3-2* 基因的表达量上升,这可能表明 *14-3-3-2* 基因也参与了 GA 信号通路;ABA 处理下,*14-3-3-2* 基因也有响应,表达量表现为略微升高,推测这个基因在 ABA 信号转导途径中起重要作用。

三、14-3-3-1 和 14-3-3-2 蛋白的亚细胞定位

1. *14-3-3-1* 基因编码产物的亚细胞定位

利用农杆菌介导法将构建的融合表达载体转化洋葱表皮细胞,在聚光共聚焦显微镜下进行观察,结果表明,该融合蛋白被定位在细胞核中,而不含 14-3-3-1 的对照 GFP 蛋白分布在整个细胞中(图 6-31)。这说明 *14-3-3-1* 基因编码产物定位于细胞核。

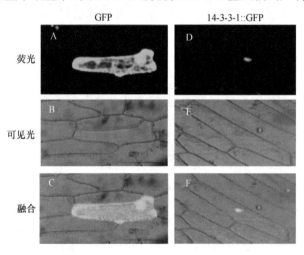

图 6-31　14-3-3-1 蛋白在洋葱表皮细胞中的亚细胞定位 (×200)

2. *14-3-3-2* 基因编码产物的亚细胞定位

利用农杆菌介导法将构建的融合表达载体转化洋葱表皮细胞,在聚光共聚焦显微镜下进行观察,结果表明,该融合蛋白被定位在细胞核中,而不含 14-3-3-2 的对照 GFP 蛋白分布在整个细胞中(图 6-32)。这说明 *14-3-3-2* 基因编码产物定位于细胞核。

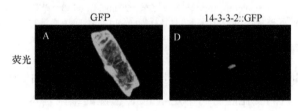

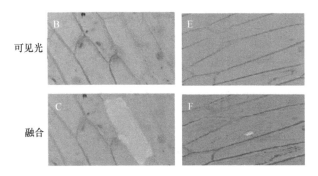

图 6-32　14-3-3-2 蛋白在洋葱表皮细胞中的亚细胞定位（×200）

四、转 *14-3-3* 基因拟南芥植株的表型及抗旱性和耐盐性评价

（一）转拟南芥株系的表型

1. 转 *14-3-3-1* 基因拟南芥株系

为了研究转 *14-3-3-1* 基因的拟南芥株系与野生型 Wt 有无表型差异，分别统计了它们的发芽率、发芽势，以及幼苗时期的根长、鲜重，并考察了成年植株的形态。

在发芽率方面，转 *14-3-3-1* 基因的拟南芥株系与野生型 Wt 间没有显著差异，但在发芽势方面却存在显著差异，尤其第 2 天和第 3 天的发芽率，转基因拟南芥株系极显著高于野生型（图 6-33），这说明 *14-3-3-1* 基因能促进种子的萌发。

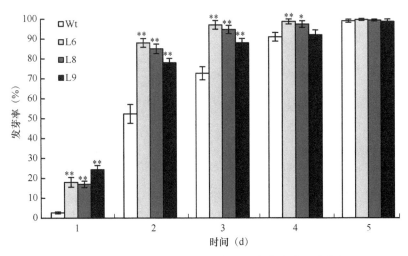

图 6-33　转 *14-3-3-1* 基因和野生型拟南芥的种子发芽率

L6、L8、L9. T3 代阳性转基因株系；Wt. 野生型拟南芥；*和**分别表示与对照相比差异达到显著（$P<0.05$）和极显著（$P<0.01$）水平

转 *14-3-3-1* 基因拟南芥株系的根比野生型 Wt 的根更长（图 6-34A、B），鲜重也更重（图 6-34C），皆达极显著水平。生长 30d 的转基因株系和野生型相比，在长势上差别不大，但开花明显提早，大约提早 5d（图 6-34D）。

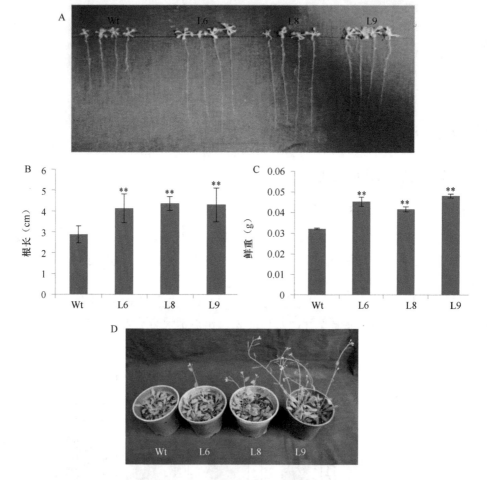

图 6-34　转 *14-3-3-1* 基因拟南芥株系幼苗期和成熟期特性

A. 根长形态图；B. 根长；C. 鲜重；D. 成熟期形态图。L6、L8、L9. T3 代阳性转基因株系；
Wt. 野生型拟南芥；**表示与对照相比差异达到极显著水平（*P*<0.01）

综上所述，转 *14-3-3-1* 基因拟南芥株系在种子发芽和生长发育上优于野生型 Wt，开花时间早于野生型 Wt，这说明 *14-3-3-1* 基因可能会促进植物的生长发育。

2. 转 *14-3-3-2* 拟南芥株系

在发芽率方面，转 *14-3-3-2* 基因拟南芥株系与野生型 Wt 间无显著差异，但在发芽势方面却存在显著差异，尤其第 2 天和第 3 天的发芽率，转基因拟南芥株系极显著高于野生型（图 6-35），这说明 *14-3-3-2* 基因促进种子的萌发。

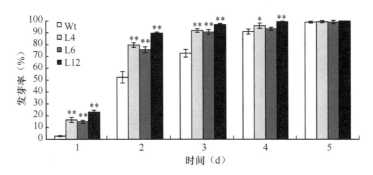

图 6-35　转 *14-3-3-2* 基因拟南芥株系发芽率

L4、L6、L12. T3 代阳性转基因株系；Wt. 野生型拟南芥；*和**分别表示与对照相比差异达到显著（*P*<0.05）和极显著（*P*<0.01）水平

转 *14-3-3-2* 基因拟南芥株系的根比野生型 Wt 的根更长（图 6-36A、B），鲜重也更重（图 6-36C），生长更为健硕。生长 30d 的转基因株系与野生型相比，在长势上略有差异但不明显，开花时间却明显更早（图 6-36D）。

综上所述，转 *14-3-3-2* 基因拟南芥株系在种子萌发和生长发育上优于野生型 Wt，开花时间也早于野生型，这说明 *14-3-3-2* 基因可能会促进植物的生长发育。

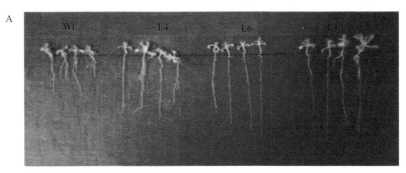

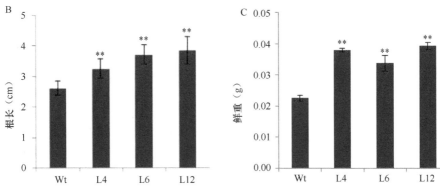

图 6-36　转 *14-3-3-2* 基因拟南芥株系的幼苗期和成熟期特性

A. 根长形态图；B. 根长；C. 鲜重；D. 成熟期形态图。L4、L6、L12. T3 代阳性转基因株系；Wt. 野生型拟南芥；
**表示与对照相比差异达到极显著水平（*P*<0.01）

（二）转基因拟南芥株系的抗旱性评价

1. 转 *14-3-3-1* 基因拟南芥株系的抗旱性评价

（1）表型评价

为了鉴定转 *14-3-3-1* 基因拟南芥植株的抗旱能力，从萌发、幼苗、成年植株 3 个阶段来分析。

利用甘露醇处理来模拟干旱胁迫，比较转 *14-3-3-1* 基因和野生型拟南芥种子在萌发期对低水势环境的耐受能力，具体过程是将转 *14-3-3-1* 基因拟南芥株系与野生型 Wt 的种子散布在含 250mmol/L 甘露醇 1/2 MS 固体培养基（同一批配制）上萌发，统计发芽率和发芽势。结果表明在模拟干旱胁迫下，虽然野生型 Wt 和转 *14-3-3-1* 基因拟南芥种子最终发芽率无显著差异，但第 3 天和第 4 天时，野生型的发芽率显著低于转 *14-3-3-1* 基因拟南芥株系的发芽率（图 6-37A），而且种子萌发生长 20d 后，转 *14-3-3-1* 基因拟南芥株系植株生长状态明显好于野生型 Wt 株系植株，根更长，植株鲜重更重（图 6-37B～D）。

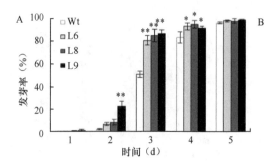

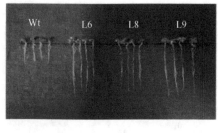

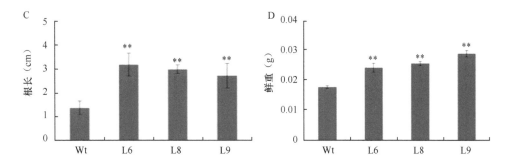

图 6-37　甘露醇处理下转 *14-3-3-1* 基因拟南芥株系种子萌发情况

A. 发芽率；B. 根长形态图；C. 根长；E. 鲜重。L6、L8、L9. T3 代阳性转基因株系；Wt. 野生型拟南芥；
*和**分别表示与对照相比差异达到显著（*P*<0.05）和极显著（*P*<0.01）水平

幼苗期模拟干旱处理是将 10d 龄拟南芥幼苗移栽至含 250mmol/L 甘露醇的 1/2 MS 固体培养基上生长 18d 后进行分析统计。结果表明，转基因株系的生长状态明显好于野生型植株，3 次重复的数据分析可看出野生型 Wt 存活率显著或极显著低于转 *14-3-3-1* 基因拟南芥株系（图 6-38）。

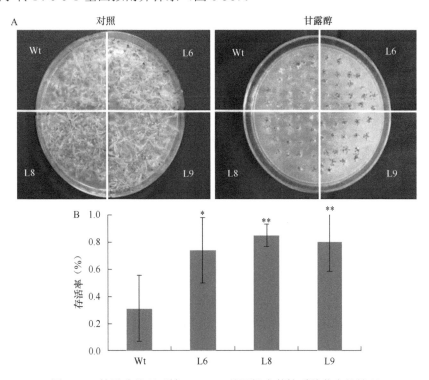

图 6-38　甘露醇处理下转 *14-3-3-1* 基因拟南芥株系幼苗生长情况

A. 对照和甘露醇处理条件下幼苗生长状况；B. 处理后植株存活率。L6、L8、L9. T3 代阳性转基因株系；Wt. 野
生型拟南芥；*和**分别表示与对照相比差异达到显著（*P*<0.05）和极显著（*P*<0.01）水平

为进一步验证转基因拟南芥成年植株是否具有抗旱性，将 30d 龄植株进行 15d 的干旱处理（不浇水），之后浇水进行 3d 的复苏处理。结果表明 4 个转基因株系的存活率均极显著（$P<0.01$）高于野生型（图 6-39）。

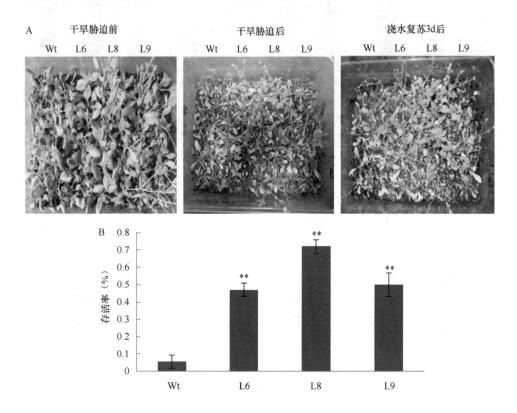

图 6-39 干旱胁迫下转 *14-3-3-1* 基因拟南芥株系生长情况和存活率

A. 干旱胁迫前后及浇水复苏后植株生长状况；B. 干旱及浇水复苏处理后植株的存活率。L6、L8、L9. T3 代阳性转基因株系；Wt. 野生型拟南芥；**表示与对照相比差异达到极显著水平（$P<0.01$）

以上结果说明干旱胁迫下，转 *14-3-3-1* 基因能提高拟南芥株系在萌发、幼苗和成年期 3 个阶段的耐旱性。

（2）生理指标评价

对 4 周龄的转 *14-3-3-1* 基因拟南芥株系及野生型 Wt 的离体叶片（0.5h、1.0h、1.5h、2.5h、3.5h、4.5h 和 5.5h）的失水率进行测定，同时烘干后计算相对含水量。结果表明，转 *14-3-3-1* 基因拟南芥株系离体叶片的失水率低于野生型 Wt（图 6-40A），且转基因株系离体叶片最后相对含水量显著高于野生型（图 6-40B）。这说明转 *14-3-3-1* 基因拟南芥株系对水分的保持能力明显高于野生型。

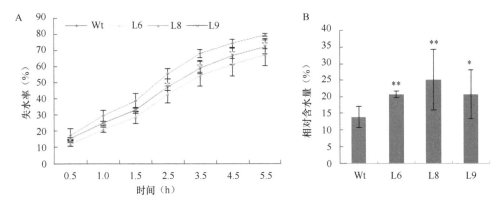

图 6-40　转 *14-3-3-1* 基因拟南芥株系离体叶片的失水率和相对含水量

A. 失水率；B. 离体 5.5h 时的相对含水量。L6、L8、L9. T3 代阳性转基因株系；Wt. 野生型拟南芥。*和**分别表示与对照相比差异达到显著（$P<0.05$）和极显著（$P<0.01$）水平

以 4 周龄的转 *14-3-3-1* 基因拟南芥株系及野生型 Wt 为材料，干旱处理 12d 后，测定其脯氨酸含量、细胞膜的稳定性（CMS）、光系统 II 的原初最大光合效率（Fv/Fm）及丙二醛（MDA）含量。

正常条件下，供试材料脯氨酸的含量都非常低，且野生型 Wt 和转 *14-3-3-1* 基因拟南芥株系（L6、L8、L9）间没有明显差异。但干旱处理下，无论野生型还是转基因拟南芥叶片中脯氨酸含量都显著增加，且 3 个转基因株系叶片脯氨酸含量都极显著高于野生型 Wt（图 6-41A）。

干旱处理下，供试材料细胞膜的稳定性比正常条件下要低，但无论正常条件下还是干旱胁迫处理下，转 *14-3-3-1* 基因拟南芥株系与野生型 Wt 间细胞膜的稳定性无显著差异（图 6-41B）。

正常条件下，转 *14-3-3-1* 基因拟南芥株系和野生型叶片中丙二醛的含量无明显差异，但干旱处理下，转 *14-3-3-1* 基因拟南芥株系（L6、L9）的丙二醛含量显著低于野生型 Wt（图 6-41C）。

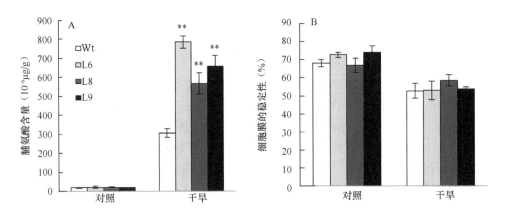

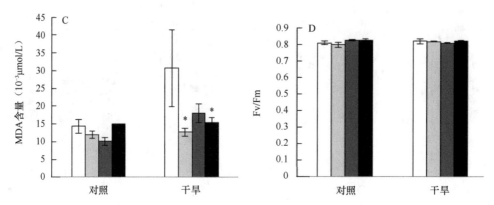

图 6-41　干旱处理后转 *14-3-3-1* 基因拟南芥株系叶片的生理指标

A. 脯氨酸含量；B. 细胞膜的稳定性；C. MDA 含量；D. 光系统 II 的原初最大光合效率（Fv/Fm）。
L6、L8、L9. T3 代阳性转基因株系；Wt. 野生型拟南芥；*和**分别表示与对照相比差异达到显著
（*P*<0.05）和极显著（*P*<0.01）水平

干旱处理下，转基因株系与野生型间 Fv/Fm 无显著差异，且与正常生长条件下相比也无明显差异（图 6-41D）。

综上所述，转 *14-3-3-1* 基因拟南芥株系在反映植物抗逆性生理指标如脯氨酸含量、MDA 含量上，都比野生型 Wt 要好，但在细胞膜的稳定性（CMS）、Fv/Fm 值上无明显差异。结合前面表型观察结果，可以认为转 *14-3-3-1* 基因可显著增强拟南芥植株的抗旱能力。

2. 转 *14-3-3-2* 基因拟南芥株系的抗旱性评价

（1）表型评价

为了鉴定转 *14-3-3-2* 基因拟南芥株系的抗旱能力，从萌发、幼苗、成年植株3 个阶段来分析。

利用甘露醇处理来模拟干旱胁迫，比较转 *14-3-3-2* 基因和野生型拟南芥种子在萌发期对低水势环境的耐受能力，具体过程是将转 *14-3-3-2* 基因拟南芥株系与野生型 Wt 的种子散布在含 250mmol/L 甘露醇 1/2 MS 固体培养基（同一批配制）上萌发，统计发芽率和发芽势。结果表明，在模拟干旱胁迫下，虽然野生型 Wt 和转 *14-3-3-2* 基因拟南芥种子最终发芽率无显著差异，但第 2 天和第 3 天时，野生型的发芽率显著低于转 *14-3-3-2* 基因拟南芥株系的发芽率（图 6-42A），而且种子萌发生长 20d 后，转 *14-3-3-2* 基因拟南芥株系植株生长状态明显好于野生型 Wt 株系植株，根更长，植株鲜重更重（图 6-42B～D）。

幼苗期模拟干旱处理是将 10d 龄拟南芥幼苗移栽至含 250mmol/L 甘露醇的1/2 MS 固体培养基上生长 18d 后进行分析统计。结果表明，转基因株系的生长状态明显好于野生型植株，3 次重复的数据分析可看出野生型 Wt 存活率极显著低于

转 *14-3-3-2* 基因拟南芥株系（图 6-43）。

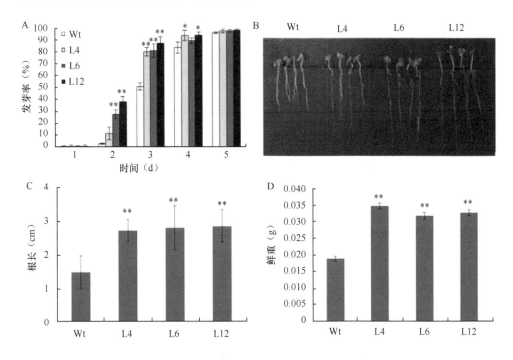

图 6-42　甘露醇（250mmol/L）处理下转 *14-3-3-2* 基因拟南芥株系种子萌发情况

A. 发芽率；B. 根长形态图；C. 根长；D. 鲜重。L4、L6、L12. T3 代阳性转基因株系；Wt. 野生型拟南芥；
*和**分别表示与对照相比差异达到显著（*P*<0.05）和极显著（*P*<0.01）水平

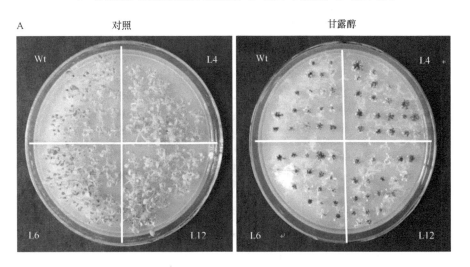

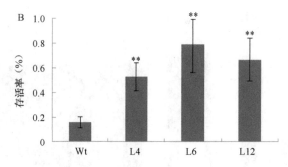

图 6-43　甘露醇（250mmol/L）处理下转 *14-3-3-2* 基因拟南芥株系幼苗生长情况

A. 对照和处理条件下幼苗生长状况；B. 甘露醇处理后植株存活率。L4、L6、L12. T3 代阳性转基因株系；
Wt. 野生型拟南芥；**表示与对照相比差异达到极显著水平（*P*<0.01）

　　为了进一步验证转基因拟南芥成年植株是否具有抗旱性，将 30d 龄植株进行
15d 干旱处理（不浇水），之后浇水进行 3d 复苏处理。结果表明，4 个转基因株系
的存活率均极显著高于野生型（*P*<0.01）（图 6-44）。

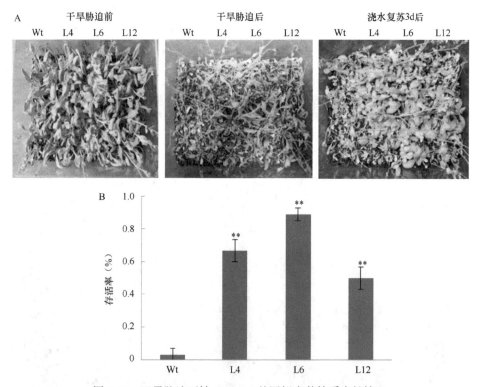

图 6-44　干旱胁迫下转 *14-3-3-2* 基因拟南芥株系生长情况

A. 干旱胁迫前后及浇水复苏后植株生长状况；B. 干旱及浇水复苏处理后植株存活率。L4、L6、L12. T3 代阳性转
基因株系；Wt. 野生型拟南芥；**表示与对照相比差异达到极显著水平（*P*<0.01）

以上结果说明在甘露醇模拟的干旱胁迫条件下，转 *14-3-3-2* 基因能提高拟南芥株系在萌发、幼苗和成年 3 个阶段的抗旱性。

（2）生理指标评价

对 4 周龄的转 *14-3-3-2* 基因拟南芥株系及野生型 Wt 离体叶片（0.5h、1.0h、1.5h、2.5h、3.5h、4.5h 和 5.5h）的失水率进行测定，同时烘干后计算相对含水量。结果表明，转 *14-3-3-2* 基因拟南芥株系离体叶片的失水率低于野生型 Wt（图6-45A），且转基因株系离体叶片最后相对含水量极显著高于野生型（图 6-45B）。这说明转 *14-3-3-2* 基因拟南芥株系对水分的保持能力明显高于野生型。

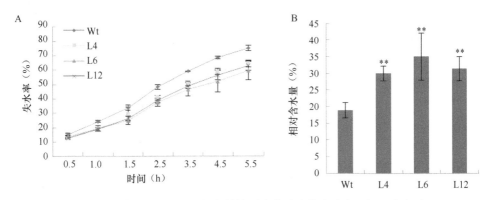

图 6-45　转 *14-3-3-2* 基因拟南芥株系离体叶片的失水率和相对含水量

A. 失水率；B. 离体 5.5h 时的相对含水量。L4、L6、L12. T3 代阳性转基因株系；Wt. 野生型拟南芥；**表示与对照相比差异达到极显著水平（*P*<0.01）

以 4 周龄的转 *14-3-3-2* 基因拟南芥株系及野生型 Wt 为材料，干旱处理 12d后，测定其脯氨酸含量、细胞膜的稳定性（CMS）、光系统Ⅱ的原初最大光合效率（Fv/Fm）及丙二醛（MDA）含量。

正常条件下，供试材料脯氨酸的含量都非常低，且野生型 Wt 和转 *14-3-3-2*基因拟南芥株系（L4、L6、L12）间没有明显差异。但干旱处理下，无论野生型还是转基因拟南芥叶片中脯氨酸含量都显著增加，且 3 个转基因株系叶片脯氨酸含量都极显著高于野生型 Wt（图 6-46A）。

正常条件下，转 *14-3-3-2* 基因拟南芥株系与野生型 Wt 在细胞膜的稳定性上无显著差异，但干旱处理下，转 *14-3-3-2* 基因拟南芥株系的细胞膜稳定性极显著高于野生型 Wt（图 6-46B）。

正常条件下，转 *14-3-3-2* 基因拟南芥株系和野生型叶片中丙二醛的含量无明显差异，但干旱处理下，转 *14-3-3-2* 基因拟南芥株系（L4、L6、L12）的内二醛含量显著低于野生型 Wt（图 6-46C）。

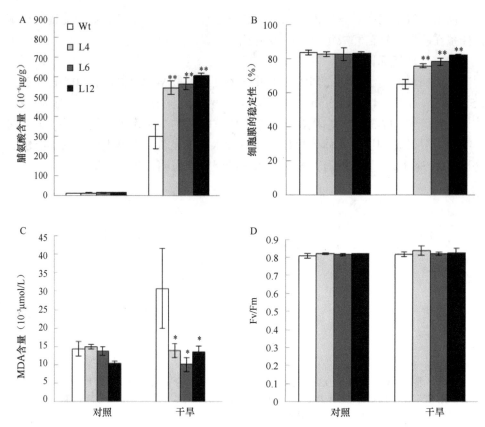

图 6-46　干旱处理后转 *14-3-3-2* 基因拟南芥株系叶片的生理指标

A. 脯氨酸含量；B. 细胞膜的稳定性；C. MDA 含量；D. 光系统 II 的原初最大光合效率（Fv/Fm）。
L4、L6、L12. T3 代阳性转基因株系；Wt. 野生型拟南芥；*和**分别表示与对照相比差异达到显著
（*P*<0.05）和极显著（*P*<0.01）水平

干旱处理下，转基因株系与野生型间 Fv/Fm 无显著差异，且与正常生长条件下相比也无明显差异（图 6-46D）。

综上所述，转 *14-3-3-2* 基因拟南芥株系在反映植物抗逆性生理指标脯氨酸含量、MDA 含量、细胞膜的稳定性（CMS）上，都比野生型的要好，但在 Fv/Fm 值上无明显差异。结合前面表型观察结果，可认为转 *14-3-3-2* 基因可显著增强拟南芥植株的抗旱能力。

（三）转基因拟南芥株系的耐盐性评价

1. 转 *14-3-3-1* 基因拟南芥株系的耐盐性评价

（1）表型评价

在 150mmol/L NaCl 处理下比较转基因拟南芥株系和野生型拟南芥在萌发期

对盐胁迫的耐受能力。具体过程是将转 *14-3-3-1* 基因株系和野生型拟南芥 Wt 种子在含 150mmol/L NaCl 1/2 MS 固体培养基（同一批配制）上萌发，并计算发芽势和发芽率。结果发现，转 *14-3-3-1* 基因拟南芥株系的发芽势极显著（$P<0.01$）高于野生型 Wt 的发芽势，且转基因株系 L6 和 L8 的发芽率显著（$P<0.05$）或极显著（$P<0.01$）高于野生型的发芽率（图 6-47A）。转 *14-3-3-1* 基因拟南芥株系的根较野生型 Wt 的根更长（$P<0.01$）（图 6-47B、C），鲜重也更重（$P<0.01$）（图 6-47D），皆达极显著水平（$P<0.01$）。这说明转 *14-3-3-1* 基因能显著提高拟南芥萌发期的耐盐性。

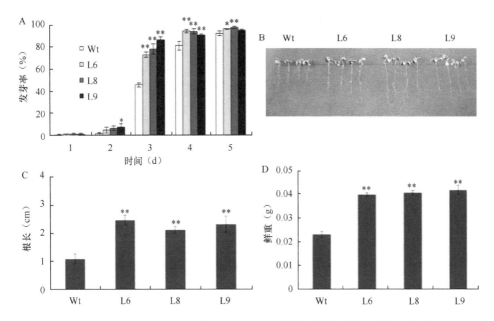

图 6-47 在 150mmol/L NaCl 胁迫下转 *14-3-3-1* 基因和野生型拟南芥种子萌发状况
A. 发芽率；B. 根长形态图；C. 根长；D. 鲜重。L6、L8、L9. T3 代阳性转基因株系；Wt. 野生型拟南芥；
*和**分别表示与对照相比差异达到显著（$P<0.05$）和极显著（$P<0.01$）水平

幼苗期耐盐性处理是将 10d 龄拟南芥幼苗移栽至含 150mmol/L NaCl 1/2 MS 固体培养基上生长 15d 后，观察生长状况。结果发现，转基因株系的生长状态明显好于野生型植株，3 次重复的数据分析可看出野生型 Wt 的存活率极显著（$P<0.01$）低于转 *14-3-3-1* 基因拟南芥株系（图 6-48）。

为进一步观察转 *14-3-3-1* 基因拟南芥株系成年植株是否具有耐盐性，将 3 周龄的拟南芥每 3d 浇灌一次 300mmol/L NaCl 溶液，15d 后调查存活率。结果发现，L8 和 L9 转基因株系的存活率均极显著（$P<0.01$）高于野生型，但 L6 株系与野生型无明显差异（图 6-49）。

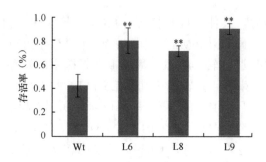

图 6-48　在 150mmol/L NaCl 处理下转 *14-3-3-1* 基因和野生型拟南芥株系幼苗的存活率

L6、L8、L9. T3 代阳性转基因株系；Wt. 野生型拟南芥。**分别表示与对照相比差异达到极显著水平（*P*<0.01）

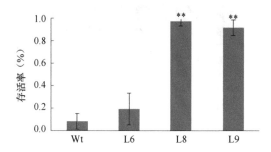

图 6-49　300mmol/L NaCl 处理下转 *14-3-3-1* 基因和野生型拟南芥株系成年植株的存活率

L6、L8、L9. T3 代阳性转基因株系；Wt. 野生型拟南芥。**表示与对照相比差异达到极显著水平（*P*<0.01）

（2）生理指标评价

通过以上表型分析可看出，转 *14-3-3-1* 基因拟南芥株系比野生型 Wt 具有更好的耐盐性，为明确转 *14-3-3-1* 基因耐盐性机制，进一步进行一系列生理指标的分析。对 4 周龄的转 *14-3-3-1* 基因拟南芥株系及野生型 Wt 浇 300mmol/L NaCl 溶液，3d 后测定它们的脯氨酸含量、细胞膜的稳定性（CMS）、Fv/Fm 和丙二醛（MDA）的含量。

正常条件下，野生型 Wt 和转 *14-3-3-1* 基因拟南芥株系（L6、L8、L9）的脯氨酸含量都非常低，且相互间差异不显著。但在 300mmol/L NaCl 处理下，所有株系的脯氨酸含量均极显著（*P*<0.01）增加，且 3 个转基因株系的脯氨酸含量极显著高于野生型的（图 6-50A）。

正常条件下，转 *14-3-3-1* 基因拟南芥株系与野生型 Wt 间细胞膜的稳定性无明显差异，但在盐胁迫下，转 *14-3-3-1* 基因拟南芥株系（L8、L9）细胞膜的稳定性显著（*P*<0.05）或极显著（*P*<0.01）高于野生型 Wt。L6 也高于野生型但没达到显著水平（图 6-50B）。

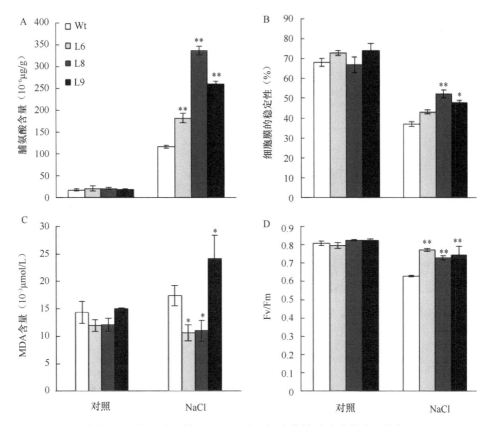

图 6-50　盐胁迫下转 *14-3-3-1* 基因拟南芥株系叶片的生理指标

A. 脯氨酸含量；B. 细胞膜的稳定性；C. MDA 的含量；D. 光系统Ⅱ的原初最大光合效率（Fv/Fm）。
L6、L8、L9. T3 代阳性转基因株系；Wt. 野生型拟南芥；*和**分别表示与对照相比差异达到显著
（$P<0.05$）和极显著（$P<0.01$）水平

正常条件下，转 *14-3-3-1* 基因拟南芥株系和野生型 Wt 间丙二醛的含量无太大差异。但在盐胁迫下，转 *14-3-3-1* 基因拟南芥株系（L6、L8）的丙二醛含量显著（$P<0.05$）低于野生型 Wt 的，但 L9 株系的丙二醛含量却显著（$P<0.05$）高于野生型 Wt 的（图 6-50C）。

正常条件下，转 *14-3-3-1* 基因拟南芥株系和野生型 Wt 间光系统Ⅱ原初最大光合效率（Fv/Fm）无太大差异。但在盐胁迫下，转 *14-3-3-1* 基因拟南芥株系的 Fv/Fm 都比野生型 Wt 的高，且达到极显著（$P<0.01$）差异水平（图 6-50D）。

综上结果，说明转 *14-3-3-1* 基因可显著增强拟南芥植株的耐盐能力。

2. 转 *14-3-3-2* 基因拟南芥株系的耐盐性评价

（1）表型评价

在 150mmol/L NaCl 处理下比较转基因拟南芥株系和野生型拟南芥在萌发期

对盐的耐受能力。结果表明，转 *14-3-3-2* 基因拟南芥株系与野生型相比最终发芽率没有明显差异，但第 3 天时野生型的发芽率显著（*P*<0.01）低于转 *14-3-3-2* 基因拟南芥株系的（图 6-51A）。转 *14-3-3-2* 基因拟南芥株系的根较野生型的根更长（*P*<0.01）（图 6-51B、C），鲜重也更重（*P*<0.01）（图 6-51D）。这说明转 *14-3-3-2* 基因能显著提高拟南芥萌发期的耐盐性。

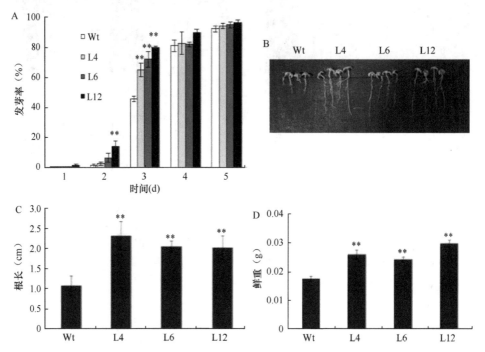

图 6-51　转 *14-3-3-2* 基因和野生型拟南芥在 150mmol/L NaCl 胁迫下种子萌发状况

A. 发芽率；B. 根长形态图；C. 根长；D. 鲜重。L4、L6、L12. T3 代阳性转基因株系；Wt. 野生型拟南芥；
**表示与对照相比差异达到极显著水平（*P*<0.01）

幼苗期耐盐性处理是将 10d 龄幼苗移栽至含 150mmol/L NaCl 1/2 MS 固体培养基上生长 15d 后，观察生长状况。结果发现转 *14-3-3-2* 基因株系的生长状态明显好于野生型植株，3 次重复的数据分析可看出野生型 Wt 的存活率极显著（*P*<0.01）低于转 *14-3-3-2* 基因拟南芥株系（图 6-52）。

为进一步观察转 *14-3-3-2* 基因拟南芥株系成年植株是否具有耐盐性，将 3 周龄的拟南芥每 3d 浇灌一次 300mmol/L NaCl 溶液，15d 后调查存活率。结果发现，L4、L6 和 L12 转基因株系的存活率均极显著（*P*<0.01）高于野生型（图 6-53）。

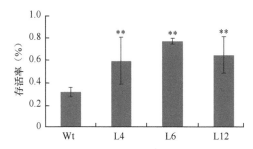

图 6-52　在 150mmol/L NaCl 处理下转 *14-3-3-2* 基因和野生型拟南芥株系幼苗存活率
L4、L6、L12. T3 代阳性转基因株系；Wt. 野生型拟南芥。**表示与对照相比差异达到极显著水平（*P*<0.01）

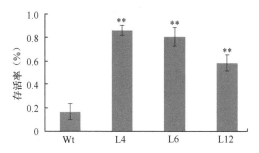

图 6-53　在 300mmol/L NaCl 处理下转 *14-3-3-2* 基因和野生型拟南芥株系成株存活率
L4、L6、L12. T3 代阳性转基因株系；Wt. 野生型拟南芥。**表示与对照相比差异达到极显著水平（*P*<0.01）

（2）生理指标评价

通过以上表型分析可以看出，转 *14-3-3-2* 基因拟南芥株系比野生型 Wt 具有更好的耐盐性，为明确 *14-3-3-2* 基因具有耐盐性，进一步进行一系列生理指标的分析。对 4 周龄的转 *14-3-3-2* 基因拟南芥株系及野生型 Wt 浇 300mmol/L NaCl 溶液，3d 后测定它们的脯氨酸含量、细胞膜的稳定性（CMS）、Fv/Fm 和丙二醛（MDA）的含量。

正常条件下，野生型 Wt 和转 *14-3-3-2* 基因拟南芥株系（L4、L6、L12）的脯氨酸含量都非常低，且相互间差异不显著。但在 300mmol/L NaCl 处理下，所有株系的脯氨酸含量均极显著（*P*<0.01）增加，且 3 个转基因株系的脯氨酸含量极显著高于野生型的（图 6-54A）。

正常条件下，转 *14-3-3-2* 基因拟南芥株系与野生型 Wt 间细胞膜的稳定性无明显差异，但在盐胁迫下，转 *14-3-3-2* 基因拟南芥株系（L4、L6、L12）细胞膜的稳定性极显著（*P*<0.01）高于野生型 Wt（图 6-54B）。

正常条件下，转 *14-3-3-2* 基因拟南芥株系和野生型 Wt 间丙二醛的含量无太大差异。但在盐胁迫下，转 *14-3-3-2* 基因拟南芥株系（L4、L6、L12）的丙二醛含量低于野生型 Wt 的，但只有 L12 株系的丙二醛含量显著（*P*<0.05）低于野生型 Wt（图 6-54C）。

正常条件下，转 *14-3-3-2* 基因拟南芥株系和野生型 Wt 间光系统 II 原初最大光合效率（Fv/Fm）无太大差异。但在盐胁迫下，转 *14-3-3-2* 基因拟南芥株系 L4 和 L12 的 Fv/Fm 比野生型 Wt 的高，且达到极显著（$P<0.01$）差异（图 6-54D）。

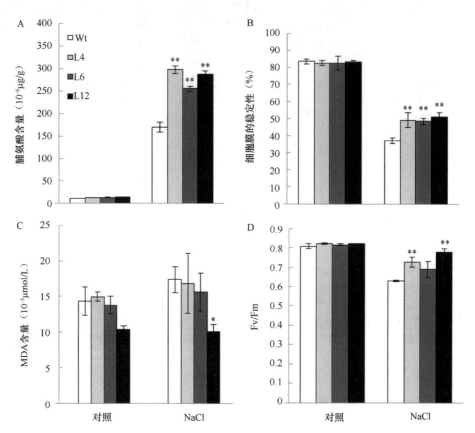

图 6-54 盐（300mmol/L NaCl）胁迫下转 *14-3-3-2* 基因拟南芥株系叶片的生理指标
A. 脯氨酸含量；B. 细胞膜的稳定性；C. MDA 的含量；D. 光系统 II 的原初最大光合效率（Fv/Fm）。
L4、L6、L12. T3 代阳性转基因株系；Wt. 野生型拟南芥；*和**分别表示与对照相比差异达到显著
（$P<0.05$）和极显著（$P<0.01$）水平

综上结果，说明 *14-3-3-2* 基因可显著增强拟南芥植株的耐盐能力。

第五节　胚胎发生晚期丰富蛋白基因 *CarLEA793* 和 *CarLEA4* 的克隆与表达分析

克隆得到鹰嘴豆两个 LEA 蛋白基因，分别命名为 *CarLEA793*（对应的 EST 为 Contig_793）和 *CarLEA4*（对应的 EST 为 Contig_9301）。*CarLEA793* 基因的可

读框由 681bp 组成，不含内含子，编码一条 226 个氨基酸残基的多肽。*CarLEA793*
基因的产物定位于细胞核内，其在根、茎、叶、花、幼荚和幼胚中均有表达。
CarLEA793 基因随着叶片的衰老表达量显著降低，在种子发育过程中其在幼胚中
的表达量呈先上升后下降的趋势，在荚皮发育过程中其呈先上升、后下降再上升
的表达模式。在叶中，*CarLEA793* 基因受干旱和 MeJA 胁迫或处理诱导上调表达，
但不受或弱受盐、低温、高温、ABA、IAA 和 GA3 诱导表达。在根中，*CarLEA793*
基因受干旱、低温、高温、盐、IAA、GA3 和 ABA 处理或胁迫诱导下调表达或不
受影响；受 MeJA 诱导呈"上调—下调"形表达。这些结果表明 CarLEA793 蛋白
可能参与植物的生长代谢及多种生物和非生物胁迫的应答。

  CarLEA4 基因鹰嘴豆的可读框由 459bp 组成，包含一段 155bp 的内含子。该
基因编码一条 152 个氨基酸残基的多肽。*CarLEA4* 基因的产物定位于细胞核内，
其在根、茎、叶、花、幼荚和幼胚中均有表达。*CarLEA4* 基因只在早期的叶片中
表达，在种子发育过程中其在幼胚中呈先逐渐上升后下降的表达模式，在荚皮发
育过程中其在 10d 荚皮中表达量最高，其次是 20d 的荚皮中。在叶中，*CarLEA4*
基因受干旱、盐、低温、ABA、GA3、IAA 和 MeJA 处理或诱导上调表达；受高
温处理下调表达。在根中，*CarLEA4* 基因受干旱、盐、高温、ABA 和 GA3 胁迫
或处理诱导上调表达；受低温、MeJA 和 IAA 胁迫或处理诱导下调表达。这些情
况表明 *CarLEA4* 基因可能参与多个代谢途径及生物和非生物胁迫的应答。

  胚胎发生晚期丰富（late embryogenesis abundant，LEA）蛋白是植物在胚胎发
育后期在胚胎中大量表达的一类蛋白（Battaglia et al.，2021）。大多数 LEA 蛋白
具有亲水性及热稳定性，它在水溶液中通常为非折叠状态，但脱水胁迫可诱导其
转变为 α-螺旋。LEA 蛋白可定位于细胞内的多种细胞器中，且 LEA 蛋白可能具
有多重保护作用，如保护蛋白质及酶活性、保护细胞的膜结构、抗氧化作用、螯
合离子或保护 DNA 等（Farrant and Hilhorst，2021）。

一、鹰嘴豆 *CarLEA793* 和 *CarLEA4* 基因的克隆与序列分析

（一）末端扩增及测序分析

1. *CarLEA793* 基因的 3′ 端扩增

  根据本实验室构建的 cDNA 文库（Gao et al.，2008）中已有的一条 EST 序列
Contig_793，由于其具有完整的 5′端，并且有一个疑似 LEA 蛋白的可读框，本研
究以此为模板设计基因特异性引物进行 3′ cDNA 末端快速扩增（3′-RACE）。基因

特异性引物 3′-GSP（5′-GGTGAAGCAGACGGCGCAAGGAGCT-3′）和 3′-NGSP（5′-TTGGGATTCTGCTAAGGATGCG-3′）作为上游引物，试剂盒中已有的寡聚核苷酸作为下游引物。3′-GSP 用于第一轮 PCR 扩增，3′-NGSP 用于第二轮 PCR 扩增。3′-RACE 扩增产物在 1%琼脂糖凝胶上进行电泳检测。

把扩增的产物进行连接转化，挑选阳性克隆进行序列测定。结果如下：

TTGGGATTCTGCTAAGGATGCGTCGGAGAAGATTAAGGAGACGGTTGTTGG
GAAAGATGATGCATGATCATGAATTGAAGAGTAAGGGTTGTTATACTCAGAA
TTAGAGTAAGGGTTATTCATTCAAAGCAGAGGAAAGAGGAACGCTTTTTTAA
TTAATTATGAAATGGATGTATGTTTGTAAACAATAATTTAGTTTTTAAATTAAA
TAACCTCTTTATTAATAATAATTTATATTATATCTATCAAAAAAAAAAAAAAAA
AAAAAAAAAAAGTACTCTGCGTTGATACCACTGCTT

测序结果表明，得到的 3′-RACE 扩增的片段包含有终止密码子和 Poly(A)尾，表明已获得 *CarLEA793* 基因的 3′端序列。将克隆得到的序列与相应的 EST 拼接后，得到了 *CarLEA793* 基因完整的 cDNA 序列信息。

2. *CarLEA4* 基因的 3′端和 5′端扩增

根据本实验室构建的 cDNA 文库（Gao et al.，2008）中已有的一条 EST 序列 Contig_9301，设计基因特异性引物 3′-GSP（5′-GGCAAATGGGACATACTACTGGG-3′）和 3′-NGSP（5′-ACACCCGATTGGAACTAATAGAGGC-3′）进行 3′-RACE。扩增产物在 1%琼脂糖凝胶上进行电泳检测。把扩增的产物回收后连接转化，挑选阳性克隆进行序列测定。结果如下：

GGCAAATGGGACATACTACTGGGGCCCATCCGATGTCGGCATTGCCTGGTCA
TGGAACTGGACATCCCATGGGGCATACCACGGAGGGAGTGGTGGGCTCACA
CCCGATTGGAACTAATAGAGGCCCAGATGGGACCGCTACGGCCCATAATACT
CGTGTTGGTGGAAATCCGAATGCCACAGGGTATACAACTGGCGGTTCTTATA
CTTAATTAAATGATAAGGACTGCACAAAGTTTAGTCTTGTTTGTTTCATTTCC
TCTTTTCTGTAAGTTTGCTATGAGTTTGTGGATGTTCCTACTTTTACGTGGAG
CGTTCTGTGTCATGGAGTTCTATATTGTAATTTCACTTCTTTCAATTAAATAAA
TTGTGATTTGGGTTATGTGATAAAAAAAAAAAAAAAAAAAAAAAAAAAAGTA
CTCTGCGTTGATACCACTGCTTGCCCTATAGTGAGTCGTATTAG

根据 Contig_9301 设计 5′-RACE 基因特异性引物 5′-GSP（5′-TCTTGTGGGTT
GCCATCTCTT-3′）和 5′-NGSP（5′-CCAGATTTGGCAGAAGCACC-3′）进行 5′端快速扩增。5′-RACE 产物在 1%琼脂糖凝胶上进行电泳检测。把扩增的产物进行回收连接转化，挑选阳性克隆进行序列测定。结果如下：

AAGCAGTGGTATCAACGCAGAGTACGCGGGGATATTGAGCTAAATAAAAAG
AAAGGATTAATCGTTGAAACATTGAAAATGGAAGGTGCAAAGAAAGCAGGA
GAGAGCATTAAGGAAACAGCTGCCAATGTTGGTGCTTCTGCCAAATCTGG

测序结果表明，已经得到了 *CarLEA4* 基因的 3′端和 5′端序列。将克隆得到的序列与相应的 EST 拼接后，得到了 *CarLEA4* 基因完整的 cDNA 序列信息。

（二）cDNA 序列全长的分离和克隆

1. *CarLEA793* 基因全长 cDNA 序列

为进一步分离 *CarLEA793* 基因，在编码框的两侧设计引物（5′-ATATGGCAGCAATGTTAAGCACAAG-3′和 5′-ATCATGCATCATCTTTCCCAAC-3′），以叶片的 cDNA 为模板进行了 PCR 扩增，获得了 *CarLEA793* 基因全长 cDNA 序列。

CCGAAAATATGGCAGCAATGTTAAGCACAAGAAATGCACTCTTCCGCTTCTC
AAAGTCATTCCCTAACGCTCCTTCCCTCTCCCTTCCTAAACCTTCTAGAGTCT
TCTTCGCTTTCGCTTCCAACCATTCAGATTGGAGAAATTCAGCAGAAGGACC
GAGAAGCACTTCAGCCGGTTGGGGTTATGATTCTCCTTCATCAAAGACAAAA
CGCGATTCCAATAACAGAGAGAGAGCGAGAGCGACCGCAAGTGAAGGCGT
AGACGCAGAAGACGTAAAAGAATACGCACGTGAGACACAGAAAGCAGCAG
AGAGTGCGGGAGAGAAAGCAGTGGATTATGCATACGAAGCAAAAGACAGA
ACAAAGGAAGCAGCAGAGAGTGGTGGAGAGAAAGTAAGAGAGTATGCAAA
TGATGCAAAAGCGGGTGCAGAGAGTGCTGGAGGGAAAGTGGTAGATTATGC
TTATGAAGCAAAGGAGGCAGCAGAGAGTGCTGGAGAGAAAGCAATAGATG
GTATTGAGAGAAACGCTGACGCAACAGCCAAGAAGACAGGGGAGGTTGCA
GGGGCGACGACTGAAGCTCTGAAGAATGCAGGGGAGAAGGTGAAGCAGAC
GGCGCAAGGAGCTTGGGATTCTGCTAAGGATGCGTCGGAGAAGATTAAGGA
GACGGTTGTTGGGAAAGATGATGCATGATCATGAATTGAAGAGTAAGGGTTG
TTATACTCAGAATTAGAGTAAGGGTTATTCATTCAAAGCAGAGGAAAGAGGA
ACGCTTTTTTAATTAATTATGAAATGGATGTATGTTTGTAAACAATAATTTAGT
TTTTAAATTAAATAACCTCTTTATTAATAATAATTTATATTATATCTATCAAAAA
AAAAAAAAAAAAAAAAAAAAAAAAGT

测序结果显示获得了 *CarLEA793* 基因的全长 cDNA 序列，该基因序列包含完整的可读框，与原有的拼接序列基本一致。

2. *CarLEA4* 基因全长 cDNA 序列

为进一步分离 *CarLEA4* 基因，在编码框的两侧设计引物（5′-ATATGGCAGCAATGTTAAGCACAAG-3′和 5′-AGAGGAAATGAAACAAACAAGAC-3′），以叶片的 cDNA 为模板进行了 PCR 扩增，获得了 *CarLEA4* 基因全长 cDNA 序列。

GATATTGAGCTAAATAAAAAGAAAGGATTAATCGTTGAAACATTGAAAATGG
AAGGTGCAAAGAAAGCAGGAGAGAGCATTAAGGAAACAGCTGCCAATGTT
GGTGCTTCTGCCAAATCTGGTATGGAGAAGACCAAGGCCGTTGTTCAAGAA
AAGACAGAGAAGATGAAAACACGTGATCCTGTGGAGAAAGAGATGGCAAC

CCACAAGAAAGACGTAAAGATGACCCAAGCAGAGCTGGACAAGCAGGCGG
CGCGTGAACATAACGCCGCTGTTAAACAGTCGACAACGGAAGGGCAAATGG
GACATACTACTGGGGCCCATCCGATGTCGGCATTGCCTGGTCATGGAACTGG
ACATCCCATGGGGCATACCACGGAGGGAGTGGTGGGCTCACACCCGATTGG
AACTAATAGAGGCCCAGATGGGACCGCTACGGCCCATAATACTCGTGTTGGT
GGAAATCCGAATGCCACAGGGTATACAACTGGCGGTTCTTATACTTAATTAAA
TGATAAGGACTGCACAAAGTTTAGTCTTGTTTGTTTCATTTCCTCTTTTCTGT
AAGTTTGCTATGAGTTTGTGGATGTTCCTACTTTTACGTGGAGCGTTCTGTGT
CATGGAGTTCTATATTGTAATTTCACTTCTTTCAATTAAATAAATTGTGATTTG
GGTTATGTGATAAAAAAAAAAAAAAAAAAAAAAAAAAAAAAGT

    测序结果显示获得了 *CarLEA4* 基因的全长 cDNA 序列，该基因序列包含完整的可读框，与原有的拼接序列基本一致。

（三）DNA 序列全长的分离及克隆

    利用以上引物，以鹰嘴豆幼苗叶片所提取的 DNA 为模板，分别扩增 *CarLEA793*、*CarLEA4* 基因的 DNA 全长。结果发现前者不含内含子（图 6-55），后者可读框内包括一段 155bp 的内含子（图 6-56）。

```
DNA    ATGGCAGCAATGTTAAGCACAAGAAATGCACTCTTCCGCTTCTCAAAGTCATTCCCTAAC  60
cDNA   ATGGCAGCAATGTTAAGCACAAGAAATGCACTCTTCCGCTTCTCAAAGTCATTCCCTAAC  60
       ************************************************************

DNA    GCTCCTTCCCTCTCCCTTCCTAAACCTTCTAGAGTATTCTTCGCTTTCGCTTCCAACCAT  120
cDNA   GCTCCTTCCCTCTCCCTTCCTAAACCTTCTAGAGTCTTCTTCGCTTTCGCTTCCAACCAT  120
       ***********************************  ***********************

DNA    TCAGATTGGAGAAATTCAGCAGAAGGACCGAGAAGCACTTCAGCCGGTTGGGGTTATGAT  180
cDNA   TCAGATTGGAGAAATTCAGCAGAAGGACCGAGAAGCACTTCAGCCGGTTGGGGTTATGAT  180
       ************************************************************

DNA    TCTCCTTCATCAAAGACAAAACGCGATTCCAATAACAGAGAGAGAGCGAGAGCGACCGCA  240
cDNA   TCTCCTTCATCAAAGACAAAACGCGATTCCAATAACAGAGAGAGAGCGAGAGCGACCGCA  240
       ************************************************************

DNA    AGTGAAGGCGTAGACGCAGAAGACGTAAAAGAATACGCACGTGAGACACAGAAAGCAGCA  300
cDNA   AGTGAAGGCGTAGACGCAGAAGACGTAAAAGAATACGCACGTGAGACACAGAAAGCAGCA  300
       ************************************************************

DNA    GAGAGTGCGGGAGAGAGAGCAGTGGATTATGCATACGAAGCAAAAGACAGAACAAAGGAA  360
cDNA   GAGAGTGCGGGAGAGAAAGCAGTGGATTATGCATACGAAGCAAAAGACAGAACAAAGGAA  360
       ****************  ******************************************

DNA    GCAGCAGAGAGTGGTGGAGAGAAAGTAAGAGAGTATGCAAATGATGCAAAAGCGGGTGCA  420
cDNA   GCAGCAGAGAGTGGTGGAGAGAAAGTAAGAGAGTATGCAAATGATGCAAAAGCGGGTGCA  420
       ************************************************************

DNA    GAGAGTGCTGGAGGGAAAGTGGTAGATTATGCTTATGAAGCAAAGGAGGCAGCAGAGAGT  480
cDNA   GAGAGTGCTGGAGGGAAAGTGGTAGATTATGCTTATGAAGCAAAGGAGGCAGCAGAGAGT  480
       ************************************************************

DNA    GCTGGAGAGAAAGCAATAGATGGTATTGAGAGAAACGCTGACGCAACAGCCAAGAAGACA  540
cDNA   GCTGGAGAGAAAGCAATAGATGGTATTGAGAGAAACGCTGACGCAACAGCCAAGAAGACA  540
       ************************************************************

DNA    GGGGAGGTTGCAGGGGCGACGACTGAAGCTCTGAAGAATGCAGGGGAGAAGGTGAAGCAG  600
cDNA   GGGGAGGTTGCAGGGGCGACGACTGAAGCTCTGAAGAATGCAGGGGAGAAGGTGAAGCAG  600
       ************************************************************
```

```
DNA    ACGGCGCAAGGAGCTTGGGATTCTGCTAAGGATGCGTCGGAGAAGATTAAGGAGACGGTT 660
cDNA   ACGGCGCAAGGAGCTTGGGATTCTGCTAAGGATGCGTCGGAGAAGATTAAGGAGACGGTT 660
       ************************************************************

DNA    GTTGGGAAAGATGATGCATGA 681
cDNA   GTTGGGAAAGATGATGCATGA 681
       *********************
```

图 6-55　*CarLEA793* 基因的 cDNA 及 DNA 扩增序列比对

DNA 代表 *CarLEA793* 基因的 DNA 序列，cDNA 代表 *CarLEA793* 基因的 cDNA 序列

```
C9301  ATGGAAGGTGCAAAGAAAGCAGGAGAGAGCATTAAGGAAACAGTTGCCAATGTTGGTGCT 60
D9301  ATGGAAGGTGCAAAGAAAGCAGGAGAGAGCATTAAGGAAACAGCTGCCAATGTTGGTGCT 60
       *****************************************   *****************

C9301  TCTGCCAAATCTGGTATGGAGAAGACCAAGGCCGTTGTTCAAGAAAAG------------ 108
D9301  TCTGCCAAATCTGGTATGGAGAAGACCAAGGCCGTTGTTCAAGAAAAGGTATTGCTTTTG 120
       *********************************************** ***

C9301  ------------------------------------------------------------
D9301  TTTTCCTAATATTTACTTTTTTATAGATTAATTCATTAAATAATTTAGTTAAGCTGAAAA 180

C9301  ------------------------------------------------------------
D9301  TGACTTATTCTTATAAATTTAATTTTTCCAAGTAAAGAATGTGTTGAAGTAATTAATGAA 240

C9301  ----------------------ACAGAGAAGATGAAAACACGTGATCCTGTGGAGAAAG 145
D9301  TGTGTTGGGTCTTATAAAATCAGACAGAGAAGATGAAAACACGTGATCCTGTGGAGAAAG 300
                             *****************************************

C9301  AGATGGCAACCCACAAGAAAGACGTAAAGATGACCCAAGCAGAGCTGGACAAGCAGGCGG 205
D9301  AGATGGCAACCCACAAGAAAGACGTAAAGATGACCCAAGCAGAGCTGGACAAGCAGGCGG 360
       ************************************************************

C9301  CGCGTGAACATAACGCCGCTGTTAAACAGTCGACAACGGAAGGGCAAATGGGACATACTA 265
D9301  CGCGTGAACATAACGCCGCTGTTAAACAGTCGACAACGGAAGGGCAAATGGGACATACTA 420
       ************************************************************

C9301  CTGGGGCCCATCCGATGTCGGCATTGCCTGGTCATGGAACTGGACATCCCATGGGGCATA 325
D9301  CTGGGGCCCATCCGATGTCGGCATTGCCTGGTCATGGAACTGGACATCCCATGGGGCATA 480
       ************************************************************

C9301  CCACGGAGGGAGTGGTGGGCTCACACCCGGTTGGAACTAATAGAGGCCCAGATGGGACCG 385
D9301  CCACGGAGGGAGTGGTGGGCTCACACCCGATTGGAACTAATAGAGGCCCAGATGGGACCG 540
       *****************************  *****************************

C9301  CTACGGCCCATAATACTCGTGCTGGTGGAAATCCGAATGCCACAGGGTATACAACTGGCG 445
D9301  CTACGGCCCATAATACTCGTGTTGGTGGAAATCCGAATGCCACAGGGTATACAACTGGCG 600
       *********************  ************************************

C9301  GTTCTTATACT 456
D9301  GTTCTTATACT 611
       ***********
```

图 6-56　*CarLEA4* 基因的 cDNA 及 DNA 扩增序列比对

C9301 代表 *CarLEA4* 基因的 cDNA 序列，D9301 代表 *CarLEA4* 基因的 DNA 序列

（四）生物信息学分析

将得到的 *CarLEA793* 基因序列分别用序列分析软件 BioXM 和 ORF Finder

（http://www.ncbi.nlm.nih.gov/gorf/gorf.html）分析候选基因的可读框（ORF），两者都显示在 cDNA 的第 9～689 位处有一个完整的可读框，编码 226 个氨基酸，编码产物含有一个疑似 LEA 蛋白结构域。通过在 NCBI 数据库中 BlastX 发现，*CarLEA793* 基因编码的氨基酸与豌豆 PsLEAm 蛋白（CAF32327）的氨基酸一致性为 46%（Grelet et al.，2005），与红三叶草假定蛋白（BAE71232）的氨基酸一致性为 41%，与大豆成熟蛋白 pPM32（AAD49719）的氨基酸一致性为 40%，与花旗松 *LEA* 基因（ACH59861）的氨基酸一致性为 33%，与紫花苜蓿 LEA3-1（ACD14089）的氨基酸一致性为 32%，与拟南芥 *LEA* 基因（ACD14089）的氨基酸一致性为 48%。进化树分析表明，CarLEA793 与豌豆的 LEA 蛋白 PsLEAm（CAF32327）亲缘关系最近，与豌豆的 LEA 蛋白 PsLEAm（CAF32327）、红三叶草的假定蛋白（BAE71232）、大豆的成熟蛋白 pPM32（AAD49719）、蚕豆的推测 ABA 诱导的保卫细胞蛋白（AAF23018）同属一个分支，与拟南芥中相关的 LEA 蛋白聚为一类。

将得到的 *CarLEA4* 基因序列分别用序列分析软件 BioXM 和 ORF Finder（http://www.ncbi.nlm.nih.gov/gorf/gorf.html）分析候选基因的可读框（ORF），两者都显示在 cDNA 的第 28～486 位处有一个完整的可读框，编码 152 个氨基酸。CarLEA4 蛋白包含 PD005538（Pfam-A）和 PF03760 两个结构域。通过在 NCBI 数据库中 BlastX 发现，*CarLEA4* 基因编码的氨基酸与大豆 GmPM9（AAA33961）的相似率达 76%，与野生大豆（*Glycine canescens*）的 LEA4（AAL02402）和短绒野大豆（*Glycine tomentella*）种子成熟蛋白的氨基酸（AAG15412）相似率达 70%，与烟豆（*Glycine tabacina*）的种子成熟蛋白氨基酸（AAG15415）和野生大豆的 LEA 蛋白氨基酸（AAD09209）的相似率达 68%。进化树分析表明，CarLEA4 与豆类的 LEA4 亲缘关系最近，它与大豆（Q01417、AAA33961）、野生大豆（AAD09209）、烟豆（*G. tabacina*）（AAG15415）、野生大豆（*G. canescens*）（AAL02402）、短绒野大豆（*G. tomentella*）（AAG37451）和菜豆（AAC49862）的 LEA4 蛋白同属一个分支；CarLEA4 与十字花科植物的 LEA4 蛋白聚为一类，而与棉花（P09441）和花生（ABC46710）的 LEA4 亲缘关系则较远。

二、*CarLEA793* 和 *CarLEA4* 基因的表达模式分析

（一）*CarLEA793* 基因的表达模式分析

1. RT-PCR 分析

（1）组织特异性表达

为明确 *CarLEA793* 基因在不同器官中的表达特征，采用半定量 RT-PCR 方法

进行分析，结果发现，该基因在鹰嘴豆的根、茎、叶、花、幼荚及幼胚中均有表达（图 6-57A），其中在茎中表达量最高。

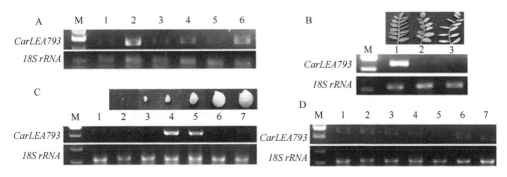

图 6-57　*CarLEA793* 基因在鹰嘴豆不同器官及发育过程中的表达

A. 组织特异性表达；泳道 1～6 分别是鹰嘴豆的根、茎、叶、花、开花后 15d 幼荚和开花后 15d 幼胚。B. 在叶片衰老过程中的表达；泳道 1～3 分别为早期、中期和末期的叶片。C. 在种子发育过程中的表达；泳道 1～7 分别为开花后 5d、10d、15d、20d、25d、30d 和成熟豆子的幼胚。D. 在荚皮发育过程中的表达；泳道 1～7 分别为开花后 5d、10d、15d、20d、25d、30d 和成熟的荚皮。M. DNA 分子量标记 DL2000

（2）在叶片衰老、种子及其荚发育过程中的表达

如图 6-57B 所示，随着叶片的衰老，*CarLEA793* 基因的表达量显著降低；在种子发育过程中，其在幼胚中的表达量呈先上升（在 20d 时达到最大值）后下降的模式（图 6-57C）；在荚皮发育过程中，*CarLEA793* 基因呈先上升、后下降再上升的表达模式（图 6-57D）。

（3）非生物胁迫、激素处理下的表达

为进一步揭示 *CarLEA793* 基因在不同激素处理及逆境胁迫下的表达情况，采用半定量 RT-PCR 进行分析，结果如图 6-58 所示。在叶中，*CarLEA793* 基因受干旱（60mmol/L 聚乙二醇，PEG6000）和 MeJA（100μmol/L）胁迫或处理诱导上调表达，但不受或弱受盐（200mmol/L）、低温（4℃）、高温（37℃）、ABA（100μmol/L）、IAA（20μmol/L）和 GA3（100μmol/L）诱导表达（图 6-58A）。

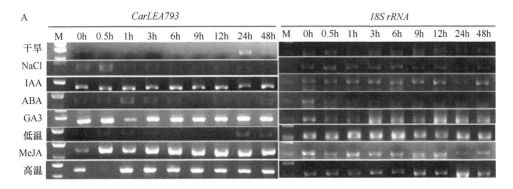

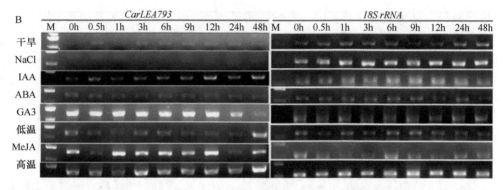

图 6-58　在非生物胁迫和激素处理下 *CarLEA793* 基因的表达

A. 叶中；B. 根中。干旱（60mmol/L 聚乙二醇，PEG6000）、NaCl（200mmol/L）、IAA（20μmol/L）、ABA（100μmol/L）、GA3（100μmol/L）、低温（4℃）、MeJA（100μmol/L）和高温（37℃）。0～48h 分别代表对照，处理下 0.5h、1h、3h、6h、9h、12h、24h 和 48h。M. DNA 分子量标记 DL2000

在根中，*CarLEA793* 基因受干旱（60mmol/L 聚乙二醇，PEG6000）、低温（4℃）、高温（37℃）、盐（200mmol/L）、IAA（20μmol/L）、GA3（100μmol/L）和 ABA（100μmol/L）处理或胁迫诱导下调表达或不受影响；受 MeJA（100μmol/L）诱导呈 "上调—下调" 形表达（图 6-58B）。

2. 荧光定量 PCR 分析

为了解 *CarLEA793* 基因在鹰嘴豆发芽过程中的表达情况，采用荧光定量方法进行检测，结果显示在发芽过程中 *CarLEA793* 基因的表达量呈先下降后上升的趋势（图 6-59）。

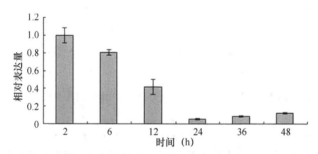

图 6-59　*CarLEA793* 基因在鹰嘴豆种子发芽过程中的表达

2、6、12、24、36 和 48 分别代表种子吸水后 2h、6h、12h、24h 和 48h

选取上述 *CarLEA793* 基因在非生物胁迫、激素处理下部分半定量 PCR 表达分析结果，进行实时荧光定量 PCR 验证，结果表明，在叶和根中，*CarLEA793* 基因的表达与半定量 PCR 检测的表达结果基本一致（图 6-60）。

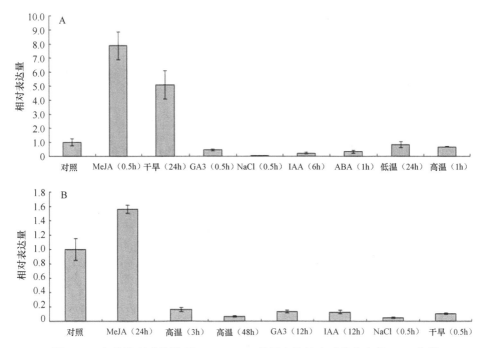

图 6-60 各种处理或胁迫下 *CarLEA793* 基因表达的实时荧光定量 PCR 分析

A、B 分别为叶和根。括号里的时间为处理时间点

（二）*CarLEA4* 的表达模式分析

1. RT-PCR 分析

（1）组织特异性表达

为明确 *CarLEA4* 基因在不同器官中的表达特征，采用半定量 RT-PCR 方法进行分析。结果发现，该基因在根、茎、叶、花、幼荚及幼胚中均表达（图 6-61A），其中在幼胚中表达量最高，在幼荚中表达量最低。

（2）在叶片衰老、种子及其荚发育过程中的表达

在叶片衰老过程中，*CarLEA4* 基因只在早期的叶片中表达（图 6-61B）。而在种子发育过程中，*CarLEA4* 基因在幼胚中呈先逐渐上升后下降的表达模式（图 6-61C）。在荚皮发育过程中，*CarLEA4* 基因在 10d 荚皮中表达量最高，其次是 20d 的荚皮中（图 6-61D）。

（3）非生物胁迫、激素处下的表达

为进一步揭示 *CarLEA4* 基因在不同激素处理及逆境胁迫下的表达情况，采用了半定量 RT-PCR 进行分析，结果如图 6-62 所示。在叶中，*CarLEA4* 基因受干旱（60mmol/L 聚乙二醇，PEG6000）、盐（200mmol/L）、低温（4℃）、ABA（100μmol/L）、

GA3（100μmol/L）、IAA（20μmol/L）和 MeJA（100μmol/L）处理或诱导上调表达；受高温（37℃）处理下调表达（图 6-62A）。

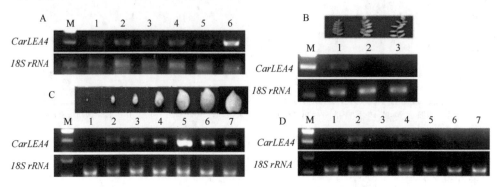

图 6-61　CarLEA4 基因在鹰嘴豆不同器官及发育过程中的表达

A. 组织特异性表达；泳道 1~6 分别是鹰嘴豆的根、茎、叶、花、开花后 15d 幼荚和开花后 15d 幼胚。B. 在叶片衰老过程中的表达；泳道 1~3 分别是早期、中期和末期的叶片。C. 在种子发育过程中的表达；泳道 1~7 分别是开花后 5d、10d、15d、20d、25d、30d 和成熟豆子的幼胚。D. 在荚皮发育过程中的表达；泳道 1~7 分别是开花后 5d、10d、15d、20d、25d、30d 和成熟的荚皮。M. DNA 分子量标记 DL2000

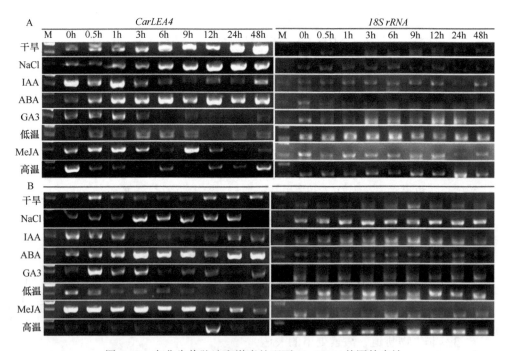

图 6-62　在非生物胁迫和激素处理下 CarLEA4 基因的表达

A. 叶中；B. 根中。干旱（60mmol/L 聚乙二醇，PEG6000）、NaCl（200mmol/L）、IAA（20μmol/L）、ABA（100μmol/L）、GA3（100μmol/L）、低温（4℃）、MeJA（100μmol/L）和高温（37℃）；0~48h 分别代表对照，处理后 0.5h、1h、3h、6h、9h、12h、24h 和 48h。M. DNA 分子量标记 DL2000

在根中，*CarLEA4* 基因受干旱（60mmol/L 聚乙二醇，PEG6000）、盐（200mmol/L）、高温（37℃）、ABA（100μmol/L）和 GA3（100μmol/L）胁迫或处理诱导上调表达；受低温（4℃）、MeJA（100μmol/L）和 IAA（20μmol/L）胁迫或处理诱导下调表达（图 6-62B）。

2. 荧光定量 PCR 分析

为了解 *CarLEA4* 基因在鹰嘴豆发芽过程中的表达情况，采用荧光定量方法进行检测，结果显示在发芽过程中 *CarLEA4* 基因的表达量呈先下降后上升的趋势（图 6-63）。

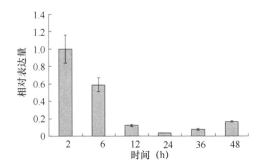

图 6-63 *CarLEA4* 基因在鹰嘴豆种子发芽过程中的表达

2、6、12、24、36 和 48 分别代表种子吸水后 2h、6h、12h、24h 和 48h

选取上述 *CarLEA4* 基因在非生物胁迫、激素处理下部分半定量 PCR 表达分析结果，进行实时荧光定量 PCR 验证，结果表明，在叶和根中，*CarLEA4* 基因的表达与半定量 PCR 检测的表达结果基本一致（图 6-64）。

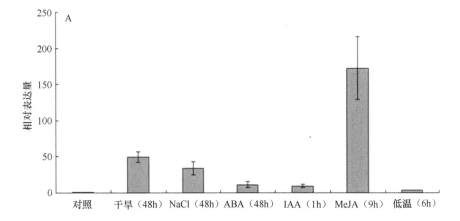

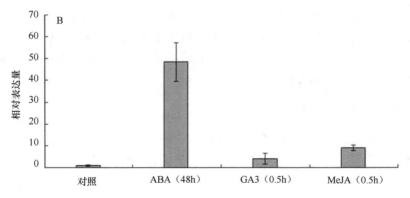

图 6-64　各种处理或胁迫下 *CarLEA4* 基因表达的实时荧光定量 PCR 分析

A、B 分别为叶和根。括号里的时间为处理时间点

三、CarLEA793 和 CarLEA4 蛋白的亚细胞定位

1. CarLEA793 蛋白亚细胞定位

使用 ProtComp6.1 和 Subloc V1.0 对 *CarLEA793* 基因编码的蛋白进行定位，结果显示其定位在细胞核中。为了确认该蛋白是否定位于细胞核，利用基因枪介导法将构建的融合表达载体转化洋葱表皮细胞，在共聚焦显微镜下观察。结果表明，该融合蛋白 CarLEA793::GFP 被定位在细胞核中，而对照 GFP 蛋白分布在整个细胞中（图 6-65），说明 *CarLEA793* 基因的编码产物位于细胞核中。

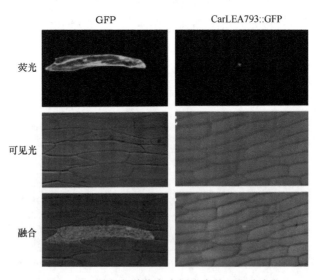

图 6-65　CarLEA793 蛋白在洋葱表皮细胞中的亚细胞定位（×200）

2. CarLEA4 蛋白亚细胞定位

使用 ProtComp6.1 和 Subloc V1.0 对编码的蛋白进行定位,结果均定位在细胞核内。为了确认该蛋白是否定位于细胞核,利用基因枪介导法将构建的融合表达载体转化洋葱表皮细胞,在共聚焦显微镜下观察。结果表明,该融合蛋白 CarLEA4::GFP 被定位在细胞核中,而对照 GFP 蛋白分布在整个细胞中(图 6-66)。CarLEA4 蛋白亚细胞定位实验结果与预测分析一致。

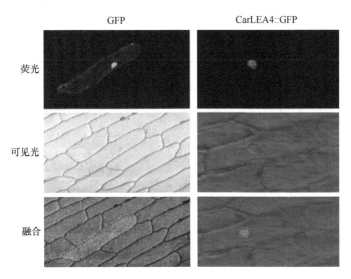

图 6-66 CarLEA4 蛋白在洋葱表皮细胞中的亚细胞定位(×200)

第六节 F-box 蛋白基因 *CarF-box1* 和 *CarF-box2* 的克隆与表达分析

CarF-box1 基因的可读框(ORF)长 1093bp,编码一条 345 个氨基酸残基的多肽,含有 F-box 结构域和 Kelch 结构域。*CarF-box1* 基因不含有内含子。*CarF-box1* 基因在鹰嘴豆的根、茎、叶、花、成熟种子和成熟荚中均有表达,在花中表达最高。*CarF-box1* 基因在嫩叶和中期叶中表达量很高而在老叶中的表达量极低,在发芽过程中呈现逐渐上升的趋势,在开花后 10d 的种子和荚中表达量最高。在叶中,*CarF-box1* 基因受干旱胁迫和 IAA 处理呈显著或轻微上调表达;受盐、高温、低温、ABA、GA3 和 MeJA 处理后呈轻微下调表达趋势。在根中,*CarF-box1* 基因受干旱和盐胁迫后显著上调表达;低温胁迫和 GA3 处理后呈下调表达;而高温、ABA、MeJA 和 IAA 处理后几乎检测不到表达。*CarF-box1* 基因编码的蛋白质定

位于细胞核内。这些结果表明，CarF-box1 基因可能直接或间接地参与了植物生长代谢和非生物胁迫中的各种信号调节，并且其对植物器官花的发育或对开花时间的生物钟调节有一定的作用。

CarF-box2 基因的可读框（ORF）长 786bp，编码一条 261 个氨基酸残基的多肽，含有 F-box 结构域和 LysM 结构域。CarF-box2 基因含有一个 684bp 的内含子。CarF-box2 基因在鹰嘴豆的根、茎、叶、花和成熟种子中均有表达，在叶中的表达量最高，但在成熟荚中几乎检测不到。随着叶片的逐渐衰老，CarF-box2 基因的表达量呈下降趋势，在老叶中几乎检测不到表达；在种子发芽过程中，CarF-box2 基因的表达总体呈上升趋势；在开花后 10d 和 25d 的种子中 CarF-box2 基因的表达量最高；但与种子中的表达情况不太一致的是，CarF-box2 基因在开花后 15d 的荚中表达量最高。在叶中，CarF-box2 基因受盐、高温、低温、ABA、GA3 处理上调表达，受干旱、MeJA 和 IAA 处理下调表达。在根中，CarF-box2 基因受 ABA、GA3 和 IAA 处理后呈上调表达，但受干旱、盐、高温、低温和 MeJA 处理呈下调表达或检测不到表达。CarF-box2 基因编码的蛋白质定位于细胞核内。这些结果表明 CarF-box2 基因广泛地参与植物的生长代谢及多种非生物胁迫的信号转导过程。

F-box 是一种在真核生物中广泛存在的蛋白家族，该蛋白家族的一个共同特征是含有 F-box 基序，该基序约由 50 个氨基酸组成，是介导与其他蛋白质发生相互作用的位点。由于 F-box 蛋白通过在 UPP（泛素-蛋白酶体途径）中特异识别底物蛋白而参与细胞周期调控、转录调控、细胞凋亡、信号转导等生命活动（Nakayama KI and Nakayama K，2006；Zhang et al.，2021），故其对植物抗逆性研究有重要意义。鉴于 F-box 存在的广泛性，国内外越来越多的科学家都致力于 F-box 蛋白功能方面的研究。

一、鹰嘴豆 CarF-box1 和 CarF-box2 基因的克隆与序列分析

（一）5′端和 3′端扩增及测序分析

1. CarF-box1 基因的 5′端和 3′端扩增及测序分析

根据本实验构建的 cDNA 文库（Gao et al.，2008）中已有的一条 EST 序列 Contig_882，以此为模板设计基因特异性引物（5′-GSP：5′-GACCTGCTTCCCAAACTCCTTCC-3′ 和 3′-GSP：5′-ACACCGAGTCGCTCTCCGAGTCTG-3′）进行 5′cDNA 和 3′ cDNA 末端快速扩增。基因的全长 cDNA 克隆使用 SMART™ RACE cDNA Amplification Kit（Clontech，USA）。5′-RACE 中基因特异性引物 5′-GSP 作为下游引物，试剂盒中已有的寡聚核苷酸作为上游引物进行 PCR 扩增。3′-RACE

中基因特异性引物3′-GSP和3′-NGSP（5′-TGGAAGGAGTTTGGGAAGCAGGT-3′）作为上游引物，试剂盒中已有的寡聚核苷酸作为下游引物。3′-GSP用于3′端的第一轮PCR扩增，3′-NGSP用于第二轮PCR扩增。5′-RACE和3′-RACE扩增产物分别在1%琼脂糖凝胶上进行电泳检测。分别把扩增的产物回收后连接转化，挑选阳性克隆电泳检测，并进行序列测定。5′-RACE结果如下：

GACAATATTCACAACACTCACTCACTTACAAATCAAAAATCAAATCACACAC
AAAGCG**ATG**GAAATATCTGATTCTGATTTCATTGGGTTGATACCCGGGTTACC
GAGTGAACTCGGACTCGAGTGTCTAACTCGTTTACCTCACTCGGCACACCG
AGTCGCTCTCCGAGTCTGCAACCAGTGGCGCCGCTTACTCCAAAGCGACGA
GTTTTATCATCACAGAAAAAAAACCGGTCACACCAAAAAAGTCGCTTGTTT
GGTTCAAGCCCACGAACAACCTCGTCAATCTGAAGCGGAAAAACCAACTG
GGTCAACTCAACCGAGTTACGATATCACTGTGTTTGACCCGGAAAATATGTC
ATGGGACCGGGTCGACCCTGTTCCTGAATACCCTTCCGGGTTACCGTTATTCT
GTCACTTAGCAAGCTGTGAAGGGAAGCTTGTTGTTATGGGTGGGTGGGACC
CATCGAGTTACGGACCTTTAACGGCGGTGTTTGTTTACGATTTCAGAACGAA
CGTTTGGCGGCGAGGAAAGGACATGCCGGAGATGCGTTCGTTTTTCGCTAC
CGGGTCGGGTCATGGTCGGGTTTACGTTGCGGGCGGGCACGATGAGAATAA
GAACGCGTTGAATACTGCGTGGGCTTACGACCCGAGAAGCGACGAGTGGAC
GGCGGTGGCTCCGATGAGTGAGGAACGAGACGAGTGCGAGGGAGTGGTTG
TCGGCGGCGAGTTTTGGGTGGTGAGTGGGTACGGTACGGAGAGTCAAGGGA
TGTTTGACGGGTCGGCGGAAGTGCTGGATATCGGGTCGAGTCAGTGGAGGA
AAGTGGAAGGAGTTTGGGAAGCAGGTC

3′-RACE结果如下：

TGGAAGGAGTTTGGGAAGCAGGTCGGTGCCCCAGATCGTGTGTTGATATGA
GGGAAAATGGGAGAGTTATGGATCCGGGGCTCCGAATTGGGGTTTGTAGTG
TTAGGGTCGGGTCGAGAAGTTTGGTGACTGGATCTGAATATGAAGGAGCAC
CTTATGGGTTTTATTTGGTGGAAAATGAAGATGGGCAAAAGCGTAAATTGAT
AAAGATACGTACTGTTCCTGATGGATTTTCTGGATTTGTTCAATCAGGGTGTT
GTGTTGAAATCTAGTATGGTGTTTATTCTTATACAACCAGTTTTAAGGTGTTG
TCGGATAAATATATATAATATTATGTTGGCAAAAAAAAAAAAAAAAAAAAAA
AAAA

测序结果表明，得到的5′-RACE扩增的片段包含了起始密码子ATG，得到的3′-RACE扩增的片段包含有终止密码子和Poly(A)尾，说明已经得到了*CarF-box1*基因的5′端和3′端序列。将克隆得到的序列与相应的EST拼接后，得到了*CarF-box1*基因完整的cDNA序列。

2. *CarF-box2*基因的3′端扩增及测序分析

本实验室前期构建的cDNA文库（Gao et al.，2008）中包含一条EST序列

Contig_521，由于其具有完整的 5′端，特以此为模板设计基因特异性引物 3′-GSP（5′-ATTATGCGTGGCGACAGCGTT-3′）和 3′-NGSP（5′-CAGGTGATGGACAT AAAACG-3′）进行 3′ cDNA 末端快速扩增。3′-RACE 扩增产物在 1%琼脂糖凝胶上进行电泳检测。把扩增的产物回收后连接转化，挑选阳性克隆电泳检测，并进行序列测定。结果如下：

CAGGTGATGGACATAAAACGATTGAACAACATGATGAGCGATCATGGCATAT
ACTCAAGGGAAAGGCTATTAATTCCTATTAGTAATCCTGATATTCTTATTAAAA
GAACCTGCTTTATTGAGCTGGATGTTTACGCTAAACGAGAAGTTGCAGTGTT
ATATCCTGATGATGTACCGGACGTAAAGAGTACCTATGTATCAAACAGAATAT
CCTCAGAAGAAAGCAACAAAAAGGCGCTTGATTCCTTGAAGAGAAGCATG
CAAGTCGATAGTGAAACTGCTCAATACTACTGGTCTGTTTCAAATGGTGATC
CTCGAGCTGCTCTTGCTGAATTTTCCTCGGACCTTCAGTGGGGTAGGCAAGT
AGGTCATTCCTAACCTTTGGAACTTAATTTAAGCTCAACCCATGTTTGGAATA
ATCAACAGGTTTGGTGACAGGAAAATGAATAATAAATAATCAAGATGTTGGG
TCAGGCAAGTGTCTGCTTTAAATCTACTATGAAATTAGCTCTTCTCTATTGGA
GACTTGAGACGGGAGTAAGTCACTTCTTGCTCTGTGATATTTAGTTCAACTA
CTAATGTGGTGGGCTGTGTTCAGAATTTGTGTAATTTGTAATTGCTTATAAGTA
TATTTATACAAGAAGACGATGTATTATATTTTAAACTGCAATCAAAACTGCTG
CTTATTCCATGTGTAAAAAAAAAAAAAAAAAAAAAAAAAAAAAAAAAAA

测序结果表明，得到的 3′-RACE 扩增的片段包含有终止密码子和 Poly(A)尾，说明已经得到了 *CarF-box2* 基因的 3′端序列。将克隆得到的序列与相应的 EST 拼接后，得到了 *CarF-box2* 基因完整的 cDNA 序列信息。

（二）cDNA 序列全长的分离及克隆

1. *CarF-box1* 基因全长 cDNA 序列

利用引物 5′-ATCAAATCACACACAAAG-3′ 和 5′-AAGAATAAACACCATA CT-3′，以提取鹰嘴豆幼苗叶片总 RNA 反转的 cDNA 为模板，扩增全长 cDNA 序列测序。结果如下：

ATCAAATCACACACAAAGCTATGGAAATATCTGATTCTGATTTCATTGGGTTG
ATACCCGGGTTACCGAGTGAACTCGGACTCGAGTGTCTAACTCGTTTACCTC
ACTCGGCACACCGAGTCGCTCTCCGAGTCTGCAACCAGTGGCGCCGCTTAC
TCCAAAGCGACGAGTTTTATCATCACAGAAAAAAACCGGTCACACCAAAA
AAGTCGCTTGTTTGGTTCAAGCCCACGAACAACCTCGTCAATCTGAAGCGG
AAAAACCAACTGGGTCAACTCAACCGAGTTACGATATCACTGTGTTTGACCC
GGAAAATATGTCATGGGACCGGGTCGACCCTGTTCCTGAATACCCTTCCGGG
TTACCGTTATTCTGTCACTTAGCAAGCTGTGAAGGGAAGCTTGTTGTTATGG
GTGGGTGGGACCCATCGAGTTACGGACCTTTAACGGCGGTGTTTGTTTACGA

TTTCAGAACGAACGTTTGGCGGCGAGGAAAGGACATGCCGGAGATGCGTTC
GTTTTTCGCTACCGGGTCGGGTCATGGTCGGGTTTACGTTGCGGGCGGGCAC
GATGAGAATAAGAACGCGTTGAATACTGCGTGGGCTTACGACCCGAGAAGC
GACGAGTGGACGGCGGTGGCTCCGATGAGTGAGGAACGAGACGAGTGCGA
GGGAGTGGTTGTCGGCGGCGAGTTTTGGGTGGTGAGTGGGTACGGTACGGA
GAGTCAAGGGATGTTTGACGGGTCGGCGGAAGTGCTGGATATCGGGTCGAG
TCAGTGGAGGAAAGTGGAAGGAGTTTGGGAAGCAGGTCGGTGCCCCAGAT
CGTGTGTTGATATGAGGGAAAATGGGAGAGTTATGGATCCGGGGCTCCGAAT
TGGGGTTTGTAGTGTTAGGGTCGGGTCGAGAAGTTTGGTGACTGGATCTGAA
TATGAAGGAGCACCTTATGGGTTTTATTTGGTGGAAAATGAAGATGGGCAAA
AGCGTAAATTGATAAAGATACGTACTGTTCCTGATGGATTTTCTGGATTTGTT
CAATCAGGGTGTTGTGTTGAAATCTAGTATGGTGTTTATTCTT

　　该序列已递交到 GenBank 数据库，登录号为：GU247510。测序结果显示得
到了 1093bp 的 *CarF-box1* 基因 cDNA 全长，该 cDNA 全长包含完整的可读框，
与原有的拼接序列基本一致。

2. *CarF-box2* 基因全长 cDNA 序列

　　利用引物 5′-ACTTATCGTTGGCAGGTGT-3′ 和 5′-CACAGCCCACCACATT
AGTAGTTG-3′，以提取鹰嘴豆幼苗叶片总 RNA 反转的 cDNA 为模板，扩增全长
cDNA 序列测序。结果如下：

ACTTATCGTTGGCAGGTGTAAGAAAGTAGTTCATCTTCCGAATGGGTTGTTG
CTGCGATGAAGACGACGGCGATATTCTCCGCCATCTCATCAATTCTTCATCCA
CCACCGAAACCCTACCTCCACCCCCTTCTAATTCAACAGTTATCTCACCGAT
GAATTCTCATTTCTCGGCACTATCCTCCGCCGACACCCTCCAAATCATCTTCG
AGAAGCTTCCAATCCCGGATCTCGCCCGTGCGAGTTGCGTGTGCCGACTCTG
GAACTCGGTTGCCTCTCAAAGGGATATCGTTACCAGAGCTTTCTTAGCACCA
TGGAAATTGAAGGACGTGCTTGGAAACCCGCTCTCTGGAAGCTTCTGGAGA
GACAACTCACTTGCGAAATTCGCAATCTCGCACCGAATTATGCGTGGCGACA
GCGTTGCCAGCCTTGCCGTGAAGTACTCCGTTCAGGTGATGGACATAAAAC
GATTGAACAACATGATGAGCGATCATGGCATATACTCAAGGGAAAGGCTATT
AATTCCTATTAGTAATCCTGATATTCTTATTAAAAGAACCTGCTTTATTGAGCT
GGATGTTTACGCTAAACGAGAAGTTGCAGTGTTATATCCTGATGATGTACCG
GACGTAAAGAGTACCTATGTATCAAACAGAATATCCTCAGAAGAAAGCAAC
AAAAAGGCGCTTGATTCCTTGAAGAGAAGCATGCAAGTCGATAGTGAAACT
GCTCAATACTACTGGTCTGTTTCAAATGGTGATCCTCGAGCTGCTCTTGCTGA
ATTTTCCTCGGACCTTCAGTGGGGTAGGCAAGTAGGTCATTCCTAACCTTTG
GAACTTAATTTAAGCTCAACCCATGTTTGGAATAATCAACAGGTTTGGTGAC
AGGAAAATGAATAATAAATAATCAAGATGTTGGGTCAGGCAAGTGTCTGCTT
TAAATCTACTATGAAATTAGCTCTTCTCTATTGGAGACTTGAGACGGGAGTAA

GTCACTTCTTGCTCTGTGATATTTAGTTCAACTACTAATGTGGTGGGCTGTG

测序结果显示得到了 1201bp 的 *CarF-box2* 基因 cDNA 全长，该 cDNA 全长包含完整的可读框，与原有的拼接序列基本一致。

（三）DNA 序列全长的分离及克隆

1. *CarF-box1* 基因全长 DNA 序列

利用引物（同上扩增全长 cDNA 序列的引物），以鹰嘴豆幼苗叶片所提取的 DNA 为模板，扩增 *CarF-box1* 基因的 DNA 全长序列，该 DNA 序列已递交到 GenBank 数据库，登录号为：GU247513。将 DNA 测序结果与 cDNA 序列进行比对发现，该基因不含内含子（图 6-67）。

```
cDNA  ATGGAAATATCTGATTCTGATTTCATTGGGTTGATACCCGGGTTACCGAGTGAACTCGGACTCGAGTGTCTAACTCGTTTACCTCA 86
DNA   ATGGAAATATCTGATTCTGATTTCATTGGGTTGATACCCGGGTTACCGAGTGAACTCGGACTCGAGTGTCTAACTCGTTTACCTCA 86
      **************************************************************************************

cDNA  CTCGGCACACCGAGTCGCTCTCCGAGTCTGCAACCAGTGGCGCCGCTTACTCCAAAGCGACGAGTTTTATCATCACAGAAAAAAAA 172
DNA   CTCGGCACACCGAGTCGCTCTCCGAGTCTGCAACCAGTGGCGCCGCTTACTCCAAAGCGACGAGTTTTATCATCACAGAAAAAAAA 172
      **************************************************************************************

cDNA  CCGGTCACACCAAAAAAGTCGCTTGTTTGGTTCAAGCCCACGAACAACCTCGTCAATCTGAAGCGGAAAAACCAACTGGGTCAACT 258
DNA   CCGGTCACACCAAAAAAGTCGCTTGTTTGGTTCAAGCCCACGAACAACCTCGTCAATCTGAAGCGGAAAAACCAACTGGGTCAACT 258
      **************************************************************************************

cDNA  CAACCGAGTTACGATATCACTGTGTTTGACCCGGAAAATATGTCATGGGACCGGGTCGACCCTGTTCCTGAATACCCTTCCGGGTT 344
DNA   CAACCGAGTTACGATATCACTGTGTTTGACCCGGAAAATATGTCATGGGACCGGGTCGACCCTGTTCCTGAATACCCTTCCGGGTT 344
      **************************************************************************************

cDNA  ACCGTTATTCTGTCACTTAGCAAGCTGTGAAGGGAAGCTTGTTGTTATGGGTGGGTGGGACCCATCGAGTTACGGACCTTTAACGG 430
DNA   ACCGTTATTCTGTCACTTAGCAAGCTGTGAAGGGAAGCTTGTTGTTATGGGTGGGTGGGACCCATCGAGTTACGGACCTTTAACGG 430
      **************************************************************************************

cDNA  CGGTGTTTGTTTACGATTTCAGAACGAACGTTTGGCGGCGAGGAAAGGACATGCCGGAGATGCGTTCGTTTTTCGCTACCGGGTCG 516
DNA   CGGTGTTTGTTTACGATTTCAGAACGAACGTTTGGCGGCGAGGAAAGGACATGCCGGAGATGCGTTCGTTTTTCGCTACCGGGTCG 516
      **************************************************************************************

cDNA  GGTCATGGTCGGGTTTACGTTGCGGGCGGGCACGATGAGAATAAGAACGCGTTGAATACTGCGTGGGCTTACGACCCGAGAAGCGA 602
DNA   GGTCATGGTCGGGTTTACGTTGCGGGCGGGCACGATGAGAATAAGAACGCGTTGAATACTGCGTGGGCTTACGACCCGAGAAGCGA 602
      **************************************************************************************

cDNA  CGAGTGGACGGCGGTGGCTCCGATGAGTGAGGAACGAGACGAGTGCGAGGGAGTGGTTGTCGGCGGCGAGTTTTGGGTGGTGAGTG 688
DNA   CGAGTGGACGGCGGTGGCTCCGATGAGTGAGGAACGAGACGAGTGCGAGGGAGTGGTTGTCGGCGGCGAGTTTTGGGTGGTGAGTG 688
      **************************************************************************************

cDNA  GGTACGGTACGGAGAGTCAAGGGATGTTTGACGGGTCGGCGGAAGTGCTGGATATCGGGTCGAGTCAGTGGAGGAAAGTGGAAGGA 774
DNA   GGTACGGTACGGAGAGTCAAGGGATGTTTGACGGGTCGGCGGAAGTGCTGGATATCGGGTCGGGTCAGTGGAGGAAAGTGGAAGGA 774
      ********************************************************************. ******************

cDNA  GTTTGGGAAGCAGGTCGGTGCCCCAGATCGTGTGTTGATATGAGGGAAAATGGGAGAGTTATGGATCCGGGGCTCCGAATTGGGGT 860
DNA   GTTTGGGAAGCAGGTCGGTGCCCCAGATCGTGTGTTGATATGAGGGAAAATGGGAGAGTTATGGATCCGGGGCTCCGAATTGGGGT 860
      **************************************************************************************

cDNA  TTGTAGTGTTAGGGTCGGGTCGAGAAGTTTGGTGACTGGATCTGAATATGAAGGAGCACCTTATGGGTTTTATTTGGTGGAAAATG 946
DNA   TTGTAGTGTTAGGGTCGGGTCGAGAAGTTTGGTGACTGGATCTGAATATGAAGGAGCACCTTATGGGTTTTATTTGGTGGAAAATG 946
      **************************************************************************************
```

```
cDNA  AAGATGGGCAAAAGCGTAAATTGATAAAGATACGTACTGTTCCTGATGGATTTTCTGGATTTGTTCAATCAGGGTGTTGTGTTGAA1032
DNA   AAGATGGGCAAAAGCGTAAATTGATAAAGATACGTACTGTTCCTGATGGATTTTCTGGATTTGTTCAATCAGGGTGTTGTGTTGAA1032
      ****************************************************************************************

cDNA  ATCTAG 1038
DNA   ATCTAG 1038
      ******
```

图 6-67　*CarF-box1* 基因 cDNA 及 DNA 扩增序列比对

2. *CarF-box2* 基因全长 DNA 序列

利用引物（同上扩增全长 cDNA 序列的引物），以鹰嘴豆幼苗叶片所提取的
DNA 为模板，扩增 *CarF-box2* 基因的 DNA 全长序列。将 DNA 测序结果与 cDNA
序列进行比对发现，该基因含有一个 684bp 的内含子（图 6-68）。

```
cDNA  ATGGGTTGTTGCTGCGATGAAGACGACGGCGATATTCTCCGCCATCTCATCAATTCTTCATCCACCACCGAAACCCTACCTCCACCCCCT
DNA   ATGGGTTGTTGCTGCGATGAAGACGACGGCGATATTCTCC ACCATCTCATCAATTCTTCATCCACCACCGAAACCCTACCTCCACCCCCT
      **************************************** *****************************************************

cDNA  TCTAATTCAACAGTTATCTCACCGATGAATATCCCGGATCTCGCCCGTGCGAGTTGCGTGTGCCGACTCTGGAACTCGGTTGCCTCTCAA
DNA   TCTAATTCAACAGTTATCTCACCGATGAATATCCCGGATCTCGCCCGTGCGAGTTGCGTGTGCCGACTCTGGAACTCGGTTGCCTCTCAA
      ******************************************************************************************

cDNA  AGGGATATCGTTACCAGAGCTTTCTTAGCACCATGGAAATTGAAGGACGTGCTTGGAAACCCGCTCTCTGGAAGCTTCTGGAGAGACAAC
DNA   AGGGATATCGTTACCAGAGCTTTCTTAGCACCATGGAAATTGAAGGACGTGCTTGGAAACCCGCTCTCTGGAAGCTTCTGGAGAGACAAC
      ******************************************************************************************

cDNA  TCACTTGCGAAATTCGCAATCTCGCACCGAATTATGCGTGGCGACAGCGTTGCCAGCCTTGCCGTGAAGTACTCCGTTCAG---------
DNA   TCACTTGCGAAATTCGCAATCTCGCACCGAATTATGCGTGGCGACAGCGTTGCCAGCCTTGCCGTGAAGTACTCCGTTCAGGTCTGTTTG
      *********************************************************************************

cDNA  ------------------------------------------------------------------------------------------
DNA   CTAGGGTTTCTTATCAACTTATTAATGTTTCTCTTACTTAGTTTCAGAAATTCAAATGCACTATTTGTTGATGATATAAATTTGGGCGTGT

cDNA  ------------------------------------------------------------------------------------------
DNA   GTTTTTTAAATTGATGAGAAATAAATTCCAAATTCATCATTGAAATTGAAAATTATGACTCACAAATCACAATAGTCCATTTGAGACAAA

cDNA  ------------------------------------------------------------------------------------------
DNA   ATTGATCCATCCTACTCACTAGTATGATCAAATATTTTAATTTTTAGGGATCATTTTAAAATAATTTCAATCATGTACTAAATTTCCCTA

cDNA  ------------------------------------------------------------------------------------------
DNA   TCACTACAATTTCAGGTTTTAGGATTAAAATTGTGATTCACTCAAATGAAATGTTAATTTTCATTTTCCTCTAAAGGTGTTATAAACTAT

cDNA  ------------------------------------------------------------------------------------------
DNA   GAGGAAAGGGGAAATGCATTGTAAACTAGTTTTGCAGTGATATCCATTAAGCATCGACATTTTTGCGGTTATTTTTAAATTGCAGTTACA

cDNA  ------------------------------------------------------------------------------------------
DNA   AAGTGAGCTTAAGTGGCCATTTTTTTGAGTTCTCATTCGATGTTGGTGTAAAATACAGTGCATCTCCATTAACTCATAACTATTTGATTA

cDNA  ------------------------------------------------------------------------------------------
DNA   TTTTTCTGACCATGTTTGCTGTAAGCACTGAGCTATTTTTTCCTTGTTTTGTTACTGGTTTTCCTGTTTAATAGCAAAAGAAGAATTTGAT
```

```
cDNA  --------------------------------------------------GTGATGGACATAAAACGATTGAACAACATGATGAGCGATCATGGC
DNA   AAACTATATTGACCTTTGGATGATGATTTTTTTATGTTTTGACAGGTGACGGACATAAAACGATTGAACAACATGATGAGCGATCATGGC
                                                        **** *****************************************

cDNA  ATATACTCAAGGGAAAGGCTATTAATTCCTATTAGTAATCCTGATATTCTTATTAAAAGAACCTGCTTTATTGAGCTGGATGTTTACGCT
DNA   ATATACTCAAGGGAAAGGCTATTAATTCCTATTAGTAATCCTGATATTCTTATTAAAAGAACCTGCTTTATTGAGCTGGATGTTTACGCT
      ******************************************************************************************

cDNA  AAACGAGAAGTTGCAGTGTTATATCCTGATGATGTACCGGACGTAAAGAGTACCTATGTATCAAACAGAATATCCTCAGAAGAAAGCAAC
DNA   AAACGAGAAGTTGCAGTGTTATATCCTGATGATGTACCGGACGTAAAGAGTACCTATGTATCAAACAGAATATCCTCAGAAGAAAGCAAC
      ******************************************************************************************

cDNA  AAAAAGGCGCTTGATTCCTTGAAGAGAAGCATGCAAGTCGATAGTGAAACTGCTCAATACTACTGGTCTGTTTCAAATGGTGATCCTCGA
DNA   AAAAAGGTGCTTGATTCCTTGAAGAGAAGCATGCAAGTCGATAGTGAAACTGCTCAATACTACTGGTCTGTTTCAAATGGTGATCCTCGA
      ******* **********************************************************************************

cDNA  GCTGCTCTTGCTGAATTTTCCTCGGACCTTCAGTGGGGTAGGCAAGTAGGTCATTCC
DNA   GCTGCTCTTGCTGAATTTTCCTCGGACCTTCAGTGGGGTAGGCAAGTAGGTCATTCC
```

图 6-68　*CarF-box2* 基因 cDNA 及 DNA 扩增序列比对

（四）生物信息学分析

1. *CarF-box1* 基因

将得到的 *CarF-box1* 基因序列分别用序列分析软件 BioXM 和 ORF Finder（http://www.ncbi.nlm.nih.gov/gorf/gorf.html）分析候选基因的可读框（ORF），两者都显示由起始密码子 ATG 开始到终止密码子 TAG 结束，在 cDNA 序列的第 59～1096 处有一个完整的、全长 1093bp 的可读框，编码 345 个氨基酸。

通过在 NCBI 数据库中 BlastX 后发现，CarF-box1 蛋白与杨树 F-box 家族蛋白（XP_002304005）的氨基酸一致性为 61%（Tuskan et al.，2006），与葡萄假定蛋白（CAN71047）的氨基酸一致性为 57%（Velasco et al.，2007），与蓖麻蛋白（XP_002531581）的氨基酸一致性为 54%，与大豆（AAZ66745）的氨基酸一致性为 39%（Alexandrov et al.，2009），与小立碗藓（XP_001756872）的氨基酸一致性为 39%（Rensing et al.，2008），与水稻（NP_001057979）的氨基酸一致性为 36%（Tanaka et al.，2008），与拟南芥富含 Kelch 重复序列的 F-box 家族蛋白（NP_566009）的氨基酸一致性为 39%，与玉米（ACG25097）的氨基酸一致性为 35%（Alexandrov et al.，2009）。进化树分析表明，该基因与杨树的相关基因的亲缘关系最近，与葡萄和蓖麻的相关基因的亲缘关系较近（图 6-69）。

将 *CarF-box1* 基因编码的氨基酸序列与几个亲缘物种的相关序列作同源比对（图 6-70），结果表明 *CarF-box1* 基因编码产物在 N 端含有一个由 44 个氨基酸组成的 F-box 结构域，位于 *CarF-box1* 基因编码氨基酸的 12～55 位。由于 F-box 在不同的物种中缺少严格的保守序列（Kipreos and Pagano，2000），因此 6 种作物比对的共同 F-box 区域并不整齐，但其中有几个位置的氨基酸残基是高度保守的，在 F-box 结构域中的位置分别为：第 1 位的异亮氨酸（I），第 4 位的亮氨酸（L），第 5 位的脯氨酸（P），第 12 位的半胱氨酸（C），第 15 位的精氨酸（R），第 27 位的缬氨酸（V），第 28 位的半胱氨酸（C），第 31 位的色氨酸（W），第 40 位的苯丙氨酸（F）及最后一位的酪氨酸（R）。在 F-box 结构域之后有两个 Kelch 结构域，分别为 *CarF-box1* 基因编码氨基酸的 115～162 位和 165～210 位。其中每个 Kelch 结构域中都包含有几个保守性较高的氨基酸残基，分别为两个邻近的甘氨酸（G），一对被几个氨基酸残基分开的酪氨酸（Y）和色氨酸（W）。

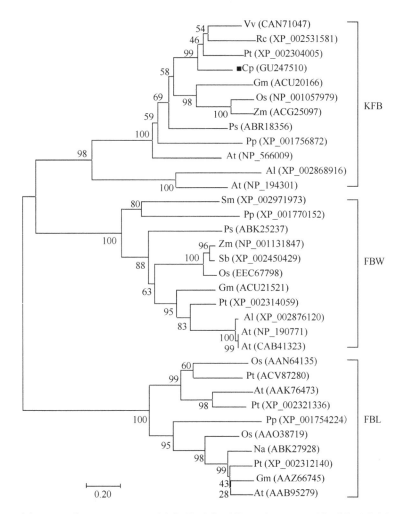

图 6-69　基于 CarF-box1 蛋白氨基酸序列的 33 个 F-box 蛋白系统进化树

进化树构建所用序列均来自 GenBank；F-box 蛋白类型分别为：KFB 含有 Kelch 结构域，FBW 含有 WD40 结构域，FBL 含有 LRRs 结构域。种名缩写方式：Cp. 鹰嘴豆；Pt. 杨属；Vv. 葡萄；Rc. 蓖麻；Ps. 云杉；Gm. 大豆；Os. 水稻；Zm. 玉米；Pp. 小立碗藓；At. 拟南芥；Al. 玉山南芥；Sb. 高粱；Sm. 卷柏；Na. 烟草

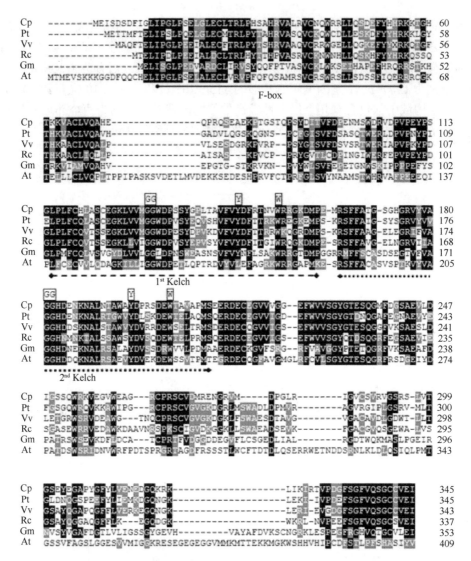

图 6-70　CarF-box1 蛋白氨基酸序列与其他植物 F-box 蛋白序列的多重比对

实下划线表示 F-box 结构域，虚下划线表示 Kelch 结构域，加框表示保守性较高的氨基酸，多序列比对所用序列均来自 GenBank。种名缩写方式及注册号如下：Cp. 鹰嘴豆（GU247510）；Pt. 杨树（XP_002304005）；Vv. 葡萄（CAN71047）；Rc. 蓖麻（XP_002531581）；Gm. 大豆（ACU20166）；At. 拟南芥（NP_566009）

2. CarF-box2 基因

　　将得到的 *CarF-box2* 基因序列分别用序列分析软件 BioXM 和 ORF Finder（http://www.ncbi.nlm.nih.gov/gorf/gorf.html）分析候选基因的可读框（ORF），两者都显示由起始密码子 ATG 开始到终止密码子 TAG 结束，在 cDNA 序列的第 66～851 处有一个完整的、全长为 786bp 的可读框，编码 261 个氨基酸。

通过在 NCBI 数据库中 BlastX 后发现，CarF-box2 蛋白与大豆（ACU21432）的氨基酸一致性为 80%，与蓖麻（XP_002512385）的氨基酸一致性为 62%，与杨树 F-box 家族蛋白（XP_002319011）的氨基酸一致性为 65%（Tuskan et al., 2006），与玉米包含 LysM 结构域蛋白（NP_001150809）的氨基酸一致性为 54%（Alexandrov et al., 2009），与高粱（XP_002466615）的氨基酸一致性为 54%（Paterson et al., 2009），与水稻（NP_001050989）的氨基酸一致性为 55%（Tanaka et al., 2008），与葡萄（XP_002284540）的氨基酸一致性为 66%，与拟南芥（NP_564673）的氨基酸一致性为 63%。进化树分析表明该基因与大豆的相关基因的亲缘关系最近，它们在进化进程中可能是相似的（图 6-71）。

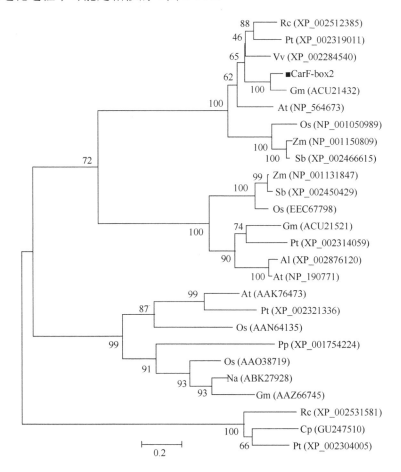

图 6-71 基于 CarF-box2 蛋白氨基酸序列的 26 个 F-box 蛋白的系统进化树

进化树构建所用序列均来自 GenBank；种名缩写和基因登录号如进化树种所示。种名缩写方式：Cp. 鹰嘴豆；Gm. 大豆；Rc. 蓖麻；Pt. 杨树；Zm. 玉米；Sb. 高粱；Os. 水稻；Pp. 小立碗藓；Vv. 葡萄；At. 拟南芥；Al. 玉山南芥；Sb. 高粱；Na. 烟草

　　将 *CarF-box2* 基因编码的氨基酸序列与几个亲缘物种的相关序列作同源比对（图 6-72），分析表明 *CarF-box2* 基因编码产物在 N 端含有一个由 33 个氨基酸组成的 F-box 结构域，为 *CarF-box1* 基因编码氨基酸的 50～82 位。由于 F-box 在不同的物种中缺少严格的保守序列，因此共同 F-box 区域并不十分整齐，但其中有几个位置的氨基酸残基是高度保守的（Kipreos and Pagano，2000）。6 种作物比对结果表明 F-box 结构域整齐度较高（图 6-72）。在 F-box 结构域之后有一个由 45 个氨基酸组成的 LysM 结构域，为 *CarF-box2* 基因编码氨基酸的 118～162 位，LysM 结构域的氨基酸一致性也较高（图 6-72）。

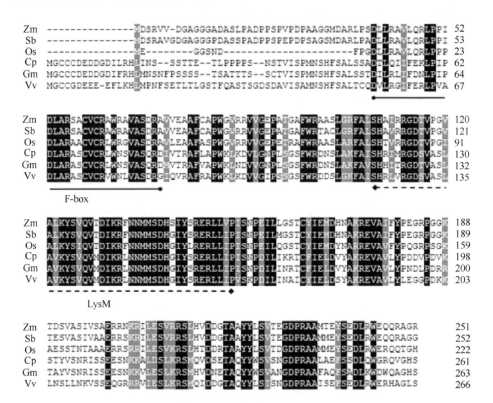

图 6-72　CarF-box2 蛋白氨基酸序列与其他植物 F-box 蛋白序列的多重比对
实下划线表示 F-box 结构域，虚下划线表示 LysM 结构域，多序列比对所用序列均来自 GenBank。
种名缩写方式及注册号如下：Zm. 玉米（NP_001150809）；Sb. 高粱（XP_002466615）；
Os. 水稻（NP_001050989）；Cp. 鹰嘴豆 CarF-box2；Gm. 大豆（ACU21432）；
Vv. 葡萄（XP_002284540）

二、鹰嘴豆 *CarF-box1* 和 *CarF-box2* 基因的表达模式分析

　　本研究以 *18S rRNA* 基因作为内参基因，用于鹰嘴豆内不同基因表达模式

的分析。逆转录后，根据 *18S rRNA* 基因的表达量确定不同处理 cDNA 模板的相对含量，确定 *18S rRNA* 基因扩增的最优化循环数为处于指数增长期的 30 个循环。根据 *18S rRNA* 基因的扩增量，调整各处理样品 cDNA 模板的绝对含量一致。然后再进行 *CarF-box1*、*CarF-box2* 基因的 PCR 扩增，PCR 循环数设置为 30 个。

（一）*CarF-box1* 基因的表达模式分析

1. 组织特异性表达分析

为了明确 *CarF-box1* 基因在不同器官中的表达特征，采用荧光定量 PCR 检测它在植物各个主要器官中的转录水平，包括两周龄幼苗植株的根、茎、叶、花、成熟种子、成熟荚（图 6-73）。结果发现，*CarF-box1* 基因在根、茎、叶、花、成熟种子及成熟荚中均能检测到表达，其中在根、叶、成熟种子中表达量很低，在成熟荚表达量极低；在花中表达量最高，约为叶中表达量的 60 倍，其次在茎中也具有很高的表达量。

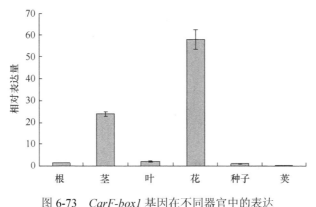

图 6-73　*CarF-box1* 基因在不同器官中的表达

2. 在叶片衰老、种子和荚发育及发芽各个时期的表达分析

在鹰嘴豆不同衰老程度的叶片中，*CarF-box1* 基因在嫩叶（早期）和中期叶中表达量很高，而在老叶（末期）中的表达量极低（图 6-74A）。在种子发芽过程中，*CarF-box1* 基因的表达量呈现逐渐上升的趋势，且在吸胀后 48h 极显著上升（图 6-74B）。在种子和荚发育过程中，开花后 10d 的种子中 *CarF-box1* 基因的表达量最高，与其一致的是在开花后 10d 的荚中 *CarF-box1* 基因表达量也达到最高（图 6-74C）。

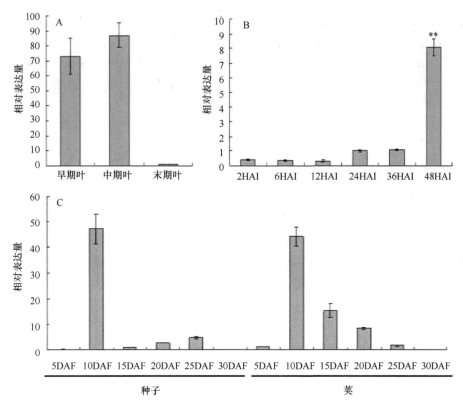

图 6-74　*CarF-box1* 基因在不同发育进程中的表达

A. 叶片衰老过程：早期、中期和末期叶。B. 发芽过程：分别为吸水后 2h、6h、12h、24h、36h 和 48h 的种子。
C. 种子及荚发育过程：分别为开花后 5d、10d、15d、20d、25d 和 30d 种子及其荚。HAI. 吸胀后的时间（h）；
DAF. 开花后的天数

3. 在非生物胁迫和激素处理下的表达分析

为了检测各种非生物胁迫和激素对 *CarF-box1* 基因转录水平的影响，进一步调查了其在干旱、盐、高温和低温 4 种胁迫，以及激素 ABA、GA3、MeJA、IAA 处理下的表达模式。

半定量 RT-PCR 结果如图 6-75 所示。在叶中，*CarF-box1* 基因受干旱胁迫和 IAA 处理呈显著或轻微上调表达；受盐、高温、低温、ABA、GA3 和 MeJA 处理后呈轻微下调表达趋势（图 6-75A）。在根中，*CarF-box1* 基因受干旱和盐胁迫后显著上调表达；低温胁迫和 GA3 处理后呈下调表达；而高温、ABA、MeJA 和 IAA 处理后几乎检测不到表达（图 6-75B）。

选取半定量 RT-PCR 结果中每个处理表达显著的一个点，进行荧光定量 PCR 验证，结果如图 6-76A 所示，在叶中，*CarF-box1* 基因的表达量在干旱胁迫 9h 时

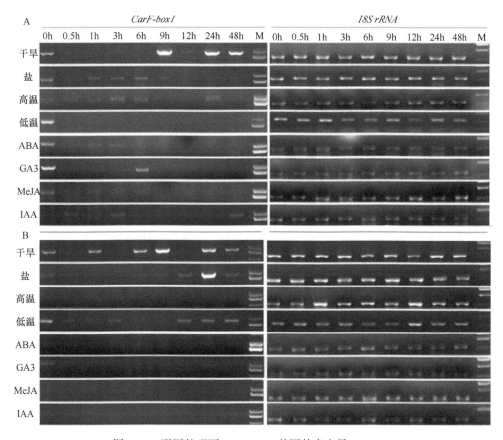

图 6-75　不同处理下 *CarF-box1* 基因的半定量 RT-PCR

A. 叶中；B. 根中。分别在处理后 0h、0.5h、1h、3h、6h、9h、12h、24h 和 48h 后取样。干旱. 55mmol/L PEG6000
处理；盐. 200mmol/L NaCl；高温. 37℃；低温. 4℃；ABA. 100μmol/L；GA3. 100μmol/L；MeJA. 100μmol/L；IAA.
20μmol/L。M. DNA 分子量标记 DL2000

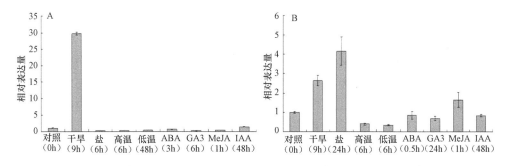

图 6-76　不同处理下 *CarF-box1* 基因的荧光定量 PCR

A. 叶中，处理包括对照、干旱（55mmol/L PEG6000）、盐（200mmol/L）、高温（37℃）、低温（4℃）、ABA（100μmol/L）、
GA3（100μmol/L）、MeJA（100μmol/L）和 IAA（20μmol/L）；B. 根中，处理包括对照、干旱（55mmol/L PEG6000）、
盐（200mmol/L）、高温（37℃）、低温（4℃）、ABA（100μmol/L）、GA3（100μmol/L）、MeJA（100μmol/L）和
IAA（20μmol/L）

很高，为 0h 对照的 30 倍左右，在 IAA 处理 48h 时稍有升高，其余胁迫及处理均有所下降，与半定量 PCR 结果基本一致。在根中，*CarF-box1* 基因的表达量在盐胁迫 24h 和干旱胁迫 9h 时升高，在低温胁迫 6h 和 GA3 处理 24h 时降低，在 ABA 处理 0.5h 和 IAA 处理 48h 时变化不明显，这些与半定量 PCR 检测到的结果基本一致，但是在高温胁迫 6h 时 *CarF-box1* 基因的表达量下降，MeJA 处理 1h 时呈上升趋势，这与半定量 PCR 的结果不一致（图 6-76B）。

（二）*CarF-box2* 基因的表达模式分析

1. 组织特异性表达分析

为了明确 *CarF-box2* 基因在不同器官中的表达特征，采用荧光定量 PCR 检测它在植物各个主要器官中的转录水平，包括两周龄幼苗植株的根、茎、叶、花、成熟种子、成熟荚。结果发现，*CarF-box2* 基因在根、茎、叶、花、成熟种子中均能检测到表达，成熟荚中几乎检测不到，其中在叶中的表达量最高，其次是在花中，然后是在茎及根中，在成熟种子中表达量很少（图 6-77）。

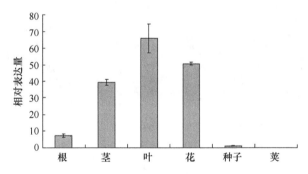

图 6-77　*CarF-box2* 基因在不同器官中的表达变化

2. 在叶片衰老、种子和荚发育及发芽各个时期的表达分析

随着叶片的逐渐衰老，*CarF-box2* 基因的表达量呈下降趋势，在老叶（末期）中几乎检测不到表达（图 6-78A）。在种子发芽过程中，*CarF-box2* 基因的表达总体呈上升趋势，但在吸胀后 36h 时有小幅度的下降，之后在 48h 时显著上升（图 6-78B）。在种子和荚发育过程中，在开花后 10d 和 25d 的种子中 *CarF-box2* 基因的表达量最高，其次为开花后 20d 的种子，其余发育阶段的种子中 *CarF-box2* 基因表达量较低；但与种子中的表达情况不太一致的是，*CarF-box2* 基因在开花后 15d 的荚中表达量最高，其次为开花后 10d 和 20d 的荚中（图 6-78C）。

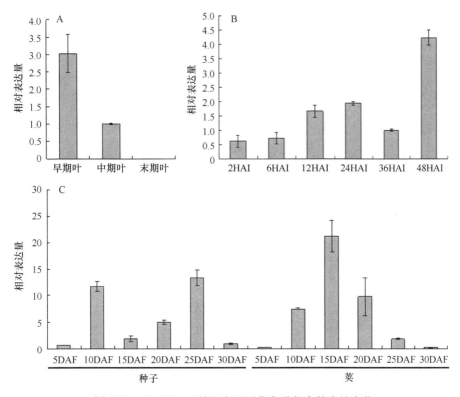

图 6-78　*CarF-box2* 基因在不同发育进程中的表达变化

A. 叶片衰老过程：早期、中期和末期叶。B. 种子发芽过程：分别为吸水后 2h、6h、12h、24h、36h 和 48h 的种子。C. 种子及荚发育过程：分别为开花后 5d、10d、15d、20d、25d 和 30d 的种子及其荚。HAI. 吸胀后的时间（h）；DAF. 开花后的天数

3. 在非生物胁迫和激素处理下的表达分析

为了检测各种非生物胁迫和激素对 *CarF-box2* 基因转录水平的影响，进一步调查了其在干旱、盐、高温和低温 4 种胁迫及激素 ABA、GA3、MeJA、IAA 处理下的表达模式。

半定量 RT-PCR 结果如图 6-79 所示。在叶中，*CarF-box2* 基因受盐、高温、低温、ABA、GA3 处理上调表达，受干旱、MeJA 和 IAA 处理下调表达（图 6-79A）。在根中，*CarF-box2* 基因受 ABA、GA3 和 IAA 处理后呈上调表达，但受干旱、盐、高温、低温和 MeJA 处理呈下调表达或检测不到表达（图 6-79B）。

选取半定量 RT-PCR 结果中每个处理表达显著的一个点，进行荧光定量 PCR 验证，结果如图 6-80A 所示，在叶中，*CarF-box2* 基因在盐胁迫 12h 时和低温胁迫 48h 时上调表达，在 GA3 处理 48h 时上调表达且表达量很高；在干旱胁迫 9h 时、高温（37℃）胁迫 6h 时、ABA 处理 3h 时、MeJA 处理 12h 时、IAA 处理 6h

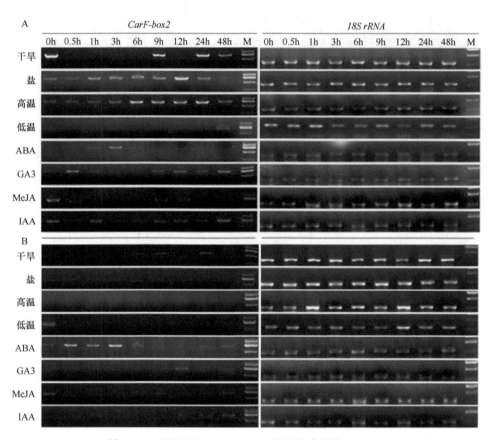

图 6-79　不同处理下 *CarF-box2* 基因的半定量 RT-PCR

A. 叶中；B. 根中。分别在处理后 0h、0.5h、1h、3h、6h、9h、12h、24h、48h 后取样。干旱. 55mmol/L PEG6000
处理；盐. 200mmol/L NaCl；高温. 37℃；低温. 4℃；ABA. 100μmol/L；GA3. 100μmol/L；MeJA. 100μmol/L；
IAA. 20μmol/L。M. DNA 分子量标记 DL2000

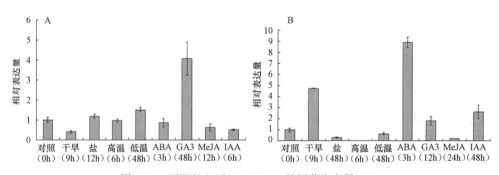

图 6-80　不同处理下 *CarF-box2* 基因荧光定量 PCR

A. 叶中，处理包括对照、干旱（55mmol/L PEG6000）、盐（200mmol/L NaCl）、高温（37℃）、低温（4℃）、ABA
（100μmol/L）、GA3（100μmol/L）、MeJA（100μmol/L）和 IAA（20μmol/L）；B. 根中，处理包括对照、干旱（55mmol/L
PEG6000）、盐（200mmol/L）、高温（37℃）、低温（4℃）、ABA（100μmol/L）、GA3（100μmol/L）、MeJA（100μmol/L）
和 IAA（20μmol/L）

时下调表达或未有明显变化，这与半定量 PCR 检测到的结果基本一致。在根中，*CarF-box2* 基因在 ABA 处理 3h 时、GA3 处理 12h 时、IAA 处理 48h 时呈上调表达；在盐处理 48h 时、高温处理 6h 时、低温处理 48h 时和 MeJA 处理 24h 时呈下调表达或检测不到表达，这与半定量 PCR 检测到的结果基本一致。但干旱处理 9h 时 *CarF-box2* 基因呈上调表达，这与半定量 PCR 的结果不一致（图 6-80B）。

三、鹰嘴豆 F-box 蛋白 CarF-box1 和 CarF-box2 的亚细胞定位

1. CarF-box1 蛋白的亚细胞定位

采用 Softberry 在线软件 ProtComp6.1 预测 CarF-box1 蛋白定位于细胞核内。为了确认该蛋白是否定位于细胞核，利用农杆菌介导法将构建的融合表达载体转化洋葱表皮细胞，在激光共聚焦显微镜下进行观察。结果表明，该融合蛋白被定位在细胞核中，而不含 CarF-box1 的对照 GFP 蛋白分布在整个细胞中（图 6-81）。说明 CarF-box1 蛋白定位于细胞核中。

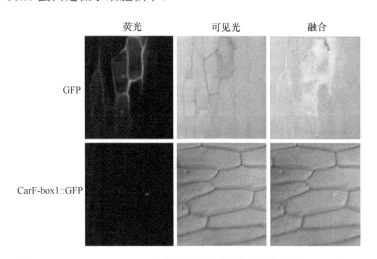

图 6-81　CarF-box1::GFP 在洋葱表皮细胞的亚细胞定位（×200）

2. CarF-box2 蛋白的亚细胞定位

为确定 CarF-box2 蛋白在细胞内定位情况，将终止密码子突变的 *CarF-box2* 编码框连接在绿色荧光蛋白 GFP 的 N 端，构建了 pBI121-CarF-box2-GFP 表达载体，使之在 35S 启动子驱动下表达。以农杆菌侵染的方法转化洋葱表皮细胞，在荧光显微镜下检测绿色荧光。从图 6-82 可以看出，表达 pBI121-CarF-box2-GFP 蛋白的洋葱表皮细胞的绿色荧光集中于细胞核，而作为对照的表达 pBI121-GFP 蛋白的洋葱表皮细胞，绿色荧光在整个细胞内呈现均匀分布。结果表明，CarF-box2

蛋白定位于细胞核内，与亚细胞定位的预测分析结果一致。

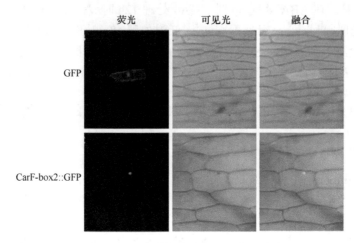

图 6-82　CarF-box2::GFP 在洋葱表皮细胞的亚细胞定位（×200）

第七节　Na⁺/H⁺反向转运蛋白 *CarNHX1* 基因克隆与提高烟草耐盐性的研究

从鹰嘴豆中克隆得到 *CarNHX1* 基因，其 cDNA 全长为 2275bp，可读框为 1629bp，编码 543 个氨基酸。利用农杆菌介导的叶盘转化法将 *CarNHX1* 基因转入野生型烟草中获得转基因烟草阳性植株。通过对转基因烟草和野生型对照烟草的脯氨酸与 MDA 指标检测，表明在高盐胁迫下，转 *CarNHX1* 基因烟草具有更强的耐盐性。

Na⁺/H⁺反向转运蛋白（Na⁺/H⁺ antiporter）是细菌、酵母、藻类、动物和高等植物的膜系统上普遍存在的一种转运蛋白，这种蛋白质参与植物细胞质内的 Na⁺/H⁺浓度调节、维持细胞内 pH 等生命活动（Li et al，2021）。1976 年首次报道了在老鼠的肾细胞中存在细胞膜 Na⁺/H⁺反向转运蛋白（Krulwich，1983）。自从 1985 年 Blumwald 和 Poole 最先在甜菜组织的液泡膜发现 Na⁺/H⁺反向转运蛋白活性以来，如今已在许多植物中鉴定到 Na⁺/H⁺反向转运蛋白。Na⁺/H⁺反向转运蛋白分子质量为 35～70kDa，一般结构中含有 10～12 个跨膜区域，同时还含有多个蛋白激酶作用位点，能结合钙调素，参与多种信号反应，是调节活性的区域。目前对 Na⁺/H⁺反向转运蛋白的研究成为植物抗盐生理研究中的重点。研究发现植物将 Na⁺从细胞质中排出和将 Na⁺区隔化于液泡中都需要借助于 Na⁺/H⁺反向转运蛋白。Na⁺/H⁺反向转运蛋白是逆着 Na⁺梯度运输的，其运输过程需要能量将 H⁺泵到液泡膜外从而实现 Na⁺的区隔化。

一、鹰嘴豆 *CarNHX1* 基因全长序列

经过生物信息学分析软件分析和拼接获得了鹰嘴豆 Na^+/H^+ 反向转运蛋白编码基因 *CarNHX1* 的 cDNA 全长序列（GenBank 登录号：HM602043），其 cDNA 全长为 2275bp，可读框为 1629bp（图 6-83），编码 543 个氨基酸。5'端非编码区（5'UTR）和 3'端非编码区（3'UTR）存在典型的真核生物基因"帽子"序列结构和 Poly(A) 尾序列结构。

```
    1  ATGGCTATTG AAATTGCTTC TTTTGTCTCT AATAAATTGC AAATGCTGGC CACTTCTGAT
   61  CATGCTTCCG TAGTATCTAT GAACTTGTTT GTGGCACTTC TATGTGCTTG TATTGTTCTT
  121  GGCCATCTTC TTGAGGAGAA TAGATGCGATG AATGAGTCCA TCACTGCCCT TTTGATTGGG
  181  ATTTGTACTG GTGTAGTCAT TTTGCTGTTT AGTGGTGGAA AAAGCTCGCA TATTCTTGTT
  241  TTCAGTGAAG ATCTTTTCTT TATATACCTT CTTCCGCCTA TAATATTCAA TGCCGGGTTT
  301  CAGGTGAAAA AGAAGCAGTT TTTTCGCAAC TTCATGACTA TCACATCGTT TGGTGCTGTG
  361  GGCACATTAA TATCTTGTTG CATCATAACT TTGGGTGCTA CCCAAGCTTT TAAGAGGATG
  421  GATATTGGAC CGCTGGAACT GGGCGATTAC CTAGCAATTG GAGCAATATT TGCCGCCGACA
  481  GATTCTGTTT GCACATTACA GGTGCTAAAT CAGGATGAGA CACCTTTGTT GTATAGTCTT
  541  GTGTTTGGAG AAGGTGTTGT GAATGATGCT ACCTCAGTGG TTCTTTTCAA TGCAATCCAA
  601  AGCTTTGATC TCAACCGACT TAACCCTTCA ATTGCATTGC ACTTTTTGGG CAACTTCTTG
  661  TATTTGTTTG TAGCAAGCAC ACTACTTGGG GTTTTGACAG GTCTGCTTAG TGCTTATGTT
  721  ATTAAGAAGC TGTATATTGG CAGGCACTCA ACAGATCGTG ACGTTGCTCT TATGATGCTA
  781  ATGGCATACC TCTCCTATAT GCTGGCTGAG TTATCCTATC TGAGTGGTAT TCTCACGGTA
  841  TTCTTTTGTG GTATTGTTAC GTCTCATTAT ACTTGGCATA ATGTGACTGA GAGTTCAAGA
  901  GTCACTACCA AGCATGCGTT TGCTACCTTG TGCCGAGATCTT TATCTTTCTT
  961  TATGTTGGTA TGGATGCCCT GGACATTGAA AAATGGAAGT TTGTTAGTGA TAGTCCTGGA
 1021  ACATCTGTAG CAGCAAGTTC AGTATTGTTG GGTCTGATAC TTCTTGGAAG AGCGGCGTTT
 1081  GTTTTCCCCT TATCCTTCTT ATCCAACTTG ACTAAAAAAT CACCGTATGA GAAGATCTCA
 1141  TTCAGACAGC AAGTGATCAT TTGGTGGGCT GGTCTTATGA GAGGTGCTGT TTCAATGGCA
 1201  CTCGCATATA ATCAGTTCAC CATGTCGGGG TATACTCAAC TGCGTAGCAA TGCAATCATG
 1261  ATCACCAGCA CCATCACTGT TGTCCTTTTC AGCACAGTGG TGTTTGGTTT GCTGACTAAG
 1321  CCACTCATAA GGCTTCTACT ACCTCACCCT AAAGTCACAA CCAGCATGAC AACCACAGAG
 1381  CCATCTACTC CAAAATCATT CATTGTCCCA CTTCTAGGAA ATGCCCAAGA TTCTGAAGCT
 1441  GATCTGCGAG CCCATCAAAT TTACCGTCCA AACAGCATCC GTGCCTTACT AGCCACTCCA
 1501  ACTCACACTG TTCATCGGATT ATGGCGTAAG TTTGATGATT CGTTCATGCG TCCCGTCTTT
 1561  GGCGGCAGGG GTTTTGTTCC TGTAGAACCT GGCTCACCAA GTGAACGCAA TGGTCAACAA
 1621  TGGCATTGA
```

图 6-83 鹰嘴豆 *CarNHX1* 基因序列

二、鹰嘴豆 CarNHX1 蛋白的生物信息学分析

应用 TMHMM 软件对 CarNHX1 蛋白序列在线进行了跨膜区分析（http://www.cbs.dtu.dk/），结果表明鹰嘴豆 CarNHX1 蛋白为跨膜蛋白，共有 12 个跨膜螺旋，与已报道的 Na^+/H^+ 反向转运蛋白结构类似。应用 ExPASy 的 ProtParam 和 ProtScale 程序在线分析，CarNHX1 蛋白的分子式为 $C_{2757}H_{4306}N_{684}O_{751}S_{24}$，蛋白分子质量为 59.82kDa，理论等电点 pI 为 8.09，不稳定参数为 35.68，说明该蛋白是一个稳定蛋白，疏水性平均数为 0.521，预测该蛋白属于疏水性蛋白。使用进化树

比较其亲缘关系，结果表明，鹰嘴豆 CarNHX1 与紫花苜蓿的 MsNHX1 亲缘关系最近，相对遗传距离为 0.028 57，与大豆的 GmNHX1 亲缘关系次之，相对遗传距离为 0.054 55，与其他物种的 Na^+/H^+ 反向转运蛋白的亲缘关系相对比较远。

三、*CarNHX1* 基因表达分析

以 *ACTIN* 为内参基因，设计特异性引物进行荧光定量 PCR 分析，采用的是相对定量 $2^{-\Delta\Delta Ct}$ 法计算 *CarNHX1* 基因在盐（200mmol/L）胁迫下的表达量。结果表明随着盐胁迫时间增加，*CarNHX1* 基因表达量逐渐增加，到 24h 时表达量是胁迫前的 21 倍（图 6-84）。

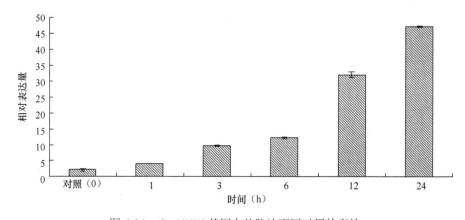

图 6-84　*CarNHX1* 基因在盐胁迫不同时间的表达

四、转 *CarNHX1* 基因烟草的获得

用 *Sal* I 和 *Kpn* I 限制性内切酶酶切构建的重组质粒 pMD19-*CarNHX1* 及植物表达载体 pCAMBIA1301 质粒，得到具有相同黏性末端的线性片段；再用 T_4 DNA 连接酶连接。对连接好的重组载体质粒进行双酶切验证，电泳结果显示有一条 1600bp 左右的片段，与目的基因大小相一致。用 *npt* II 特异性引物和目的基因特异性引物进行 PCR 检测，说明目的基因 *CarNHX1* 已经成功插入多克隆位点，植物表达载体 pCAMBIA1301-*CarNHX1* 构建成功。

在预培养培养基上，25℃条件下暗培养 48h（图 6-85A），将愈伤组织用农杆菌侵染后转移到共培养基培养 2d 后，转移到分化培养基中培养一周，其间叶盘逐渐卷缩，4 周开始有浅绿色半透明的愈伤组织形成（图 6-85B）。转移到分化培养基中光照培养一个月，愈伤组织分化成小苗（图 6-85C），将小苗转移到生根培养基（图 6-85D），每天光照 16h，保持 28℃。2～3 周后长出根系（图 6-85E），再

将苗（图 6-85F）移栽到土壤。

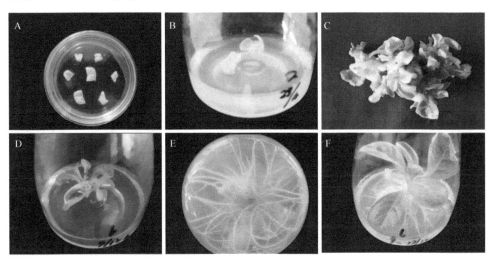

图 6-85　转基因烟草植株再生

A～F 分别为烟草叶盘、愈伤组织、愈伤组织诱导、抗性苗长出、抗性苗生根和抗性苗

用目的基因特异性引物和 *npt II* 基因引物进行 PCR 检测，检测鹰嘴豆 *CarNHX1* 基因是否整合到烟草植物基因组中。电泳结果表明鹰嘴豆 *CarNHX1* 基因成功整合到烟草植物基因组中。

五、转 *CarNHX1* 基因烟草的耐盐性分析

在高盐（300mmol/L）胁迫处理下，非转基因烟草和转 *CarNHX1* 基因烟草叶片中的脯氨酸含量都明显上升，且随着胁迫处理时间的延长其含量持续升高，但转基因烟草的脯氨酸含量的升高幅度明显大于非转基因烟草的（图 6-86）。

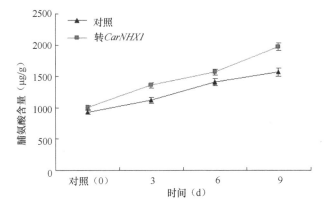

图 6-86　盐处理后转基因烟草和非转基因烟草的脯氨酸含量随时间变化曲线

丙二醛（MDA）含量测定结果显示，在高盐胁迫 3d 时，非转基因烟草和转 *CarNHX1* 基因烟草叶片的 MDA 含量都有所增加，导致生物膜受到损伤；之后，MDA 含量开始下降，但明显可看出转基因烟草比非转基因烟草的 MDA 含量低，下降幅度大，说明非转基因烟草受到更严重的胁迫损伤（图 6-87）。

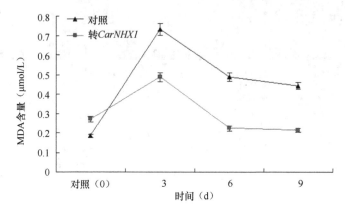

图 6-87　盐处理后转基因烟草和非转基因烟草的丙二醛含量随时间变化曲线

通过检测叶片中脯氨酸及 MDA 的含量变化，证实转 *CarNHX1* 基因烟草具有更强的耐盐性。

参 考 文 献

冯艳飞, 梁月荣. 2001. 茶树 S-腺苷甲硫氨酸合成酶基因的克隆和序列分析[J]. 茶叶科学, 21(1): 21-25.

汤亚杰, 李艳, 李冬生, 李红梅. 2007. S-腺苷甲硫氨酸的研究进展[J]. 生物技术通报, (2): 76-81.

谢国生, 柳胤奎, 高野哲夫, 尤宗彬, 张端品. 2002. 水稻中与盐碱适应性相关的VB12不依赖型蛋氨酸合成酶基因的克隆和表达[J]. 遗传学报, 29(12): 1078-1084.

Alexandrov NN, Brover VV, Freidin S, Troukhan ME, Tatarinova TV, Zhang HY, Swaller TJ, Lu YP, Bouck J, Flavell RB, Feldmann KA. 2009. Insights into corn genes derived from large-scale cDNA sequencing[J]. Plant Molecular Biology, 69(1-2): 179-194.

An YQ, McDowell JM, Huang S, McKinney EC, Chambliss S, Meagher RB. 1996. Strong constitutive expression of the *Arabidopsis* ACT2/ACT8 actin subclass in vegetative tissues[J]. The Plant Journal, 10: 107-121.

Battaglia ME, Martínez-Silva AV, Olvera-Carrillo Y, Dinkova TD, Covarrubias AA. 2021. Translational enhancement conferred by the 3′untranslated region of a transcript encoding a group 6 late embryogenesis abundant protein[J]. Environmental and Experimental Botany, 182: 104310.

Bhattacharya D, Weber K. 1997. The actin gene of the glaucocystophyte *Cyanophora paradoxa*: analysis of the coding region and introns, and an actin phylogeny of eukaryotes[J]. Current Genetics, 31: 439-446.

Bleecker AB, Kende H. 2000. ETHYLENE: a gaseous signal molecule in plants[J]. Annual Review of Cell & Developmental Biology, 16(1): 1-18.

Blumwald E, Poole RJ. 1985. Na$^+$/H$^+$ antiport in isolated tonoplast vesicles from storage tissue of *Beta vulgaris*[J]. Plant Physiol, 78: 163-167.

Bouchereau A, Aziz A, Larher F, Martin-Tanguy J. 1999. Polyamines and environmental challenges: recent development[J]. Plant Science, 140(2): 103-125.

Bricheux G, Brugerolle G. 1997. Molecular cloning of actin genes in *Trichomonas vaginalis* and phylogeny inferred from actin sequences[J]. FEMS Microbiology Letters, 153: 205-213.

Bunger MH, Langdahl BL, Andersen T, Husted L, Lind M, Eriksen EF, Bünger CE. 2003. Semiquantitative mRNA measurements of osteoinductive growth factors in human iliac-crest bone: expression of LMP splice variants in human bone[J]. Calcified Tissue International, 73: 446-454.

Cadoret JP, Debon R, Cornudella L, Lardans V, Morvan A, Roch P, Boulo V. 1999. Transient expression assays with the proximal promoter of a newly characterized actin gene from the oyster *Crassostrea gigas*[J]. FEBS Letters, 460: 81-85.

Chiang PK, Gordon RK, Tal J, Zeng GC, Doctor BP, Pardhasaradhi K, McCann PP. 1996. *S*-adenosylmethionine and methylation[J]. The FASEB Journal, 10(4): 471-480.

Eichel J, González JC, Hotze M, Matthews RG, Schröder J. 1995. Vitamin-B12-independent methionine synthase from a higher plant (*Catharanthus roseus*)[J]. European Journal of Biochemistry, 230(3): 1053-1058.

Farrant JM, Hilhorst HW. 2021. What is dry? Exploring metabolism and molecular mobility at extremely low water contents[J]. Journal of Experimental Botany, 72(5): 1507-1510.

Ferrer JL, Ravanel S, Robert M, Dumas R. 2004. Crystal structures of cobalamin-independent methionine synthase complexed with zinc, homocysteine, and methyltetrahydrofolate[J]. Journal of Biological Chemistry, 279(43): 44235-44238.

Fontecave M, Atta M, Mulliez E. 2004. *S*-adenosylmethionine: nothing goes to waste[J]. Trends in Biochemical Sciences, 29(5): 243-249.

Franceschetti M, Hanfrey C, Scaramagli S, Torrigiani P, Bagni N, Burtin D, Michael AJ. 2001. Characterization of monocot and dicot plant *S*-adenosyl-L-methionine decarboxylase gene families including identification in the mRNA of a highly conserved pair of upstream overlapping open reading frames[J]. The Biochemical Journal, 353: 403-409.

Galletta BJ, Cooper JA. 2009. Actin and endocytosis: mechanisms and phylogeny[J]. Current Opinion in Cell Biology, 21: 20-27.

Gao WR, Wang XS, Liu QY, Peng H, Chen C, Li JG, Zhang JS, Hu SN, Ma H. 2008. Comparative analysis of ESTs in response to drought stress in chickpea (*C. arietinum* L.)[J]. Biochemical and Biophysical Research Communications, 376: 578-583.

Grelet J, Benamar A, Teyssier E, Avelange-Macherel MH, Grunwald D, Macherel D. 2005. Identification in pea seed mitochondria of a late-embryogenesis abundant protein able to protect enzymes from drying[J]. Plant Physiology, 137(1): 157-167.

Halder T, Upadhyaya G, Roy S, Biswas R, Das A, Bagchi A, Agarwal T, Ray S. 2019. Glycine rich proline rich protein from *Sorghum* bicolor serves as an antimicrobial protein implicated in plant defense response[J]. Plant Molecular Biology, 101(1): 95-112.

Hamilton AJ, Bouzayen M, Grierson D. 1991. Identification of a tomato gene for the ethylene-forming enzyme by expression in yeast[J]. Proceedings of the National Academy of Sciences USA, 88(16): 7434-7437.

Hanzawa Y, Takahashi T, Michael AJ, Burtin D, Long D, Pineiro M, Coupland G, Komeda Y. 2000. ACAULIS5, an *Arabidopsis* gene required for stem elongation, encodes a spermine synthase[J].

EMBO Journal, 19(16): 42-48.

Hao YJ, Zhang Z, Kitashiba H, Honda C, Ubi B, Kita M, Moriguchi T. 2005. Molecular cloning and functional characterization of two apple *S*-adenosylmethionine decarboxylase genes and their different expression in fruit development, cell growth and stress responses[J]. Gene, 350(1): 41-50.

Hasan M, Skalicky M, Jahan MS, Hossain M, Anwar Z, Nie ZF, Alabdallah NM, Brestic M, Hejnak V, Fang XW. 2021. Spermine: its emerging role in regulating drought stress responses in plants[J]. Cells, 10(2): 261.

Hirayoshi K, Kudo H, Takechi H, Nakai A, Iwamatsu A, Yamada KM, Nagata K. 1991. HSP47: a tissue-specific, transformation-sensitive, collagen-binding heat shock protein of chicken embryo fibroblasts[J]. Molecular and Cellular Biology, 11: 4036-4044.

Horikawa S, Sasuga J, Shimizu K, Ozasa H, Tsukada K. 1990. Molecular cloning and nucleotide sequence of cDNA encoding the rat kidney *S*-adenosylmethionine synthetase[J]. Journal of Biological Chemistry, 265(23): 13683-13686.

Hu WW, Gong H, Pua EC. 2005. The pivotal roles of the plant *S*-adenosylmethionine decarboxylase 5′untranslated leader sequence in regulation of gene expression at the transcriptional and posttranscriptional levels[J]. Plant Physiology, 138(1): 276-286.

Hwang UW, Han MS, Kim IC, Lee YS, Aoki Y, Lee JS. 2002. Cloning and sequences of beta-actin genes from *Rhodeus notatus* and the silver carp *Hypophthalmichthys molitrix* (Cyprinidae) and the phylogeny of cyprinid fishes inferred from beta-actin genes[J]. DNA Sequence, 13: 153-159.

Igarashi D, Ishida S, Fukazawa J, Takahashi Y. 2001. 14-3-3 proteins regulate intracellular localization of the bZIP transcriptional activator RSG[J]. Plant Cell, 13(11): 2483-2497.

Kabsch W, Vandekerckhove J. 1992. Structure and function of actin[J]. Annual Review of Biophysics and Biomolecular Structure, 21: 49-76.

Kashiwagi K, Taneja SK, Liu TY, Tabor H. 1990. Spermidine biosynthesis in *Saccharomyces cerevisiae*. Biosynthesis and processing of a proenzyme form of *S*-adenosylmethionine decarboxylase[J]. Journal of Biological Chemistry, 265(36): 22321-22328.

Kipreos ET, Pagano M. 2000. The F-box protein family[J]. Genome Biology, 1(5): 1-7.

Krulwich T A. 1983. Na^+/H^+ antiporters[J]. Biochimica et Biophysica Acta, 726: 245-264.

Lapointe G, Luckevich MD, Cloutier M, Séguin A. 2001. 14-3-3 gene family in hybrid poplar and its involvement in tree defence against pathogens[J]. Journal of Experimental Botany, 52(359): 1331-1338.

Li SJ, Wu GQ, Lin LY. 2021. AKT1, HAK5, SKOR, HKT1; 5, SOS1 and NHX1 synergistically control Na^+ and K^+ homeostasis in sugar beet (*Beta vulgaris* L.) seedlings under saline conditions[J]. Journal of Plant Biochemistry and Biotechnology, 9: 1-4.

Lindroth AM, Saarikoski P, Flygh G, Clapham D, Grönroos R, Thelander M, Ronne H, von Arnold S. 2001. Two *S*-adenosylmethionine synthetase-encoding genes differentially expressed during adventitious root development in *Pinus contorta*[J]. Plant Molecular Biology, 46(3): 335-346.

Liu X, Wang X, Yan X, Li S, Peng H. 2020. The glycine-and proline-rich protein AtGPRP3 negatively regulates plant growth in *Arabidopsis*[J]. International Journal of Molecular Sciences, 21(17): 6168.

Lyu S, Chen G, Pan D, Chen J, She W. 2021. Molecular analysis of 14-3-3 genes in citrus sinensis and their responses to different stresses[J]. International Journal of Molecular Sciences, 22(2): 568.

Malakar D, Dey A, Ghosh AK. 2006. Protective role of *S*-adenosyl-L-methionine against hydrochloric acid stress in *Saccharomyces cerevisiae*[J]. Biochimica et Biophysica Acta

(BBA)-General Subjects, 1760(9): 1298-1303.

Ma L, Wu J, Qi W, Coulter JA, Fang Y, Li X, Liu L, Jin J, Niu Z, Yue J, Sun W. 2020. Screening and verification of reference genes for analysis of gene expression in winter rapeseed (*Brassica rapa* L.) under abiotic stress[J]. PLoS One, 15(9): e0236577.

Marty I, Monfort A, Stiefel V, Ludevid D, Delseny M, Puigdomènech P. 1996. Molecular characterization of the gene coding for GPRP, a class of proteins rich in glycine and proline interacting with membranes in *Arabidopsis thaliana*[J]. Plant Molecular Biology, 30: 625-636.

Matsushima N, Creutz CE, Kretsinger RH. 1990. Polyproline, beta-turn helices. Novel secondary structures proposed for the tandem repeats within rhodopsin, synaptophysin, synexin, gliadin, RNA polymerase II, hordein, and gluten[J]. Proteins Structure Function and Bioinformatics, 7(2): 125-155.

May T, Soll J. 2000. 14-3-3 proteins form a guidance complex with chloroplast precursor proteins in plants[J]. Plant Cell, 12(1): 53-64.

McDowell JM, Huang S, McKinney EC, An YQ, Meagher RB. 1996. Structure and evolution of the actin gene family in *Arabidopsis thaliana*[J]. Genetics, 142: 587-602.

Meagher RB, McKinney EC, Vitale AV. 1999. The evolution of new structures: clues from plant cytoskeletal genes[J]. Trends in Genetics, 15: 278-284.

Meng DY, Yang S, Xing JY, Ma NN, Wang BZ, Qiu FT, Guo F, Meng J, Zhang JL, Wan SB, Li XG. 2021. Peanut (*Arachis hypogaea* L.) *S*-adenosylmethionine decarboxylase confers transgenic tobacco with elevated tolerance to salt stress[J]. Plant Biology, 23(2): 341-350.

Muslin AJ, Tanner JW, Allen PM, Shaw AS. 1996. Interaction of 14-3-3 with signaling proteins is mediated by the recognition of phosphoserine[J]. Cell, 84(6): 889-897.

Nakayama KI, Nakayama K. 2006. Ubiquitin ligases: cell-cycle control and cancer[J]. Nature Reviews Cancer, 6(5): 369-381.

Palmer JL, Abeles RH. 1979. The mechanism of action of *S*-adenosylhomocysteinase[J]. Journal of Biological Chemistry, 254(4): 1217-1226.

Paterson AH, Bowers JE, Bruggmann R, Dubchak I, Grimwood J, Gundlach H, Haberer G, Hellsten U, Mitros T, Poliakov A, Schmutz J, Spannagl M, Tang H, Wang XY, Wicker T, Bharti AK, Chapman J, Feltus FA, Gowik U, Grigoriev IG, Lyons E, Maher CA, Martis M, Narechania A, Otillar AP, Penning BW, Salamov AA, Wang Y, Zhang LF, Carpita NC, Freeling M, Gingle AR, Hash CT, Keller B, Klein P, Kresovich S, McCann MC, Ming R, Peterson DG, Rahman MU, Ware D, Westhoff P, Mayer KFX, Messing J, Rokhsar DS. 2009. The *Sorghum* bicolor genome and the diversification of grasses[J]. Nature, 457 (7229): 551-556.

Peng H, Feng Y, Zhang H, Wei X, Liang S. 2012. Molecular cloning and characterisation of genes coding for glycine-and proline-rich proteins (GPRPs) in soybean[J]. Plant Molecular Biology Reporter, 30(3): 566-577.

Pollard TD, Cooper JA. 1986. Actin and actin binding proteins. A critical evaluation of mechanisms and functions[J]. Annual Review of Biochemistry, 55: 987-1035.

Ravanel S, Gakière B, Job D, Douce R. 1998. The specific features of methionine biosynthesis and metabolism in plants[J]. Proceedings of the National Academy of Sciences USA, 95(13): 7805-7812.

Rensing SA, Lang D, Zimmcr AD, Terry A, Salamov A, Shapiro H, Nishiyama T, Perroud PF, Lindquist EA, Kamisugi Y. 2008. The *Physcomitrella* genome reveals evolutionary insights into the conquest of land by plants[J]. Science, 319(5859): 64-69.

Roberts MR, Bowles DJ. 1999. Fusicoccin, 14-3-3 proteins, and defense responses in tomato plants[J]. Plant Physiology, 119(4): 1243-1250.

Rogers S, Wells R, Rechsteiner M. 1986. Amino acid sequences common to rapidly degraded proteins: the PEST hypothesis[J]. Science, 234(4774): 364-368.

Rubenstein PA. 1990. The functional importance of multiple actin isoforms[J]. Bio Essays, 12: 309-315.

Saalbach G, Schwerdel M, Natura G, Buschmann P, Christov V, Dahse I. 1997. Over-expression of plant 14-3-3 proteins in tobacco: enhancement of the plasmalemma K^+ conductance of mesophyll cells[J]. FEBS Letters, 413(2): 294-298.

Schröder G, Schröder J. 1995. cDNAs for *S*-adenosyl-L-methionine decarboxylase from *Catharanthus roseus*, heterologous expression, identification of the proenzyme-processing site, evidence for the presence of both subunits in the active enzyme, and a conserved region in the active enzyme, and a conserved region in the 5′mRNA leader[J]. European Journal of Biochemistry, 228(1): 74-78.

Shao W, Chen W, Zhu X, Zhou X, Jin Y, Zhan C, Liu G, Liu X, Ma D, Qiao Y. 2021. Genome-wide identification and characterization of wheat 14-3-3 genes unravels the role of TaGRF6-A in salt stress tolerance by binding MYB transcription factor[J]. International Journal of Molecular Sciences, 22(4): 1904.

Shukla RK, Raha S, Tripathi V, Chattopadhyay D. 2006. Expression of *CAP2*, an APETALA2-family transcription factor from chickpea, enhances growth and tolerance to dehydration and salt stress in transgenic tobacco[J]. Plant Physiology, 142: 113-123.

Stankovic B, Garic-Stankovic A, Smith CM, Davies E. 1995. Isolation, sequencing, and analysis of a 14-3-3 brain protein homolog from Pea (*Pisum sativum* L.) [J]. Plant Physiology, 107(4): 1481-1482.

Stanley BA, Pegg AE, Holm I. 1989. Site of pyruvate formation and processing of mammalian *S*-adenosylmethionine decarboxylase proenzyme[J]. Journal of Biological Chemistry, 264(35): 21073-21079.

Tanaka T, Antonio BA, Kikuchi S. 2008. The rice annotation project database (RAP-DB): 2008 update[J]. Nucleic Acids Research, 36: D1028-1033.

Thu-Hang P, Bassie L, Safwat G, Trung-Nghia P, Christou P, Capell T. 2002. Expression of a heterologous *S*-adenosylmethionine decarboxylase cDNA in plants demonstrates that changes in *S*-adenosyl-L-methionine decarboxylase activity determine levels of the higher polyamines spermidine and spermine[J]. Plant Physiology, 129(4): 1744-1754.

Tuskan GA, Difazio S, Jansson S, Bohlmann J, Grigoriev I, Hellsten U, Putnam N, Ralph S, Rombauts S, Salamov A, Salamov A, Schein J, Sterck L, Aerts A, Bhalerao RR, Bhalerao RP, Blaudez D, Boerjan W, Brun A, Brunner A, Busov V, Campbell M, Carlson J, Chalot M, Chapman J, Chen GL, Cooper D, Coutinho PM, Couturier J, Covert S, Cronk Q, Cunningham R, Davis J, Degroeve S, Déjardin A, Depamphilis C, Detter J, Dirks B, Dubchak I, Duplessis S, Ehlting J, Ellis B, Gendler K, Goodstein D, Gribskov M, Grimwood J, Groover A, Gunter L, Hamberger B, Heinze B, Helariutta Y, Henrissat B, Holligan D, Holt R, Huang W, Islam-Faridi N, Jones S, Jones-Rhoades M, Jorgensen R, Joshi C, Kangasjärvi J, Karlsson J, Kelleher C, Kirkpatrick R, Kirst M, Kohler A, Kalluri U, Larimer F, Leebens-Mack J, Leplé JC, Locascio P, Lou Y, Lucas S, Martin F, Montanini B, Napoli C, Nelson DR, Nelson C, Nieminen K, Nilsson O, Pereda V, Peter G, Philippe R, Pilate G, Poliakov A, Razumovskaya J, Richardson P, Rinaldi C, Ritland K, Rouzé P, Ryaboy D, Schmutz J, Schrader J, Segerman B, Shin H, Siddiqui A, Sterky F, Terry A, Tsai CJ, Uberbacher E, Unneberg P, Vahala J, Wall K, Wessler S, Yang G, Yin T, Douglas C, Marra M, Sandberg G, van de Peer Y, Rokhsar D. 2006. The genome of black cottonwood, *Populus trichocarpa* (Torr. & Gray)[J]. Science, 313(5793): 1596-1604.

Valentijn K, Valentijn JA, Jamieson JD. 1999. Role of actin in regulated exocytosis and compensatory membrane retrieval: insights from an old acquaintance[J]. Biochemical and Biophysical Research Communications, 266: 652-661.

Velasco R, Zharkikh A, Troggio M, Cartwright DA, Cestaro A, Pruss D, Pindo M, Fitzgerald LM, Vezzulli S, Reid J, Malacarne G, Iliev D, Coppola G, Wardell B, Micheletti D, Macalma T, Facci M, Mitchell JT, Perazzolli M, Eldredge G, Gatto P, Oyzerski R, Moretto M, Gutin N, Stefanini M, Chen Y, Segala C, Davenport C, Demattè L, Mraz A, Battilana J, Stormo K, Costa F, Tao Q, Si-Ammour A, Harkins T, Lackey A, Perbost C, Taillon B, Stella A, Solovyev V, Fawcett JA, Sterck L, Vandepoele K, Grando SM, Toppo S, Moser C, Lanchbury J, Bogden R, Skolnick M, Sgaramella V, Bhatnagar SK, Fontana P, Gutin A, de Peer YV, Salamini F, Viola R. 2007. A high quality draft consensus sequence of the genome of a heterozygous grapevine variety[J]. PLoS One, 2(12): E1326.

Wada A, Fukuda M, Mishima M, Nishida E. 1998. Nuclear export of actin: a novel mechanism regulating the subcellular localization of a major cytoskeletal protein[J]. EMBO Journal, 17: 1635-1641.

Walters DR. 2003. Polyamines and plant disease[J]. Phytochemistry, 64(1): 97-107.

Zhang Z, Qiu W, Liu W, Han X, Wu L, Yu M, Qiu X, He Z, Li H, Zhuo R. 2021. Genome-wide characterization of the hyperaccumulator *Sedum alfredii* F-box family under cadmium stress[J]. Scientific Reports, 11(1): 1-2.

Zarreen F, Chakraborty S. 2020. Epigenetic regulation of geminivirus pathogenesis: a case of relentless recalibration of defence responses in plants[J]. Journal of Experimental Botany, 71(22): 6890-6906.

第七章 鹰嘴豆种子贮藏蛋白类α-淀粉酶
抑制剂的研究

植物籽实中贮藏有大量的蛋白质、碳水化合物和脂类，因此常常作为其他生物的食物来源，而植物种子中很多蛋白质并不是植物萌发生长发育必需的，只是作为防御害虫和病菌的防御物质。豆类作物种子中蛋白质是人类食物氨基酸的主要来源，其自身已进化出防御机制来抵抗害虫的啃食。α-淀粉酶抑制剂在生物界中分布广泛，主要集中在动植物和某些微生物体内，尤其是在禾本科和豆类作物种子中含量尤为丰富。α-淀粉酶抑制剂是一种抑制糖苷水解酶的因子，能与淀粉酶分子上特定的部位结合并引起淀粉酶分子结构或构象发生变化，使酶活性降低或失去活性（王琳，2006）。α-淀粉酶抑制剂对来源于动物、植物和一些微生物的淀粉酶具有特异性抑制作用，在医药保健方面可以作为减肥药和控制血糖的辅助药物，也可以作为一种生物农药应用于农业生产中的病虫害防治，通过将α-淀粉酶抑制剂基因转入农作物体内，可以增强植物的抗病虫性。植物来源蛋白类α-淀粉酶抑制剂目前大致可分为库尼茨样（Kunitz-like）、诺丁样（Knottin-like）、谷类（cereal-like）、凝集素类（lectin-like）、γ-嘌呤硫素类（γ-purothionin-like）和甜蛋白类（thaumatin-like）等六类。

第一节 鹰嘴豆种子贮藏蛋白类α-淀粉酶抑制剂的分离纯化、鉴定与基因克隆

比较了不同鹰嘴豆种质种子粗提液及硫酸铵沉淀组分的α-淀粉酶抑制活性，筛选出了具有较高α-淀粉酶抑制活性的鹰嘴豆种质 W4 和 W2。W2 豆粉α-淀粉酶抑制剂粗提液经硫酸铵分级沉淀、离子交换色谱和高效反相色谱分离纯化，获得一个分子质量约为 25.0kDa 的蛋白；采用同样方法和步骤，从 W4 豆粉α-淀粉酶抑制剂粗提液中分离纯化获得一个分子质量约为 25.0kDa 的蛋白和一个分子质量约为 60kDa 的蛋白。将两种不同分子质量的蛋白（蛋白 A：25.0kDa 和蛋白 B：60.0kDa）分别进行酶解后，用质谱检测并搜索比对数据库，蛋白 A 识别为鹰嘴豆种子植物凝集素蛋白（gi|625987）（本研究命名为 CL-A2），蛋白 B 识别为鹰嘴豆种子球蛋白Q9SMJ4（本研究命名为 CL-AI），推测分离纯化得到的 CL-AI 为鹰嘴豆球蛋白基因

Q9SMJ4 编码的前体蛋白。克隆了鹰嘴豆中贮藏蛋白类型α-淀粉酶抑制剂蛋白 CL-AI 与 CL-A2 的编码基因，其中 CL-AI 编码基因 ORF 全长 1491bp，编码 497 个氨基酸；CL-A2 编码基因 ORF 全长为 693bp，编码 231 个氨基酸；经与 DNA 序列比较分析表明 CL-AI 编码基因由 4 外显子组成，而 CL-A2 编码基因不含内含子。

一、鹰嘴豆种质粗提液的α-淀粉酶的抑制活性

　　将 7 份鹰嘴豆种质种子分别磨碎成粉后，经 60 目筛筛去较大的颗粒得到精细鹰嘴豆豆粉，再用 5 倍体积（v/m）预冷的蛋白提取液（10mmol/L Tris-HCl，pH 8.0，含 500mmol/L NaCl，2mmol/L PMSF，1% β-巯基乙醇和 10mmol/L EDTA-Na$_2$）提取得到含有α-淀粉酶抑制剂的粗提液。分别对所制备的粗提液取样测定α-淀粉酶的抑制活性（测定方法参见 Hao et al.，2009），测定结果如图 7-1 所示。7 份鹰嘴豆种质（W1、W2、W3、W5、W6、W7 为 Kabuli 类型，W4 为 Desi 类型）豆粉粗提液均能检测到α-淀粉酶抑制活性，其中 W4 具有最高的抑制活性（49.10%），其他各种质豆粉提取液抑制活性均显著（$P<0.05$）低于 W4，而 W3 具有最低的抑制活性（23.66%），且显著（$P<0.05$）低于其他种质，说明不同鹰嘴豆种质间种子中α-淀粉酶抑制剂的抑制活性存在较大差异。

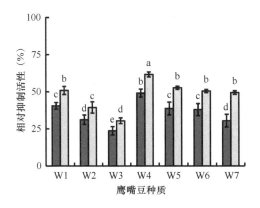

图 7-1　鹰嘴豆种质粗提液α-淀粉酶抑制活性差异

柱形上方标有不同小写字母者表示差异达 5%显著水平。图中深灰色柱表示未处理粗提液，浅灰色柱表示热处理后粗提液

　　每份鹰嘴豆种质豆粉粗提液经 70℃热处理 5min 后，其α-淀粉酶抑制活性相对于其未处理粗提液都有显著性（$P<0.05$）地提高（图 7-1），其中，W4 粗提液热处理后抑制活性仍然最高，为 61.65%，而 W3 粗提液热处理后抑制活性仍最低，为 30.47%。结果表明，一定时间的热处理会提高鹰嘴豆种子粗提液α-淀粉酶抑制活性，但热处理对不同种质间种子粗提液α-淀粉酶抑制活性差异影响较小。

二、鹰嘴豆种质豆粉粗提液热处理后硫酸铵分级沉淀

从鹰嘴豆豆粉中提取得到的α-淀粉酶抑制剂粗提液，先经 70℃热处理后再对其进行硫酸铵分级沉淀（ammonium sulfate fractional precipitation，ASP），共分 3级，即硫酸铵饱和度范围分别为 0～60%、60%～80%和 80%～100%。通过高速离心得到蛋白沉淀后，利用透析的方法去除高浓度的盐成分，复溶于 Tris-HCl（20mmol/L，pH 8.0）中，测定其α-淀粉酶抑制活性，结果如图 7-2 所示，鹰嘴豆种质间采用硫酸铵分级沉淀法得到的不同饱和度蛋白沉淀α-淀粉酶抑制活性存在明显差异。图 7-2A 显示不同鹰嘴豆种质豆粉粗提液硫酸铵分级沉淀 0～60%部分的抑制活性，其中 W1 种质粗提液 0～60%部分表现出较高的抑制活性（27.27%），显著（$P<0.05$）高于其他几个种质，W2 与 W4 种质此部分的抑制活性较低，分别仅为 3.70%和 2.80%。图 7-2B 显示不同鹰嘴豆种质豆粉粗提液硫酸铵分级沉淀60%～80%部分的抑制活性，波动范围在 20%～40%，其中从 W2 和 W7 种质种子中获得的硫酸铵分级沉淀 60%～80%部分表现出较高的抑制活性，显著（$P<0.05$）高于其他种质，分别为 40.12%和 43.42%；同时，相较于其他硫酸铵分级沉淀部分，此部分蛋白在α-淀粉酶抑制活性方面表现出较小的波动，说明α-淀粉酶抑制剂普遍存在于硫酸铵 60%～80%沉淀中。在图 7-2C 中显示不同鹰嘴豆种质豆粉粗提液硫酸铵分级沉淀 80%～100%部分的抑制活性，其中 W4 种质此部分蛋白还有很高的抑制活性，为 52.80%，显著（$P<0.05$）高于其他种质。

将鹰嘴豆种质间硫酸铵分级沉淀各组分的抑制活性制成堆积图（图 7-2D）进行比较，其中 W4 硫酸铵分级沉淀组分抑制活性最强，显著（$P<0.05$）高于其他几个种质，其次为 W2，其硫酸铵分级沉淀组分也表现出较强的抑制活性，且 W2

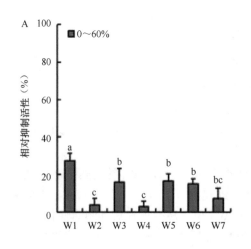

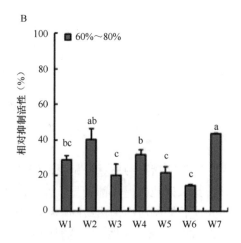

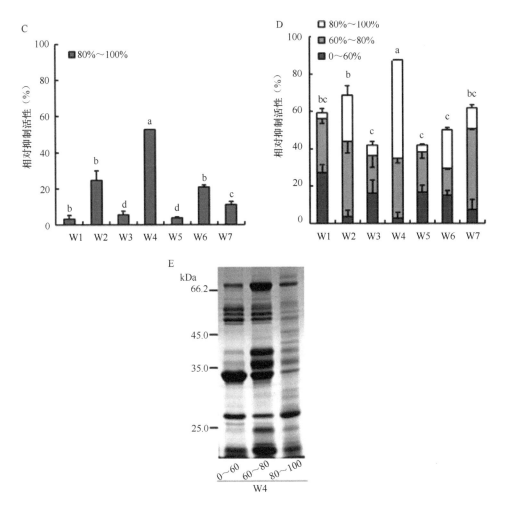

图 7-2　鹰嘴豆种质豆粉粗提液热处理后硫酸铵分级沉淀的α-淀粉酶抑制活性

A. 硫酸铵分级沉淀 0～60%部分；B. 硫酸铵分级沉淀 60%～80%部分；C. 硫酸铵分级沉淀 80%～100%部分；D. 堆积抑制活性；E. 鹰嘴豆种质 W4 所获得的硫酸铵分级沉淀 SDS-PAGE 分析。泳道 0～60、60～80、80～100 分别代表硫酸铵分级沉淀 0～60%、60%～80%、80%～100%部分。W1～W7 为鹰嘴豆种质。柱形上方标有不同小写字母者表示差异达 5%显著水平

与 W4 的抑制活性部分主要存在于硫酸铵分级沉淀 60%～80%和 80%～100%中。综合分析表明，鹰嘴豆种子α-淀粉酶抑制活性在不同种质间存在显著差异，且主要活性部分存在于硫酸铵分级沉淀的 60%～80%和 80%～100%部分。因此，在后续实验中选取鹰嘴豆 Kabuli 类型种质 W2 与 Desi 类型种质 W4 作为α-淀粉酶抑制剂纯化的实验材料，同时将提取得到的 W2 与 W4 的硫酸铵分级沉淀 60%～80%和 80%～100%部分作为进一步纯化的实验材料。

三、鹰嘴豆种质 W2 种子中贮藏蛋白类α-淀粉酶抑制剂的分离纯化与鉴定

1. 离子交换色谱分离

将鹰嘴豆种质 W2 种子粗提液硫酸铵分级沉淀 60%～80%和 80%～100%部分合并后用于离子交换色谱分析，经梯度洗脱后其分离纯化结果如图 7-3 所示。

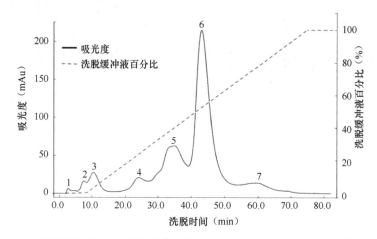

图 7-3 鹰嘴豆种质 W2 硫酸铵分级沉淀 60%～80%和 80%～100%部分合并后的离子交换色谱图

图中 1～7 表示峰 P1～P7

在进行梯度洗脱前，有 2 个穿透峰流出，此为不能被色谱柱吸附的物质。开始采用 20mmol/L Tris-HCl（含 1.0mmol/L NaCl）缓冲液进行梯度洗脱后，由于缓冲液中 NaCl 浓度逐渐升高，其离子强度逐渐加大，与色谱柱结合能力有差异的物质先后洗脱下来，将洗脱出来的蛋白峰按峰合并收集，前后共收集到 7 个蛋白洗脱峰（含穿透峰）并编号为峰 P1～P7，通过 OD_{280} 监测图谱曲线可以看出峰 P6 中蛋白含量最多（图 7-3）。

将收集的峰 P1～P7 分别测定其对人唾液α-淀粉酶的抑制活性，结果如图 7-4 所示。从图中可看出，W2 种质的离子交换色谱收集到的 7 个蛋白峰中，只有前 5 个表现出抑制活性，在峰 P6 与峰 P7 中没有检测到抑制活性；峰 P1～P5 的峰值 OD_{280} 较小，但是都检测到每个峰中存在有一定的抑制活性，其中峰 P4 表现出显著（$P<0.05$）高于其他各峰的抑制活性（54.54%）。

采用 SDS-PAGE 分析检测离子交换色谱各洗脱峰蛋白成分和纯度，结果如图 7-5 所示。从图中可以看出峰 P6 泳道呈现出与豆粉粗提液泳道相似的蛋白带型，只有峰 P4 的泳道出现了较明显的单一条带，蛋白分子质量约为 25.0kDa，说明峰

P4 的蛋白纯度较高，纯化效果较好。

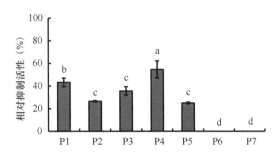

图 7-4　鹰嘴豆种质 W2 硫酸铵分级沉淀 60%～80% 和 80%～100% 部分合并后的离子交换色谱
分析收集的各峰 α-淀粉酶抑制活性

P1～P7 分别代表峰 P1～P7；柱形上方标有不同小写字母者表示差异达 5% 显著水平

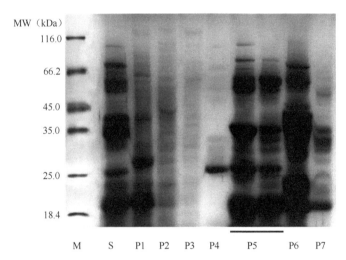

图 7-5　鹰嘴豆种质 W2 离子交换色谱分析收集峰的 SDS-PAGE 分析

泳道 S. 豆粉粗提液；泳道 P1～P7 分别代表峰 P1～P7；M. 蛋白分子量标记

2. 反相色谱分离

将离子交换色谱洗脱下来的具有较高 α-淀粉酶抑制活性的峰 P4 收集，经过透析除盐和真空冷冻浓缩后，上样至高效反相色谱做进一步分离纯化（图 7-6）。

从反相色谱图中看出，在洗脱过程中先后有 3 个蛋白峰（P1～P3）被洗脱下来，其中峰 P1 和 P2 最先被洗脱，且峰 P1 的峰值最高。按峰将洗脱液分别收集并冷冻真空干燥，测定得到各峰蛋白对人唾液 α-淀粉酶的抑制活性分别为 8.51%、40.42% 和 80.85%，发现只有峰 P3 的蛋白具有较高的抑制活性（图 7-7A），同时用 SDS-PAGE 检测各峰中蛋白成分和纯度，得到各峰电泳图（图 7-7B）。从图中可以看出在峰 P1 和峰 P2 的泳道没有出现明显的蛋白条带，在峰 P3 的泳道中出现了一分子质量约为 25.0kDa 的蛋白条带。

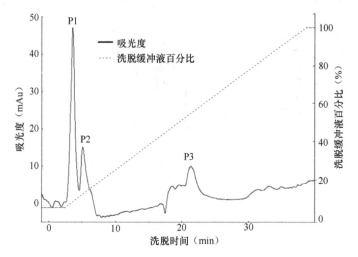

图 7-6 鹰嘴豆种质 W2 离子交换色谱获得的峰 P4 高效液相反相色谱图

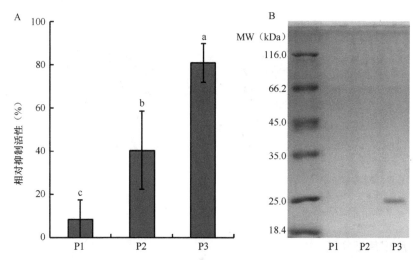

图 7-7 鹰嘴豆种质 W2 高效液相反相色谱收集峰的α-淀粉酶抑制活性及 SDS-PAGE 分析
A. 抑制活性；B. SDS-PAGE。P1～P3 分别代表图 7-6 中的峰 P1～P3；柱形上方标有不同小写字母者表示差异达
5%显著水平

3. 纯化获得的鹰嘴豆种子α-淀粉酶抑制剂的质谱鉴定及序列分析

将鹰嘴豆种质 W2 纯化到的具有较高α-淀粉酶抑制活性的峰 P3 蛋白电泳条带
（约 25.0kDa）经胰蛋白酶酶解后，采用电喷雾液质联用四极杆飞行时间质谱
（UPLC-ESI-QUAD-TOF）分离和检测得到的各个肽段，获得的质谱数据用
MASCOT 软件搜索比对 NCBI nr 数据库和 Viridiplantae（green plants）数据库，

结果只显示分数值大于 35 分（即 *P*<0.05）的蛋白种类，并按分数值由大到小排列来确定数据的可靠性（表 7-1）。

表 7-1　从鹰嘴豆种质 W2 种子中纯化获得的具有α-淀粉酶抑制活性的蛋白 MASCOT 比对结果

编号	NCBI nr 数据库中编号	得分	分子量	获得的肽段数（比对成功数）	鉴定出的序列数（匹配序列数）	蛋白名称
1	gi|113570	384	26 393	18（13）	3（2）	RecName：Full=Albumin-2；AltName：Full=PA2[*Pisum sativum*]
2	gi|23194375	104	32 535	6（4）	3（2）	Putative TAG factor protein[*Lupinus angustifolius*]
3	gi|625987	95	2 821	9（7）	1（1）	44K lectin-chickpea（fragment）[*Cicer arietinum*]
4	gi|308191392	74	4 177	2（2）	1（1）	RecName：Full=Albumin-2；AltName：Full=PA2；[*Lens culinaris*]
5	gi|54019689	74	5 715	3（3）	1（1）	Seed albumin 2[*Pisum sativum*]
6	gi|1297072	62	52 431	4（1）	2（1）	Vicilin precursor[*Vicia narbonensis*]
7	gi|255646394	55	32 219	4（3）	1（1）	Unknown [*Glycine max*]
8	gi|313509732	23	17 360	1（1）	1（1）	Squalene synthase [*Artemisia campestris*]
9	gi|308808219	19	154 437	1（1）	1（1）	Putative HAC13 protein（ISS）[*Ostreococcus tauri*]

从表 7-1 中可看出，编号 1 比对结果所得分数最高，且鉴定出的蛋白分子量与实验结果相符：比对结果显示所得的 18 个肽段中，有 13 个质谱数据比对成功，鉴定出的肽段共 3 条序列，有 2 条序列结果与豌豆（*Pisum sativum*）Albumin-2 蛋白相匹配（100%），其在 NCBI 中登录号为 gi\|113570。编号 3 比对结果显示 1 个肽段与鹰嘴豆（*Cicer arietinum*）中 44K 凝集素（gi\|625987）蛋白（44K lectin-chickpea）片段的序列一致（100%）。

四、鹰嘴豆种质 W4 种子中贮藏蛋白类α-淀粉酶抑制剂的分离纯化与鉴定

1. 离子交换色谱分析

鉴于鹰嘴豆种质 W4 种子粗提液硫酸铵分级沉淀60%～80%与80%～100%部分蛋白都具有较高的抑制活性，将此两部分沉淀蛋白分别进行离子交换色谱分离，其离子交换色谱分离纯化结果如图 7-8 所示。

鹰嘴豆种质 W4 种子粗提液硫酸铵分级沉淀 60%～80%部分蛋白经离子交换色谱的进一步分离时，随着盐浓度的逐渐升高，先后洗脱出 5 个蛋白分离峰，分

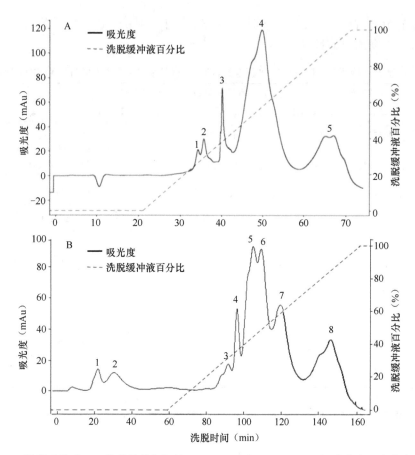

图 7-8　鹰嘴豆种质 W4 硫酸铵分级沉淀 60%~80% 和 80%~100% 部分的离子交换色谱图
A. 硫酸铵分级沉淀 60%~80% 部分；B. 硫酸铵分级沉淀 80%~100% 部分。图 A 中 1~5 表示峰 P1.1~P1.5，
图 B 中 1~8 表示峰 P2.1~P2.8

别编号为峰 P1.1~P1.5，其中峰 P1.4 的峰值最高，含蛋白量较多（图 7-8A）；W4
种子粗提液硫酸铵分级沉淀 80%~100% 部分蛋白经过柱分离，先后有 8 个蛋白
峰（含穿透峰）出现，分别编号峰 P2.1~P2.8，其中峰 P2.5 与峰 P2.6 的峰值最
高（图 7-8B）。通过比较两种沉淀部分蛋白的分离峰图谱及分离峰出现的洗脱梯
度盐浓度，说明两部分沉淀的蛋白组成有一定的差异。

　　将分离的峰 P1.1~P1.5 和峰 P2.1~P2.8 按峰分别收集，测定每个峰蛋白对人
唾液α-淀粉酶的抑制活性，测定结果如图 7-9 所示。结果表明峰 P1.1~P1.5 每个
峰都具有一定的抑制活性，且各峰之间的抑制活性也存在差异，其中峰 P1.1 与峰
P1.2 具有较高的活性，抑制活性分别为 81.16% 和 50.72%，显著（$P<0.05$）高于
其他 3 个峰的抑制活性（图 7-9A）；而峰 P2.1~P2.8 中的峰 P2.4 具有较高的抑制
活性，为 65.24%，显著（$P<0.05$）高于其他的几个峰（图 7-9B）。将合并收集的

峰 P1.1 与 P1.2，以及峰 P2.4，分别经脱盐、浓缩后用于下一步实验。同时利用 SDS-PAGE 检测收集到的具有抑制活性的峰的蛋白组成，结果如图 7-9C 所示。

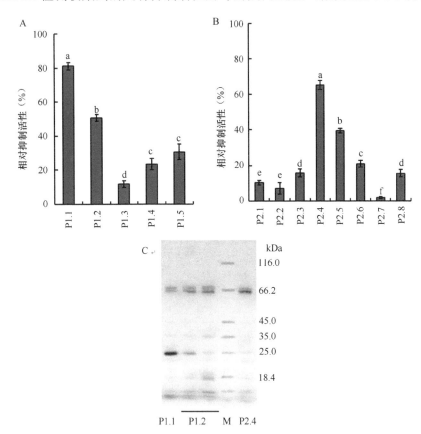

图 7-9　鹰嘴豆种质 W4 离子交换色谱分析收集峰的 α-淀粉酶抑制活性和 SDS-PAGE 分析
A. 硫酸铵分级沉淀 60%～80% 部分；B. 硫酸铵分级沉淀 80%～100% 部分；C. SDS-PAGE 分析。
P. 代表峰；柱形上方标有不同小写字母者表示差异达 5% 显著水平

从 SDS-PAGE 结果可以看出，鹰嘴豆种质 W4 种子粗提液硫酸铵分级沉淀 60%～80% 和 80%～100% 部分，分别经离子交换色谱进一步分离得到的具有 α-淀粉酶抑制活性的蛋白峰中，每个都有多条分子量大小不同的蛋白带存在，说明纯化的效果欠佳，无法确定具有抑制活性的具体蛋白，需进一步分离纯化。

2. 反相色谱分离

分别将鹰嘴豆种质 W4 经过离子交换色谱洗脱收集到的具有 α-淀粉酶抑制活性的部分，用高效反相色谱做进一步的纯化分析。

硫酸铵分级沉淀 60%～80% 部分（合并收集的峰 P1.1 与 P1.2）的蛋白经反相色谱的分离先后有 4 个蛋白峰（含穿透峰）被洗脱下来（图 7-10A），按峰收集洗脱蛋白，分别测定每个峰蛋白对人唾液α-淀粉酶的抑制效果，测得抑制活性分别为 57.40%、9.26%、75.93%和 81.48%，其中峰Ⅲ和峰Ⅳ的抑制活性较高，显著（$P<0.05$）高于峰Ⅰ和峰Ⅱ（图 7-10B）。将反相色谱洗脱的各个峰经真空冷冻浓缩干燥后，用 SDS-PAGE 分析蛋白成分，得到电泳图谱，如图 7-10C 所示。结果表明，在峰Ⅰ、Ⅱ和Ⅲ中分别仅存在一条蛋白带，而峰Ⅳ中存在分子量不同的两条蛋白带，说明纯化效果比较理想。进一步比较分析发现峰Ⅰ和Ⅲ的那条唯一蛋白带的分子质量约为 60.0kDa，峰Ⅱ中的那条唯一蛋白带的分子质量要略小于 60.0kDa，而峰Ⅳ中的蛋白带，其中一条的分子质量约为 60.0kDa，另一条的分子质量约为 25.0kDa。

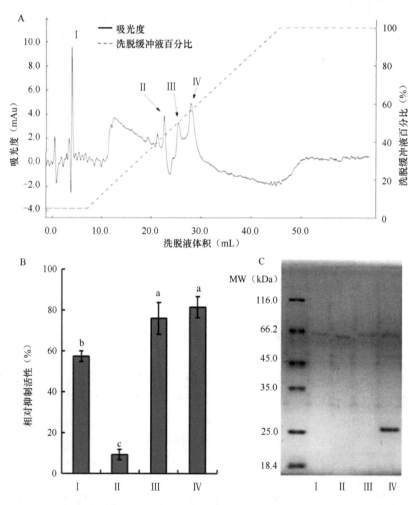

图 7-10　鹰嘴豆种质 W4 经离子交换色谱获得的峰高效液相反相色谱分离及分析
（硫酸铵分级沉淀 60%～80%部分）

A. 高效液相反相色谱图；B. 洗脱峰抑制活性分析；C. 洗脱峰 SDS-PAGE 分析。
Ⅰ～Ⅳ分别代表峰Ⅰ～Ⅳ；柱形上方标有不同小写字母者表示差异达 5%显著水平

硫酸铵分级沉淀 80%～100%部分的蛋白（峰 P2.4）经过反相色谱进一步分离，先后有 5 个蛋白峰被分离（图 7-11A），其中峰Ⅰ为穿透峰，低浓度梯度洗脱过程中只有 1 个蛋白峰（峰Ⅱ）出现，但是在到达梯度洗脱最高浓度（100%缓冲液 B）后，先后有 3 个峰值较高的蛋白峰（Ⅲ、Ⅳ、Ⅴ）被分离出来。将 5 个蛋白峰按峰收集后冷冻干燥浓缩，用人唾液α-淀粉酶测定收集到的蛋白对其的抑制活性，测得抑制活性分别为 60.38%、39.62%、26.42%、71.70%和 60.38%（图 7-11B），其中峰Ⅰ、Ⅳ和Ⅴ都具有较高的抑制活性，显著（$P<0.05$）高于其他 2 个峰的蛋白。将反相色谱洗脱的每个峰分别经真空冷冻浓缩干燥后，用 SDS-PAGE 分析蛋白成分，得到电泳图谱，如图 7-11C 所示。峰Ⅰ、Ⅳ和Ⅴ中都存在一分子质量约为 60.0kDa 的蛋白带，而峰Ⅱ中有一蛋白带分子质量小于 60.0kDa，峰Ⅲ中蛋

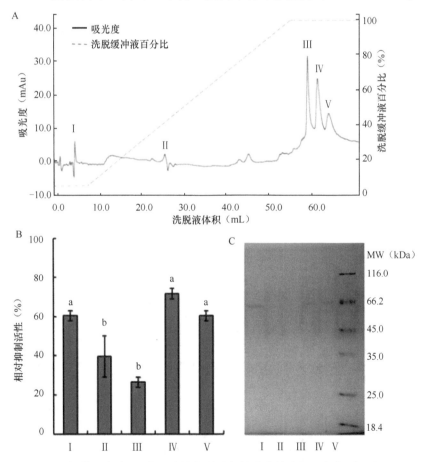

图 7-11　鹰嘴豆种质 W4 离子交换色谱获得的峰高效液相反相色谱分离及分析
（硫酸铵分级沉淀 80%～100%部分）

A. 高效液相反相色谱图；B. 洗脱峰抑制活性分析；C. 洗脱峰 SDS-PAGE 分析。
Ⅰ～Ⅴ分别代表峰Ⅰ～Ⅴ；柱形上方标有不同小写字母者表示差达 5%显著水平

白量很少，条带不明显。结果表明，每个收集峰中的蛋白成分单一，蛋白纯度较高，达到了预期的纯化效果。

通过比较分析色谱峰图和 SDS-PAGE 图谱，发现硫酸铵分级沉淀 60%～80% 部分反相色谱分离获得的蛋白与硫酸铵分级沉淀 80%～100%部分反相色谱分离获得的蛋白存在一定的相似性，但具体为哪种蛋白需进一步深入研究。

3. 纯化获得的具有α-淀粉酶抑制活性的蛋白质谱鉴定及序列分析

将硫酸铵分级沉淀60%～80%和80%～100%部分蛋白经反相色谱分离纯化到的具有较高抑制活性的两种蛋白条带（蛋白 A：分子质量约为 25.0kDa；蛋白 B：分子质量约为 60.0kDa）进行胶内酶解后，再用电喷雾液质联用四极杆飞行时间质谱（UPLC-ESI-QUAD-TOF）分离和检测得到的各个肽段，获得的质谱数据用 MASCOT 软件搜索比对 NCBI nr 数据库和 Leguminosae 蛋白数据库。

蛋白 A 经质谱鉴定得到以下蛋白肽段：①GKEVYLFK；②TMEAYLFK；③VLYGPSFVR；④NNEAYLFINDK；⑤VLYGPSFVRDGYK；⑥TNEAYLFKGEYYAR；⑦INFTPGSTNDIMGGVKK；⑧GTIFEAGMDSAFASHKTNEAYLFK。

搜索比对鉴定结果表明，此纯化所得蛋白为鹰嘴豆清蛋白的一种，具有植物凝集素作用，其在 NCBI 中基因序列号为 gi|339961380，与豌豆（*Pisum sativum*）清蛋白 2（Albumin-2）蛋白相匹配，同时与鹰嘴豆（*Cicer arietinum*）中 44K 凝集素（gi|625987）蛋白片段的序列一致，此鉴定结果与从鹰嘴豆种质 W2 中分离纯化得到的α-淀粉酶抑制剂鉴定结果一致，为同一蛋白 44K 凝集素（gi|625987），本研究将其命名为 CL-A2，亚细胞定位于细胞质中（图 7-12）。

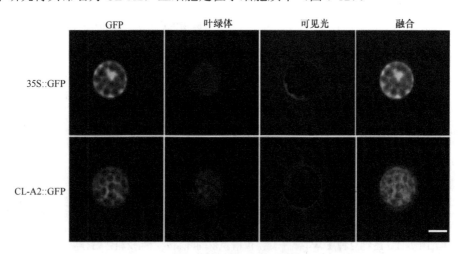

图 7-12　CL-A2 蛋白亚细胞定位（标尺=20μm）

GFP. 绿色荧光蛋白

蛋白 B 经质谱鉴定得到以下蛋白肽段：①R.DFLEDALNVNR.R；②K.SEGG
LIETWNPSNK.Q。

根据获得的肽段信息，经网上搜索比对 NCBI 数据库，确定此蛋白为一种鹰
嘴豆球蛋白，其在 NCBI 中基因序列号为 gi|75266099，在 EBI 中蛋白登录序列号
为 sp|Q9SMJ4.1，此鉴定结果与本实验室前期从鹰嘴豆种子中分离纯化所获得的
α-淀粉酶抑制剂 CL-AI 的鉴定结果一致（Hao et al.，2009）。同时，通过比较蛋白
分子量大小，其与 *Q9SMJ4* 基因所编码的前体蛋白大小（56.26kDa）相似，因此
推测纯化所得到的α-淀粉酶抑制剂为 *Q9SMJ4* 编码的前体蛋白，本研究中继续命
名为 CL-AI。该前体蛋白 CL-AI 经过进一步剪切加工为α和β两条链（图 7-13）。

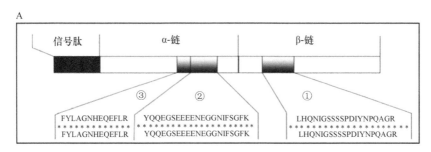

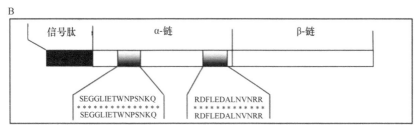

图 7-13　鹰嘴豆种子中α-淀粉酶抑制剂的质谱鉴定结果

A. 本实验室前期鉴定结果（Hao et al.，2009）；B. 本研究鉴定结果

五、鹰嘴豆种子中贮藏蛋白类α-淀粉酶抑制剂 CL-AI 和 CL-A2 编码基因的克隆

目前，在植物籽实中已经发现了许多蛋白质类α-淀粉酶抑制剂，其中小麦、
菜豆、水稻、大豆等作物中的相关基因已经得到了克隆，与其相关的蛋白保守结
构域已经被诠释。本研究拟从鹰嘴豆种子中分离克隆得到α-淀粉酶抑制剂蛋白
CL-AI 和 CL-A2 的编码基因，为进一步研究它们的表达调控奠定基础。

1. 鹰嘴豆种子贮藏蛋白类α-淀粉酶抑制剂基因 ORF 全长扩增

以鹰嘴豆花后 20d 左右的幼嫩种子为材料，采用 Trizol 法提取种子中的总

RNA。cDNA 合成后用鹰嘴豆特异 *ACTIN* 引物检测质量，PCR 检测结果显示以所合成的 cDNA 为模板都能扩增出目的片段，表明所合成的 cDNA 质量较高，可以作为后续克隆实验的模板。以合成的 cDNA 为模板，CL-AI-F（5′-TGTCATCATGGCTAAGCTTCTTG-3′）/CL-AI-R（5′-TTGTTTCCGCTAAAAGGTACATG-3′）和 CL-A2-F（5′-GACGCCTACTAAACTTACTAC）/CL-A2-R（5′-GAAACATAAACAAACAACG-3′）为引物，通过 PCR 分别扩增 CL-AI 和 CL-A2 编码基因的 ORF 全长，其产物经琼脂糖凝胶电泳检测，结果如图 7-14 所示。从图中可以看出利用 CL-AI 编码基因的引物扩增出一条清晰的大小在 1～2kb 的特异性条带，而利用 CL-A2 编码基因的引物也扩增获得了一条大小约为 693bp 的清晰特异性条带，与预测的 CL-AI 和 CL-A2 编码基因的 ORF 大小相符。将两条特异条带胶回收并连接 pMD-18T 载体，经转化筛选阳性克隆后，送华大基因公司进行核酸序列测序。测序结果表明成功获得了 CL-AI 编码基因的完整 ORF 序列，其大小为 1491bp；同样 CL-A2 编码基因的完整 ORF 亦被成功克隆，其大小为 693bp。

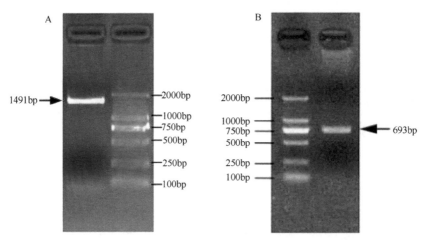

图 7-14　鹰嘴豆种子 CL-AI 和 CL-A2 编码基因的 ORF 全长扩增

A. CL-AI 编码基因的扩增产物；B. CL-A2 编码基因的扩增产物

2. 鹰嘴豆种子贮藏蛋白类α-淀粉酶抑制剂基因 DNA 全长扩增

为进一步明确 CL-AI 和 CL-A2 编码基因的序列结构及获得的 ORF 序列的正确性，以鹰嘴豆 DNA 为模板，用特异性引物 CL-AI-F(5′-TGTCATCATGGCTAAGCTTCTTG-3′)/CL-AI-R(5′-TTGTTTCCGCTAAAAGGTACATG-3′)和 CL-A2-F(5′-GACGCCTACTAAACTTACTAC-3′)/CL-A2-R(5′-GAAACATAAACAAACAACG-3′) 为引物，分别对 CL-AI 和 CL-A2 编码基因的 DNA 序列进行扩增，将获得的阳性克隆进行核酸序列测序，扩增测序序列用 BioXM 软件与 ORF 序列进行比对，确定获得扩增序列的正确性和基因内含子、外显子的结构情况。结果表明，CL-AI 编码基因 DNA 序列大小为 1895bp，经过与其 cDNA 序列比对，结果显示 CL-AI 编码基因由 4 个外显子（1～286bp，376～627bp，701～1265bp，1505～1895bp）和 3 个内含子组成，编码 497 个氨基酸（图 7-15）；CL-A2 编码基因的 DNA 序列大小为 693bp，编码 231 个氨基酸，其基因中不含内含子结构。

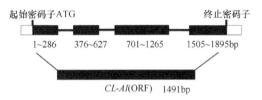

图 7-15　鹰嘴豆种子中α-淀粉酶抑制剂 CL-AI 编码基因的结构

3. 鹰嘴豆种子贮藏蛋白类α-淀粉酶抑制剂氨基酸序列比对

将 CL-AI 氨基酸序列在 EBI 网站对 nr 数据库进行 NCBI-Blast+搜索比对，结果显示出 50 条与 CL-AI 氨基酸序列相似性高（E 值小于 1.2×10^{-142}）的序列，其中 CL-AI 氨基酸序列与来自豌豆的 P15838、Q9T0P5 和 P02857，野豌豆的 Q41702、Q99304 和 Q41676，苜蓿的 A0A072U3K0 和 A0A072UDP2，百脉根的 B5U8K6 及大豆的 Q549Z4、P04405、P11828、P04776 和 Q852U5 的氨基酸序列具有较高的相似性。

搜索比对显示有 50 条与 CL-A2 氨基酸序列相似性高（E 值小于 2×10^{-51}）的序列，其中 CL-A2 氨基酸序列与来自豌豆的 P08688 和 Q8RWR7，家山黧豆的 D4AEP7，苜蓿的 I3SD26、A0A072U8D7 和 G7L360，菜豆的 V7BMS4、V7BLF5、V7BMS4 和 V7B865 的氨基酸序列具有较高的相似性。

第二节　鹰嘴豆种子贮藏蛋白类α-淀粉酶抑制剂的原核表达及抑制活性分析

将去除信号肽的 CL-AI 和 CL-A2 编码基因的 ORF 序列，以及编码 CL-AI 蛋白亚基α和β的序列分别插入到原核表达载体，并转入到大肠杆菌表达菌株 BL21（DE3）中，通过优化表达条件诱导蛋白表达，以及采用 Ni 柱亲和层析纯化，成功获得了 CL-A2、CL-AI 和α亚基可溶性蛋白及β亚基包涵体蛋白，并将β亚基包涵体蛋白进行了体外蛋白复性。分别测定纯化制备的原核表达融合蛋白对人唾液α-淀粉酶活性的抑制效果，结果表明 CL-A2、CL-AI、α和β亚基蛋白对人唾液α-淀粉酶活性都有较好的抑制效果，抑制活性分别为 56.47%、67.06%、70.59%、67.65%。

目前，已经从多种作物中发现并提取纯化得到了蛋白类α-淀粉酶抑制剂，但从天然材料中提取纯化蛋白类α-淀粉酶抑制剂需要耗费大量的时间、精力和财力，同时也很难排除其他杂蛋白的污染，严重影响了其制备。在获得基因序列的基础上，借助基因工程手段在短时间内获得大量蛋白产物成为解决该类实际问题的新途径，如原核表达系统就是运用基因克隆技术将外源基因整合到高效表达载体中并导入相应的表达菌株，在诱导作用下使目的蛋白在原核生物细胞内高效表达，进而纯化出大量目的蛋白。鉴于从鹰嘴豆种子中分离纯化 CL-AI 和 CL-A2，只能获得极少量的蛋白，不足以支撑后续研究，本研究分别将 CL-AI 和 CL-A2 编码基因序列整合到原核表达系统中并诱导目的蛋白表达，以期为后续研究提供基础。

一、原核表达载体的构建

将含有 CL-AI 的编码基因完整的 OFR 序列片段连接到 pET-28a 载体上，并将重组质粒转化到菌株大肠杆菌 BL21（DE3）中，经诱导剂诱导表达但未能实现目的蛋白的表达；同时，对菌液培养条件及诱导条件进行了各种优化，也未能实现 CL-AI 蛋白编码基因的成功表达和翻译。采用 SignalP4.1 软件预测到 CL-AI 蛋白在 N 端存在一长度为 21aa 的信号肽序列，由于真核生物的信号肽在原核生物体内表达时不能发挥其原先的分泌功能，而且会影响 mRNA 5′端的二级结构，阻碍起始密码子正确进入 P 位点；同时信号肽序列会使转录产物的 5′端核酸序列形成复杂而稳定的二级结构，从而能影响核糖体对 mRNA 序列的识别与结合，降低目的蛋白在翻译水平的起始频率和蛋白的合成。因此，本研究进一步将除去信号肽序列的 CL-AI 蛋白编码基因的 ORF 序列定向插入原核表达载体 pET-28a 中并转入大肠杆菌 DH5α 中；同时，通过设计特异性引物（表 7-2）和 PCR 反应，成功获得了α亚基和β亚基编码序列两端带酶切位点的完整序列，其长度分别为 870bp 和 558bp，接着插入到 pET-28a 载体中；另外，将 CL-A2 编码基因的 ORF 两端加入酶切位点并连接到表达载体 pET-28a 中，转化到大肠杆菌 DH5α 中。将筛选到的阳性含重组载体的菌液送测序，结果表明，插入序列到正确位置并没有引起可读框发生变化，而且插入的序列没有发生碱基的变化，说明成功构建了 CL-AI、α、β和 CL-A2 编码基因或序列的原核表达载体。

表 7-2　鹰嘴豆α-淀粉酶抑制剂原核表达研究所使用的引物

名称	引物编号	引物序列（5′—3′）
α	α-F	CGGAATTCTTGAGAGATCAACCT
	α-R	TTTTCCTTTTGCGGCCGCCATTGTCTCTTTGGC
β	β-F	CGGAATTCGGGTTTGAGGAAACCAT
	β-R	TTTTCCTTTTGCGGCCGCCAGCTGCTGCTTTGTT
CL-A2	CAL-F	CGGAATTCATGACAAAATCTGG
	CAL-R	TTTTCCTTTTGCGGCCGCTATTATTTTGAGGTAT

注：下划线表示酶切位点

二、目的蛋白在大肠杆菌中的诱导表达

重组质粒转入到大肠杆菌表达菌株 BL21（DE3）中，筛选到阳性克隆后，先在 37℃条件下培养 4h 后再经 IPTG 诱导剂在 37℃温度下诱导 4h，收集菌体，用 SDS-PAGE 检测全菌中蛋白表达情况，结果如图 7-16 所示，pET-28a-（CL-AI）菌体在略低于 66.2kDa 的位置呈现出一条清晰的特异蛋白条带，其分子量大小与 CL-AI 蛋白预测大小相符合；pET-28a-α菌体在 35.0～45.0kDa 的位置出现一条特异的蛋白条带，与 CL-AI 的α肽链分子量大小相一致；诱导后的 pET-28a-β菌体与对照相比在 25.0～35.0kDa 的位置上出现一特异蛋白条带，与 CL-AI 的β肽链分子量大小相符合。上述结果表明，CL-AI、α和β编码基因或序列在大肠杆菌原核表达系统中分别获得了成功表达。另外，经诱导后的 pET-28a-（CL-A2）菌体在 25.0～35.0kDa 的位置也有特异蛋白条带的出现，与对照比较，确定其为目的蛋白，表明 CL-A2 蛋白编码基因在大肠杆菌中也被成功诱导表达。

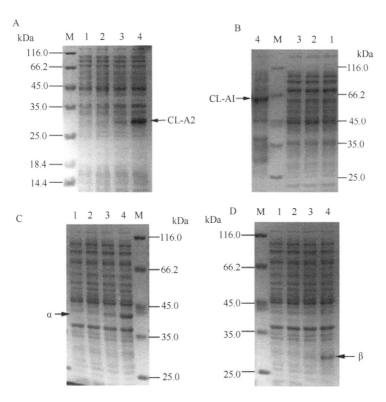

图 7-16　CL-AI、α、β和 CL-A2 蛋白编码基因或序列原核诱导表达结果的 SDS-PAGE

A. CL-A2；B. CL-AI；C. α；D. β；泳道 M. 蛋白分子量标记；泳道 1. 未诱导 pET-28a 空载 *E. coli*；泳道 2. 诱导 pET-28a 空载 *E. coli*；泳道 3. 未诱导 pET-28a-目的基因 *E. coli*；泳道 4. 诱导 pET-28a-目的基因 *E. coli*

三、原核表达制备的目的蛋白的纯化

温度、抗生素浓度、诱导剂浓度、诱导时间等是影响大肠杆菌表达外源蛋白的主要因素。通过对各种外界因素的优化设计，可以促进可溶性蛋白的大量表达。在各基因原核表达系统构建成功并获得编码基因的诱导表达后，进一步对培养时间、Kan 浓度、IPTG 浓度、诱导温度、诱导时间等因素组合进行优化设计，获得各蛋白编码基因最适合的表达条件。经研究确定 CL-AI 编码基因的最优表达条件为 1∶1000 接种，培养 6h 后进行诱导表达；诱导条件为温度为 22℃、Kan 浓度为 200μg/μL、诱导时间为 5h、IPTG 浓度为 1.0mmol/L。α亚基编码序列的最优表达条件为 1∶1000 接种，培养 4h 后进行诱导表达；诱导条件为温度为 37℃、Kan 浓度为 150μg/μL、诱导时间为 5h、IPTG 浓度为 0.1mmol/L。β亚基编码序列的最优表达条件为 1∶1000 接种，培养 5h 后进行诱导表达；诱导条件为温度为 37℃、Kan 浓度为 100μg/μL、诱导时间为 7h、IPTG 浓度为 0.5mmol/L。CL-A2 编码基因的最优表达条件为 1∶1000 接种，培养 5h 后进行诱导表达；诱导条件为温度为 30℃、Kan 浓度为 50μg/μL、诱导时间为 5h、IPTG 浓度为 1.5mmol/L。

诱导结束后收集菌体，超声破碎后经 Ni 柱纯化得到目的蛋白。经 SDS-PAGE 检测表明 CL-AI、α、CL-A2 蛋白编码基因或序列都成功表达并在上清中获得了可溶性蛋白，而β亚基编码序列表达产生了包涵体融合蛋白（图 7-17），所以必须从沉淀中纯化出蛋白包涵体后，再进行蛋白复性。

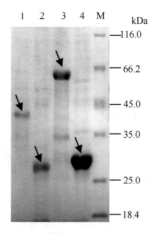

图 7-17　采用 Ni 柱从大肠杆菌纯化获得的 CL-AI、α、β和 CL-A2 蛋白的 SDS-PAGE
泳道 1. α；泳道 2. β；泳道 3. CL-AI；泳道 4. CL-A2；泳道 M. 蛋白分子量标记。图中箭头指向目的蛋白

四、原核表达的目的蛋白的蛋白质印迹鉴定

为了确定原核表达纯化得到的蛋白的准确性，本研究分别将各纯化获得的蛋白，进一步采用蛋白质印迹法（Western blotting）来鉴定其是否为大肠杆菌中诱导表达出的带有 6×His 标签的目的蛋白，鉴定结果如图 7-18 所示。从 Ni 柱纯化得到的 CL-AI、α、β 和 CL-A2 蛋白都能与 6×His 一抗结合，经曝光显色后显现出条带，与 SDS-PAGE 图谱（图 7-17）比较分析，表明各条带大小与纯化后的目的蛋白大小相一致［注：上面实验所用的蛋白为包涵体未复性，包涵体在表达过程中形成聚合体，所以在电泳时虽然部分变性处理，但分子质量一般还是会大于理论值（约 22.0kDa）。接下来的实验都是以复性的包涵体蛋白为材料，电泳结果更接近理论值］，说明经大肠杆菌诱导表达和 Ni 柱纯化到的各个蛋白即为目的蛋白。

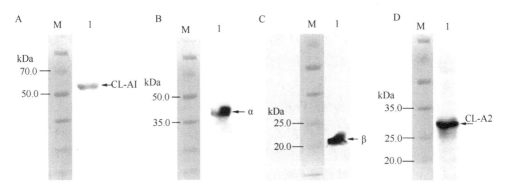

图 7-18　从大肠杆菌中纯化制备的目的蛋白的蛋白质印迹鉴定
A. CL-AI；B. α；C. β；D. CL-A2；泳道 M. 蛋白分子量标记；泳道 1. 样品

五、原核表达制备的目的蛋白的α-淀粉酶抑制活性

为了明确原核表达获得的各蛋白是否具有α-淀粉酶抑制剂的活性，先将纯化得到的 CL-AI、α 和 CL-A2 蛋白进行透析除盐，并浓缩到一定浓度，而对 β 包涵体蛋白进行重折叠复性后再用透析的方法进行除盐和浓缩，然后再用人唾液α-淀粉酶测定各纯化蛋白的α-淀粉酶抑制活性，结果如图 7-19 所示。结果表明，纯化得到的各目的蛋白都对人唾液α-淀粉酶活性产生了抑制作用，其中 CL-AI 的抑制活性为 67.06%，α亚基的抑制活性为 70.59%；经复性的β亚基也具有较高的抑制活性，为 67.65%。而纯化得到的 CL-A2 蛋白的抑制活性稍低于 CL-AI、α和β，为 56.47%，但差异不显著（$P>0.05$）。

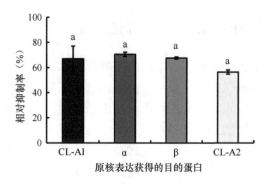

图 7-19　原核表达获得的目的蛋白α-淀粉酶抑制活性的检测

柱形上方标有相同小写字母者表示差异未达 5%显著水平

第三节　贮藏蛋白 Cupin 结构域与α-淀粉酶抑制活性的关系

CL-AI 蛋白α链与β链 Cupin 结构域的单个缺失使其对人唾液α-淀粉酶抑制活性显著（$P<0.05$）降低；CL-AI 蛋白内 Cupin 结构域的全部缺失使其蛋白抑制活性极显著（$P<0.01$）降低，基本失去抑制活性。Gly_{75} 点突变使α亚基抑制活性显著降低，低至 0.90%～7.69%；Pro_{123} 点突变使α亚基在低浓度（0.08μg/μL）时，对人唾液α-淀粉酶的抑制作用显著（$P<0.05$）降低，但仍保持有抑制活性（38.91%），在高浓度（0.24μg/μL）时其抑制活性显著（$P<0.05$）高于对照（47.96%）；Asn_{132} 点突变及 Pro_{123}、Asn_{132} 双点突变对α亚基抑制活性的影响与 Pro_{123} 突变相似，说明 Cupin 结构域中第一保守区域中的保守氨基酸位点 Gly_{75} 对α亚基抑制活性起重要作用，而第二保守区域中保守氨基酸位点 Pro_{123} 和 Asn_{132} 的双点突变会改变α亚基抑制活性的酶学特性，即随着浓度的逐渐增加，对人唾液α-淀粉酶的抑制活性逐渐增强。选择克隆序列差异而结构相似的大豆蛋白 Glycinin G1 和水稻蛋白 Glutelin 的编码基因，进行原核表达并纯化获得目的蛋白，它们对人唾液α-淀粉酶活性都具有抑制作用，说明 Glutelin 和 Glycinin G1 蛋白与 CL-AI 蛋白在结构上具有相似的 Cupin 结构域，因而在功能上表现出与 CL-AI 相似的抑制α-淀粉酶活性的功能。

蛋白质结构域是生物进化过程中的保守序列单元，是蛋白质结构和功能上的基本单位，蛋白质典型相互作用中涉及结构中特殊结构域之间的相互识别和结合。不同蛋白质含有的不同结构域，使其具有不同的立体结构并进化出不同的生物功能。通过对基本结构域的研究可以在结构上理解蛋白质的功能和进化，构建相互作用网络及分析生物学通路（Marchler-Bauer et al.，2011）。

　　Cupin 蛋白家族是一个超蛋白家族，其中含有多种功能性蛋白，它的进化可以追溯到从古细菌、细菌到真核生物。Cupin 蛋白可分为单结构域和双结构域两个亚群，而双 Cupin 蛋白主要存在于高等植物种子贮藏蛋白中，包括大量的过敏蛋白，其大多隶属于豌豆球蛋白和豆球蛋白等种子贮藏蛋白家族（李平和王转花，2011）。Cupin 结构域由两个保守的基本区域组成，每个区域中各含有两个 β 折叠二级结构，两个基本保守区域之间通过一段可变化的环状结构相连接；一个保守区域的基本构成为 $G(X)_5HXH(X)_{3,4}E(X)_6G$，另一个保守区域基本构成为 $G(X)_5PXG(X)_2H(X)_3N$（Woo et al., 2000）。

　　通过对鹰嘴豆种子中前体蛋白 CL-AI 结构域进行预测分析，发现在 CL-AI 的 α 链和 β 链区域各包含有一个 RmlC-like Cupin 结构域，同时其在体内被剪切为两个亚基（α 和 β）。研究表明，原核表达制备的前体蛋白 CL-AI 及其亚基都具有 α-淀粉酶抑制剂活性，这是否与前体蛋白 CL-AI 及其亚基皆具有相同的 Cupin 结构有关？具有 Cupin 结构域的蛋白是否皆具有 α-淀粉酶抑制活性？为此，本研究对 CL-AI 蛋白中的 Cupin 结构域进行了深入的研究。

一、CL-AI 及其亚基编码基因 Cupin 结构域缺失体的构建

　　为研究 Cupin 结构域对前体蛋白 CL-AI 的 α-淀粉酶抑制活性的影响，本研究采用重叠 PCR 的方法，分别构建了其 α 链缺失 Cupin 结构域的基因片段（CL-AI-α⁻，含有完整的 β 链）和其 β 链缺失 Cupin 结构域的基因片段（CL-AI-β⁻，含有完整的 α 链），以及其 α 和 β 链皆缺失 Cupin 结构域的基因片段（CL-AI-α⁻＋β⁻）。其过程是先用高保真酶分别扩增出 CL-AI-α⁻ 的上游片段和下游片段，其大小分别为 37bp 和 924bp，再经过两轮 PCR 将两个片段连接在一起，得到一长度约为 1000bp 的基因片段（图 7-20A），与目的基因片段长度相符合，并将此片段连接到 pMD18-T 载体上，经筛选和鉴定单克隆后进行测序确定序列的正确性。测序结果表明，CL-AI-α⁻ 的两个基因片段成功拼接在一起，且并未引起基因序列的变化，表明缺失 Cupin 结构域的基因片段 CL-AI-α⁻ 已成功获得。采用类似的方法，同样获得了缺失 Cupin 结构域的基因片段 CL-AI-β⁻，其长度约为 1000bp，与理论计算的长度相一致（图 7-20B）。CL-AI-α⁻＋β⁻ 的构建是在 CL-AI-α⁻ 的基础上，先通过 PCR 获得 α 链缺失 Cupin 结构域的上游基因片段（444bp），再获得下游缺失 Cupin 结构域的基因片段（72bp），然后将两个基因片段拼接在一起，获得一长度约为 500bp 的条带，与 CL-AI-α⁻＋β⁻ 预测的大小相符合，并经测序确定拼接序列的正确性（图 7-20C）。

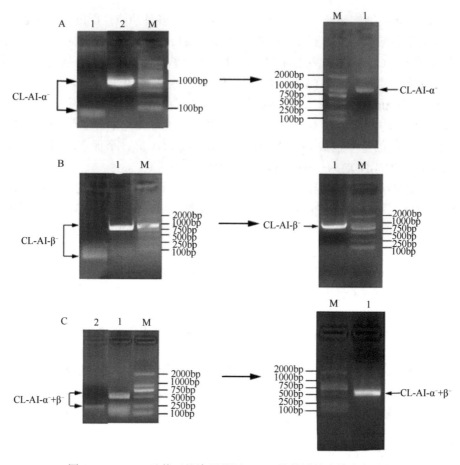

图 7-20   CL-AI 及其亚基编码基因 Cupin 结构域缺失体大小鉴定

A. CL-AI-α⁻；B. CL-AI-β⁻；C. CL-AI-α⁻＋β⁻

二、CL-AI 及其亚基编码基因缺失体原核表达载体及表达系统的构建

经测序确定获得的 CL-AI 及其亚基编码基因缺失体序列的正确性后，提取质粒并用限制性内切酶切取目的条带，然后利用 T4 连接酶将各片段分别插入到 pET-28a 载体中，并转化到 DH5α 菌株中，经筛选鉴定后送测序确定载体构建的正确性。提取构建载体序列正确的菌液中的质粒并转化到大肠杆菌感受态 BL21（DE3）中，在含有抗生素的培养基上筛选到阳性单克隆，再用 T7 引物检测鉴定（图 7-21），结果表明 CL-AI-α⁻、CL-AI-β⁻和 CL-AI-α⁻＋β⁻编码序列的原核表达载体及表达系统构建成功。

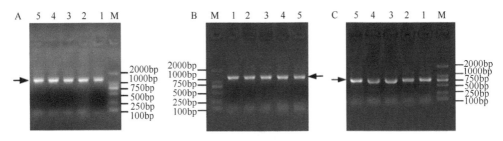

图 7-21　CL-AI 及其亚基编码基因缺失体原核表达产物的鉴定

A. CL-AI-α⁻；B. CL-AI-β⁻；C. CL-AI-α⁻+β⁻

为了验证构建的原核表达系统的可行性，本研究进一步对培养时间、抗生素浓度、诱导温度、诱导时间及诱导剂浓度等影响蛋白原核表达的因素进行了优化设计，结果表明 CL-AI-α⁻编码序列的最佳表达条件为 1∶1000 接种，培养 4h 后，用 0.5mmol/L 的诱导剂 IPTG 在 30℃ 条件下诱导 4h，其 Kan 浓度为 200μg/mL；CL-AI-β⁻编码序列的最佳表达条件为 1∶1000 接种，培养 5h 后，用 0.5mmol/L 的诱导剂 IPTG 在 22℃ 条件下诱导 7h，其 Kan 浓度为 150μg/mL；CL-AI-α⁻+β⁻编码序列的最佳表达条件为 1∶1000 接种，培养 5h 后，用 1.0mmol/L 的诱导剂 IPTG 在 37℃ 条件下诱导 7h，其 Kan 浓度为 100μg/mL。

三、CL-AI 及其亚基编码基因缺失体原核表达制备的目的蛋白的纯化与鉴定

CL-AI 及其亚基编码基因缺失体原核表达系统构建完毕，并确定 CL-AI-α⁻、CL-AI-β⁻ 和 CL-AI-α⁻+β⁻编码序列最佳诱导表达条件后，将菌液接种到大体积的 LB 液体培养基中，按照最佳优化条件进行目的蛋白的大量诱导表达，收集菌体并用超声破碎仪进行细胞破裂，离心收集上清液后用 Ni 柱进行原核表达蛋白的纯化，并用 SDS-PAGE 分析纯化结果（图 7-22）。结果表明，CL-AI-α⁻、CL-AI-β⁻ 和 CL-AI-α⁻+β⁻编码序列在上清液中都有表达，说明构建的原核表达系统诱导生产的这些蛋白是可溶性的。上清液经过 Ni 柱特异性吸附后，用不同梯度的咪唑洗脱液洗脱出组分不同的 Ni 柱吸附蛋白，经 SDS-PAGE 分析，结果表明从诱导表达 CL-AI-α⁻+β⁻蛋白的大肠杆菌中纯化分离到一单一蛋白，其分子质量约为 25.0kDa，与 CL-AI-α⁻+β⁻预测的大小（20.06kDa）基本相符（图 7-22A）；从 CL-AI-α⁻编码序列原核表达系统中成功纯化到一蛋白分子质量约为 40.0kDa 的诱导蛋白，与 CL-AI-α⁻蛋白的分子质量（36.35kDa）大小基本相符合（图 7-22B）；诱导表达 CL-AI-β⁻蛋白的大肠杆菌破碎后，上清液中有一分子质量约为 40.0kDa 的蛋白与 Ni 特异结合并被洗脱分离出来，它与 CL-AI-β⁻蛋白分子质量（37.56kDa）大小接

近（图 7-22C）。

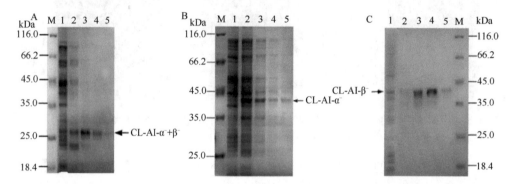

图 7-22　CL-AI-α⁻、CL-AI-β⁻和 CL-AI-α⁻＋β⁻编码序列原核表达蛋白的 SDS-PAGE 分析

A. CL-AI-α⁻＋β⁻；B. CL-AI-α⁻；C. CL-AI-β⁻；泳道 M. 蛋白分子量标记；泳道 1. 上清；泳道 2. 10mmol/L 咪唑洗脱；泳道 3. 50mmol/L 咪唑洗脱；泳道 4. 100mmol/L 咪唑洗脱；泳道 5. 150mmol/L 咪唑洗脱

　　为了确定在大肠杆菌中诱导表达并纯化获得的蛋白是否为目的蛋白，本研究进一步用 6×His 抗体对纯化到的 CL-AI-α⁻、CL-AI-β⁻和 CL-AI-α⁻＋β⁻蛋白进行蛋白质印迹鉴定，结果表明 CL-AI-α⁻与抗体结合显示的条带大小约为 40.0kDa，与蛋白 SDS-PAGE 检测分子质量大小相一致；CL-AI-β⁻与抗体结合显现的特异条带大小约 40.0kDa，与蛋白 SDS-PAGE 检测分子质量大小相符合；而 CL-AI-α⁻＋β⁻蛋白的蛋白质印迹条带大小约为 25.0kDa，与蛋白 SDS-PAGE 检测分子质量大小一致（图 7-23）。

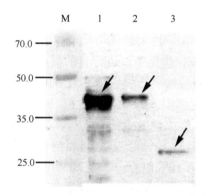

图 7-23　原核表达制备的 CL-AI-α⁻、CL-AI-β⁻和 CL-AI-α⁻＋β⁻蛋白的蛋白质印迹鉴定

泳道 M. 蛋白分子量标记；泳道 1. CL-AI-α⁻；泳道 2. CL-AI-β⁻；泳道 3. CL-AI-α⁻＋β⁻

　　综上表明，本研究成功构建了 CL-AI 及其亚基编码基因缺失体 CL-AI-α⁻、CL-AI-β⁻和 CL-AI-α⁻＋β⁻的原核表达载体，在此基础上利用大肠杆菌成功诱导这些缺失体编码序列表达，并采用 Ni 柱纯化的方式获得了纯度较高的目的蛋白。

四、CL-AI 及其亚基编码基因缺失体原核表达制备的目的蛋白的α-淀粉酶抑制活性

从 Ni 柱纯化到的 CL-AI-α⁻、CL-AI-β⁻和 CL-AI-α⁻＋β⁻蛋白经过除盐、浓缩等步骤后，得到了可供实验用的蛋白样品，然后将目的蛋白溶液分别稀释到一定浓度，测定其对人唾液α-淀粉酶的抑制活性，测定结果如图 7-24 所示。CL-AI-α⁻蛋白（含有完整的β链）对人唾液α-淀粉酶的抑制活性为 36.90%，CL-AI-β⁻蛋白（含有完整的α链）的抑制活性为 44.51%；与对照组的 CL-AI、α、β的抑制活性相比，CL-AI-α⁻和 CL-AI-β⁻的抑制活性皆呈显著性降低（$P<0.05$），但仍然保持有较高的抑制活性。CL-AI-α⁻＋β⁻蛋白经测定发现其对人唾液α-淀粉酶的抑制活性下降到 1.42%，与对照组 CL-AI、α、β及 CL-AI-α⁻和 CL-AI-β⁻相比，其抑制活性呈现极显著地降低（$P<0.01$），基本上失去了抑制活性。

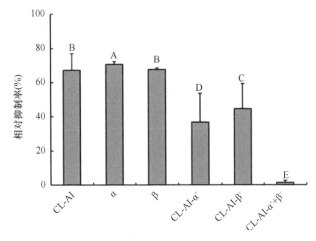

图 7-24　CL-AI-α⁻、CL-AI-β⁻和 CL-AI-α⁻＋β⁻蛋白对人唾液α-淀粉酶的抑制活性
柱形上方标有不同大写字母者表示差异达 1%显著水平

以上结果说明，Cupin 结构域对 CL-AI 蛋白及其亚基的α-淀粉酶抑制活性具有重要作用，CL-AI 中 Cupin 结构域的单个缺失会引起活性的显著性降低，而同时两个 Cupin 结构域的缺失会使 CL-AI 基本上丧失抑制活性。

五、α亚基编码基因点突变原核表达载体构建及原核表达系统的建立

为了进一步明确 Cupin 结构域对 CL-AI 蛋白的α-淀粉酶抑制活性的影响，本研究将结构域中保守的氨基酸突变为极性相反或中性的氨基酸，以研究该区域对

抑制活性的影响。首先将α亚基的氨基酸序列与 Cupin 结构域的保守区域（conserved domain）进行序列比对，确定α亚基中与 Cupin 结构保守区域相似的序列分别为 N_{56}SLRRPFYTNAPQEIFIQQG$_{75}$ 和 G_{117}DIIAVP$_{123}$TGVVFWMFN$_{132}$。然后分别设计突变引物（表 7-3），将第 75 位点上的甘氨酸 Gly$_{75}$ 突变为谷氨酸 Glu，第 123 位点上的赖氨酸 Pro$_{123}$ 突变为谷氨酸 Glu，第 132 位点上的天冬氨酸 Asn$_{132}$ 突变为亮氨酸 Leu。由于 Pro$_{123}$ 和 Asn$_{132}$ 都位于 Cupin 结构的同一个保守区域，因此在 Asn$_{132}$ 突变的基础上再突变 Pro$_{123}$，实现对该保守区域的双点突变。本研究在 pET-28a-α载体的基础上，采用 Q5 Site-Directed Mutagenesis Kit（NEB）试剂盒完成点突变载体的构建。

表 7-3 应用于α亚基点突变编码序列原核表达载体构建的引物

名称	引物编号	引物序列（5′—3′）
α-75	75-F	GGAAATTTTCATCCAACAAG<u>GAA</u>AATGGATATTTTGGCATG
	75-R	CATGCCAAAATATCCATT<u>TTC</u>TTGTTGGATGAAAATTTCC
α-123	123-F	GGGTGATATCATTGCAGTT<u>GAA</u>ACTGGTGTTGTATTTTGGA
	123-R	TCCAAAATACAACACCAGT<u>TTC</u>AACTGCAATGATATCACCC
α-132	132-F	CTGGTGTTGTATTTTGGATGTTC<u>CTG</u>GATCAAGACACTCCAG
	132-R	CTGGAGTGTCTTGATC<u>CAG</u>GAACATCCAAAATACAACACCAG

注：下划线代表进行点突变的编码序列

将筛选到的阳性克隆送往上海桑尼生物科技有限公司进一步测序确定是否点突变成功。将测序结果中突变后序列与突变前序列相比较，结果表明编码极性不带电荷氨基酸 Gly$_{75}$ 的密码子 GGT 突变为极性带负电荷氨基酸 Glu 的密码子 GAA；编码非极性氨基酸 Pro$_{123}$ 的密码子序列由 CCT 突变为 GAA（酸性氨基酸 Glu）；编码极性不带电荷 Asn$_{132}$ 的密码子 AAT 突变为编码非极性氨基酸 Leu 的密码子 CUG；同时，在 Asn$_{132}$ 突变为 Leu 的基础上，再突变 Pro$_{123}$ 为 Glu，实现了对该保守区域的双点突变（图 7-25）。

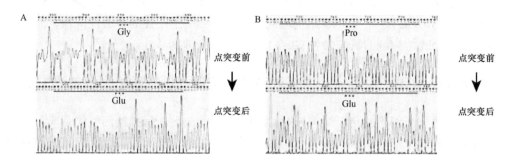

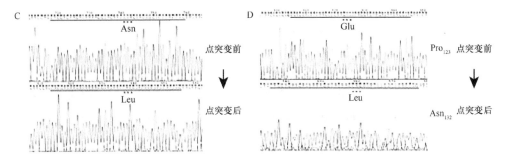

图 7-25　α亚基编码序列的点突变

A. Gly₇₅ 突变为 Glu；B. Pro₁₂₃ 突变为 Glu；C. Asn₁₃₂ 突变为 Leu；D. Asn₁₃₂ 突变为 Leu、
Pro₁₂₃ 突变为 Glu 的双突变

综上结果表明α亚基各点突变编码序列的原核表达载体构建成功。

将构建好的α亚基点突变编码序列原核表达载体转化到大肠杆菌 BL21（DE3）中，经筛选和鉴定后得到阳性克隆，将阳性克隆菌液扩大培养并用 IPTG 诱导蛋白的表达，将诱导结束的菌体用 SDS-PAGE 分析蛋白表达情况如图 7-26 所示。结果表明，与对照组相比，在构建的α亚基各个点突变表达系统中，菌体总蛋白中出现了特异性条带，其分子质量大小约为 40.0kDa，与未突变的α亚基蛋白分子质量相一致，初步判断α亚基点突变编码序列在构建的大肠杆菌表达系统中获得了诱导表达。

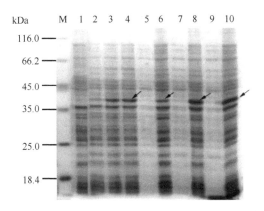

图 7-26　α亚基点突变蛋白的诱导表达 SDS-PAGE 分析

泳道 M. 蛋白分子量标记；泳道 1. 未诱导 pET-28a 空载 *E. coli*；泳道 2. 诱导 pET-28a 空载 *E. coli*；
泳道 3. 未诱导 Gly₇₅ 突变的 *E. coli*；泳道 4. 诱导 Gly₇₅ 突变的 *E. coli*；泳道 5. 未诱导 Pro₁₂₃ 突变的 *E. coli*；
泳道 6. 诱导 Pro₁₂₃ 突变的 *E. coli*；泳道 7. 未诱导 Asn₁₃₂ 突变的 *E. coli*；泳道 8. 诱导 Asn₁₃₂ 突变的 *E. coli*；
泳道 9. 未诱导 Pro₁₂₃ 和 Asn₁₃₂ 双突变的 *E. coli*；泳道 10. 诱导 Pro₁₂₃ 和 Asn₁₃₂ 双突变的 *E. coli*。
图中箭头指向目的蛋白

六、α亚基点突变编码序列原核表达蛋白的纯化和鉴定

在确认α亚基点突变编码序列在大肠杆菌中获得了诱导表达后，通过对各影响诱导表达主要因素的优化，发现菌液1∶1000接种到LB液体培养基中，培养4h后，加入1.0mmol/L的诱导剂IPTG在26℃条件下诱导7h，并维持培养基中Kan浓度为50μg/mL，能诱导每个α亚基点突变编码序列表达蛋白，该表达蛋白存在于大肠杆菌破碎后的上清液中，说明在此诱导条件下，能够使每个α亚基点突变编码序列成功表达制备可溶性蛋白。

将构建的原核表达系统菌液分别接种到大量LB液体培养基中，按上述条件进行培养并诱导表达蛋白，获得大量诱导表达的大肠杆菌菌体后，进行超声破碎并离心取上清液，将上清液与Ni柱中填料进行特异性结合，并用洗脱液进行浓度梯度洗脱，收集洗脱出来的蛋白溶液并用SDS-PAGE分析。结果表明各洗脱液中均含有一浓度较高的蛋白，其分子质量大小约为40.0kDa，与预测的各α亚基点突变编码序列编码的蛋白分子质量大小相符合，并与未突变的α亚基的分子质量相一致（图7-27），初步判断已成功从大肠杆菌原核表达系统中获得了各α亚基点突变编码序列蛋白。

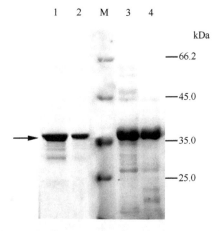

图7-27　α亚基点突变编码序列诱导表达制备的目的蛋白的SDS-PAGE

泳道M. 蛋白分子量标记；泳道1. Gly$_{75}$突变蛋白（Gly→Glu）；泳道2. Pro$_{123}$和Asn$_{132}$双点突变蛋白（Pro→Glu，Asn→Leu）；泳道3. Pro$_{123}$突变蛋白（Pro→Glu）；泳道4. Asn$_{132}$突变蛋白（Asn→Leu）

为了明确纯化所得到的蛋白是否为目的蛋白，采用6×His抗体对纯化得到的每个α亚基点突变编码序列编码的蛋白进行蛋白质印迹鉴定。结果表明，Gly$_{75}$突变蛋白能够与抗体结合产生一条大小约为40kDa的色带，Pro$_{123}$突变蛋白也能够与抗体结合显现出一条特异条带，大小约为40kDa；Asn$_{132}$突变蛋白的蛋白质印迹条带大小在40.0kDa左右，Pro$_{123}$和Asn$_{132}$双点突变蛋白与抗体结合经曝光显影

后显现出一大小约为 40.0kDa 的条带（图 7-28），且各印迹条带与 SDS-PAGE 检测结果相一致，说明纯化所得到的每个蛋白样品分别为α亚基点突变编码序列所编码的目的蛋白。

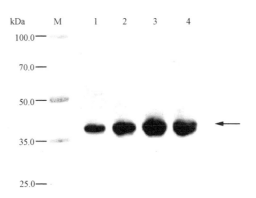

图 7-28　α亚基点突变编码序列原核表达制备的目的蛋白的蛋白质印迹鉴定

泳道 M. 蛋白分子量标记；泳道 1. Gly$_{75}$ 突变蛋白（Gly→Glu）；泳道 2. Pro$_{123}$ 和 Asn$_{132}$ 双点突变蛋白（Pro→Glu，Asn→Leu）；泳道 3. Pro$_{123}$ 突变蛋白（Pro→Glu）；泳道 4. Asn$_{132}$ 突变蛋白（Asn→Leu）

综上结果，本研究成功构建了多个α亚基点突变编码序列的原核表达载体，并在大肠杆菌中成功诱导表达出点突变蛋白 Gly$_{75}$、Pro$_{123}$、Asn$_{132}$ 及 Pro$_{123}$ 和 Asn$_{132}$，进而采用 Ni 柱纯化的方式获得了纯度较高的目的蛋白。

七、α亚基点突变编码序列原核表达制备的目的蛋白的α-淀粉酶抑制活性

采用 Ni 柱纯化得到的各α亚基点突变编码序列原核表达制备的可溶性蛋白，经透析除盐和浓缩到一定浓度后，用人唾液α-淀粉酶分别测定它们的抑制活性（图 7-29）。与对照相比，不同浓度的α亚基点突变蛋白（Gly$_{75}$）对人唾液α-淀粉酶活性的抑制作用呈极显著性（$P<0.01$）的降低，抑制活性仅为 0.90%～7.69%，表明 Gly$_{75}$ 突变为 Glu 后，α亚基点突变蛋白对人唾液α-淀粉酶活性基本失去了抑制作用（图 7-29A）。与对照相比，Pro$_{123}$ 突变为 Glu 后，α亚基点突变蛋白在低浓度（0.08μg/μL）时，对人唾液α-淀粉酶活性的抑制作用显著（$P<0.05$）降低，但仍保持有 38.91% 的抑制活性，但在高浓度（0.24μg/μL）时，α亚基点突变蛋白的抑制活性显著（$P<0.05$）高于对照（图 7-29B）。Asn$_{132}$ 突变为 Leu 时，α亚基点突变蛋白对α-淀粉酶抑制活性的影响与 Pro$_{123}$ 突变的结果相似：与对照相比，低浓度（0.08～0.16μg/μL）的点突变蛋白对人唾液α-淀粉酶活性的抑制作用极显著（$P<0.01$）降低，其抑制活性分别为 24.43% 和 26.70%，但当浓度增加到 0.24μg/μL 时，其抑制作用增强并显著（$P<0.05$）高于对照（图 7-29C）。当 Pro$_{123}$ 和 Asn$_{132}$

同时点突变时，低浓度（0.08μg/μL）的α亚基点突变蛋白的抑制效果要低于对照组，但差异不显著（$P>0.05$）；当α亚基点突变蛋白的浓度增加到 0.16μg/μL 时，其抑制活性大小与对照的基本相同；有趣的是，高浓度（0.24μg/μL）的α亚基点突变蛋白对人唾液α-淀粉酶活性的抑制作用增强，抑制率达到 90.95%，极显著地（$P<0.01$）高于对照的抑制活性（图 7-29D）。以上结果表明，α亚基结构中的 Cupin 结构域对于其抑制活性至关重要，同时，Cupin 结构域中第一保守区域中的保守氨基酸 Gly_{75} 对α亚基抑制活性起重要作用，Gly_{75} 的突变会引起整个蛋白活性的丧失；而第二保守区域中保守氨基酸 Pro_{123} 和 Asn_{132} 单或双突变会改变α亚基抑制活性的特性，使其在浓度逐渐增加时，对人唾液α-淀粉酶的抑制活性逐渐增强。

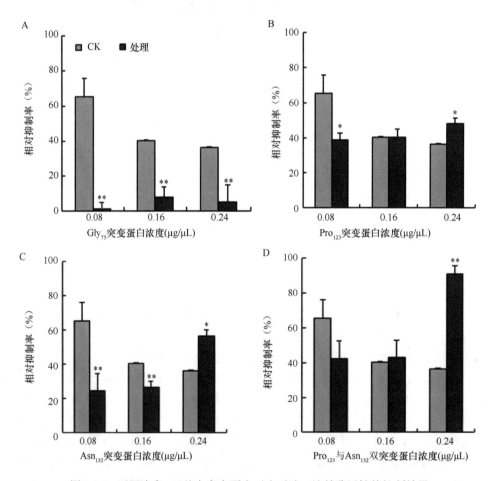

图 7-29　不同浓度α亚基点突变蛋白对人唾液α-淀粉酶活性的抑制效果

A. Gly_{75} 突变蛋白（Gly→Glu）；B. Pro_{123} 突变蛋白（Pro→Glu）；C. Asn_{132} 突变蛋白（Asn→Leu）；
D. Pro_{123} 和 Asn_{132} 双点突变蛋白（Pro→Glu，Asn→Leu）；CK. 相同浓度的无点突变α亚基作为对照。

*和**分别表示与对照差异达到 5%和 1%显著水平

八、水稻种子贮藏蛋白编码基因 *Glutelin* 的克隆及原核表达和蛋白纯化

为了明确多种来源的、具有 Cupin 结构域的贮藏蛋白是否具有α-淀粉酶抑制活性，本研究通过 NCBI-BlastP 搜索比对蛋白数据库，从结果中挑选出与 CL-AI 蛋白结构相似、属于不同物种的 2 个种子贮藏蛋白来进行研究：一个是 Glycinin G1（UniProtKB/Swiss-Prot：P04776.2），来源于大豆（*Glycine max* L.）；另一个为 Glutelin（LOC_Os02g0453600），来源于水稻（*Oryza sativa* L.）。对这两个蛋白结构分析结果表明，它们在一级结构中 N 端都含有一段信号肽序列，成熟蛋白被切割为两段肽链（α链和β链），并且在两段肽链中各有一个 Cupin 结构，这些结构特征与 CL-AI 蛋白相似，但通过对氨基酸序列进行比对，发现 CL-AI 与 Glycinin G1 的相似性为 60%，与 Glutelin 蛋白的相似性仅为 37%，说明 CL-AI 与 Glycinin G1 和 Glutelin 在结构域和结构上存在相似性，但在氨基酸序列上存在很大差异。

Glutelin 属于种子贮藏蛋白，所以取水稻发育中的幼嫩种子为材料，提取总 RNA 后并逆转录为 cDNA。用 Glutelin 蛋白氨基酸从 NCBI 数据库中搜索出对应的 mRNA 序列，并根据序列设计一对引物（5′-GTGAATAACTATGGCTTCCATGTC-3′，5′-CGTTACACATTTAGTTTACTTCTCG-3′）。以设计的 *Glutelin* 特异性引物进行 PCR 扩增，用 1.5%的琼脂糖凝胶电泳检测结果，从水稻发育中种子的 cDNA 中扩增出一大小约为 1500bp 的条带，大小与 *Glutelin* 编码基因 ORF 序列（1535bp）大小相符，胶回收 PCR 产物并连接到 pMD-18T 载体上转化到 DH5α菌株中，筛选到单克隆并用菌落 PCR 检测菌液是否为阳性单克隆；再将鉴定成功的阳性克隆菌液送生物公司测序，测序结果表明克隆到的 *Glutelin* 编码基因序列与 NCBI 数据库收录的序列相一致，表明本研究成功从水稻发育种子中克隆到 *Glutelin* 编码基因的 ORF 序列。

利用 SignalP4.1 分析 Glutelin 蛋白序列，表明 N 端 1～23 氨基酸序列为信号肽序列，因为信号肽序列的存在会影响蛋白的原核表达，所以通过设计一对引物（5′-CGGGATCCCGTGGATTTAGGGGAGAC-3′，5′-CCGCTCGAGCTTCTCGTTGATCTGCCACT-3′）将 ORF 序列去除信号肽序列，并在两端分别引入 *Bam*H I 和 *Xho* I 限制性酶切位点，进行双酶切后，用 T4 连接酶将片段插入到 pET-28a 载体中，并转化到大肠杆菌 DH5α，经过筛选和 PCR 菌落鉴定后，得到的阳性克隆送生物公司测序。经测序确定序列正确的菌液提取质粒并转化到大肠杆菌表达菌株 BL21（DE3）中，筛选单克隆并用 PCR 检测后，进行小规模诱导表达实验（图 7-30）。

SDS-PAGE 分析结果表明，用诱导剂 IPTG 诱导过的含有 pET-28a-*Glutelin* 载体的大肠杆菌与对照组比较，在 45.0～66.2kDa 出现了一特异条带，与 Glutelin 蛋白分子质量（54.67kDa）大小相一致，初步判断为目的蛋白 Glutelin；同时，未诱

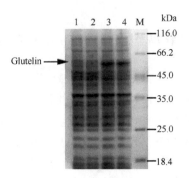

图 7-30　在大肠杆菌中诱导表达制备的 Glutelin 蛋白

泳道 M. 蛋白分子量标记；泳道 1. 未诱导 pET-28a 空载菌液；泳道 2. 诱导 pET-28a 空载菌液；泳道 3. 未诱导 pET-28a-*Glutelin* 菌液；泳道 4. 诱导 pET-28a-*Glutelin* 菌液

导的含有 pET-28a-*Glutelin* 载体的大肠杆菌也有同样分子质量大小条带的出现，推测这是由大肠杆菌原核表达系统本底表达产生的 Glutelin 蛋白。

　　为了大量获得 Glutelin 可溶性蛋白，对原核表达条件各影响因素进行了优化研究，但最终没能够诱导大肠杆菌产生可溶性的 Glutelin 蛋白，其在大肠杆菌中以包涵体的形式表达存在，于是进一步采用包涵体蛋白纯化及其重折叠复性的方法以获得结构正确的可溶性目的蛋白。收集大肠杆菌破碎后的沉淀并洗涤干净后，用高浓度（8mol/L）的尿素变性溶解包涵体蛋白，并用 Ni 柱从包涵体溶解液中吸附和纯化 Glutelin 蛋白，然后用洗脱液将变性的 Glutelin 蛋白从 Ni 柱上洗脱下来。SDS-PAGE 分析结果表明，在大肠杆菌破碎后的沉淀溶解液中有大量的 Glutelin 蛋白存在（图 7-31A，泳道 1），经过 Ni 柱吸附纯化过程后，洗脱

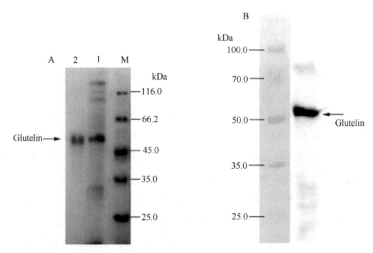

图 7-31　从包涵体蛋白中纯化获得的 Glutelin 蛋白的 SDS-PAGE 和蛋白质印迹鉴定

A. SDS-PAGE 分析；B. 蛋白质印迹鉴定；泳道 M. 蛋白分子量标记；泳道 1. 包涵体溶解液；泳道 2. 用 Ni 柱纯化的 Glutelin 蛋白

出一单一蛋白，其分子质量大小约为 55.0kDa（图 7-31A，泳道 2），与 Glutelin 预测分子质量大小相符合，初步判断从大肠杆菌包涵体中成功分离纯化出 Glutelin 蛋白。为了进一步验证纯化到的蛋白为原核表达的带有 His 标签的 Glutelin 蛋白，采用 6×His 抗体对纯化到的蛋白进行了蛋白质印迹鉴定，结果表明在 55.0kDa 的位置有一明显的条带出现，与 SDS-PAGE 检测结果相符合（图 7-31B）。以上结果表明，Glutelin 蛋白在大肠杆菌中成功表达并且采用 Ni 柱纯化方法获得了纯度较高的包涵体蛋白。

将从 Ni 柱纯化得到的变性的 Glutelin 蛋白进行蛋白重折叠复性，复性结束后，离心去除无法复性的不溶蛋白，上清液装入透析袋进行除盐和浓缩，即得到 Glutelin 可溶性蛋白溶液。

九、大豆 Glycinin G1 蛋白与水稻 Glutelin 蛋白 α-淀粉酶抑制活性的研究

将本研究室前期制备的、保存在 –20℃ 的原核表达大豆蛋白 Glycinin 取出融化后，用缓冲液稀释到一定浓度后备用。将 Ni 柱纯化并经过蛋白复性的 Glutelin 蛋白溶液稀释到一定浓度后备用。用稀释后的 Glycinin G1 蛋白与 Glutelin 蛋白分别测定其对人唾液 α-淀粉酶的抑制活性。结果表明，Glutelin 蛋白在低浓度（0.07～0.21μg/μL）时，对人唾液 α-淀粉酶活性的抑制作用较低，最大抑制率仅为 17.97%，但当浓度上升到 0.28μg/μL 时，其抑制活性增强至 41.56%，显著（P<0.05）高于低浓度时的抑制活性（图 7-32A）。而 Glycinin G1 蛋白在低浓度（0.07～0.6μg/μL）时对人唾液 α-淀粉酶抑制活性不明显，但当其蛋白浓度增加到 0.7μg/μL 时，Glycinin G1 蛋白对人唾液 α-淀粉酶开始表现

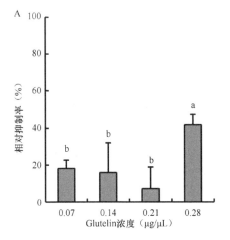
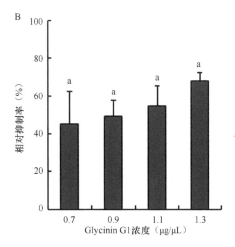

图 7-32　Glutelin 和 Glycinin G1 蛋白对 α-淀粉酶活性的抑制效果

A. Glutelin；B. Glycinin G1。柱形上方标有不同小写字母者表示差异达 5% 显著水平

出抑制活性，并且随着浓度的持续升高，其抑制活性呈上升趋势，但差异不显著（$P>0.05$）（图 7-32B）。

以上结果表明，Glutelin 和 Glycinin G1 蛋白在一定程度上对人唾液α-淀粉酶活性有抑制作用，表明 Glutelin 和 Glycinin G1 蛋白在 3D 结构上与 CL-AI 蛋白具有类似 Cupin 结构域，因而在功能上表现出与 CL-AI 类似的生物学活性。

十、Cupin 超家族蛋白

对 Cupin 超家族蛋白的研究是从小麦发芽初期胚中存在的一种热稳定性蛋白开始的，继而根据相似性扩展到对双子叶植物中萌发素类蛋白（germin-like protein，GLP）的研究，但通过序列比对分析发现豌豆球蛋白和豆球蛋白的相似性很低（Dunwell et al.，2008）。Cupin 超家族中含有很多功能性和非功能性的蛋白，至少分为 18 个不同的亚类（Dunwell et al.，2001），但是对于这些蛋白具体功能的研究其少。通过构建缺失表达载体，本研究获得了不同 CL-AI 蛋白 Cupin 结构域缺失蛋白，进一步研究发现 CL-AI 蛋白中单个 Cupin 结构域的缺失会使 CL-AI 抑制活性降低，但仍然具有较高的抑制活性，而 CL-AI 蛋白中两个 Cupin 结构域同时缺失会使 CL-AI 蛋白失去抑制活性，说明 Cupin 结构域是维持 CL-AI 蛋白α-淀粉酶抑制活性的重要组成部分，进一步表明 CL-AI 蛋白发挥抑制活性的部位主要位于 Cupin 结构区域。

利用氨基酸点突变技术改变蛋白核心部位氨基酸性质是研究蛋白功能机制和结构的重要手段。本研究通过对 CL-AI 蛋白的α亚基中 Cupin 结构域保守区域的保守氨基酸进行点突变，试图使其一、二级结构发生较大改变，直接影响其保守位点以改变蛋白的结构和功能，以此来确定影响其α-淀粉酶抑制活性与作用位点的氨基酸位置。点突变位点选择在经多重同源序列比对确定为保守氨基酸区域，同时位于蛋白抗原表位区域且非β-折叠区域内（区域柔性高，多处于蛋白表面，易与其他蛋白互作）（Ma et al.，2003）。Cupin 结构中包含有两个保守的氨基酸基序，一个保守区域的基本构成为 $G(X)_5HXH(X)_{3,4}E(X)_6G$，另一个保守区域基本构成为 $G(X)_5PXG(X)_2H(X)_3N$，将α亚基氨基酸序列与它们进行比对分析，从而确定α亚基对应的保守氨基酸的位置。Dadon 等（2013）发现 CL-AI 蛋白是一种过敏源蛋白并能够引起人免疫系统的应答。本研究通过对α亚基抗原表位进行预测，确定位于蛋白表面的作用位点（BepiPred 1.0b Server），最终确定了 Gly_{75}、Pro_{123} 和 Asn_{132} 是点突变的氨基酸。取代氨基酸的选择主要依据氨基酸自身的特性，对所带电荷极性、疏水性及酸碱性进行替换。在研究中发现 Gly_{75} 的性质突变直接造成了蛋白α-淀粉酶抑制剂活性的丧失，说明此位点对抑制活性起至关重要的作用。Gane 等（1998）预测第一基序中的两个 His 和 Glu 氨基酸作为 germin 蛋白中金属离子的配合基，但在α亚基 Cupin 结构中，这几个位置被其他氨基酸替代，保守氨基酸只剩 Gly$_{75}$，突变结果显示仅剩的保守氨基酸 Gly$_{75}$ 对蛋白功能影响甚大。Dunwell 等（2004）通过比较分析 Cupin 超家族中蛋白序列认为其两个保守基序在一级氨基酸序列上保守性不是很强。对 Pro$_{123}$ 和 Asn$_{132}$ 位点的单点突变和双点突变结果说明这两个位点的变化会改变α亚基的酶学性质。Pro$_{123}$ 和 Asn$_{132}$ 位点的改变可能会改变α亚基自然状态下蛋白的聚集现象，使其抑制活性发挥得更充分，但具体的作用机制还需深入研究。

　　Cupin 超家族蛋白在生物界分布广泛而且具有多种多样的生物功能（Khuri et al.，2001）。Dunwell 等（2001）对已报道的 Cupin 蛋白进行了分类研究并构建进化树，结果表明其家族中蛋白功能呈现多样化，并推测双结构域蛋白可能是由单结构域蛋白进化而来的。本研究依据 EBI 数据库提供的数据分析出 Cupin 超家族蛋白主要分布在绿色植物（占 62.12%）、真菌（占 13.20%），以及细菌厚壁菌门中的芽孢杆菌属（占 10.07%）中（图 7-33）。为了探究其他作物中相似结构的蛋白是否具有类似的抑制活性，本研究通过序列比对从大豆和水稻中分别克隆出具有 Cupin 结构的蛋白 Glycinin G1 与 Glutelin，但它们在氨基酸序列上与 CL-AI 蛋白有很大的差异。原核表达制备的目的蛋白对α-淀粉酶抑制活性的

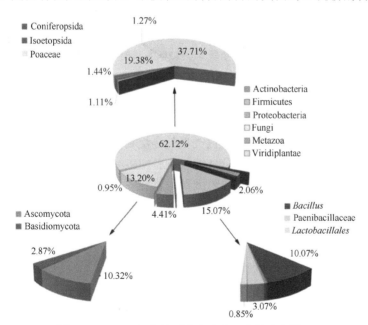

图 7-33　Cupin 超家族蛋白在自然界中的分布情况

统计数据来源于 EBI-EMBL 数据库（2015 年）；Coniferopsida. 松柏纲；Isoetopsida. 水韭纲；Poaceae. 禾本科；Actinobacteria. 放线菌门；Firmicutes. 厚壁菌门；Proteobacteria. 变形菌门；Fungi. 真菌；Metazoa. 后生动物；Viridiplantae. 绿色植物；Ascomycota. 子囊菌门；Basidiomycota. 担子菌门；Bacillus. 芽孢杆菌属；Paenibacillaceae. 类芽孢杆菌科；Lactobacilles. 乳酸杆菌属

研究表明，两者对人唾液α-淀粉酶具有一定的抑制作用，而且随着蛋白浓度的升高其抑制活性逐渐增强，说明凡具有 Cupin 结构的蛋白可能皆具有与 CL-AI 蛋白相似的α-淀粉酶抑制活性。由于 Cupin 结构域在自然界存在的广泛性，这种结构引起的α-淀粉酶的抑制性可能也具有普遍性，这为发掘自然存在的、具有α-淀粉酶抑制剂功能的贮藏蛋白提供了基础和可能途径。但 Cupin 家族中的蛋白皆具有α-淀粉酶抑制活性这一推论还需要大量的研究证明。

第四节　鹰嘴豆种子α-淀粉酶抑制剂 CL-AI 体内合成、加工与抑制活性调控机制

　　CL-AI 蛋白α和β亚基之间形成二硫键的能力最强，其次为 CL-AI 与α、β之间。CL-AI、α和β之间二硫键的形成，直接导致其α-淀粉酶抑制活性的降低。CL-AI 和β亚基自身都能够但不易于形成二硫键，二硫键形成后的 CL-AI 和β亚基溶液的抑制活性皆略有升高。与 CL-AI 和β亚基相比，α亚基自身更易于形成二硫键，使其抑制活性降低。

　　种子发育过程中 CL-AI 编码基因转录成编码前体蛋白 CL-AI 的单一 mRNA，不存在编码其他蛋白的通路，其 mRNA 也没有发生可变性剪切。前体蛋白 CL-AI 在被剪切为α和β两肽链及去除信号肽后，这两条肽链之间通过二硫键结合成为异源二聚体贮藏在体内。游离的前体蛋白 CL-AI 及其剪切而成的游离的α和β亚基在植物体内保持有活性，但两亚基通过二硫键结合组装成为二聚体后，其抑制活性消失。

　　本研究从鹰嘴豆中纯化出球蛋白类型的α-淀粉酶抑制剂 CL-AI，并克隆到其编码基因，但在从鹰嘴豆种子中分离纯化制备 CL-AI 过程中，发现其制备量非常少，这与豆类作物种子中贮藏蛋白贮藏量通常相对较高，且 CL-AI 蛋白两个亚基是鹰嘴豆中主要贮藏蛋白的事实相悖（Mandaokar et al.，1993）。为了揭示导致这一现象的根本原因，通过设计实验在转录和翻译水平研究了 CL-AI 编码基因及其蛋白在体内转录、合成、加工过程及亚基间的相互作用方式，同时分析了蛋白抑制活性在这些过程中的变化规律。

一、二硫键的形成对 CL-AI 蛋白α-淀粉酶抑制活性的影响

　　通过分析 CL-AI 蛋白氨基酸序列，发现在 3D 结构中α亚基可通过内部的 Cys_{31} 与 Cys_{64} 之间形成一对二硫键，α亚基与β亚基可通过亚基间的 Cys_{107} 与 Cys_{318} 形成一对二硫键结合为二聚体。为了明确亚基内部或亚基间形成二硫键是否对其α-

淀粉酶抑制活性产生影响，在体外分别构建了 CL-AI、α和β二硫键形成系统。原核表达蛋白二硫键的形成采用谷胱甘肽（氧化型/还原型）系统（Raina and Missiakas，1997），蛋白中巯基含量及二硫键含量的测定方法参照 Ou 等（2004）的方法。结果表明，与对照（以纯水代替蛋白溶液）相比，CL-AI 蛋白溶液、α 亚基溶液中的二硫键含量皆分别呈显著性（$P<0.05$）增加，说明 CL-AI 和α亚基自身就能够形成二硫键；β亚基自身也可形成二硫键，但与对照相比差异不显著（$P>0.05$）。α与β间最易形成二硫键，且形成的二硫键的量均显著（$P<0.05$）高于其对照及其他组合。CL-AI 与α、β之间也易形成二硫键，二硫键形成量与其相应对照相比皆呈显著性（$P<0.05$）增加，同时与 CL-AI、α、β自身形成的二硫键量相比，也大多呈显著性（$P<0.05$）增加（图 7-34）。

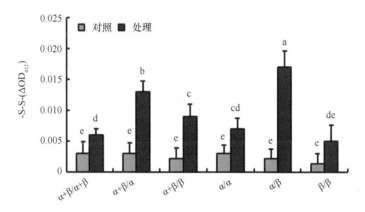

图 7-34　CL-AI、α和β蛋白内部及其之间形成二硫键的分析

α+β. CL-AI；α. α亚基；β. β亚基。以纯水代替蛋白溶液作为对照。小写字母表示 5% 的显著差异水平

　　研究结果表明，在氧化环境中，α与β之间更有利于二硫键的形成，形成异源二聚体的结构，CL-AI 倾向于与α和β通过二硫键相连接形成异源二聚体，而 CL-AI、α和β也能够以同源二聚体的形式存在。

　　将形成二硫键的蛋白溶液除盐浓缩并稀释到一定浓度后，分别测定其对人唾液α-淀粉酶活性的抑制效果。结果表明，二硫键形成后的 CL-AI 和β溶液的抑制活性皆略有升高，但与其相应对照相比差异不显著（$P>0.05$）；而二硫键形成后的α抑制活性与其对照相比显著（$P<0.05$）下降。与对照比较，CL-AI 分别与α、β之间形成二硫键使其抑制活性显著（$P<0.05$）降低，分别降至 6.76% 和 13.51%；同时其抑制活性也分别显著低于它们自身二硫键形成后的抑制活性。与对照相比，α与β间形成二硫键，导致溶液抑制活性显著（$P<0.05$）降低，仅为 27.03%，而且也显著低于β自身二硫键形成后的抑制活性，但与α自身二硫键形成后的抑制活性相比，其值略有下降，但差异性不显著（$P>0.05$）（图 7-35）。

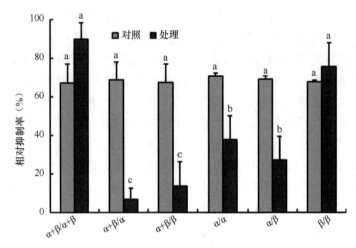

图 7-35　CL-AI、α和β蛋白内部及其之间形成二硫键后的α-淀粉酶抑制活性

α+β. CL-AI；α. α亚基；β. β亚基；小写字母表示 5%的显著差异水平

综上结果表明，CL-AI 和β亚基自身都能够但不易于形成二硫键，二硫键形成后的 CL-AI 和β亚基溶液的α-淀粉酶抑制活性皆略有升高；与 CL-AI 和β亚基相比，α亚基自身更易于形成二硫键，导致其抑制活性降低。CL-AI 倾向于与α、β形成二硫键结合成二聚体，导致其抑制活性出现明显降低。α和β亚基之间形成二硫键的能力最强，同时也导致了其抑制活性显著（$P<0.05$）降低（图 7-34，图 7-35）。所以，CL-AI、α和β蛋白之间二硫键的形成，直接导致了其α-淀粉酶抑制活性的降低。

二、鹰嘴豆发育种子中蛋白前体 CL-AI 编码基因的转录

为了明确 CL-AI 编码基因是否存在编码其他蛋白的可能性和在转录水平上其mRNA 是否存在剪切的问题，采用 RNA 印迹（Northern blotting）实验检测 CL-AI编码基因转录产物的存在形式。所使用的引物列于表 7-4。

表 7-4　RNA 印迹所使用的引物序列

名称	引物编号	引物序列（5′—3′）
α	A-F	TCCGCAGACCTTTCTACAC
	A-R	CTTTGACAATGGCTCCCT
β	B-F	AACATTGGCTCATCTTCATC
	B-R	TTCTTCTGGCATACCATTTA
CL-AI	AI-F	ATGGCTAAGCTTCTTGCACTC
	AI-R	AGCTGCTGCTTTGTTGTCTG

采集鹰嘴豆种质 W2（Kabuli）和 W4（Desi）不同成熟度的幼嫩种子并分别提取完整的 RNA（图 7-36A），然后分别依据编码 α 和 β 亚基的基因序列设计合成特异性探针（图 7-36B、C），通过电泳分离和转膜将 RNA 转移到尼龙膜上，分别用 α 和 β 探针与 RNA 进行杂交并曝光显影。结果表明，α 特异探针能特异与 W2 和 W4 不同成熟度种子中单一的 mRNA 结合，其条带大小约为 1491bp，与编码前体蛋白 CL-AI 的 mRNA 大小相一致，在其他位置没有显影出其他杂交条带（图 7-36D）；用 β 特异探针与尼龙膜上的 RNA 进行杂交的结果表明，该探针能与不同时期种子 RNA 中单一的 mRNA 结合，其分子大小也约为 1491bp，与编码 CL-AI

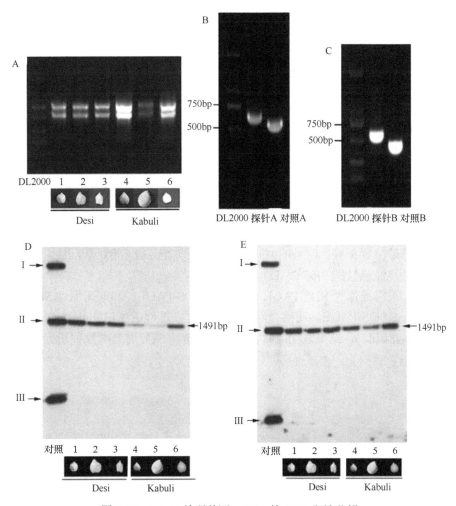

图 7-36　CL-AI 编码基因 mRNA 的 RNA 印迹分析

A. RNA 检测；B. α 探针；C. β 探针；D. α 探针杂交；E. β 探针杂交。泳道 1～3 分别为花后 7d、花后 15d、花后 30d 的鹰嘴豆 Desi 类型 W4 种子；泳道 4～6 分别为花后 7d、花后 15d、花后 30d 的 Kabuli 类型 W2 种子；Ⅰ. CL-AI 质粒；Ⅱ. CL-AI 编码基因的 ORF；Ⅲ. α 或 β 的编码序列

蛋白的 mRNA 大小相吻合，同时也没有其他大小的杂交条带出现（图 7-36E）。以上结果表明，所设计的α和β特异探针都能与鹰嘴豆种子成熟过程中体内一单一的 mRNA 结合，该 mRNA 的大小与编码前体蛋白 CL-AI 的 mRNA 大小相符合，同时没有检测出其他大小的 mRNA 能与探针结合，说明 CL-AI 编码基因在转录水平上转录成编码前体蛋白的一单一 mRNA，转录后也保持完整性，未发生剪切成编码α链和β链的 mRNA 的现象。

三、鹰嘴豆发育种子中蛋白前体 CL-AI 的存在形式和剪切方式

为了进一步明确 CL-AI 在翻译水平上的剪切方式和剪切场所及在体内存在的形式，本研究采用转烟草表达、亚细胞定位、还原性和非还原性 SDS-PAGE，以及蛋白质印迹等方法展开体内和体外分析。

以鹰嘴豆种子为材料，用不含还原剂（β-巯基乙醇）的提取液（10mmol/L Tris-HCl，500mmol/L NaCl，2mmol/L PMSF，10mmol/L EDTA-Na$_2$，pH 8.0）在 4℃条件下浸泡搅拌提取，12 000r/min 离心收集上清，制备种子中的可溶性蛋白；同时将鹰嘴豆种子α-淀粉酶抑制剂分离提取过程中的硫酸铵分级沉淀（ASP）蛋白也作为供试材料。

首先，将原核表达并纯化获得的α和β亚基注射小鼠，制备和纯化出多克隆抗体，采用蛋白质印迹方法，检验其对 CL-AI 蛋白及肽链的识别能力，为后续研究奠定基础。结果表明，制备的α抗体能够有效识别 CL-AI 和α亚基（图 7-37A、B），而且识别条带位置正确；制备的β抗体可有效识别 CL-AI 和β亚基，且识别条带大小正确，特异性强（图 7-37C、D）。

其次，采用还原性 SDS-PAGE（reduced SDS-PAGE）和非还原性 SDS-PAGE（non-reduced SDS-PAGE）明确自然状态下及提取过程中蛋白样品中 CL-AI 的存在形式（体外试验）。结果表明，两种性质的电泳方法分离鹰嘴豆种子提取液中可

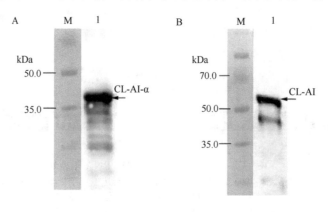

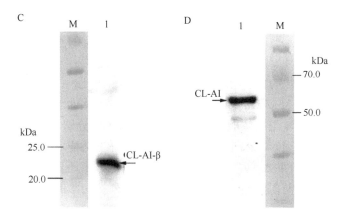

图 7-37　制备的α和β特异性抗体对 CL-AI 蛋白及肽链识别能力的蛋白质印迹检验
A. α抗体与α蛋白；B. α抗体与 CL-AI 蛋白；C. β抗体与β蛋白；D. β抗体与 CL-AI 蛋白。M. 蛋白分子量标记

溶性蛋白和硫酸铵分级沉淀（ASP）蛋白的结果出现差异（图 7-38）。在分子质量大小为 45.0～66.2kDa 的范围内，非还原性电泳蛋白条带比较集中而且数目较多，而还原性电泳此范围内蛋白条带稀少；在分子质量大小为 20.0～40.0kDa 的范围内，还原性电泳蛋白条带要远多于非还原性电泳蛋白条带，且蛋白量也较多，说明在加入还原剂（β-巯基乙醇）后，蛋白二聚体内的二硫键断裂，从而分离为分子质量大小约为 40.0kDa 和 20.0kDa 的两部分（图 7-38）。根据以上结果可初步判断 CL-AI 蛋白在鹰嘴豆种子中主要是以二硫键结合成二聚体的形式存在，分子质量大小为 55.0～60.0kDa。

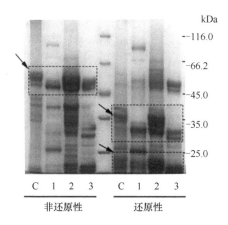

图 7-38　鹰嘴豆种子粗提蛋白和硫酸铵分级沉淀（ASP）蛋白还原性与非还原性 SDS-PAGE
泳道 C. 粗提蛋白；泳道 1. ASP（0～60%）；泳道 2. ASP（60%～80%）；泳道 3. ASP（80%～100%）

进一步采用制备的多克隆抗体分别鉴定经还原性 SDS-PAGE 和非还原性 SDS-PAGE 分离的蛋白，蛋白质印迹分析结果表明，在还原性 SDS-PAGE 中，α

抗体能与样品中 4 种不同分子质量大小的蛋白结合并显色，其中两条大小约为 55.0kDa，另外两条大小约为 35.0kDa。粗提蛋白液中有的条带不明显，可能是因蛋白量太少所导致。经分子质量大小比较分析，推测大小约为 55.0kDa 的两种蛋白分别是带有信号肽的前体蛋白 CL-AI 和切除信号肽（2.3kDa）的前体蛋白 CL-AI，而大小约为 35.0kDa 的两种蛋白分别为不带信号肽的α亚基和带有信号肽的α亚基（图 7-39A）。β抗体能与样品中分子质量大小分别为 55.0kDa 和 20.0kDa 的 2 条蛋白带结合，推测分别为前体蛋白 CL-AI 和β亚基。粗提蛋白液中蛋白带不明显可能是因蛋白量太少所致（图 7-39B）。以上结果还表明，前体蛋白 CL-AI 合成后，被剪切为α与β肽链的过程先于信号肽序列被切除的过程。

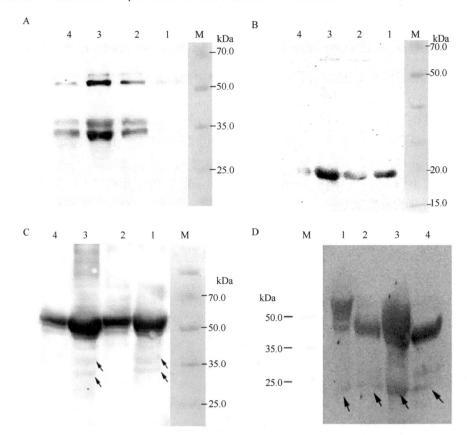

图 7-39　还原性和非还原性 SDS-PAGE 结果的蛋白质印迹分析

A. α抗体与还原性 SDS-PAGE；B. β抗体与还原性 SDS-PAGE；C. α抗体与非还原性 SDS-PAGE；D. β抗体与非还原性 SDS-PAGE；泳道 M. 蛋白分子量标记；泳道 1. 粗提蛋白；泳道 2. ASP（0～60%）；泳道 3. ASP（60%～80%）；泳道 4. ASP（80%～100%）

在非还原性 SDS-PAGE 中，各个样品中能与α抗体结合并被识别的蛋白主要集中在分子质量约为 55.0kDa 的位置，同时在粗提蛋白液和 ASP（60%～80%）

部分中有两条分子质量约为 35.0kDa 的弱条带能与抗体结合，推测 55.0kDa 的蛋白包含有带信号肽的前体蛋白CL-AI 和去除信号肽的前体蛋白CL-AI 及α与β结合形成的异源二聚体，另两条弱带（35.0kDa）分别为游离的不带信号肽的α亚基和带有信号肽的α亚基（图 7-39C）。能与β抗体结合的蛋白也主要集中在 55.0kDa 的位置，除此之外还有一分子质量约为 20.0kDa 的弱带出现，推测 55.0kDa 位置的蛋白包含带有信号肽的前体蛋白 CL-AI 和去除信号肽的前体蛋白 CL-AI，以及α与β结合形成的异源二聚体，分子质量约为 20.0kDa 的弱带则为游离的β亚基（图7-39D）。综上结果表明，CL-AI 前体蛋白在被剪切为α和β两肽链及去除信号肽后，α和β这两条肽链之间通过 Cys_{107} 与 Cys_{318} 产生二硫键结合成为异源二聚体贮藏在体内；Cys_{107} 与 Cys_{318} 间二硫键的形成应发生在 CL-AI 被剪切为两肽段之后，而不是发生在未被剪切之前。

再次，采用转烟草表达的方法，明确 CL-AI 蛋白在鹰嘴豆种子中存在的形式（体内实验）。本研究设计一对特异性引物（5′-CATGCCATGGATGGCTAAGCTTCTTGC-3′，5′-GACTAGTAGCTGCTGCTTTGTTGTCT-3′），将 CL-AI 编码基因完整ORF 序列插入到 pCAMBIA1302 载体中，构建 CL-AI∷GFP 融合载体（GFP 接近于 CL-AI 的 C 端），然后将质粒载体转入农杆菌 EHA105 中，侵染烟草叶进行表达。结果表明，CL-AI 编码基因在烟草叶中获得表达，转录翻译成前体蛋白 CL-AI后才被剪切成α和β链（图 7-40）。

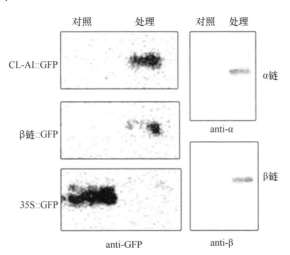

图 7-40　CL-AI 编码基因在烟草叶的表达
anti-GFP 抗体用于鉴定 CL-AI∷GFP 和β链∷GFP，anti-α和 anti-β抗体分别用于鉴定α和β链。
GFP. 绿色荧光蛋白

最后，为了明确 CL-AI 蛋白在细胞体内的贮藏场所，采用鹰嘴豆原生质体瞬时表达系统对 CL-AI 进行亚细胞定位。将 CL-AI 的基因完整 ORF 序列插入到 pA7

载体中构建 CL-AI::GFP 融合载体（引物序列为 5′-CCGCTCGAGATGGCTAAGC
TTCT-3′，5′-GACTAGTACAGCTGCTGCTTTGT-3′），然后将质粒载体转入鹰嘴豆
原生质体中并培养，使 CL-AI::GFP 融合蛋白表达，激光共聚焦显微镜扫描结果显
示，原生质体在转化培养 12h 后，GFP 融合蛋白在细胞内得以表达，荧光信号表
明 CL-AI 蛋白主要定位于细胞质中；但随着培养时间的延长，CL-AI::GFP 蛋白在
细胞内逐渐积累；原生质体培养时间达到 18h 时，荧光信号表明 CL-AI::GFP 仅少
量分散在细胞质中，大部分聚集成一个个聚集区（图 7-41）。

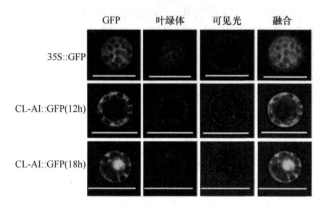

图 7-41   CL-AI 蛋白亚细胞定位（标尺=20μm）

GFP. 绿色荧光蛋白

四、鹰嘴豆贮藏蛋白类α-淀粉酶抑制剂 CL-AI 体内合成及活性调控机制

对于许多蛋白和多肽，二硫键是其维持生物学功能必需的结构；现实中许多
蛋白通过二硫键的连接来保持其在外界环境中的稳定性，或者来维持生物功能而
不被迅速降解，通过创造氧化环境对 Cys（半胱氨酸）残基进行氧化折叠可以实
现二硫键的形成（Bulaj，2005）。本研究利用外界氧化环境缓慢氧化 CL-AI、α和
β及其相互之间，以及自身的 Cys 残基以促进二硫键的形成，结果表明未形成二
硫键前，游离的前体蛋白 CL-AI 及其单个亚基都具有α-淀粉酶抑制活性，但在两
个亚基通过二硫键组装形成二聚体后其抑制活性消失。

Mandal 等（2002）从印度芥菜型油菜中分离得到一蛋白类胰蛋白酶抑制剂，
研究发现其前体蛋白具有抑制活性，但在蛋白剪切加工分解为两个小亚基后失
去了抑制活性。本研究转录水平上的结果表明，CL-AI 编码基因只转录形成一条
1491bp 大小的 mRNA，与编码前体蛋白 CL-AI 的 mRNA 大小相符合，说明 CL-AI
编码基因在种子发育时期不存在可变性剪切，只形成一条编码 CL-AI 前体蛋白
的 mRNA，这一现象在鹰嘴豆 Kabuli 类型和 Desi 类型之间没有差异。翻译水平
上的研究表明，CL-AI 蛋白在合成后被剪切成为α和β肽链；其被剪切为α与β肽

链的过程先于信号肽序列被切除的过程；二硫键的形成时期是在两亚基肽链被剪切分离以后，而不是发生在未被剪切之前。通过还原性和非还原性 SDS-PAGE 分析自然状态下和提取过程中 CL-AI 蛋白的存在形式，结果表明在植物种子细胞内 CL-AI 蛋白两个亚基（α和β）常以二硫键连接在一起的二聚体形式存在，游离的 CL-AI 蛋白及其亚基含量很少。此外，通过对α-淀粉酶抑制剂提取过程中硫酸铵分级沉淀蛋白的分析，也可看出 CL-AI 蛋白的α和β亚基是以二聚体形式存在，尽管在蛋白粗提液中加入了还原剂β-巯基乙醇，但得到的沉淀蛋白仍然存在大量的二硫键，原因可能是还原剂的加入量不足以解离两亚基，或者是因为在后续的分离纯化过程中，还原剂的去除或挥发使已分离的两亚基又重新结合在一起。由于本研究在从鹰嘴豆种子中分离纯化α-淀粉酶抑制剂的过程中，每一分离纯化过程都测定α-淀粉酶抑制活性，能检测到抑制活性的对象都应该是游离的 CL-AI（或 CL-A2），这一部分则被保留下来，而抑制活性被掩盖的α和β二聚体则会被去除。由于鹰嘴豆种子中游离状态的 CL-AI 很少，这就导致从鹰嘴豆种子中分离纯化获得的游离 CL-AI 蛋白很少。上述结果解释了为什么 CL-AI 蛋白及其亚基在植物体内贮藏量很多但在分离纯化过程中只能获得极少量具有抑制活性蛋白的原因。

贮藏蛋白的合成起始于粗面内质网，在核糖体上合成多肽链后依据自身的特点，蛋白从内质网经由多种途径运输到储存位置（如蛋白体、贮藏型液泡）（Saito et al.，2009；Tosi et al.，2009）。在高等植物中，贮藏型蛋白主要存在于 2 种不同的细胞结构中，一种被称为蛋白体，另一种为蛋白贮藏型液泡。前者主要存在于谷类作物（如玉米、水稻）种子中，存储醇溶性蛋白（Li et al.，1993a，1993b；Herman and Larkins，1999）；后者则可以储存球蛋白、清蛋白和谷蛋白，如水稻和小麦种子中的谷蛋白、大豆等豆类作物的 11S 球蛋白及蓖麻中的 2S 白蛋白（Yamagata et al.，1982；Okita and Rogers，1996；Brown et al.，2003；Maruyama et al.，2006）。本研究将 CL-AI 蛋白与绿色荧光蛋白（GFP）融合并保留其信号肽序列，使融合后蛋白在鹰嘴豆原生质体内表达，结果发现 CL-AI 蛋白首先在细胞质中表达，随着表达时间的延长，其蛋白在细胞质逐渐积累，而后集中成一个个聚集区。

CL-AI 蛋白在鹰嘴豆种子中的合成加工过程及抑制活性的变化可概括总结如下：CL-AI 蛋白的编码基因（*Q9SMJ4*）被转录成一条单一的 mRNA，之后翻译成游离的、具有α-淀粉酶抑制活性的蛋白前体 CL-AI；该游离的蛋白前体被剪切成游离的α和β链（亚基），此时，这两条游离的肽链皆具有α-淀粉酶抑制活性；之后，这两条游离的肽链通过二硫键结合成二聚体，失去了抑制活性；鹰嘴豆种子中α和β链以二聚体的形式贮藏（图 7-42）。

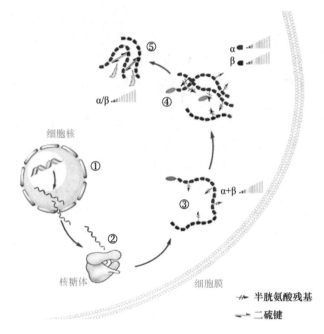

图 7-42 CL-AI 蛋白体内合成加工过程及α-淀粉酶抑制活性的变化

蓝色链.α；红色链.β；绿色体（●）. 信号肽。▬▬ 和 ▬▬ 代表抑制活性的强弱，后者强于前者；～～～ 代表 CL-AI 编码基因（*Q9SMJ4*）转录的 mRNA

　　植物源α-淀粉酶抑制剂蛋白肽链构成呈现多样化并且由多个基因家族编码调控，它们以单体（12kDa）、二聚体（24kDa）、异源四聚体（60kDa）等形式存在（Gomez et al.，1989，1991；Sanchez-Monges et al.，1989）。现在已经从小麦中分离出多种α-淀粉酶抑制剂蛋白（CM1、CM2、CM3、CM16、CM17），并发现其在体内以异源四聚体的形式存在（Garcia-Olmedo et al.，1987）。Yamaguchi（1991）分离纯化出菜豆中α-淀粉酶抑制剂蛋白（PHA-I），其在自然状态下由两个亚基组装而成。这说明在自然状态下，植物体内的α-淀粉酶抑制剂蛋白能够以多种形式发挥作用，而本研究从鹰嘴豆中发现的α-淀粉酶抑制剂蛋白 CL-AI 被剪切为两个亚基后也具有抑制活性，通过二硫键组装成二聚体后就丧失活性，这可能是 CL-AI 蛋白与其他类型的α-淀粉酶抑制剂在作用方式上存在差异，具体的差异之处需要进一步对其与淀粉酶互作的 3D 结构进行研究。

第五节　鹰嘴豆种子贮藏蛋白类α-淀粉酶抑制剂的生物学特性

　　采用原核表达制备的鹰嘴豆种子贮藏蛋白α亚基对来源于人唾液、猪胰腺、玉米、枯草芽孢杆菌和米曲霉的α-淀粉酶活性都有一定的抑制作用，其相对抑制率分别为 71.58%、74.32%、67.74%、53.45%、71.11%；对鹰嘴豆内源α-淀粉酶 AMY1 活性也有一定的抑制作用，相对抑制率为 45.73%，但对β-淀粉酶和α-葡萄糖苷酶的相对抑制率仅分别为 20.89%和 14.41%。α蛋白抑制活性受温度影响，并具有一定的热稳定性；除了对猪胰腺α-淀粉酶活性抑制作用的最佳 pH 为 4.0，α蛋白对其余来源的α-淀粉酶活性抑制作用的最佳 pH 为 7.0～8.0；共培养时间和底物淀粉浓度也会影响α蛋白的抑制活性；在一定范围内随着蛋白浓度的升高，α蛋白对各种α-淀粉酶抑制活性逐渐降低。α蛋白对棉铃虫幼虫血液和中肠中α-淀粉酶有较强抑制作用，相对抑制率分别为 96.21%和 68.42%，对唾液中α-淀粉酶活性相对抑制率为 39.09%；α蛋白对马铃薯甲虫幼虫中肠α-淀粉酶抑制活性最强，相对抑制率为 55.26%，对唾液中α-淀粉酶相对抑制率为 28.71%，对血液中α-淀粉酶基本无抑制作用；饲喂α、CL-AI 及 CL-AI(R)蛋白的马铃薯甲虫幼虫体重分别减轻了 4.38%、0.83%和 7.77%，而饲喂β蛋白的幼虫体重略有增加（0.91%），而对照组体重增加了 50.62%。α蛋白处理对小麦、水稻、玉米种子的发芽率影响不明显，但能抑制其种子根和芽的生长，降低种子活力。

α-淀粉酶抑制剂蛋白能够与α-淀粉酶分子上特定的部位结合，进而引起淀粉酶分子活性部位的覆盖或分子构象的改变，造成酶活性的减弱或消失，其对人、动物、植物及微生物来源的α-淀粉酶表现出抑制作用，而且对不同的淀粉酶有特异性的抑制作用（刘华珍和江宏磊，1994）。目前已经从植物种子或营养器官内分离纯化出多种α-淀粉酶抑制剂蛋白和蛋白酶抑制剂蛋白，并能够应用于降低害虫危害（Konarev，1996；Chrispeels et al.，1998；Gatehouse AMR and Gatehouse JA，1998）。将α-淀粉酶抑制剂基因转入作物进行转基因抗病虫育种也是发掘α-淀粉酶抑制剂潜力的一种重要方式（Altabella and Chrispeels，1990；Shade et al.，1994；Schroeder et al.，1995；Morton et al.，2000；Sarmah et al.，2004）。一些α-淀粉酶抑制剂表现出的特异性能够保护自身且不会影响内部代谢所需淀粉酶的活性和自身的营养价值，这为农业害虫的防治和转基因抗虫育种提供了基因源。因此，深入研究α-淀粉酶抑制剂的酶学特性和生物学功能，不仅可为研究其对淀粉酶的抑制机制奠定基础，同时也能为酶结构解析、药物利用及实际应用提供科学依据。

一、α蛋白对不同来源α-淀粉酶的抑制活性

以原核表达及蛋白纯化获得的α蛋白（即α亚基）为材料，分析其对不同来源α-淀粉酶活性的抑制效果，测定结果如图 7-43 所示。在 37℃条件下，α蛋白对 5

种不同来源的α-淀粉酶都表现出较强的抑制活性，其中对猪胰腺α-淀粉酶（PPA）活性的抑制作用最强，相对抑制率达到了 74.32%；对人唾液α-淀粉酶（HSA）、玉米α-淀粉酶（MA）和米曲霉α-淀粉酶（OA）的相对抑制率分别为71.58%、67.74%和71.11%，但皆与对猪胰腺α-淀粉酶（PPA）的相对抑制率差异不显著（$P<0.05$）。α蛋白对枯草芽孢杆菌α-淀粉酶（BA）活性也有一定的抑制作用，相对抑制率达到了 53.45%，但显著（$P<0.05$）低于对上述α-淀粉酶的抑制活性。说明鹰嘴豆种子中α-淀粉酶抑制剂α蛋白对动物、植物、真菌和细菌来源的α-淀粉酶都表现出较强的抑制活性。

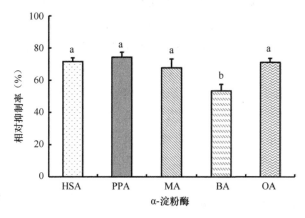

图 7-43　α蛋白对不同来源的α-淀粉酶活性的抑制效果

HSA. 人唾液α-淀粉酶；PPA. 猪胰腺α-淀粉酶；MA. 玉米α-淀粉酶；BA. 枯草芽孢杆菌α-淀粉酶；OA. 米曲霉α-淀粉酶。图中不同的小写字母（a、b）表示平均数间差异达到 0.05 显著水平

　　为了调查α蛋白对鹰嘴豆内源α-淀粉酶的抑制效果，本研究对鹰嘴豆α-淀粉酶基因（简称 *AMY1*，登录号：101506967）进行了克隆、原核表达和蛋白纯化。将α蛋白与鹰嘴豆α-淀粉酶 AMY1 分别稀释到 0.07μg/μL，混合均匀后于 37℃条件下孵育 30min。结果表明，α蛋白对鹰嘴豆内源α-淀粉酶 AMY1 活性有一定的抑制作用，抑制率为 45.73%，低于α蛋白对商品化的人唾液α-淀粉酶（HSA）的抑制活性，原因可能是在鹰嘴豆α-淀粉酶 AMY1 蛋白纯化及复性过程中有杂蛋白的干扰，导致其纯度远低于商品化的α-淀粉酶。

　　此外，本研究还调查了α蛋白对α-葡萄糖苷酶、β-淀粉酶活性有无抑制作用，结果表明α蛋白在浓度为 0.07μg/μL 时，对β-淀粉酶的抑制率为 20.89%，而对α-葡萄糖苷酶的抑制率仅为 14.41%。通过改变α蛋白与β-淀粉酶孵育过程中的温度、pH、不同蛋白浓度，发现在孵育温度为 45℃、pH 6、蛋白浓度为 0.07μg/μL 时，抑制活性最高，但也小于 25%。这可能是因酶的专一性及结构上的差异性，导致α蛋白不能对α-葡萄糖苷酶和β-淀粉酶活性产生抑制作用。

二、影响α蛋白α-淀粉酶抑制活性的因素

1. 温度对α蛋白α-淀粉酶抑制活性的影响

　　α蛋白与 5 种来源的α-淀粉酶在不同温度（30℃、37℃、45℃、55℃、65℃、75℃、85℃、95℃）下共培养后，其抑制活性出现较大的波动现象，结果如图 7-44 所示。对人唾液α-淀粉酶（HSA）、猪胰腺α-淀粉酶（PPA）和玉米α-淀粉酶（MA）活性抑制作用在 45℃时降低到低谷，之后随着温度升高，其抑制活性呈波浪式变化，其中对猪胰腺α-淀粉酶（PPA）的抑制活性呈逐渐增强趋势（图 7-44A～C）。对枯草芽孢杆菌α-淀粉酶（BA）活性的抑制作用在 40℃左右达到一个高峰，之后开始逐渐降低，在 55℃时基本检测不到抑制活性，之后随着温度的升高其抑制

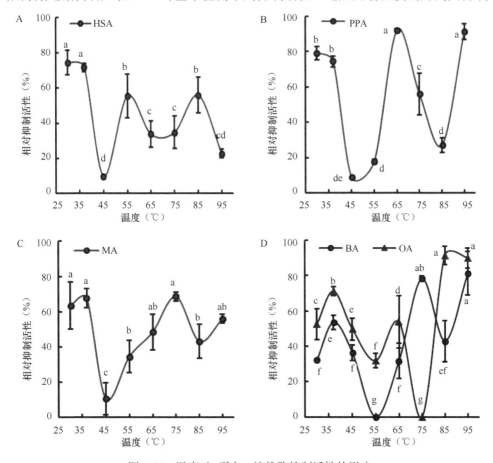

图 7-44　温度对α蛋白α-淀粉酶抑制活性的影响

HSA. 人唾液α-淀粉酶；PPA. 猪胰腺α-淀粉酶；MA. 玉米α-淀粉酶；BA. 枯草芽孢杆菌α-淀粉酶；OA. 米曲霉α-淀粉酶。图中不同的小写字母（a、b、c……）表示平均数间差异达到 0.05 显著水平

活性又逐渐呈波浪式升高（图 7-44D）。对米曲霉α-淀粉酶（OA）活性抑制作用随温度的变化与对枯草芽孢杆菌α-淀粉酶（BA）的结果类似，但在 75℃时才几乎检测不到抑制活性，之后又逐渐升高。说明α蛋白对各种来源α-淀粉酶活性的抑制作用明显受温度影响，但在较高温度下仍然能够抑制各种来源α-淀粉酶的活性，说明其具有良好的热稳定性。

2. pH 对α蛋白α-淀粉酶抑制活性的影响

α蛋白与 5 种来源的α-淀粉酶混合后在不同的 pH 溶液（pH 3.0、pH 4.0、pH 5.0、pH 6.0、pH 7.0）中孵育，其抑制活性测定结果如图 7-45 所示。α蛋白对来源于人唾液、玉米、米曲霉和枯草芽孢杆菌α-淀粉酶活性抑制作用的最佳 pH 为 7.0～8.0，但对猪胰腺α-淀粉酶（PPA）活性抑制作用的最佳 pH 为 4.0。对于人

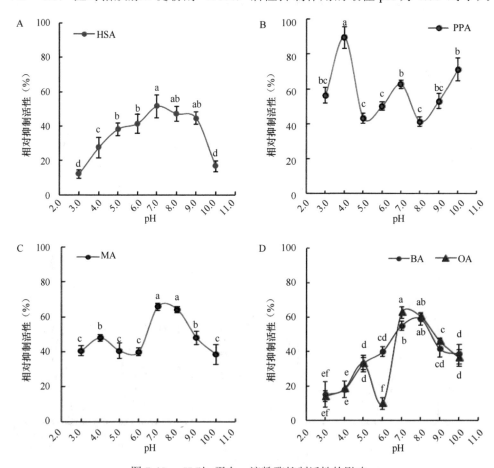

图 7-45　pH 对α蛋白α-淀粉酶抑制活性的影响

HSA. 人唾液α-淀粉酶；PPA. 猪胰腺α-淀粉酶；MA. 玉米α-淀粉酶；BA. 枯草芽孢杆菌α-淀粉酶；OA. 米曲霉α-淀粉酶。图中不同的小写字母（a、b、c……）表示平均数间差异达到 0.05 显著水平

唾液 α-淀粉酶（HSA）和枯草芽孢杆菌 α-淀粉酶（BA）而言，在 pH 为 3.0～7.0 的范围内，随着 pH 逐渐升高，α 蛋白的抑制活性逐渐增强，而在 pH 高于 8.0 后，其抑制活性逐渐减弱。对于玉米 α-淀粉酶（MA）、米曲霉 α-淀粉酶（OA）和猪胰腺 α-淀粉酶（PPA）而言，随着 pH 的升高，α 蛋白的抑制活性呈波浪式的变化。

3. 共培养时间对 α 蛋白 α-淀粉酶抑制活性的影响

α 蛋白与 5 种来源的 α-淀粉酶在 37℃ 孵育，调查共培养时间（10min、20min、30min、40min、50min、60min）对其抑制活性的影响，结果如图 7-46 所示。α 蛋白对人唾液 α-淀粉酶（HSA）、玉米 α-淀粉酶（MA）和枯草芽孢杆菌 α-淀粉酶（BA）的抑制活性随共培养时间的延长，其抑制活性逐渐增强，但在共培养 50min 后，对人唾液 α-淀粉酶（HSA）和玉米 α-淀粉酶（MA）的抑制活性开始呈下降趋势。对猪胰腺 α-淀粉酶（PPA）和米曲霉 α-淀粉酶（OA）而言，分别在孵育 30min 和 20min 左右时，α 蛋白的抑制活性达到最高，之后逐渐下降。

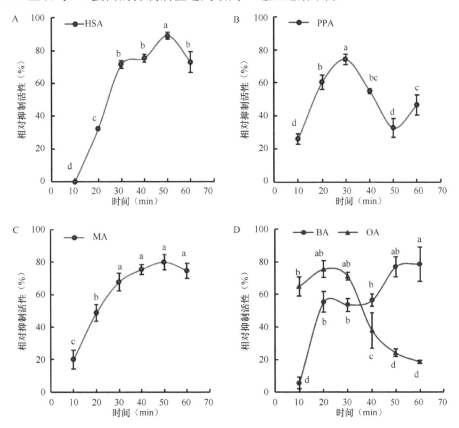

图 7-46　共培养时间对 α 蛋白 α-淀粉酶抑制活性的影响

HSA. 人唾液 α-淀粉酶；PPA. 猪胰腺 α-淀粉酶；MA. 玉米 α-淀粉酶；BA. 枯草芽孢杆菌 α-淀粉酶；OA. 米曲霉 α-淀粉酶。图中不同的小写字母（a、b、c……）表示平均数间差异达到 0.05 显著水平

4. 底物浓度对α蛋白α-淀粉酶抑制活性的影响

α-淀粉酶抑制剂能够抑制淀粉酶对底物淀粉的分解速度，同时底物淀粉的浓度对抑制剂的抑制作用也会产生影响。不同底物淀粉浓度（0.5%、1.0%、1.5%、2.0%、2.5%）对α蛋白抑制作用的影响如图 7-47 所示。α蛋白对人唾液α-淀粉酶（HSA）、玉米α-淀粉酶（MA）和米曲霉α-淀粉酶（OA）的抑制活性随底物淀粉浓度的增加，其抑制活性呈波浪式变化。对猪胰腺α-淀粉酶（PPA）和枯草芽孢杆菌α-淀粉酶（BA）而言，α蛋白的抑制活性随底物淀粉浓度的增加而逐渐升高，之后逐渐降低。在底物淀粉浓度为 1.0%时，对猪胰腺α-淀粉酶（PPA）的抑制活性出现最高点，而对枯草芽孢杆菌α-淀粉酶（BA）的抑制活性在底物淀粉浓度为2.0%时出现最高点。

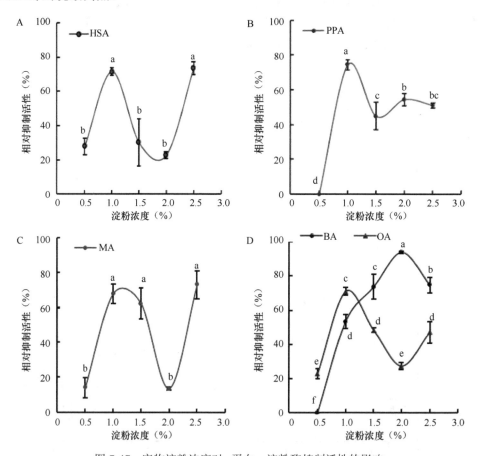

图 7-47　底物淀粉浓度对α蛋白α-淀粉酶抑制活性的影响

HSA. 人唾液α-淀粉酶；PPA. 猪胰腺α-淀粉酶；MA. 玉米α-淀粉酶；BA. 枯草芽孢杆菌α-淀粉酶；OA. 米曲霉α-淀粉酶。图中不同的小写字母（a、b、c……）表示平均数间差异达到 0.05 显著水平

5. 蛋白浓度对α蛋白α-淀粉酶抑制活性的影响

分别用不同量的α蛋白与 0.03U 不同来源的α-淀粉酶孵育后，调查蛋白浓度（0.14μg/μL、0.21μg/μL、0.28μg/μL、0.35μg/μL、0.42μg/μL）对其α-淀粉酶抑制活性的影响，结果如图 7-48 所示。在 0.14～0.42μg 的范围内，随着蛋白浓度的升高，α对 5 种不同来源α-淀粉酶的抑制活性基本呈逐渐降低的趋势，但对人唾液α-淀粉酶（HSA）而言，在蛋白浓度达到 0.35μg/μL 之后抑制活性反而有所升高。对枯草芽孢杆菌α-淀粉酶（BA）和米曲霉α-淀粉酶（OA）而言，蛋白浓度达到 0.42μg/μL 时，已基本检测不到抑制活性。这可能是因为随着α蛋白浓度的升高，蛋白分子间作用加剧，形成多聚体的可能性增加，导致抑制活性下降。

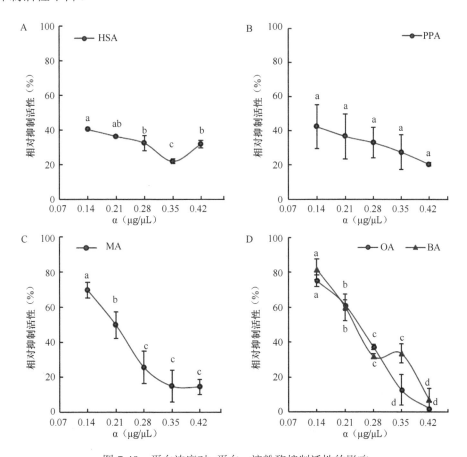

图 7-48　蛋白浓度对α蛋白α-淀粉酶抑制活性的影响

HSA. 人唾液α-淀粉酶；PPA. 猪胰腺α-淀粉酶；MA. 玉米α-淀粉酶；BA. 枯草芽孢杆菌α-淀粉酶；OA. 米曲霉α-淀粉酶。图中不同的小写字母（a、b、c……）表示平均数间差异达到 0.05 显著水平

三、α蛋白对棉铃虫和马铃薯甲虫幼虫α-淀粉酶活性及生长发育的影响

1. 对棉铃虫和马铃薯甲虫幼虫α-淀粉酶活性的影响

棉铃虫是棉花蕾铃期主要的害虫，广泛分布于世界各地，主要蛀食蕾、花、铃，严重影响棉花的产量。为了检测α蛋白对棉铃虫是否有防治作用，本研究从棉田里采集了棉铃虫幼虫并初步分离其各部位的α-淀粉酶，调查α蛋白对提取的α-淀粉酶活性的抑制效果，结果如图 7-49 所示。棉铃虫幼虫血液中的α-淀粉酶活性要显著（$P<0.05$）高于唾液中α-淀粉酶活性，而中肠中α-淀粉酶活性介于两者之间，说明棉铃虫幼虫体内消化所需的α-淀粉酶主要来源于中肠分泌和血液循环中。抑制活性测定结果表明，α蛋白对各部位的α-淀粉酶都有一定的抑制作用，其中对血液中α-淀粉酶抑制作用最强，相对抑制率达到96.21%，显著（$P<0.05$）高于其他部位；对中肠来源的α-淀粉酶也有较高的抑制作用，相对抑制率为68.42%，显著（$P<0.05$）高于唾液组；而对唾液中α-淀粉酶抑制作用较弱，相对抑制率仅为 39.09%。以上结果表明，α蛋白对棉铃虫体内主要部位的α-淀粉酶有较高的抑制活性，可以作为一种潜在的防治棉铃虫危害的材料。

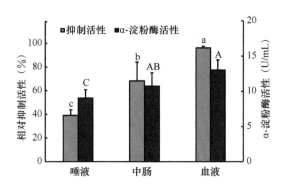

图 7-49　α蛋白对棉铃虫幼虫不同部位α-淀粉酶活性的抑制效果

图中标注的 A、B、C 表示不同部位 α-淀粉酶活性的差异达到 0.05 显著水平；a、b、c 表示对不同部位α-淀粉酶抑制活性的差异达到 0.05 显著水平

马铃薯甲虫主要寄生于茄科作物，其中栽培马铃薯是其最适应寄主，主要危害马铃薯的叶片和嫩尖，尤其发生在马铃薯始花期至薯块形成期的虫害对产量影响最大，严重时会造成绝收，是世界上有名的毁灭性检疫害虫。将从田间收集的马铃薯甲虫幼虫解剖并分离各器官或组织，经初步提取获得了各器官或组织的α-淀粉酶粗提液，分别测定其酶活性，并调查α蛋白对其酶活的抑制效果，结果如图 7-50 所示。幼虫体内血液中α-淀粉酶活性要显著（$P<0.05$）高于其他部分，依次为中肠的，最后为唾液的；而且中肠内α-淀粉酶活性也显著（$P<0.05$）

高于唾液中的，说明马铃薯甲虫幼虫体内α-淀粉酶主要存在于血液中，在中肠和唾液中也有较高的活性。抑制活性测定结果表明，α蛋白对中肠来源的α-淀粉酶活性抑制作用最强，相对抑制率达到55.26%，显著（$P<0.05$）高于其他部位；对唾液中的α-淀粉酶也有一定的抑制活性，相对抑制率为28.71%，显著（$P<0.05$）高于对血液中α-淀粉酶的抑制活性；对血液中的α-淀粉酶活性抑制作用很弱，基本检测不到。以上结果表明，α蛋白对马铃薯甲虫幼虫体内的α-淀粉酶有一定的抑制作用，尤其对中肠内的α-淀粉酶活性抑制作用最强，可以作为一种生物制剂来防治马铃薯甲虫。

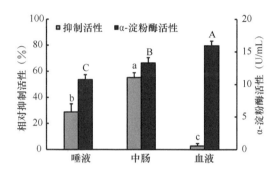

图 7-50　α蛋白对马铃薯甲虫幼虫α-淀粉酶活性的抑制效果

图中标注的 A、B、C 表示不同部位α-淀粉酶活性的差异达到 0.05 显著水平；a、b、c 表示对不同部位α-淀粉酶抑制活性的差异达到 0.05 显著水平

2. 对马铃薯甲虫幼虫生长发育的影响

对马铃薯甲虫刚孵化的幼虫饲喂分别经 CL-AI、α蛋白和β蛋白液浸泡过的马铃薯叶片后，待对照组成长到 3 龄幼虫时，分别对各组幼虫进行称重并统计数据。结果表明，这些α-淀粉酶抑制剂对马铃薯甲虫幼虫的生长发育有较大影响。与饲喂前体重相比，用α-淀粉酶抑制剂饲喂后，幼虫体重增加不显著（$P>0.05$），甚至体重出现轻微（$P>0.05$）减轻现象；而在对照组中，饲喂后与饲喂前相比，幼虫体重显著（$P<0.05$）增加（图 7-51A）。体重增长率数据分析结果表明，饲喂α、CL-AI 及 CL-AI(R)蛋白的马铃薯甲虫幼虫体重分别减轻了 4.38%、0.83%和 7.77%，而饲喂β蛋白的幼虫体重略有增加，其增加率仅为 0.91%；而且处理间体重增长率无显著性（$P>0.05$）差异。对照组马铃薯甲虫幼虫体重变化明显，其重量增加了 50.62%，显著（$P<0.05$）高于处理组（图 7-51B）。此外，在各处理组间，幼虫存活率没有出现显著性（$P>0.05$）差异（结果未显示）。以上结果表明，鹰嘴豆α-淀粉酶抑制剂能够减缓马铃薯甲虫幼虫体重的增加从而抑制其生长发育（图 7-51C），对马铃薯甲虫田间防治有一定的实用价值。

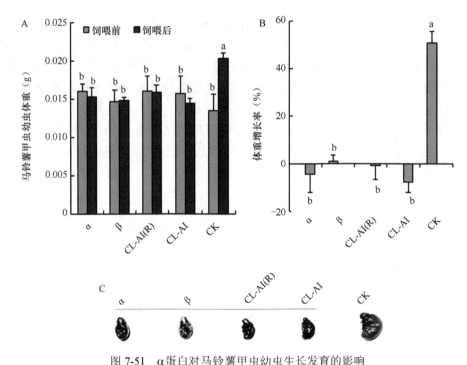

图 7-51 α蛋白对马铃薯甲虫幼虫生长发育的影响

A. 幼虫体重；B. 幼虫体重增长率；C. 处理后幼虫图片。图中标注不同的小写字母（a、b）表示平均数间差异达到 0.05 显著水平

四、α蛋白对小麦、水稻和玉米种子发芽的影响

淀粉是小麦、水稻和玉米种子中贮藏能量的主要方式，种子在发芽过程中需要合成大量的淀粉酶来分解淀粉以提供足够的能量，因此抑制种子发芽期淀粉酶的活性可能会对种子发芽产生影响。

1. α蛋白对小麦种子发芽的影响

为了明确鹰嘴豆种子贮藏蛋白α-淀粉酶抑制剂是否对小麦种子发芽产生影响，本研究采用 25μg/mL α蛋白对小麦种子进行处理，结果表明，α蛋白对小麦种子的发芽率没有明显（$P>0.05$）影响（结果未显示），但对种子根和芽的生长速度有明显的影响（图 7-52）。小麦品种'扬麦 61'与'Y158'在处理 60h 时，处理组的根长极显著（$P<0.01$）短于对照组（图 7-52A、D）；当处理到 84h 时，'扬麦 61'处理组的芽长显著（$P<0.05$）短于对照组，而'Y158'处理组的芽长极显著（$P<0.01$）短于对照组（图 7-52B、D）；在鲜重方面，两个品种的处理组虽然小于对照组，但差异不显著（$P>0.05$），而且在干重和鲜重方面，处理组和对照组间也没有明显（$P>0.05$）差异（图 7-52C）。与对照组相比，处理的'扬麦 61'的简单活力指数为 0.92，显著（$P<0.05$）低于对照组的简单活力指数（1.33）；而处理的 'Y158' 的简单活力指数为 0.40，也显著（$P<0.05$）低于对照组的简单活力指数（0.77）。以上结果表明，α蛋白处理不会影响小麦种子发芽率，但能抑制其种子根和芽的生长，降低种子活力。这可能是因α蛋白抑制了萌发种子中的淀粉酶活性，影响了贮藏淀粉的利用效率。

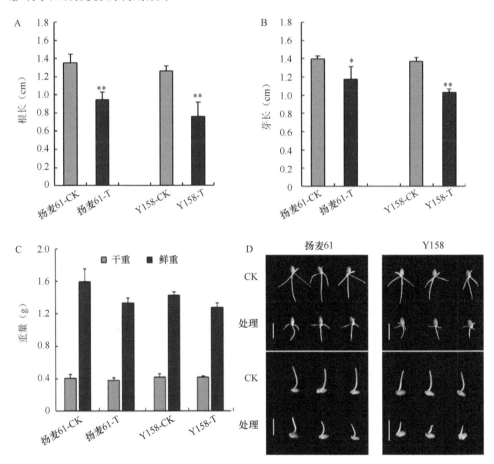

图 7-52　α蛋白对小麦种子发芽的影响

A. 根长；B. 芽长；C. 干、鲜重；D. 发芽情况，上图为根长，下图为芽长。标尺=1.0cm。CK. 对照；T. 处理；图中*和**分别表示平均数间差异达到 0.05 和 0.01 显著水平

2. α蛋白对水稻种子发芽的影响

在 25℃ 条件下，采用 25μg/mL α蛋白对水稻种质 '863B' 种子进行处理，结果表明α蛋白处理对水稻种子的发芽率没有明显（$P>0.05$）影响（结果未展示），但对种子根和芽的生长速率有明显影响（图 7-53）。处理组的种子根长显著

（$P<0.05$）短于对照组，而处理组的种子芽长也极显著（$P<0.01$）短于对照组（图7-53A、C）；处理组种子的干、鲜重皆略低于对照组，但差异不显著（图7-53B）。与对照组相比，处理组的简单活力指数为 0.61，显著（$P<0.05$）低于对照组的简单活力指数（1.31）。这说明α蛋白对水稻种子的发芽率没有影响，但能减缓种子发芽速率，降低种子活力。

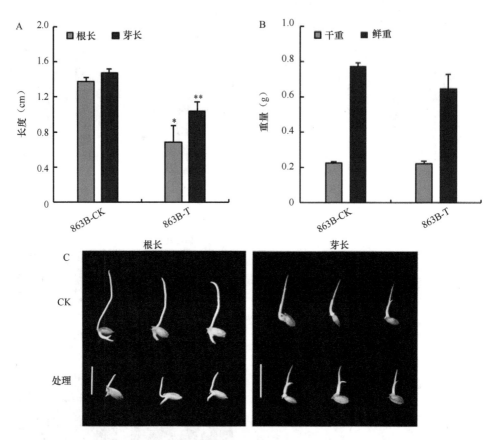

图 7-53　α蛋白对水稻种子发芽的影响

A. 根长和芽长；B. 干、鲜重；C. 水稻发芽情况；标尺=1.0cm。CK. 对照；T. 处理。图中*和**分别表示平均数间差异达到 0.05 和 0.01 显著水平

3. α蛋白对玉米种子发芽的影响

采用 50μg/mL 的α蛋白溶液浸泡玉米种质'PH4CV'种子，在发芽 4d 时测定其根生长长度，并在发芽 6d 后测定其芽长和干、鲜重。结果表明，对照组和处理组之间在发芽率方面不存在显著性（$P>0.05$）差异（结果未显示）。处理组种子的根长显著（$P<0.05$）短于对照组，芽长也同样显著（$P<0.05$）短于对照组（图 7-54A、C）；与对照组相比，处理组在干、鲜重方面皆略有降低，但都未达显著性（$P>0.05$）

差异水平(图 7-54B)。与对照组相比,处理组的简单活力指数为 1.03,显著($P<0.05$)低于对照组的简单活力指数(1.54)。以上结果表明α蛋白对玉米种子的发芽率没有影响,但能减缓其种子生长速率,降低种子活力。

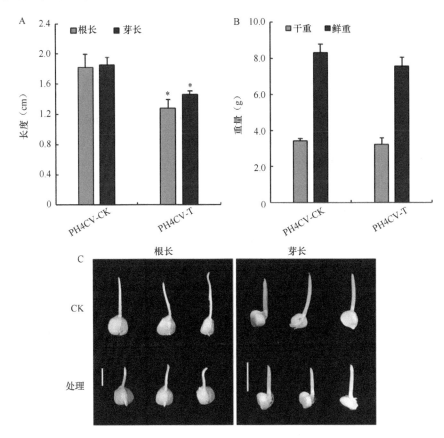

图 7-54 α蛋白对玉米种子发芽的影响

A. 根长和芽长;B. 干、鲜重;C. 玉米发芽情况;标尺=1.0cm。CK. 对照;T. 处理。

图中*表示平均数间差异达到 0.05 显著水平

五、鹰嘴豆种子贮藏蛋白类α-淀粉酶抑制剂 CL-AI 的应用前景

α-淀粉酶抑制剂一直被认为是防治害虫的重要工具而广泛受到关注,目前已经报道有多种α-淀粉酶抑制剂对田间害虫防治有积极作用,可作为一种潜力巨大的生物防治工具(Rekha and Sasikiran,2004;Gomes et al.,2005;Pereira et al.,2006;Farias et al.,2007;Sharma et al.,2010;Macedo and Freire,2011)。本研究发现鹰嘴豆种子贮藏蛋白前体蛋白 CL-AI 及其亚基对马铃薯甲虫幼虫体内的α-淀粉酶具有抑制作用,同时活体饲喂实验证实其能够抑制马铃薯甲虫幼虫的生长

发育，这说明其可作为田间防治马铃薯甲虫的潜在工具，控制害虫数量及减少危害。有研究报道利用蛋白酶抑制剂 E-64 能够抑制马铃薯甲虫的生长发育（Wolfson and Murdock，1987）。此外，利用几丁质合成酶抑制剂也是防治其幼虫的一种措施（Cutler et al.，2005）。但将α-淀粉酶抑制剂用于防治马铃薯甲虫的报道很少，因此利用 CL-AI 蛋白为马铃薯甲虫的田间防治工作提供了一条新途径。目前对棉铃虫的防治主要运用转 *Bt* 基因的生物技术，但随着时间的推移，棉铃虫体内逐渐进化出抗 Bt 蛋白的机制并表现出抗性，所以需综合多种手段防止棉铃虫出现抗性（Tabashnik et al.，2013）。Johnston 等（1993）用大豆中的 Kunitz 型和 Bowman-Birk 型蛋白酶抑制剂饲喂棉铃虫，结果表现出强烈的毒性作用；Shukla 等（2005）比较了大豆蛋白酶抑制剂和鹰嘴豆中植物凝集素蛋白对棉铃虫生长发育的影响，认为它们可以作为一种控制棉铃虫泛滥的工具。Kotkar 等（2009）用多种新鲜豆类作物豆荚饲喂棉铃虫，发现虫体中肠内的淀粉酶活性下降，体外抑制试验表明鹰嘴豆提取物对其中肠内α-淀粉酶有很强的抑制作用。但目前将α-淀粉酶抑制剂用于棉铃虫防治的报道很少。本研究通过对来源于棉铃虫不同部位α-淀粉酶抑制试验表明，α蛋白对棉铃虫幼虫内部的淀粉酶具有一定的抑制作用，这说明利用鹰嘴豆种子贮藏蛋白类α-淀粉酶抑制剂可为棉铃虫的防治提供一条新途径。

作物种子在田间植株上开始萌发并生长的现象称为穗发芽。水稻、小麦、玉米等作物在收获前常遭遇高温多雨天气，造成穗发芽普遍发生，直接影响了作物的产量和品质，严重的会导致种子霉变失去经济价值（刘莉等，2013）。沈正兴和俞世蓉（1991）报道小麦穗发芽后其内部的α-淀粉酶酶量和活性急剧上升，致使淀粉和蛋白的分解活动旺盛，导致发芽后的种子发芽率降低、品质严重变劣。赵玉锦和土台（2001）研究发现，急剧升高的α-淀粉酶活性是引起水稻穗发芽的主要原因，α-淀粉酶抑制剂能够降低淀粉酶活性，可以在一定程度上降低作物种子穗发芽的速度。本研究采用α蛋白处理水稻、小麦和玉米种子，发现其对种子的发芽率无明显影响，但明显地抑制了种子生长速率，降低了活力。原因可能是α-淀粉酶抑制剂降低了体内淀粉酶的活性，进而使种子发芽所需的能量供应出现不足，减缓了生长速度。这似乎意味着采用鹰嘴豆种子贮藏蛋白类α-淀粉酶抑制剂可以抑制作物种子的穗发芽，但这方面有待进一步深入研究。

第六节　鹰嘴豆种子贮藏蛋白类α-淀粉酶抑制剂 CL-A2 的生物学特性

CL-A2 蛋白对来源于人唾液、猪胰腺、玉米和枯草芽孢杆菌淀粉酶的α-淀粉酶具有不同程度的抑制活性，相对抑制率分别为 55.6%、85.1%、63.5%和 34.9%，且抑制活性受温度、pH、共培养时间、底物淀粉浓度和蛋白浓度的影响。CL-A2 蛋白对棉铃虫和马铃薯甲虫幼虫唾液、中肠及血液中的α-淀粉酶皆具有抑制活性，但对两者幼虫中肠α-淀粉酶活性的抑制作用最大，相对抑制率分别为 38.65%和 47.71%。CL-A2 蛋白饲喂前后相比，马铃薯甲虫幼虫的体重减轻了 27.21%（ $P<0.05$ ），而未饲喂对照组前后相比，体重增加了 52.52%（ $P<0.05$ ）；与未饲喂对照组相比，饲喂组的幼虫存活率降低了 6.67%，但与对照组差异未达显著水平（ $P>0.05$ ）。

植物凝集素是一类高度多样化的、非免疫起源的蛋白，它们至少含有一个非催化域，这个非催化域使得它们能够选择性地识别和可逆地结合糖蛋白和糖脂上的特异性糖或多聚糖（Peumans et al.，1997；Laus et al.，2006）。迄今，豆科植物凝集素只在 Lectin-arcelin-αAI1 超基因家族中有少数成员被报道具有α-淀粉酶抑制活性，如来源于普通白、红、黑芸豆的αAI1 和αAI2（Berre-Anton et al.，1997；Lee et al.，2002；Svensson et al.，2004）。αAI1 能抑制人唾液、猪胰腺和一些昆虫的α-淀粉酶，但对细菌和真菌的α-淀粉酶活性无抑制作用，而αAI2 对一些昆虫α-淀粉酶活性有特异性抑制作用（Berre-Anton et al.，1997；Gibbs and Alli，1998；Svensson et al.，2004）。鹰嘴豆中已经分离和鉴定出几种植物凝集素，如44kDa 凝集素（Kolberg et al.，1983）、N-乙酰-D-半乳糖胺特异性凝集素（CAA-II）（Qureshi et al.，2006）及 CanVLEC（Esteban et al.，2002）。本研究进一步对从鹰嘴豆种子中分离纯化获得的具有α-淀粉酶抑制活性的凝集素 CL-A2 的生物学特性进行研究。

一、CL-A2 蛋白对不同来源α-淀粉酶的抑制活性

采用原核表达纯化获得凝集素 CL-A2，分析其对不同来源α-淀粉酶活性的抑制效果，结果如图 7-55 所示。CL-A2 蛋白对来源于人唾液、猪胰腺、玉米和枯草芽孢杆菌的α-淀粉酶具有不同程度的抑制活性，相对抑制活性分别为 55.6%、85.1%、63.5%和 34.9%。这说明鹰嘴豆种子中植物凝集素 CL-A2 对动物、植物和细菌来源的α-淀粉酶都表现出一定的抑制活性。

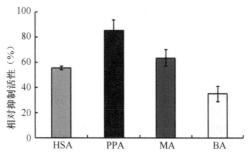

图 7-55　CL-A2 蛋白对不同来源的α-淀粉酶活性的抑制效果

HSA. 人唾液α-淀粉酶；PPA. 猪胰腺α-淀粉酶；MA. 玉米α-淀粉酶；BA. 枯草芽孢杆菌α-淀粉酶

二、影响 CL-A2 蛋白α-淀粉酶抑制活性的因素

1. 温度对 CL-A2 蛋白α-淀粉酶抑制活性的影响

CL-A2 与 4 种来源的α-淀粉酶在不同温度（25℃、37℃、45℃、55℃、65℃、75℃、85℃、95℃）下共培养后，其抑制活性出现较大的波动现象，结果如图 7-56 所示。在不同温度条件下，CL-A2 对人唾液α-淀粉酶（HSA）、玉米α-淀粉酶（MA）和猪胰腺α-淀粉酶（PPA）的抑制活性波动形式比较相似，但对前两者的最大抑制活性出现在 85℃时，而对后者的最大抑制活性出现在 37℃时；对枯草芽孢杆菌α-淀粉酶（BA）抑制活性呈现"增加—降低—增加"模式，最大抑制活性出现在 55℃时。以上结果说明 CL-A2 对各种来源的α-淀粉酶活性的抑制作用明显受温度影响，但在较高温度下仍然能够抑制各种来源的α-淀粉酶的活性，说明其具有较好的热稳定性。

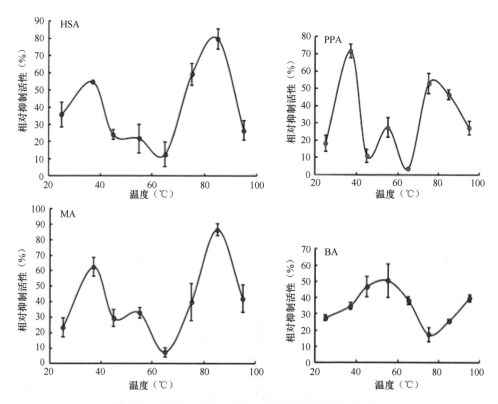

图 7-56　温度对 CL-A2 蛋白α-淀粉酶抑制活性的影响

HSA. 人唾液α-淀粉酶；PPA. 猪胰腺α-淀粉酶；MA. 玉米α-淀粉酶；BA. 枯草芽孢杆菌α-淀粉酶

2. pH 对 CL-A2 蛋白 α-淀粉酶抑制活性的影响

CL-A2 蛋白与 4 种来源的 α-淀粉酶混合后在不同的 pH 溶液（2.4、3.0、3.6、4.2、4.8、5.4、6.0、6.6、7.0、7.6、8.2、8.8、9.4、10.0）中孵育，其抑制活性测定结果如图 7-57 所示。CL-A2 对来源于人唾液的 α-淀粉酶抑制活性，随 pH 的升高波浪式地逐渐升高；对来源于玉米、猪胰腺和枯草芽孢杆菌的 α-淀粉酶抑制活性随 pH 的升高呈波浪式的变化。CL-A2 对来源于人唾液和玉米的 α-淀粉酶的抑制活性最佳 pH 为 8.5～9.5，而对来源于猪胰腺和枯草芽孢杆菌的 α-淀粉酶的抑制活性最佳 pH 分别为 3.0～4.5 和 7.5～8.0。

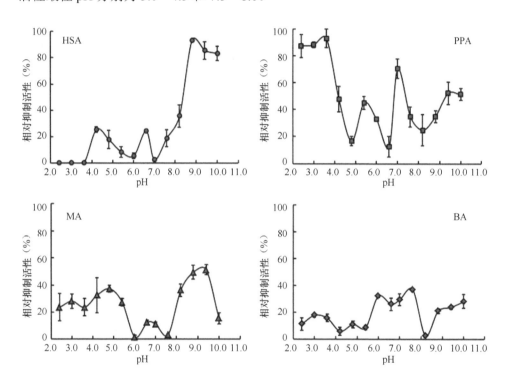

图 7-57 pH 对 CL-A2 蛋白 α-淀粉酶抑制活性的影响

HSA. 人唾液 α-淀粉酶；PPA. 猪胰腺 α-淀粉酶；MA. 玉米 α-淀粉酶；BA. 枯草芽孢杆菌 α-淀粉酶

3. 共培养时间对 CL-A2 蛋白 α-淀粉酶抑制活性的影响

CL-A2 蛋白与 4 种来源的 α-淀粉酶在 37℃ 孵育不同的时间（10min、20min、30min、40min、50min、60min），调查共培养时间对其抑制活性的影响，结果如图 7-58 所示。CL-A2 蛋白对人唾液 α-淀粉酶（HSA）和玉米 α-淀粉酶（MA）的抑制活性随共培养时间的延长，呈"先降低后增加"模式，而对猪胰腺 α-淀粉酶（PPA）和枯草芽孢杆菌 α-淀粉酶（BA）的抑制活性呈"先增加后降低"模式。

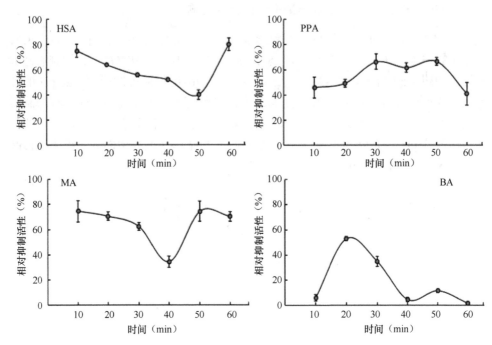

图 7-58　共培养时间对 CL-A2 蛋白α-淀粉酶抑制活性的影响

HSA. 人唾液α-淀粉酶；PPA. 猪胰腺α-淀粉酶；MA. 玉米α-淀粉酶；BA. 枯草芽孢杆菌α-淀粉酶

4. 底物淀粉浓度对 CL-A2 蛋白α-淀粉酶抑制活性的影响

不同浓度（0.5%、1.0%、1.5%、2.0%、2.5%、3.0%）的底物淀粉溶液对 CL-A2 蛋白抑制作用的影响如图 7-59 所示。CL-A2 蛋白对人唾液α-淀粉酶（HSA）和玉米α-淀粉酶（MA）的抑制活性随底物淀粉浓度的增加，呈"先增加后降低"模式，而对猪胰腺α-淀粉酶（PPA）和枯草芽孢杆菌α-淀粉酶（BA）的抑制活性呈"先降低后增加"模式。

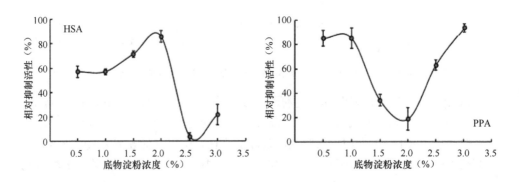

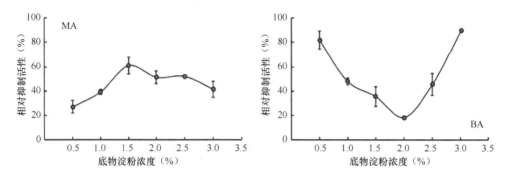

图 7-59　底物淀粉浓度对 CL-A2 蛋白α-淀粉酶抑制活性的影响

HSA. 人唾液α-淀粉酶；PPA. 猪胰腺α-淀粉酶；MA. 玉米α-淀粉酶；BA. 枯草芽孢杆菌α-淀粉酶

5. 蛋白浓度对 CL-A2 蛋白α-淀粉酶抑制活性的影响

分别用不同量的 CL-A2 蛋白与 0.03U 不同来源的α-淀粉酶孵育后，调查不同浓度蛋白（0.07μg/μL、0.14μg/μL、0.21μg/μL、0.28μg/μL、0.35μg/μL、0.42μg/μL）对α-淀粉酶抑制活性的影响，结果如图 7-60 所示。蛋白浓度为 0.07～0.42μg/μL时，CL-A2 对人唾液α-淀粉酶、猪胰腺α-淀粉酶和玉米α-淀粉酶的抑制活性随蛋白浓度的升高而增强，两者间呈良好的线性关系。

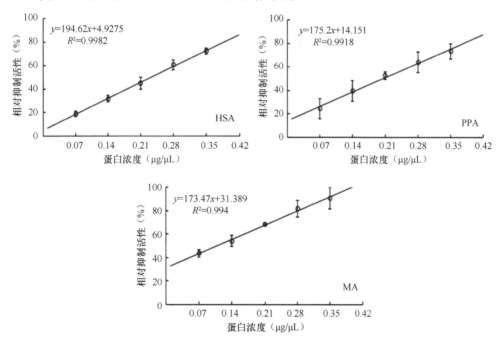

图 7-60　蛋白浓度对 CL-A2 蛋白α-淀粉酶抑制活性的影响

HSA. 人唾液α-淀粉酶；PPA. 猪胰腺α-淀粉酶；MA. 玉米α-淀粉酶

三、CL-A2 蛋白对棉铃虫和马铃薯甲虫幼虫α-淀粉酶活性及生长发育的影响

CL-A2 蛋白对棉铃虫和马铃薯甲虫幼虫唾液、中肠和血液中α-淀粉酶活性的抑制作用，以及对它们幼虫生长发育的影响如图 7-61 所示。CL-A2 蛋白对棉铃虫和马铃薯甲虫幼虫唾液、中肠和血液中的α-淀粉酶皆具有抑制活性，但对两者幼虫中肠中的α-淀粉酶活性的抑制作用最大，相对抑制率分别为 38.65%和 47.71%（图 7-60A）。CL-A2 蛋白饲喂实验结果表明，饲喂前后相比，马铃薯甲虫幼虫的体重减轻了 27.21%（$P<0.05$），而未饲喂对照组前后相比，体重增加了 52.52%（$P<0.05$）（图 7-60B）；与未饲喂对照组相比，饲喂组的幼虫存活率降低了 6.67%，但与对照组差异未达到显著水平（$P>0.05$）（图 7-60C）。

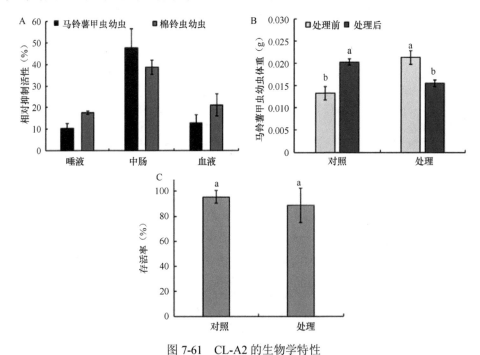

图 7-61　CL-A2 的生物学特性

A. CL-A2 对棉铃虫和马铃薯甲虫幼虫唾液、中肠和血液中α-淀粉酶的抑制活性；B. 饲喂 CL-A2 对马铃薯甲虫幼虫体重的影响；C. 饲喂 CL-A2 对马铃薯甲虫幼虫存活率的影响。图中 a、b 表示差异达到 0.05 显著水平

四、CL-A2 蛋白与其他具有α-淀粉酶抑制活性的豆科植物凝集素的氨基酸序列比对

目前，豆科植物凝集素中，只在 Lectin-arcelin-αAI1 超基因家族中发现了 7

个成员具有α-淀粉酶抑制活性（Berre-Anton et al.，1997；Lee et al.，2002；Svensson et al.，2004），如来源于普通白、红、黑芸豆的αAI1 和αAI2，这 2 个蛋白被证实具有α-淀粉酶抑制活性；而αAI4 和αAI5 根据其二级与三级结构，被推测具有α-淀粉酶抑制活性。但本研究发现，鹰嘴豆种子植物凝集素 CL-A2 与 Lectin-arcelin-αAI1 超基因家族中这 7 个成员在氨基酸序列上具有很低的相似性（<17%）（图 7-62）。这一结果表明 CL-A2 可能不属于 Lectin-arcelin-αAI1 超基因家族编码的蛋白，而是一个新的具有α-淀粉酶抑制活性的豆科植物凝集素。

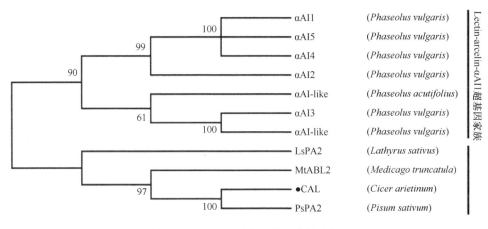

图 7-62 CL-A2 蛋白系统进化树分析

此外，CL-A2 与植物凝集素 PsPA2（*Pisum sativum* ALB2_PEA）和 LsPA2（*Lathyrus sativus* D4AEP7）在氨基酸序列上具有 99%和 85%的相似性（图 7-62），这是否意味着 PsPA2 和 LsPA2 也具有α-淀粉酶抑制活性，但这还有待深入研究。

参 考 文 献

李平, 王转花. 2011. Cupin 家族食物性过敏原表位研究进展[J]. 细胞与分子免疫学, 27(5): 590-592.

刘华珍, 江宏磊. 1994. 微生物产生的淀粉酶抑制剂研究 II. 发酵, 分离与理化性质[J]. 中国抗生素杂志, 19(1): 12-16.

刘莉, 王海庆, 陈志国. 2013. 小麦抗穗发芽研究进展[J]. 作物杂志, (4): 6-11.

沈正兴, 俞世蓉. 1991. 小麦品种抗穗发芽性的研究[J]. 中国农业科学, (5): 44-50.

王琳. 2006. 昆虫淀粉酶抑制剂的研究进展[J]. 中国农学通报, 22(8): 397-400.

赵玉锦, 王台. 2001. 水稻种子萌发过程中 α-淀粉酶与萌发速率关系的分析[J]. 植物学通报, 18(2): 226-230.

Altabella T, Chrispeels MJ. 1990. Tobacco plants transformed with the bean *αAI* gene express an inhibitor of insect α-amylase in their seeds[J]. Plant Physiology, 93(2): 805-810.

Berre-Anton VL, Bompard-Gilles C, Payan F, Rougé P. 1997. Characterization and functional properties of the α-amylase inhibitor (α-AI) from kidney bean (*Phaseolus vulgaris*) seeds[J]. Biochimica et Biophysica Acta-Protein Structure and Molecular Enzymology, 1343(1): 31-40.

Brown JC, Jolliffe NA, Frigerio L, Roberts LM. 2003. Sequence-specific, Golgi-dependent vacuolar targeting of castor bean 2S albumin[J]. The Plant Journal, 36(5): 711-719.

Bulaj G. 2005. Formation of disulfide bonds in proteins and peptides[J]. Biotechnology Advances, 23(1): 87-92.

Chrispeels MJ, Grossi-de-Sá MF, Higgins TJV. 1998. Genetic engineering with α-amylase inhibitors makes seeds resistant to bruchids[J]. Seed Science Research, 8(2): 257-264.

Cutler GC, Scott-Dupree CD, Tolman JH, Harris CR. 2005. Acute and sublethal toxicity of novaluron, a novel chitin synthesis inhibitor, to *Leptinotarsa decemlineata* (Coleoptera: Chrysomelidae)[J]. Pest Management Science, 61(11): 1060-1068.

Dadon SBE, Pascual CY, Eshel D, Teper-Bamnolker P, Ibáñez MDP, Reifen R. 2013. Vicilin and the basic subunit of legumin are putative chickpea allergens[J]. Food Chemistry, 138(1): 13-18.

Dunwell JM, Culham A, Carter CE, Sosa-Aguirre CR, Goodenough PW. 2001. Evolution of functional diversity in the cupin superfamily[J]. Trends in Biochemical Sciences, 26(12): 740-746.

Dunwell JM, Gibbings JG, Mahmood T, Naqvi SMS. 2008. Germin and germin-like proteins: evolution, structure, and function[J]. Critical Reviews in Plant Sciences, 27(5): 342-375.

Dunwell JM, Purvis A, Khuri S. 2004. Cupins: the most functionally diverse protein superfamily?[J]. Phytochemistry, 65(1): 7-17.

Esteban R, Dopico B, Muñoz FJ, Romo S, Labrador E. 2002. A seedling specific vegetative lectin gene is related to development in *Cicer arietinum*[J]. Physiological Plantarum, 114(4): 619-626.

Farias LR, Costa FT, Souza LA, Pelegrini PB, Grossi-de-Sá MF, Neto SM, Bloch Jr C, Laumann RA, Noronha EF, Franco OL. 2007. Isolation of a novel *Carica papaya* α-amylase inhibitor with deleterious activity toward *Callosobruchus maculatus*[J]. Pesticide Biochemistry and Physiology, 87(3): 255-260.

Gane PJ, Warwicker J, Dunwell JM. 1998. Modeling based on the structure of vicilins predicts a histidine cluster in the active site of oxalate oxidase[J]. Journal of Molecular Evolution, 46(4): 488-493.

Garcia-Olmedo F, Salcedo G, Sanchez-Monge R, Gomez L, Royo J, Carbonero P. 1987. Plant proteinaceous inhibitors of proteinases and α-amylases[J]. Oxford Surveys of Plant Molecular & Cell Biology, 4: 275-334.

Gatehouse AMR, Gatehouse JA. 1998. Identifying proteins with insecticidal activity: use of encoding genes to produce insect-resistant transgenic crops[J]. Pesticide Science, 52(2): 165-175.

Gibbs BF, Alli I. 1998. Characterization of a purified α-amylase inhibitor from white kidney beans (*Phaseolus vulgaris*)[J]. Food Research International, 31(3): 217-225.

Gomes ADPG, Dias SC, Bloch Jr C, Melo FR, Furtado Jr JR, Monnerat RG, Grossi-de-Sá MF, Franco OL. 2005. Toxicity to cotton boll weevil *Anthonomus grandis* of a trypsin inhibitor from chickpea seeds[J]. Comparative Biochemistry and Physiology Part B: Biochemistry and Molecular Biology, 140(2): 313-319.

Gomez L, Sanchez-Monge R, Garcia-Olmedo F, Salcedo G. 1989. Wheat tetrameric inhibitors of insect α-amylases: alloploid heterosis at the molecular level[J]. Proceedings of the National Academy of Sciences, 86(9): 3242-3246.

Gomez L, Sanchez-Monge R, Lopez-Otín C, Salcedo G. 1991. Wheat inhibitors of heterologous α-amylases: characterization of major components from the Monomeric Class[J]. Plant Physiology, 96(3): 768-774.

Hao XY, Li JG, Shi QH, Zhang JS, He XL, Ma H. 2009. Characterization of a novel legumin α-amylase inhibitor from chickpea (*Cicer arietinum* L.) seeds[J]. Bioscience Biotechnology and Biochemistry, 73(5): 1200-1202.

Herman EM, Larkins BA. 1999. Protein storage bodies and vacuoles[J]. The Plant Cell, 11(4): 601-614.

Johnston KA, Gatehouse JA, Anstee JH. 1993. Effects of soybean protease inhibitors on the growth and development of larval *Helicoverpa armigera*[J]. Journal of Insect Physiology, 39(8): 657-664.

Khuri S, Bakker FT, Dunwell JM. 2001. Phylogeny, function, and evolution of the cupins, a structurally conserved, functionally diverse superfamily of proteins[J]. Molecular Biology & Evolution, 18(4): 593-605.

Konarev AV. 1996. Interaction of insect digestive enzymes with plant protein inhibitors and host-parasite coevolution[J]. Euphytica, 92(1-2): 89-94.

Kolberg J, Michaelsen TE, Sletten K. 1983. Properties of a lectin purified from the seeds of *Cicer arietinum*[J]. Hoppe-Seylers Zeitschrift fur Physiologische Chemie, 364(6): 655-664.

Kotkar HM, Sarate PJ, Tamhane VA, Gupta VS, Giri AP. 2009. Responses of midgut amylases of *Helicoverpa armigera* to feeding on various host plants[J]. Journal of Insect Physiology, 55(8): 663-670.

Laus MC, Logman TJ, Lamers GE, van Brussel AA, Carlson RW, Kijne JW. 2006. A novel polar surface polysaccharide from *Rhizobium leguminosarum* binds host plant lectin[J]. Molecular Microbiology, 59(6): 1704-1713.

Lee SC, Gepts PL, Whitaker JR. 2002. Protein structures of common bean (*Phaseolus vulgaris*) α-amylase inhibitors[J]. Journal of Agricultural and Food Chemistry, 50(22): 6618-6627.

Li X, Franceschi VR, Okita TW. 1993a. Segregation of storage protein mRNAs on the rough endoplasmic reticulum membranes of rice endosperm cells[J]. Cell, 72(6): 869-879.

Li X, Wu Y, Zhang DZ, Gillikin JW, Boston RS, Franceschi VR, Okita TW. 1993b. Rice prolamine protein body biogenesis: a BiP-mediated process[J]. Science, 262(5136): 1054-1056.

Ma B, Elkayam T, Wolfson H, Nussinov R. 2003. Protein-protein interactions: structurally conserved residues distinguish between binding sites and exposed protein surfaces[J]. Proceedings of the National Academy of Sciences, 100(10): 5772-5777.

Mandal S, Kundu P, Roy B, Mandal RK. 2002. Precursor of the inactive 2S seed storage protein from the indianmustard *Brassica juncea* is a novel trypsin inhibitor. Charaterization, post-translational processing studies, and transgenic expression to develop insect-resistant plants[J]. Journal of Biological Chemistry, 277(40): 37161-37168.

Mandaokar AD, Koundal KR, Kansal R, Bansal HC. 1993. Characterization of vicilin seed storage protein of chickpea (*Cicer arietinum* L.)[J]. Journal of Plant Biochemistry and Biotechnology, 2(1): 35-38.

Marchler-Bauer A, Lu S, Anderson JB, Chitsaz F, Derbyshire MK, de Weese-Scott C, Fong JH, Geer LY, Geer RC, Gonzales NR, Gwadz M, Hurwitz DI, Jackson JD, Ke Z, Lanczycki CJ, Lu F, Marchler GH, Mullokandov M, Omelchenko MV, Robertson CL, Song JS, Thanki N, Yamashita RA, Zhang D, Zhang N, Zheng C, Bryant SH. 2011. CDD: a conserved domain database for the functional annotation of proteins[J]. Nucleic Acids Research, 39(Database issue): D225-D229.

Maruyama N, Mun LC, Tatsuhara M, Sawada M, Ishimoto M, Utsumi S. 2006. Multiple vacuolar sorting determinants exist in soybean 11S globulin[J]. The Plant Cell, 18(5): 1253-1273.

Morton RL, Schroeder HE, Bateman KS, Chrispeels MJ, Armstrong E, Higgins TJ. 2000. Bean α-amylase inhibitor 1 in transgenic peas (*Pisum sativum*) provides complete protection from pea weevil (*Bruchus pisorum*) under field conditions[J]. Proceedings of the National Academy of Sciences, 97(8): 3820-3825.

Okita TW, Rogers JC. 1996. Compartmentation of proteins in the endomembrane system of plant cells[J]. Annual Review of Plant Biology, 47(1): 327-350.

Ou SY, Kwok KC, Wang Y, Bao HY. 2004. An improved method to determine SH and–S–S–group content in soymilk protein[J]. Food Chemistry, 88(2): 317-320.

Pereira RA, Batista JAN, da Silva MCM, Neto OBO, Figueira ELZ, Jiménez AV, Grossi-de-Sa MF. 2006. An α-amylase inhibitor gene from *Phaseolus coccineus* encodes a protein with potential for control of coffee berry borer (*Hypothenemus hampei*)[J]. Phytochemistry, 67(18): 2009-2016.

Peumans WJ, Winter HC, Bemer V, van Leuven F, Goldstein IJ, Truffa-Bach P, van Damme EJM. 1997. Isolation of a novel plant lectin with an unusual specificity from *Calystegia sepium*[J]. Glycoconjugate Journal, 14(2): 259-265.

Qureshi IA, Dash P, Srivastava PS, Koundal KR. 2006. Purification and characterization of an *N*-acetyl-D-galactosamine-specific lectin from seeds of chickpea (*Cicer arietinum* L.)[J]. Phytochemical Analysis, 17(5): 350-356.

Raina S, Missiakas D. 1997. Making and breaking disulfide bonds[J]. Annual Review of Microbiology, 51(1): 179-202.

Rekha MR, Sasikiran K. Padmaja G. 2004. Inhibitor potential of protease and α-amylase inhibitors of sweet potato and taro on the digestive enzymes of root crop storage pests[J]. Journal of Stored Products Research, 40(4): 461-470.

Rodrigues Macedo ML, das Graças Machado Freire M. 2011. Insect digestive enzymes as a target for pest control[J]. Invertebrate Survival Journal, 8(2): 190-198.

Saito Y, Kishida K, Takata K, Takahashi H, Shimada T, Tanaka K, Morita S, Satoh S, Masumura T. 2009. A green fluorescent protein fused to rice prolamin forms protein body-like structures in transgenic rice[J]. Journal of Experimental Botany, 60(2): 615-627.

Sanchez-Monges R, Gomez L, García-Olmedo F, Salcedo G. 1989. New dimeric inhibitor of heterologous α-amylases encoded by a duplicated gene in the short arm of chromosome 3B of wheat (*Triticum aestivum* L.)[J]. European Journal of Biochemistry, 183(1): 37-40.

Sarmah BK, Moore A, Tate W, Molvig L, Morton RL, Rees DP, Chiaiese P, Chrispeels MJ, Tabe LM, Higgins TJV. 2004. Transgenic chickpea seeds expressing high levels of a bean α-amylase inhibitor[J]. Molecular Breeding, 14(1): 73-82.

Schroeder HE, Gollasch S, Moore A, Tabe LM. 1995. Bean α-amylase inhibitor confers resistance to the pea weevil (*Bruchus pisorum*) in transgenic peas (*Pisum sativum* L.)[J]. Plant Physiology, 107(4): 1233-1239.

Shade RE, Schroeder HE, Pueyo JJ, Tabe LM, Murdock LL, Higgins TJV, Chrispeels MJ. 1994. Transgenic pea seeds expressing the α-amylase inhibitor of the common bean are resistant to bruchid beetles[J]. Nature Biotechnology, 12(8): 793-796.

Sharma H, Srivastava C, Durairaj C, Gowda C. 2010. Pest management in grain legumes and climate change. In: Yadav S, Redden R. Climate Change and Management of Cool Season Grain Legume Crops[M]. Dordrecht: Springer: 115-139.

Shukla S, Arora R, Sharma HC. 2005. Biological activity of soybean trypsin inhibitor and plant lectins against cotton bollworm/legume pod borer, *Helicoverpa armigera*[J]. Plant biotechnology, 22(1): 1-6.

Svensson B, Fukuda K, Nielsen PK, Bonsager BC. 2004. Proteinaceous α-amylase inhibitors[J]. BBA- Proteins and Proteomics, 1696(2): 145-156.

Tabashnik BE, Brévault T, Carrière Y. 2013. Insect resistance to Bt crops: lessons from the first billion acres[J]. Nature Biotechnology, 31(6): 510-521.

Tosi P, Parker M, Gritsch CS, Carzaniga R, Martin B, Shewry PR. 2009. Trafficking of storage proteins in developing grain of wheat[J]. Journal of Experimental Botany, 60(3): 979-991.

Wolfson JL, Murdock LL. 1987. Suppression of larval Colorado potato beetle growth and development by digestive proteinase inhibitors[J]. Entomologia Experimentalis et Applicata, 44(3): 235-240.

Woo EJ, Dunwell JM, Goodenough PW, Marvier AC, Pickersgill RW. 2000. Germin is a manganese containing homohexamer with oxalate oxidase and superoxide dismutase activities[J]. Nature Structural & Molecular Biology, 7(11): 1036-1040.

Yamagata H, Sugimoto T, Tanaka K, Kasai Z. 1982. Biosynthesis of storage proteins in developing rice seeds[J]. Plant Physiology, 70(4): 1094-1100.

Yamaguchi H. 1991. Isolation and characterization of the subunits of *Phaseolus vulgaris* α-amylase inhibitor[J]. Journal of Biochemistry, 110(5): 785-789.

第八章 鹰嘴豆叶片原生质体分离体系和快速繁殖体系的构建

植物原生质体是除去细胞壁由细胞膜包被的裸露细胞。与完整的植物细胞相比，植物原生质体较为脆弱，但其一样含有完整的遗传物质（全能性），具有再生新植株的潜能。原生质体可以高效摄取外界 DNA、细胞器、病毒等物质，还可与其不亲和植株的原生质体相互融合进而分化产生新植株。植物原生质体在生物基础理论研究、作物品种改良、基因瞬时表达及蛋白的亚细胞定位等研究中具有十分重要的意义。

植物快速繁殖是利用植物组织离体培养技术获得大量植株后代的过程，而遗传转化体系通常需要植物快速繁殖体系作为基础而进行的转基因研究，遗传转化体系的发展基于快速繁殖的发展。

第一节 鹰嘴豆叶片原生质体分离体系的构建与应用

鹰嘴豆原生质体快速分离体系为：以 10~30d 苗龄的鹰嘴豆幼嫩叶片作为材料，其最佳原生质体分离条件为于 CPW-M13 溶液中质壁分离处理 3h 后转入酶解液中，黑暗条件下，27℃恒温水浴振荡器上 45r/min 振荡酶解 7~8h。其最佳酶解液组合成分为 0.5%纤维素酶 Onozuka R-10+0.4%半纤维素酶 Hemicellulase+0.4%离析酶 Macerozyme R-10 溶于 CPW 溶液［含 0.1% MES（吗啉乙磺酸）+10%甘露醇］中，pH 为 4.8。

蛋白亚细胞定位研究是分析蛋白质正确行使其功能的前提，是系统理解植物形态建成、生长发育及对逆境的耐受性和抵抗性不可缺少的环节，也是研究者初步推断蛋白质生物学功能重要信息的重要措施之一，是确保应用该基因对植物进行遗传改造成功的不可或缺的研究基础。

本实验室前期对鹰嘴豆 14-3-3 蛋白、热激转录因子及 NAC 家族基因等均采用农杆菌介导轰击洋葱表皮的手段来判断这些蛋白在植物细胞体内的功能定位。但赵文婷等（2013）的研究发现，采用不同体系进行亚细胞定位，可能出现不同结果，这可能与同源或异源表达的植物细胞特性有关。因此，对鹰嘴豆基因产物的亚细胞定位宜采用其自身的原生质体更真实可信。因而，很有必要建立鹰嘴豆原生质体快速制备技术体系，并将其应用在蛋白亚细胞定位中，同时还可为鹰嘴豆原生质体培养、细胞研究等方面提供技术支撑。

一、鹰嘴豆叶片原生质体分离体系的构建

影响原生质体分离的因素有很多，主要有所选取的植物材料、酶解液组合、实验材料的预处理、酶解液 pH、酶解液渗透压、酶解时间、酶解温度等。本实验在前人研究的基础上，探索了不同酶解液组合（Shepard and Totten，1977；Zhu et al.，2005；Thomas，2009）、甘露醇浓度（张金鹏等，2014）、预处理时间（陈泽雄等，2007；Conde and Santos，2006；Zhang et al.，2011）、酶解液 pH（娄和林等，1990；唐文忠等，2011）和酶解时间（Guo et al.，2012）对原生质体产量与存活率的影响，选用鹰嘴豆幼嫩叶片为原料，主要是由于其遗传性状与植株一致、细胞器较为齐全（李妮娜等，2014）且材料容易获得。

1. 酶解液最佳组合的确定

以细胞原生质体清洗液 CPW［含 10%甘露醇和 0.1% MES（吗啉乙磺酸）］为溶剂，选用了纤维素酶 Onozuka R-10（A）、半纤维素酶 Hemicellulase（B）及离析酶 Macerozyme R-10（C）三种酶，并设定了其浓度梯度（表 8-1），以筛选出鹰嘴豆（Kabuli 类型）叶片原生质体分离最适宜的酶解液组合。实验设计采用 L9(3^4)正交表并适当修改，每处理 3 次重复（表 8-2）。

表 8-1　因素与水平

因素	水平		
	1	2	3
纤维素酶浓度（A，%）	0.5	1.0	1.5
半纤维素酶浓度（B，%）	0	0.4	0.8
离析酶浓度（C，%）	0	0.4	0.8

表 8-2　鹰嘴豆叶片原生质体分离的不同酶处理组合［L9(3^4)］

处理组合号	列号		
	A	B	C
1	1	1	1
2	1	2	2
3	1	3	3
4	2	1	2
5	2	2	3
6	2	3	1
7	3	1	3
8	3	2	1
9	3	3	2

　　根据正交实验设计表，以纤维素酶 Onozuka R-10、半纤维素酶 Hemicellulase 和离析酶 Macerozyme R-10 组合成 9 种酶解混合液。酶解时挑选长势好、健壮且完全展开的鹰嘴豆幼嫩叶片，清除表面灰尘与杂质后用手术刀片切成 0.5～1.0mm 的细条，分别将叶条置于盛有这 9 种酶解混合液的 24 孔细胞培养板中，每 500μL 酶解液中加入 0.05g 鲜重叶片，3 次重复，在温度 27℃、转速 45r/min 的黑暗条件下酶解 5h，比较这 9 种酶解液组合对鹰嘴豆叶片原生质体分离效果的影响。

　　从表 8-3 和表 8-4 可看出，不同酶的种类对鹰嘴豆叶片原生质体产量影响大小依次为离析酶 Macerozyme R-10>半纤维素酶 Hemicellulase>纤维素酶 Onozuka R-10，表明离析酶 Macerozyme R-10 是影响鹰嘴豆原生质体产量最主要的因素。

表 8-3　不同酶解液组合对鹰嘴豆叶片原生质体产量的影响

处理号	因素				原生质体产量（$\times 10^7$ 个/g FW）				
	A	B	C		重复 I	重复 II	重复 III	T_t	$\bar{y}_t$
1	1	1	1	1	0	0	0	0	0
2	1	2	2	2	1.11	1.01	0.99	3.11	1.04
3	1	3	3	3	1.01	1.13	1.16	3.30	1.10
4	2	1	2	3	0.74	0.88	0.83	2.45	0.82
5	2	2	3	1	0.63	0.63	0.66	1.92	0.64
6	2	3	1	2	0.48	0.51	0.59	1.58	0.53
7	3	1	3	2	0.90	1.01	0.91	2.82	0.94
8	3	2	1	3	0.88	0.81	0.86	2.55	0.85
9	3	3	2	1	0.20	0.15	0.14	0.49	0.16
T1	6.41	5.27	4.13	2.41	Tr=5.95	6.13	6.14	T=18.22	y=0.68
T2	5.95	7.58	6.05	7.51	$C=T^2/rk=12.295\,1$				
T3	5.86	5.37	8.04	8.30	总 $SS_T=\sum y^2-C=3.569\,1$				
R	0.55	2.31	3.91	5.89	区组 $SS_R=\sum T^2_R/k-C=0.002\,5$ 处理组合 $SS_t=\sum T^2/r-C=3.519\,1$				
SS	0.019 341	0.378 896	0.849 43	2.271 341	误差 $SS_e=SS_T-SS_R-SS_t=0.047\,5$				

表 8-4　鹰嘴豆叶片原生质体产量的方差分析表

变异来源	平方和 SS	自由度 df	均方 MS	F 值	P 值
区组	0.0025	2	0.0013		
纤维素酶（A）	0.0193	2	0.0097	3.2556	0.0651
半纤维素酶（B）	0.3789	2	0.1895	63.7793**	0.0001
离析酶（C）	0.8494	2	0.4247	142.9838**	0.0001
误差	2.2713 ⎤ 0.0475 ⎦ 2.3188	2 ⎤ 16 ⎦ 18	0.1288		
总和	3.5691	26			

**表示 1%的极显著差异水平

由表 8-3 可明显看出，在处理 3 即组合 $A_1B_3C_3$ 下，鹰嘴豆叶片原生质体的产量最高，平均为（$1.10×10^7±0.08×10^7$）个/g FW，其次为处理 2，即组合 $A_1B_2C_2$，此条件下原生质体产量为（$1.04×10^7±0.06×10^7$）个/g FW。

根据表 8-5 及表 8-6，由极差 R 可知，不同种类的酶对鹰嘴豆叶片原生质体存活率影响大小依次为离析酶 Macerozyme R-10>半纤维素酶 Hemicellulase>纤维素酶 Onozuka R-10，表明离析酶 Macerozyme R-10 是影响鹰嘴豆原生质体存活率最主要的因素。

表 8-5　不同酶解液组合对鹰嘴豆叶片原生质体存活率的影响

处理号	因素				原生质体存活率（%）				
	A	B	C		重复 I	重复 II	重复 III	T_t	$\bar{y}_t$
1	1	1	1	1	0	0	0	0	0
2	1	2	2	2	86.49	90.09	83.84	260.42	86.81
3	1	3	3	3	93.07	77.88	80.17	251.12	83.71
4	2	1	2	3	68.92	72.73	69.88	211.53	70.51
5	2	2	3	1	53.97	47.62	57.58	159.17	53.06
6	2	3	1	2	20.83	29.41	27.12	77.36	25.79
7	3	1	3	2	72.22	71.00	81.32	224.54	74.85
8	3	2	1	3	78.41	77.78	79.07	235.26	78.42
9	3	3	2	1	55.00	53.33	57.14	165.47	55.16
T1	511.54	436.07	312.62	324.64	Tr=528.91	519.84	536.12	T=1 584.87	y=58.70
T2	448.06	654.85	637.42	562.32	$C=T^2/rk$=93 030.108 1				
T3	625.27	493.95	634.83	697.91	总 $SS_T=\sum y^2-C$=20 657.021 5				
R	77.21	218.78	324.80	373.27	区组 $SS_R=\sum T^2_R/k-C$=14.788 4				
					处理组合 $SS_t=\sum T^2_t/r-C$=20 333.302 1				
SS	1 791.39	2 855.69	7 752.63	7 933.60	误差 $SS_e=SS_T-SS_R-SS_t$=308.931 0				

表 8-6　鹰嘴豆叶片原生质体存活率方差分析表

变异来源	平方和 SS	自由度 df	均方 MS	F 值	P 值
区组	14.788 4	2	7.394 2		
纤维素酶（A）	1 791.392 9	2	895.696 4	46.389 5**	0.000 1
半纤维素酶（B）	2 855.688 6	2	1 427.844 3	73.950 2**	0.000 1
离析酶（C）	7 752.630 8	2	3 876.315 4	200.760 2**	0.000 1
误差	7 933.589 8 ⎤ 8 242.520 8	2 ⎤ 18	457.917 8		
	308.931 0 ⎦	16 ⎦			
总和	20 657.021 5	26			

**表示 1%的极显著差异水平

由表 8-5 可明显看出，处理 2 即组合 $A_1B_2C_2$ 下原生质体的存活率最高，达到 86.81%±3.14%，其次为处理 3，即组合 $A_1B_3C_3$，此组合下原生质体存活率为 83.71%±8.19%。

综合原生质体产量、存活率及经济成本等因素，处理 2 即组合 $A_1B_2C_2$ 是鹰嘴豆叶片原生质体分离最适宜的酶解液组合，此组合组成为 0.5%纤维素酶 Onozuka R-10+0.4%半纤维素酶 Hemicellulase+0.4%离析酶 Macerozyme R-10。

2. 甘露醇最佳浓度的确定

分别向 CPW 酶解液（含 0.1% MES、0.5%纤维素酶 Onozuka R-10、0.8%半纤维素酶 Hemicellulase、0.8%离析酶 Macerozyme R-10）中加入质量体积比为 8.0%、9.0%、10.0%、11.0%、12.0%的甘露醇，以研究酶解液中不同的甘露醇浓度对鹰嘴豆叶片原生质体分离效果的影响（图 8-1）。结果表明，随着酶解液中甘露醇浓度的升高，鹰嘴豆叶片原生质体的产量与活力都呈先增加后降低的趋势。但原生质体产量随甘露醇浓度升高的变化幅度较小，而原生质体存活率的变化幅度则较大。在甘露醇浓度为 10.0%时，鹰嘴豆叶片原生质体的产量和存活率都达到最高，分别为（$1.25×10^7±0.11×10^7$）个/g FW 和 92.49%±2.09%。因此鹰嘴豆叶片原生质体酶解液中甘露醇最适宜浓度为 10.0%。

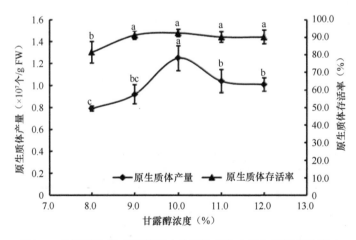

图 8-1　甘露醇浓度对鹰嘴豆叶片原生质体产量与存活率的影响

图中不同字母表示平均数间差异达到 0.05 显著水平

3. 预处理最佳时间的确定

将新鲜叶条（每处理 0.05g）置于高渗溶液 CPW-M13 中，并用镊子使其完全浸没于溶液中，分别质壁分离处理 0h、1.0h、2.0h、3.0h、4.0h、5.0h 后，将叶条分别转移至盛有 500μL 相同酶解液（CPW 溶液中添加 10%甘露醇、0.1% MES、0.5%纤维素酶 Onozuka R-10、0.8%半纤维素酶 Hemicellulase 和 0.8%离析酶 Macerozyme R-10）的细胞培养板中，将细胞培养板置于 27℃恒温水浴摇床上（45r/min）黑暗条件下酶解 5.0h 后，比较 5 种预处理时间下鹰嘴豆叶片原生质体的产量与存活情况（图 8-2）。结果表明，随着质壁分离时间的延长，鹰嘴豆叶片原生质体的产量呈先增加后降低的趋势，在质壁分离 3.0h 时产量达到最高，为（1.13×10^7±0.12×10^7）个/g FW）。原生质体的存活率随质壁分离时间的延长呈缓慢下降趋势；不经质壁分离处理时，原生质体的活力达到 89.18%±3.78%，当质壁分离处理 3.0h 时，即原生质体的产量达到最高时，然而原生质体的存活率却降至 70.80%±1.60%，综合考虑原生质体产量和存活率两者间的平衡，确定鹰嘴豆叶片质壁分离最佳时间为 3.0h。

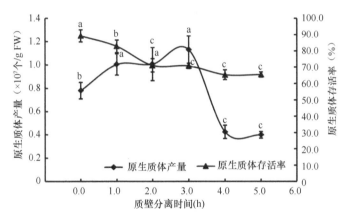

图 8-2　质壁分离时间对鹰嘴豆叶片原生质体产量和存活率的影响

图中不同字母表示平均数间差异达到 0.05 显著水平

4. 酶解液最佳 pH 的确定

保持其他各条件一致，将 12 组经过质壁分离处理 3h 的鹰嘴豆叶条分别转移至盛有 pH 为 4.8、5.2、5.6、6.0、6.4、6.8、7.2、7.6、8.0、8.4、8.8、9.2 的酶解液细胞培养板中进行酶解，5h 后比较在不同 pH 的酶解液中原生质体的产量和存活率情况（图 8-3）。结果表明，鹰嘴豆叶片原生质体的产量随着酶解液 pH 的增大而呈逐渐下降的趋势，原生质体的存活率总体也呈降低的趋势，因此选择鹰嘴豆叶片原生质体分离酶解液最适宜的 pH 为 4.8，此条件下原生质体的产量为（1.03×10^7±0.05×10^7）个/g FW，存活率为 70.13%±2.52%。

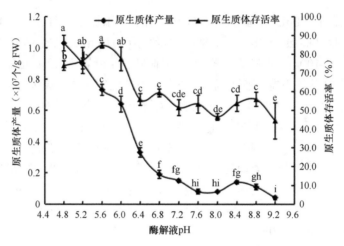

图 8-3　酶解液 pH 对鹰嘴豆叶片原生质体产量和存活率的影响

图中不同字母表示平均数间差异达到 0.05 显著水平

5. 最佳酶解时间的确定

根据以上结果，选取最适宜的质壁分离时间、酶解液组合及酶解液 pH，在酶解后 4.0h 开始制片观察，每隔一个小时取样一次，直到酶解时间达到 12.0h，比较不同酶解时间对鹰嘴豆叶片原生质体产量与存活率的影响（图 8-4）。结果表明，随着酶解时间的延长，鹰嘴豆叶片原生质体的产量呈先增加后降低的趋势，酶解时间为 7.0h 时原生质体的产量达到最高，为（$1.09\times10^7\pm0.14\times10^7$）个/g FW；而原生质体的存活率则呈现缓慢降低的趋势，酶解时间达到 9.0h 时降低幅度开始增大。综合原生质体的产量与存活率间的平衡，选择鹰嘴豆叶片原生质体分离最适宜的酶解时间为 7.0～8.0h（图 8-5）。

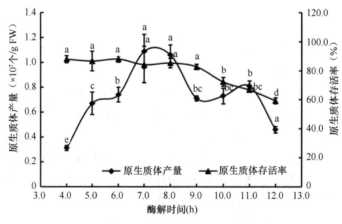

图 8-4　酶解时间对鹰嘴豆叶片原生质体产量和存活率的影响

图中不同字母表示平均数间差异达到 0.05 显著水平

图 8-5　鹰嘴豆叶片原生质体分离的材料与分离后的原生质体

A. 用来分离原生质体的鹰嘴豆幼苗；B. 白光下的鹰嘴豆叶片原生质体；C. 紫外光激发下二乙酸荧光素（FDA）染色的鹰嘴豆叶片原生质体

综合以上结果，鹰嘴豆原生质体快速分离体系可归结为：以 10～30d 苗龄的鹰嘴豆幼嫩叶片作为材料，其最佳原生质体分离条件为于 CPW-M13 溶液中质壁分离处理 3h 后转入酶解液中，黑暗条件下，27℃恒温水浴振荡器上 45r/min 振荡酶解 7～8h。而最佳酶解液组合成分为 0.5%纤维素酶 Onozuka R-10+0.4%半纤维素酶 Hemicellulase+0.4%离析酶 Macerozyme R-10 溶于 CPW 溶液（含 0.1% MES+10%甘露醇）中，pH 为 4.8。

二、鹰嘴豆叶片原生质体在亚细胞定位中的应用

由上述方法分离得到的鹰嘴豆叶片原生质体已成功应用于本实验室内多个基因的亚细胞定位，且转化效率较高。图 8-6 即为将连有绿色荧光蛋白（green fluorescent protein，GFP）的空载体 pA7 转入原生质体的结果图。

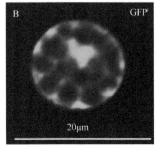
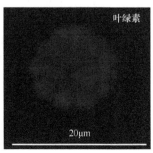

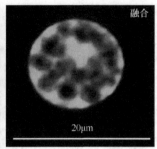

图 8-6　空载体 pA7 在鹰嘴豆叶片原生质体中的亚细胞定位

鹰嘴豆叶片原生质体的成功分离将为后期的原生质体培养、原生质体融合等研究奠定基础。

第二节　鹰嘴豆快速繁殖体系的构建

建立了鹰嘴豆快速繁殖体系，其内容包括采用 1% NaClO 处理 15min，0.1% 升汞浸泡 1min 进行种子表面灭菌；在光暗交替条件下在 1/2 MS 培养基上进行种子萌发；采用 MS+30g/L 蔗糖+0.5mg/L 2,4-D+3mg/L 6-BA+2g/L Gelzan+1.97g/L MgCl$_2$ 培养基进行腋芽诱导；采用 MS+30g/L 蔗糖+2g/L Gelzan+1.97g/L MgCl$_2$+ 0.4g/L PVP40+2mg/L 6-BA+1mg/L IBA 培养基进行分化与增殖；采用 1/2 MS+ 10g/L 蔗糖+1mg/L IBA+2g/L Gelzan+1.97g/L MgCl$_2$+0.4g/L PVP40 培养基进行生根；经炼苗后移栽的成活率达到 73.4%。

植物快速繁殖是利用植物组织离体培养技术获得大量植株后代的过程，而遗传转化体系通常需要植物快速繁殖体系作为基础而进行的转基因研究，遗传转化体系的发展基于快速繁殖的发展。本研究的目的主要是拟建立鹰嘴豆快速繁殖体系，为今后鹰嘴豆遗传转化奠定基础。

一、鹰嘴豆种子消毒方法的确定

由表 8-7 可知，在浓硫酸和 0.1% 升汞配合使用的灭菌组合中，编号为 12、13、14 的组合处理的鹰嘴豆种子，在萌发过程中虽未出现污染，但萌发率偏低，仅为 71%、57% 和 20%；编号为 11 的组合处理的鹰嘴豆种子仅有 1% 的污染率，然而尽管其萌发率在浓硫酸和 0.1% 升汞配合使用的组合中最高，达 83%，但仍有 16% 左右在培养过程中不发芽或逐渐死亡。在 1% NaClO 和 0.1% 升汞配合使用的灭菌组合中，编号为 25、26、27、28 的组合处理的鹰嘴豆种子在萌发过程中均没有出现污染，但萌发率也存在偏低的现象；只有编号为 25 的组合污染率为 0，而萌发率高达 98%，即 1% NaClO 和 0.1%升汞配合使用的灭菌组合中最高，因此后续采用编号为 25 的处理组作为鹰嘴豆种子的消毒方法。

表 8-7　鹰嘴豆种子不同消毒处理方法的比较

编号	灭菌方法	污染率（%）	萌发率（%）
1	浓硫酸处理 0min，0.1%升汞浸泡 30s	49	19
2	浓硫酸处理 5min，0.1%升汞浸泡 30s	23	39
3	浓硫酸处理 10min，0.1%升汞浸泡 30s	10	46
4	浓硫酸处理 15min，0.1%升汞浸泡 30s	19	61
5	浓硫酸处理 20min，0.1%升汞浸泡 30s	11	46
6	浓硫酸处理 25min，0.1%升汞浸泡 30s	6	44
7	浓硫酸处理 30min，0.1%升汞浸泡 30s	1	13
8	浓硫酸处理 0min，0.1%升汞浸泡 1min	10	27
9	浓硫酸处理 5min，0.1%升汞浸泡 1min	13	35
10	浓硫酸处理 10min，0.1%升汞浸泡 1min	7	66
11	浓硫酸处理 15min，0.1%升汞浸泡 1min	1	83
12	浓硫酸处理 20min，0.1%升汞浸泡 1min	0	71
13	浓硫酸处理 25min，0.1%升汞浸泡 1min	0	57
14	浓硫酸处理 30min，0.1%升汞浸泡 1min	0	20
15	1% NaClO 处理 0min，0.1%升汞浸泡 30s	34	20
16	1% NaClO 处理 5min，0.1%升汞浸泡 30s	20	29
17	1% NaClO 处理 10min，0.1%升汞浸泡 30s	18	43
18	1% NaClO 处理 15min，0.1%升汞浸泡 30s	12	67
19	1% NaClO 处理 20min，0.1%升汞浸泡 30s	5	52
20	1% NaClO 处理 25min，0.1%升汞浸泡 30s	6	23
21	1% NaClO 处理 30min，0.1%升汞浸泡 30s	2	27
22	1% NaClO 处理 0min，0.1%升汞浸泡 1min	21	25
23	1% NaClO 处理 5min，0.1%升汞浸泡 1min	11	50
24	1% NaClO 处理 10min，0.1%升汞浸泡 1min	3	73
25	1% NaClO 处理 15min，0.1%升汞浸泡 1min	0	98
26	1% NaClO 处理 20min，0.1%升汞浸泡 1min	0	78
27	1% NaClO 处理 25min，0.1%升汞浸泡 1min	0	64
28	1% NaClO 处理 30min，0.1%升汞浸泡 1min	0	31

二、种子萌发培养基的筛选

取消毒好的鹰嘴豆种子，接种到 MS、1/2 MS、B5 和 1/2 B5 四种不同的萌发培养基上，以无菌水为对照。每种培养基 30～40 瓶，每瓶接种 3 粒种子。于（26±2）℃条件下，光照强度 2000lx 左右时，16h/8h 光暗交替培养，接种 7d 后观察种子萌发状况（图 8-7）。结果表明在 1/2MS 培养基上鹰嘴豆种子萌发最好，高于 90%。

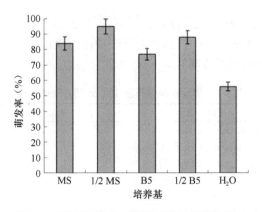

图 8-7　不同培养基对鹰嘴豆种子萌发的影响

三、腋芽诱导培养基的筛选

在基本诱导培养基为 MS+30g/L 蔗糖+2g/L Gelzan+1.97g/L MgCl$_2$ 的基础上，采用添加不同浓度的 2,4-D 和 6-BA 来确定诱导鹰嘴豆腋芽的最佳培养基（表 8-8）。最终确定腋芽诱导培养基为 MS+30g/L 蔗糖+2g/L Gelzan+1.97g/L MgCl$_2$+ 0.5mg/L 2,4-D+3mg/L 6-BA，其诱导生长率为 60.5%。

表 8-8　鹰嘴豆腋芽诱导培养基筛选

培养基编号	6-BA（mg/L）	2,4-D（mg/L）	诱导率（%）
1	0	0.5	39.7
2	1	0.5	59.3
3	2	0.5	52.8
4	3	0.5	60.5
5	0	1.0	21.5
6	1	1.0	36.6
7	2	1.0	52.6
8	3	1.0	56.5
9	0	1.5	21.0
10	1	1.5	52.0
11	2	1.5	58.0
12	3	1.5	52.4
13	0	0	0

四、增殖与分化培养基的筛选

以 MS+2g/L Gelzan+1.97g/L MgCl$_2$+0.4g/L 聚乙烯吡咯烷酮（PVP40）为基本

培养基，添加不同浓度的 6-BA 和 IBA 来确定诱导鹰嘴豆豆芽增殖和分化的最佳培养基（表 8-9）。研究结果表明，鹰嘴豆豆芽增殖与分化培养最佳培养基组合为 MS+30g/L 蔗糖+2g/L Gelzan+1.97g/L MgCl$_2$+0.4g/L PVP40+2mg/L 6-BA+1mg/L IBA，以该组合进行鹰嘴豆豆芽增殖与分化继代培养分化率可达 73.3%。

表 8-9　鹰嘴豆初代芽分化培养基筛选

培养基编号	6-BA（mg/L）	IBA（mg/L）	分化率（%）
1	0	0	0
2	0	1	26.1
3	0	2	20.7
4	0	3	30.8
5	1	0	34.7
6	1	1	38.2
7	1	2	41.3
8	1	3	45.5
9	2	0	47.1
10	2	1	73.3
11	2	2	68.1
12	2	3	62.0
13	3	0	56.4
14	3	1	62.1
15	3	2	56.4
16	3	3	41.9

五、生根培养基的筛选

由表 8-10 可知，将芽接种于含有 2g/L Gelzan+1.97g/L MgCl$_2$+0.4g/L PVP40 以下各生根培养基中，以组合 1 最利于生根，生根率为 28.6%。因此，鹰嘴豆快速繁殖体系最适合生根的培养基为 1/2 MS 固体+10g/L 蔗糖+0.4g/L PVP40+2g/L Gelzan+1mg/L IBA+1.97g/L MgCl$_2$。

表 8-10　鹰嘴豆生根培养基筛选

编号	盐浓度	蔗糖（g/L）	IBA（mg/L）	NAA（mg/L）	6-BA（mg/L）	生根率（%）
1	1/2 MS	10	1	0	0	28.6
2	1/4 MS	30	0.4	0	0	14.1
3	1/4 MS	30	1	0	0	16.7
4	MS	10	0.1	0	1	23.8
5	1/2 MS+B5	10	0.4	1.2	0	10.9
6	MS+B5	10	0	0	1	6.2
7	MS+B5	10	0	0.05	1	25.7
8	MS+B5	10	0	0	2	10.3
9	MS+B5	10	0	0.05	2	5.6
10	MS+B5	10	0	0	3	4.7
11	MS+B5	10	0	0.05	3	2.9
对照	MS+B5	0	0	1	0	0

六、鹰嘴豆组培苗炼苗与移栽

将再生形成完整植株的试管苗去瓶盖，开盖炼苗 3d 后，蒸馏水洗净根部所带培养基，移栽至花土：蛭石：珍珠岩质量比为 6：3：1 的基质中，生长 1 周后观察存活情况。结果表明，鹰嘴豆组培苗成活率可达 73.4%。鹰嘴豆快繁体系图如图 8-8 所示。

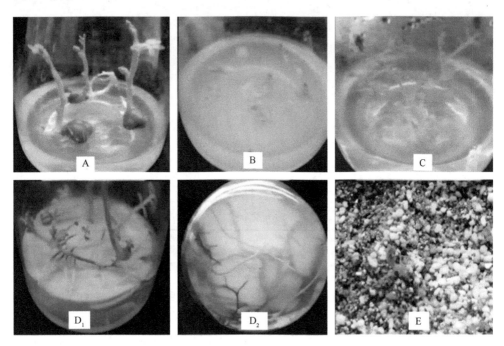

图 8-8　鹰嘴豆快繁体系过程图
A. 无菌苗；B. 腋芽诱导；C. 初代芽增殖与分化；D_1、D_2. 诱导生根；E. 移栽

参 考 文 献

陈泽雄, 刘奕清, 丁茂倩. 2007. 卡特兰叶片原生质体分离条件的研究[J]. 西南大学学报: 自然科学版, 29(8): 97-101.

李妮娜, 丁林云, 张志远, 郭旺珍. 2014. 棉花叶肉原生质体分离及目标基因瞬时表达体系的建立[J]. 作物学报, 40(2): 231-239.

娄和林, 李世承, 崔久满. 1990. 不同 pH 值对樱草原生质体分离的影响[J]. 植物学通报, (4): 37-39.

唐文忠, 陆国昆, 廖芬, 黄茂康, 黄伟雄, 黄僚才. 2011. 番木瓜幼叶原生质体分离研究[J]. 南方农业学报, 42(5): 468-470.

张金鹏, 韩玉珠, 张晓旭, 张广臣. 2014. 菜豆叶片原生质体的分离条件[J]. 吉林农业大学学报,

36(5): 570-574.

赵文婷, 魏建和, 孟冬, 刘晓东, 高志晖. 2013. 3 种瞬时表达体系研究 1 个白木香倍半萜合酶的亚细胞定位[J]. 中草药, 44(23): 3379-3385.

Conde P, Santos C. 2006. An efficient protocol for *Ulmus minor* Mill. protoplast isolation and culture in agarose droplets[J]. Plant Cell Tiss Organ Cult, 86(3): 359-366.

Guo J, Morrell-Falvey JL, Labbé JL, Muchero W, Kalluri UC, Tuskan GA, Chen JG. 2012. Highly efficient isolation of *Populus mesophyll* protoplasts and its application in transient expression assays[J]. PLoS One, 7(9): e44908.

Shepard JF, Totten RE. 1977. Mesophyll cell protoplasts of potato[J]. Plant Physiology, 60: 313-316.

Thomas TD. 2009. Isolation, callus formation and plantlet regeneration from mesophyll protoplasts of *Tylophora indica* (Burm. f.) Merrill: an important medicinal plant[J]. Developmental Biology/ Morphogenesis, 45: 591-598.

Zhang Y, Su JB, Duan S, Ao Y, Dai JR, Liu J, Wang P, Li YG, Liu B, Feng DR, Wang JF, Wang HB. 2011. A highly efficient rice green tissue protoplast system for transient gene expression and studying light/chloroplast-related processes[J]. Plant Methods, 7: 30.

Zhu LQ, Wang BC, Zhou J, Chen LX, Dai CY, Duan CR. 2005. Protoplast isolation of callus in *Echinacea augustifolia*[J]. Colloids and surfaces B: Biointerfaces, 44(12): 1-5.